信阳文史资料第十七辑

信阳茶事记忆

信阳茶文化节举办三十周年纪念专辑

信阳市政协文化和文史委员会　编

韩勋来　主编

郑州大学出版社

图书在版编目(CIP)数据

信阳茶事记忆 / 韩勋来主编. — 郑州 : 郑州大学出版社, 2022. 4
ISBN 978-7-5645-8638-6

Ⅰ. ①信… Ⅱ. ①韩… Ⅲ. ①茶文化 - 文化史 - 信阳
Ⅳ. ①TS971.21

中国版本图书馆 CIP 数据核字(2022)第 063307 号

信阳茶事记忆
XINYANG CHASHI JIYI

策划编辑	戚　鹏	封面设计	何　军
责任编辑	刘瑞敏	版式设计	安泰设计部
责任校对	戚震东	责任监制	李瑞卿
出版发行	郑州大学出版社	地　　址	郑州市大学路 40 号(450052)
出 版 人	孙保营	网　　址	http://www.zzup.cn
经　　销	全国新华书店	发行电话	0371-66966070
印　　刷	郑州宁昌印务有限公司		
开　　本	710 mm×1 010 mm　1 / 16		
印　　张	29	字　　数	588 千字
版　　次	2022 年 4 月第 1 版	印　　次	2022 年 4 月第 1 次印刷
书　　号	ISBN 978-7-5645-8638-6	定　　价	96.00 元

《信阳茶事记忆》编委会

《信阳茶事记忆》编辑部

序

信阳市政协主席　孙同占

中国是茶的故乡。唐代茶圣陆羽在《茶经》中说:"茶之为饮,发乎神农氏,闻于鲁周公。"也就是说,中国种茶饮茶历史悠久,自神农氏开始,到了鲁国的周石才将其发扬光大,传播开来。此后,经秦汉,历魏晋千年演进,至唐宋时期,臻于鼎盛。"神农尝百草,一日遇七十二毒,得茶而解之"的记载,虽为传说,但也说明最初饮茶的目的是治病。"苦茶久食,益意思",东汉神医华佗在《食论》中则将茶归于食材。正是提神醒脑的功效,使茶由药材、食材,进而发展成为饮料,茶文化便由此生发光大,茶叶贸易逐渐成为国家主要经济来源之一。唐宋以来,大量的有关茶的诗词便是明证。到了近代,茶叶贸易造成英国白银大量流失,最终引发了鸦片战争,又称茶叶战争。英国人用鸦片和枪炮撬开了天朝上国的大门,开启了百年中国的苦难历史,茶叶生产也不可避免地遭受致命打击而走向衰败。

信阳是信阳毛尖的原产地,信阳茶同样历史悠久。有学者考证,晋代杜育所作《荈赋》便与信阳有关。宋代大文豪苏轼盛赞曰:"赋咏谁最先,厥传惟杜育。唐人未知好,论著始于陆。"就连陆羽在《茶经》中也多次提及。信阳茶有文字可考的历史始于魏晋时期的《桐君采药录》中所载,即"西阳……出好茗",西阳郡故城就位于今光山县境内。陆羽将全国分为八大茶区,其中义阳郡、光州属于淮南茶区,"淮南以光州上,义阳郡、舒州次",充分肯定了信阳茶的优秀品质。唐代信阳茶甚至成为贡茶。宋代置榷茶场,淮南十三场中,信阳居其三,尤见当时信阳茶叶生产的昌盛繁荣。有关信阳茶的诗中,最早见于宋高宗时知信阳军王之道所作《信阳和同官喜雨韵》,他因信阳久旱逢雨大喜,"且矾亲茶共分乳"以庆贺。明清之际,因战乱频仍,茶税过重等原因,信阳茶发展缓慢。清顺治《河南通志》中对汝宁府物产茶的产出记载仅用"茶出信阳,罗山亦有之"一句带过。苏轼当年称颂"淮南茶,信阳第一"的风光不再。这从明清不多的二十余首茶诗中也能窥见信阳茶的兴衰。清末,甘以敬等人重新开山引种,才有了后来"八大茶社"的复兴,也为 1915 年车云毛尖参加巴拿马万国博览会获金奖奠定了基础。

1949年新中国成立，茶叶也获得了新生。1958年毛泽东主席视察安徽舒城，号召“山坡上要多多开辟茶园”。为了响应毛主席号召，信阳人民再次掀起开山种茶的热潮。车云山茶农为表达感谢之情给毛主席寄茶，一时传为佳话。同年，信阳毛尖跻身中国十大名茶之列。1978年改革开放，信阳人民冲破制度束缚，踏上了名茶复兴征程。1990年，信阳毛尖在全国绿茶评比中，以最高分获得中国质量奖金奖，赢得“绿茶之王”桂冠，也促使当时的信阳地委、行署作出了举办茶文化节的重大决策。1992年5月，首届信阳茶叶节成功举行，有力地推动了茶叶产业化进程。2004年，茶叶节更名茶文化节，极大地推高了茶节的层次和信阳毛尖的影响力。2010年信阳红茶诞生后，迅速红遍全国，成为信阳茶发展的又一里程碑事件。截至2021年底，全市茶园面积由新中国成立之初的2.11万亩增加到216万亩，整整增加100倍，茶叶产量达8万吨，总产值达150亿元。信阳毛尖的区域公用品牌价值达71.08亿元。茶与文化、旅游、信阳菜、互联网等深度融合，产业结构持续优化，有效助力广大茶农实现脱贫。

今年是信阳茶文化节举办30周年。为了充分发挥人民政协文史资料的“存史、资政、团结、育人”的社会作用，市政协通过广泛征集有关信阳茶的亲历、亲见、亲闻稿件，全面反映信阳茶业发展的曲折历程，茶人创业的艰辛不易，茶乡发生的沧桑巨变，茶节产生的巨大影响，以及各级政协组织和政协委员为信阳茶产业发展所贡献的政协力量。

2021年3月，习近平总书记视察福建武夷山茶园时提出：“过去茶产业是脱贫攻坚的支柱产业，今后要成为乡村振兴的支柱产业。”如今，新一届市委、市政府高瞻远瞩，擘画“美好生活看信阳”的宏伟蓝图，实施“两茶一菜”四化工程，大力推动茶叶和油茶品牌化、标准化、基地化、数字化发展，我们要抓住信阳茶产业发展的战略机遇顺势而为，乘势而上，以茶富农，以茶兴业，为加快大别山革命老区乡村振兴，为新时代实现“两个更好”而努力奋斗。

是为序。

2021年12月

目录

综述

特稿

茶节纪事

茶人故事

茶业往事

茶文茶史

附录

综述

ZONGSHU

信阳茶简史

张清改

“大山有别，水佳为淮；人言皆信，日升曰阳。”地处江淮之间的信阳不仅历来是兵家必争之地，同时也是毛尖之都。这里是茶的故乡，是中国十大名茶—信阳毛尖的原产地。数千年来，淮上的子民在这里种茶、制茶、饮茶、售茶，不断赓续着茶的故事，丰富着茶文化的内涵，描绘出信阳茶多彩厚重的历史画卷。

神奇传说与远古起源——先秦时期的信阳茶

历史传说神农在江淮之间尝百草，中国人在神农时代已经开始学会了饮茶。

随着人类的活动，茶树逐渐由原产地云南传入气候温润的四川西北部，并得到广泛的种植。当中国茶在西南萌芽时，大别山山麓的信阳茶也从传说中走来。

众多信阳茶的传说中，被人们熟知、影响较大的是“春姑种茶”。传说信阳原本没有茶的时候，瘟疫蔓延，一个叫春姑的女孩为了给乡亲们治病，在一位采药老人的指点下，向西南翻了九十九座大山，蹚过九十九条江河，去找一种能够治病的宝树。最后历经千辛万苦的春姑也染上了可怕的瘟疫，倒在了一条小溪边，幸运的是这时候水中漂来一片树叶，被春姑含在嘴中，她顿时有了力量，病也被治愈。后来春姑终于找到那棵宝树，并摘下一颗金灿灿的种子。看管宝树的老人告诉她，种子必须在十日内种进泥土，否则会前功尽弃。想想十日之内无法回到家乡去，春姑伤心得哭了。老人见此情景，挥了挥手中的鞭子，春姑就变成了一只画眉，含着种子飞回了家乡，种下了种子。后来信阳满山长出了茶树，乡亲们的病也因此而治好了。关于信阳茶的起源还有很多优美传说，但这些传说如同春姑衔茶、神农氏种茶一样永远也无法考证，不能成为信阳茶源头的信史材料。但也正是这些或凄美忧伤，或激越奋进的传说，使得信阳茶在绽放出第一缕曙光时蒙上了一层厚重神秘的色彩。

关于信阳茶的源流，众说纷纭，莫衷一是。茶学界主要有三种观点。

一是信阳茶西来说。持此观点的是著名茶史专家陈椽教授，其在所著的《茶叶通史》中记载："西周初年，云南茶树传入四川，后往北迁至陕西，以秦岭山脉为屏障，抵御寒流，故陕南气候温和，茶树在此生根。因气候条件限制，茶树不能向北推进，只能沿汉水传入东周政治中心的河南，茶树又在气候温和的河南南部大别山信阳生根。"[1]陈椽教授的观点近年来多被学界接受，也得到了很多茶界研究者的认可，有着较强的影响力。因此，很多信阳茶人在探讨信阳茶源流的时候也多采用此观点，认为信阳茶是自陕西而来，从西方传入。

二是信阳茶原产地说。认为信阳茶并非由川陕地区传入，信阳本身就是中国茶的原产地之一。持此观点的主要代表是信阳茶史研究专家宋效忠先生，他指出即便在西周时期四川茶叶技术已经非常发达，开始了人工种茶，也不太可能在西周至战国时期经陕南沿汉水传入信阳，信阳茶产自本地。[2]其论据之一就是，1987 年考古工作者在发掘信阳固始县的一座古代墓葬时，主棺盖上有 20 ~ 30 厘米厚的茶叶，这些茶叶还用棕绳结成的网罩着，而且这些茶叶经碳十四测定，距今已有 2300 年。可能是因为茶叶有"洁净、干燥"作用，茶叶随葬有利于墓穴吸收异味，有利于遗体保存。而在上古时期，如此多的茶叶不可能是外地运输而来，应该是本地所产。

三是信阳茶南来说。研究者结合上古时期诸侯国战争、疆域变革及淮河上游地区历史地理情况，认为信阳茶的来源不是舍近求远的"西来"路线陕南—信阳，而更有可能是自荆楚的南方而来，即巴蜀—荆楚—信阳路线，而后再由信阳向东进入安徽境内。该观点还认为信阳茶不仅起源较早，而且是茶由河南传入皖西的接力点和中转地，是承东启西的过渡性地带，这也成就了信阳茶在整个中国茶自西向东的传播发展过程中做出了不可磨灭的历史贡献。[3]

关于远古时期信阳茶的使用方法。传说神农尝百草得茶而解毒，说明了远古人类极有可能是在野外采摘茶的叶子后无意中发现了茶的药用价值，同时又因为远古时期生产资料的缺乏，在相当长的时期内，茶极有可能也作为食材而存在，与其他食物混用。所以，早在先秦时期，信阳的先民对茶叶的利用方式极有可能就是食用鲜叶和晒干收藏，既做食用，也做药用和饮用。

总而言之，茶叶经过辗转曲折在豫南信阳落地生根，这是历史的机缘巧合，也是信阳农业文化发展史上的一次重大机遇。它犹如一缕曙光，不仅开启了这片土地上人们对茶文化广袤和无限丰富性的热情探索，而且引领着此后几千年一代又一代信阳人为本地茶文化的兴盛而殚精竭虑，丰富了豫南信阳的文化风貌，为今天信阳这座绿色茶城闪耀茶之光芒、谱写茶之华章做好了早期的奠基和准备。

早期萌芽——秦汉魏晋时期的信阳茶

秦汉时期,社会基本保持了长期的稳定,再加上温润的气候,不断增加的人口以及人们对茶知识认知程度的提高,茶的影响力不断扩大,在此丰厚优越的基础上,信阳茶开始了早期的萌芽。

秦汉时期,全国的茶叶种植有了一定规模,茶树的人工栽培在淮河两岸已经非常普遍。两汉之际,毗邻信阳的南阳、许昌都是当时国家的政治、文化中心之一,今日在南阳和信阳都出土了汉代的饮茶画像。所以,包括义阳和光州在内的河南、山东、安徽、江苏等地在公元2世纪时饮茶已经相当普遍。东汉时期,信阳茶传入安徽,信阳的茶叶种植加工技术经过安徽当地的不断发展和改进,有了后来驰名中外的名茶六安瓜片。“六安瓜片具有悠久的历史底蕴和丰富的文化内涵。作为六安瓜片前身的六安茶叶,其悠久历史可以上溯到秦汉时期。汉献帝建安年间,茶叶就从四川经陕西、河南转入六安,六安茶叶最初是从六朝茶叶演变而来。”[4]

汉至魏晋,茶开始成为饮料。统治阶级一度把饮茶作为一种高级享受和精神力量而超过它的自然实用价值,茶叶被广泛用于祭祀、药用、解渴、解酒、养生等方面。只是这一时期,茶叶还不是一般寻常百姓家的消费品,其消费的主要人群是那些封国国君、王室贵族和官宦阶层。魏晋时期崇尚清谈的玄学家们,就大多酷爱饮茶,以助其高谈阔论之性情。文人雅士多喜喝茶,并有诗文反映茶事。更有晋代文人杜育专门歌颂茶叶的赋,涉及茶之性灵、生长情况及采摘、取水、择器、观汤色等各个方面,饮茶已不仅仅是解渴、提神、保健的需要,还具有一定的文化色彩。魏晋时期的信阳茶,已经从早期试种发展为规模种植,并引起了世人的关注,著名的《桐君采药录》的佚文中记载:“西阳、武昌、庐江、晋陵皆出好茗,皆东人作清茗。茗有饽,饮之宜人。凡可饮之物,皆多取其叶,天门冬、拔葜取根,皆益人。”意思是说,西阳、武昌、庐江、晋陵等地的人们都喜欢饮茶,有客人来,主人都以清茗招待。茶中有沫饽,饮用对人体有益。据考证,西阳、武昌、庐江、晋陵均为晋郡名,而西阳、庐江皆是古代信阳的行政区域。当时的西阳郡,包括现今黄冈、麻城、红安、罗田、英山、浠水等;武昌郡,包括现今的江夏、咸宁、蒲圻、阳新、大冶、通山等。照此推断,桐君此处所指的西阳茶,应该指的是信阳茶,这也使得信阳茶的明确文字记载定格到了魏晋时期。

快速发展——唐代的信阳茶

唐代是中国茶文化发展的一个高峰,茶叶从药用变为体现高尚礼仪的茶宴、茶道、茶艺、茶礼,茶文化的美学内涵更加丰富。这一时期,伴随着中国茶气势恢宏地登上历史舞台,信阳茶迎来了快速发展时期,奠定了信阳茶成为历史名茶的地位,塑造了信阳茶文化源远流长的高雅气度。

属淮南茶的信阳茶在唐代已经开始跻身当时的名茶之列。茶圣陆羽在《茶经》中写道:"淮南以光州上,义阳郡、舒州次,寿州下,蕲州、黄州又下。"[5]陆羽认为唐代八大茶区之一的淮南茶区中,光州所产的茶是最好的,义阳郡的茶也不错。因信阳茶品质好,所以陆羽在《茶经》中介绍唐代其他名茶时,经常将信阳茶作为参照物。比如《茶经》中记载,浙西茶区,以湖州上,"湖州,生长城县顾渚山谷,与峡州、光州同;生山桑、儒师二坞,白茅山悬脚岭,与襄州、荆南、义阳郡同;生凤亭山伏翼阁,飞云、曲水二寺,啄木岭,与寿州、常州同:生安吉、武康二县山谷,与金州、梁州同"。常州次,"常州,义兴县生君山悬脚岭北峰下,与荆州、义阳郡同"。唐代,湖州的顾渚茶与雅州蒙顶茶名扬天下,而陆羽在介绍顾渚茶生长环境时,将其与光州、义阳郡相媲美,信阳茶成为茶圣品评好茶的参照物,反映出信阳州郡产茶量较多,而且是长期出产茶叶,在当时的众多产茶地中有较高的声誉和相当的影响力。陆羽是第一位对信阳茶进行记载和品鉴推介的人,也正是由于他在《茶经》中对信阳茶进行毫不吝啬的赞美,使得信阳茶在较早时期就迈入了名茶行列。唐代的信阳茶产量高,质量上乘,满足当地消费需要的同时,还上贡朝廷,销售到淮北各地。当时全国向朝廷贡茶的有淮南道的寿州、庐州、蕲州、申州在内的 16 个州,其中淮南茶区的茶叶质量上乘,全国 16 州贡茶中,淮南道占据 17.6%。《重修信阳县志》记载:"本山产茶甚古,唐地理志义阳(即信阳)土贡品有茶。"《方志分类资料》记载:"唐代贡茶地区:河北道的怀州河内郡(今河南沁阳),山南道的峡州夷陵郡,淮南道的申州义阳郡(今河南信阳)。"关于信阳茶被列为贡品的具体时间,巩志在其主编的《中国贡茶》中进行了考证:"庐江郡在武德三年(620 年),即唐王朝建立后的第三年向朝廷进贡茶叶……随后有蕲春郡(今湖北蕲春)、义阳郡(今河南信阳)、鄱阳郡(今江西波阳)及吴兴郡(今浙江湖州),于武德四年(621 年)贡茶。

唐代的信阳茶区,因为耕作技术提高,茶园面积扩大,茶树的种植和移植技术掌握得更加纯熟。《册府元龟》记载:"元和十四年,归光州茶园于百姓,从刺史房克之请也。"由此可以推断,唐元和十四年之前的信阳光州茶园并不是百姓私有,而是由国家管理的,即《茶经》中所记载的光州下辖的今固始县、商城县、新县、潢川县、光山县和义阳郡下辖的今罗山县、信阳市的大面积茶园都是由国家官营的,并且信阳的茶叶种植已经比较普遍,从西部与湖北接壤的义阳郡到东部与安徽接壤的光州,均广植茶树。同时随着茶叶需求的增加,淮南茶区的茶叶贸易非常繁荣。唐昭宗乾宁元年(894 年)十二月,淮南节度使杨行密派人"持茶万斤如汴宋贸易”,一次拿出万斤茶叶参加市场贸易。事实上,当时光州和义阳郡在内的淮南茶区,已经有了专门从事茶叶销售的商人,并且茶叶交易的市场也有相当的规模,否则节度使杨行密不可能一次就能进行万斤的茶叶贸易。安史之乱后,为了解决财政危机,国家开始征收茶税。而在国家历次增加茶税的名单中,江淮茶区往往首当其冲。由于茶叶产量大,又是国家重要的税源,所以唐代的茶叶走私活动非常猖獗。《食货志》记载,国家对淮南茶区私贩茶叶进行治理,“于淮南界内出茶山口布置把捉”。

唐代流行的成品茶主要有粗茶、散茶、末茶和饼茶。其中蒸青团茶是用茶叶蒸青后揉碎做成团状,有圆有方,有大有小,中间穿孔,用绳子连接以便烘焙。它既保存了茶叶外形的美观,同时还去掉了茶叶的苦涩味。此时信阳茶属蒸青团茶,饼状,又称“大馍茶”,通常采用蒸、捣、拍、焙、穿、封、育等制作工艺,不仅分量足、易保存,而且滋味醇厚。据《新唐书·食货志》记载,“贞元(785-805),江淮茶为大馍,一斤至五十两”,可见,当时的饼茶分量足,小的重1斤,大的重达50两。《茶经·二之具》中记载:“江东、淮南剖竹为之。”当时信阳在内的淮南茶区的茶饼制作使用的就是用竹片制成的篾索进行穿连。而且把能穿一斤茶饼的称作上穿,能穿半斤茶饼的称作中穿,能穿四五两茶饼的称作小穿。在饮用时,先用炭火炙烤至柔软,然后用碾轮碾碎,再将碾压成碎屑的茶叶末过罗筛,留下较细的茶末,最后就是烧水煎茶了。

关于唐代信阳贡茶还有很多优美的传说。传说武则天患肠病,饮用信阳贡茶后痊愈,下旨从洛阳运来白石,在信阳车云山建造千佛塔作为对信阳茶的嘉奖和纪念。也有说是唐玄宗时期,因杨贵妃饮用鸡公山上的“口唇茶”而痼疾痊愈,遂传下圣旨,诏令“口唇茶”年年进贡朝廷,民间不得饮用,并敕建千佛塔一座,以谢神灵。千佛塔后倒塌,复建后再次屹立在海拔800米的车云山主峰上。唐代不仅信阳西部的县区产茶,东部的县区也多产茶,《九朝会要》记载“光州殷城产茶”,殷城即今日的商城县。

发展高峰——两宋之际的信阳茶

北宋时期,茶已与米、盐同,百姓家一日不可无茶,茶道大兴,茶叶产区遍及秦岭以南各地。位于淮河上游的信阳,随着当时整个茶产业繁荣的步伐,也进入了茶发展的黄金期、鼎盛期,在整个宋代国家茶叶生产中有着重要的地位,无论是种植面积、茶叶产量还是创造的经济效益和社会效益,信阳茶都达到了前所未有的高度。

宋代实行茶叶官买官卖的榷茶制度。《宋史》记载:“榷茶之制,择要会之地,曰江陵府,曰真州,曰海州,曰汉阳军,曰无为军,曰蕲州之蕲口,为榷货务六。

初京城、建安、襄、复州皆置务，后建安、襄、复之务废，京城务虽存，但会给交钞往还而不积茶货。在淮南则蕲、黄、庐、舒、光、寿六州，官自为场，置吏总之，谓之山场者十三。”[6]茶商们若想获得十三山场的茶货，必须先到京师输送金帛之类的规定物品换取茶引凭证，然后到指定的山场获取茶叶，再进行贩卖经营。在政府设立管理淮南茶的十三场中，信阳就有光山、商城、子安（今商城苏仙石）三场。光州三场产茶甚富，远高于周边的寿州茶、霍山茶和黄州茶书写了宋代信阳茶的辉煌。《梦溪笔谈》卷十二记载：“国朝六榷货务，十三山场，都卖茶岁一千五十三万三千七百四十七斤半，祖额钱二百二十五万四千四十七贯一十……光州光山场买茶三十万七千二百十六斤，卖钱一万二千四百五十六贯；子安场买茶二十二万八千三十斤，卖钱一万三千六百八十九贯三百四十八；商城场买茶四十万五百五十三斤，卖钱二万七千七十九贯四百四十六……”[7]十三山场的官员都被纳入中央的三司管理，属于中央的派驻机构。为了防止因丰厚茶利引发的贪污腐败行为，宋茶管理机构还派驻有监茶官员。光州因产茶众多而派驻有监当官，如史料记载，张蕴（954—1011）就曾监光州光山茶场。这是最基层的茶官，但也纳入三司运行机制。随着榷场的设立，信阳的茶叶贸易不仅获得了一个专门的场所，而且也在一定程度上推动、刺激了茶叶的种植。宋真宗大中祥符八年（1015 年），江淮两浙发运使李浦在上奏中说，淮南十三场当年自开场至七月中旬，已买片茶 2906. 57 万斤，比原定额增加 572. 8 万斤，比递年增加 568 万余斤。其中淮南十三场就有 160 多万担。如按照平均数计算，光山、子安、商城三场产茶就有 670 多万斤。同时据陈椽考证，宋代信阳的茶树种植更是增加到了 2600 亩，年产茶达到 6 万斤，占当时全国总产茶量的 7%以上。宋代政府将茶叶汇集到十三场和六榷务后，再批发、零售给承销商，这些承销商人经水路和陆路运输到西北。茶叶专家陈椽认为销往西北的茶叶中就有河南信阳所产的，但是具体贸易额尚缺乏翔实的历史记载。

绍兴议和后，宋、金以淮水中流为界展开互市贸易。金政权在泗、寿、颖、蔡淮安等州设立榷场；南宋政府也在光州中渡市（今息县中渡店）、信阳军齐冒界镇、霍邱封家渡、安丰军水寨及花靥镇、淮阴县磨盘、楚州北神镇及杨家寨、盱眙军设置榷场，以管理商业往来。由于茶叶稀缺，不易得到，因此金人有时还不得不通过战争的途径来获得，《宋史 · 宁宗本纪》记载：“（嘉定十年）夏四月丁未朔，金人犯光州中渡镇，执榷场官盛允升杀之。”元朝，信阳茶沿袭宋代继续发展，据元代马端临《文献通考》载，“光州产东首、浅山、薄侧”等名茶。[8]

信阳的茶叶生产应当是以专业户茶园为主，《宋史》记载，“六州采茶之民皆隶焉，谓之园户”。茶园中的茶树形态多不高大，《梦溪笔谈》对各地的茶树形态进行了明确的记载，“建茶皆乔木，吴蜀淮南（包括今信阳、罗山、光山、新县）唯丛茭而已”。这说明，宋代信阳茶树植株和丛茭差不多。宋代的制茶原料与唐代基本相同,普通茶叶原料通常采用一芽三四叶,制成饼茶或散茶。这一时期信阳主要生产散茶,《文献通考》记载:“片茶之出于建州者……东首、浅山、薄侧,出光州。总二十六名。”“其散茶,则有太湖、龙溪、次号、末号,出淮南。”[8]散茶尽管味道鲜美,色泽丰润,但是价格较当时的高端龙团茶低廉,每斤最贵也只有三十八钱五分,主要针对的消费群体是普通的饮者。片茶价格昂贵,最为精洁,片茶大片六十五钱至二百五钱,一些有名的片茶更是贵如黄金。除了散茶,信阳也偶有贡茶。《全宋文·赐知光州郭昭升进新茶敕书》之一、二中记载:“土毛之繁,茗品尤上。先春效味,输贡有经。”“茶品之英,淮区攸产。当新阳之盈债,先百花以萌滋。著厥贡条,是为方物。逮此甘芳之荐,弗违采撷之期。”[9]宋代信阳茶的制作工具与唐代的制茶工具相差不大,主要有灶、釜、甑、杵臼、规、檐、棨、扑、棚、承等。

北宋时期,中原地区最为流行的饮茶方式为点茶。点茶与煎茶不同的是水沸时不再将茶末投入水中,而是事先将茶末置于茶盏中“调膏”,待水沸后将水注入茶盏内,同时用竹片制成的茶筅击拂茶盏中的茶,边点边搅,令茶沫泛起。使用的茶具也更为讲究,饮茶的器皿种类更为多样,形制越来越精美,最为流行的是黑釉盏,尤其是影青刻花瓷碗。在商城县和固始县就曾出土有宋代的影青刻花瓷碗,口呈葵形,碗内阴刻折枝梅花,通体透明并布满了冰裂纹。釉色明澈温润,青中透白,白中泛青,给人以冰清玉洁之感。

逐渐衰落——明清之际的信阳茶

明清之际是中国茶发展的大转折时期,也是信阳茶由盛转衰时期。由于战乱频繁、茶税过重以及气候变冷、茶区南移、淮河改道茶道中断等诸多因素的影响,导致信阳茶在明清时期发展缓慢,逐渐走入低谷。

元末战乱频繁,战争碾压破坏之下,千里萧条。特别是蒙古兵 3 次南下进行血腥屠杀,淮河上游破坏严重,信阳受祸尤惨,人口死亡或外流严重,农业生产难以恢复,呈现出一派“万户萧疏鬼唱歌”的凄惨景象。百姓生活艰难,性命堪忧,茶叶的生产和经营受到较大影响。明代信阳茶的发展虽然取得了一定的成绩,但就整体而言,其影响力日渐衰微,与唐宋之际在国家政治、经济、文化发展中的地位相比已经不可同日而语。民间贸易也几近萎缩,所创造的经济效益和社会效益大不如前。据统计,明神宗万历六年(1587 年),河南省收茶税 1280 贯,折算茶叶 12.8 万斤,其中主要来自信阳。另据《河南通志》记载,河南地方的唯一名茶“罗山茶产汝宁府信阳州”。明代,信阳一些地方因为种茶较多而与茶结缘,直接以“茶”来命名称谓,如罗山县彭新乡的一个村子,就是因为茶树种满了村子周围的几座山,老百姓渐渐地将村子称为“茶山村”。随着明代信阳茶制作工艺的简化,新的品茶方式的流行，信阳饮茶之风日盛。据《重修信阳县志》记载，明代的翰林检讨王祖嫡在信阳修建了私家园林，取名“丘园”，在园子内专门修建了“烹茶”的小屋，并在黑龙潭游玩品茗后写下《游黑龙潭值雨》。他的孙子王星璧在《龙潭冻瀑》诗中写道：“煮雪携茶具，冲风却酒帘。”诗人在观赏冻瀑的时候，不忘携带茶具，以雪水煮茶，其冰爽清洁的精神与“雪水煮茶天上味，桂花煮酒月中香”的境界有异曲同工之妙。明代信阳虽然在种茶、售茶和传播茶文化方面有所进步，但是在茶叶种植、加工、销售和开设实体茶店铺方面业绩乏善可陈，尤其是能够提供品茗、餐饮综合服务的大茶商、茶社几乎没有，大部分茶农以加工种植为主业，经营形式比较单一粗放，导致很多优质茶叶生产出来后找不到销路，只能在本地销售，影响了产业的扩大再生产。

清代的信阳茶产地分布较为广泛，清人王幼侨所著《河南方舆人文志略》中说：“茶则信阳、罗山、商城、固始栽植颇盛，其制法系用人工。信阳所产绿茶，味含芳香，推销各地，颇受欢迎。”史学名家刘海涵在《龙潭小志》中对龙潭茶大加赞赏：“两潭左右，乱石丛中多生茶树，茶味尤以白龙潭称最，龙井雀舌恐未有此佳妙也……欲得真茶，须自入山寻摘。近山虽有，远不及此。”刘海涵之后又感叹道：“毋亦龙潭灵所钟，色味所以独佳欤?”虽然清代信阳种茶面积扩大，其影响力却日渐衰微。信阳茶人在清朝末年创制出新的制作工艺，创制了类似于今日信阳毛尖的炒制工艺，并在甘以敬、陈雨人、薛温伯、蔡竹贤、王选青、刘墨香等人提倡下开山种茶和复垦老茶园，集股筹资，先后在西、南部山区开荒种茶，相继成立元贞、宏济（车云）、裕申、广益、森森（万寿）、龙潭、广生、博厚等八大茶社，并开办了专门经营毛尖的茶庄。此外，一些本地乡绅也积极开山种茶，虽然规模不大，但也发挥了一定的引领作用。在八大茶社的带领下，信阳茶人不断引进优良的茶树种，对制作工艺精益求精，同时还极富产业观念，形成了种植、加工、销售的密集网络，信阳茶迎来了短暂的中兴。

进入民国时期，信阳茶大放异彩，1915 年在美国旧金山举办的巴拿马万国博览会上荣获金质奖状和奖章。沉甸甸的荣誉极大地激发了信阳人的种茶热情，1919 年前后，地主、商人、寺院僧人以及八大茶社的股东，都纷纷兴办茶事，西山、南山几乎山山岭岭都在开荒种茶。据统计，1919 年，信阳茶叶种植面积达到 11065 亩，年产量达 595000 斤，不仅完全占领了信阳市场，而且还销往北京天津、开封等地。20 世纪初，原名为“豫毛峰”的信阳茶为了区别于黄山毛峰，根据其成品的特点被命名为“信阳毛尖”。尽管信阳茶叶生产有所恢复，生产加工技术日渐完善，但随后而来的军阀混战、北伐战争等战事不断发生，茶园日益荒芜，传统的茶叶生产一落千丈。茶叶的生产主要是在小规模的茶厂或者作坊中进行，几乎没有生产规模，信阳茶迅速衰落。

缓慢恢复——新中国成立后到21世纪初的信阳茶

中华人民共和国成立后，国家先后出台了一系列茶叶生产的优惠政策，信阳茶不断培育新品种，改进生产加工工艺，进入了恢复发展阶段。

中华人民共和国成立初期，信阳因久经战火，农业生产力低下，传统的茶叶生产一落千丈。中华人民共和国成立以后，采取了多种措施推动茶叶恢复生产，茶园面积和茶叶产量都有所提高，茶产业缓慢发展，在艰难中起步。生产规模方面，中华人民共和国成立前夕，全区茶园面积仅剩0.6万亩。1948年，信阳传统的茶叶生产大县商城县的茶园仅有500亩，年产量不足1500公斤。1949年10月，国家召开了茶叶会议，讨论制定了迅速恢复茶叶生产的方针政策。第二年成立了中国茶叶总公司，各产茶区均设分支公司，专门协调茶叶生产和销售，信阳茶区归中国茶叶武汉分公司管辖。信阳地方政府迅速组织农民大力复垦老茶园，发展新茶园，茶叶生产有了很大的改观。当年秋天，信阳县政府给茶农贷款300万元(旧币)，鼓励开垦荒芜茶园，发展茶叶生产。1950年4月19日，信阳县政府发布发展茶叶生产公告，规定茶山实行包山政策，极大地鼓舞了茶农种茶的积极性。1953年，信阳县建起了车云山、云雾山、天云山、黑龙潭等六个茶叶专业生产合作社，发给茶农5年的生活补助费(每人每年500元)，并从湖南购买优良茶籽1.75万斤，扶助垦复茶园。到1958年，信阳县的茶园恢复到4197亩，年可产茶5850公斤。1972—1975年，信阳全区新发展茶园8万亩，涌现出黄柏山林场、新县林场等众多既从事植树造林又从事茶叶种植的国营林场。销售方面，1949—1985年，茶叶一直属于国家管控商品，实行计划经济体制下的统购统销，按照统一的价格收购、调拨、批发和零售，茶农一般不能私自出售茶叶。因此，在此期间，信阳生产的豫毛峰(信阳毛尖)和豫毛青(烘青)由河南省供销社提出收购价格，由中国茶叶总公司备案批准后，由信阳地区、县、乡供销社执行收购。信阳茶农尽力耕耘，为国家提供了不菲的茶叶物资。在种植技术提升方面，逐渐推广外地引进的新技术，如20世纪50年代推广水平梯地，合理密植，60年代开始学习安徽、浙江、湖北、湖南的先进技术建造茶园，创造了浅挖水平线、绕山转、砌石梯连成片的经验。每年三次浅锄，一次深挖，施基肥与追肥增加土壤肥力。总体来说，中华人民共和国成立初期，虽然茶园面积增加较快，但是计划经济体制严重制约了茶叶的发展，茶叶种植加工和销售都处在缓慢恢复阶段。但这一时期信阳茶的品质也得到了广泛的认可，在1959年举办的全国首届名茶品鉴中，信阳毛尖被评为全国十大名茶之一，此举确立了传统名茶信阳茶在当代的重要地位，具有继往开来的重要意义。

1978年中共十一届三中全会后，信阳茶产业随着改革开放的突飞猛进进入到了逐渐展开的新阶段。信阳茶农种茶的积极性不断提高，茶农自种、自制、自卖，多产多得的政策充分调动了茶农的积极性，全区茶叶产量大增，开辟了大量的新茶园，信阳茶进入了新的发展阶段。

种植新技术推广：1982 年，信阳毛尖茶的生产技术逐渐向光山、新县、商城、固始等县大面积推广，信阳毛尖的生产区域不断扩大，与信阳相邻的驻马店、南阳产茶的地区也广泛采用此技术进行茶叶加工。1982 年冬季至 1983 年是信阳茶产业发展的第二次高潮，一年内新增茶园面积 14.76 万亩，总面积达到 34.25 万亩。

种植技术大幅提升：1978 年，信阳从浙江余杭、绍兴等地学习短密技术，密度由亩栽 1200 丛增加到 5000 ~ 7000 丛，茶树高度由 1 米降为 0.66 米。部分茶园推广双行条列式，注意水土保持，每年除了夏季伏挖深耕外，还开始进行春耕施肥，秋冬采用施基肥以及封根培土越冬防冻措施，部分茶园还进行了铺草和喷洒叶面宝等生长素。

茶园产量逐年上升：平均亩产毛尖 20 多公斤，高产茶园达到 40 ~ 50 公斤。

销售方面：茶业实行市场经济，自由贸易。这是中国茶业几千年发展史上的一次重大变革，而这种变革也激活了信阳茶的发展，逐渐向产业化方向迈进。据统计，1991 年，信阳县茶园达到 8 万亩，年产量 75 万公斤，年产值 2250 万元，商品率 80% 以上，出口额 500 余万元，远销欧美和东南亚诸国。全区茶园发展到 32.7 万亩，是中华人民共和国成立前的 46 倍，占河南全省 39.1 万亩的 83%。当年开采了 17.2 万亩，年产量达到 385 万斤，占河南全省总产量 623.2 万斤的 60% 以上，年产值 6000 万元。其中优质茶近 200 万公斤，产值 4800 万余元，成为我国北方茶叶出口的主要基地，也是河南省茶叶出口的唯一基地。

总体来说，中共十一届三中全会至 1992 年，伴随着建立社会主义市场经济体制目标的确立，信阳茶产业发展逐渐展开，并向着产业化发展的方向迈进，虽然整体发展方式上还比较粗放，但这一阶段的发展为此后信阳茶产业的起步和升华奠定了基础，准备了条件。

1992 年邓小平发表南方谈话，改革开放步入新阶段，信阳茶产业在改革中壮大，产业化程度全面提升。1992 年 5 月 18 日，地委、行署举办首届茶文化节，以后每年一届。首届茶文化节的成功举办，有力促进了茶产业的发展，茶园面积不断扩大，茶产业进入发展高潮。茶节做活了茶文章，让信阳茶冲出山门，扬帆起航。在第八届茶文化节精品毛尖拍卖会上，500 克“龙潭牌”信阳毛尖经过多轮竞拍，最终以 19800 元的天价成交。这个消息不仅轰动了茶界同仁们，而且让信阳人更加认识到信阳毛尖的珍贵价值。1994 年 1 月，地区行署将辖区内按照信阳毛尖加工工艺生产、产品品质符合信阳毛尖品质特点，达到标准要求的毛尖茶，统称为“信阳毛尖”，使得信阳成为全国第一大名优茶生产基地。据统计，1993—2005 年，信阳茶园面积以每年2.46万亩的速度递增。这一时期,茶叶产业化进程进一步加快,各个县区相继建立了不同规模、不同组织形式的龙头企业,逐渐形成了“公司+基地+农户”的产业化模式。把分散的个体茶农组成贸、工、农一体化的联合组织,与茶农结成利益共同体,把千家万户的小生产和千变万化的大市场连接起来。总体来说,1992—2000年,茶叶逐渐从一种单纯的地方特色产品转变为信阳的重要名片,不仅因茶文化节扬名天下,而且创造了前所未有的经济效益和社会效益,成为信阳经济发展的优势产业和特色产业,茶产业化在改革中壮大,步入稳步发展的轨道。但是在此阶段,由于底子薄、基础差、高端人才匮乏等客观原因的限制,信阳茶叶深加工不够,茶产品附加值不高,还有很大的提升空间。

快速发展及升华阶段——21世纪以来的信阳茶

进入新千年,改革开放进入关键时期,茶产业发展迎来前所未有的挑战与机遇。对此,信阳市委、市政府出台政策,强化措施,大力扶持,注重信阳茶文化的挖掘,推进了全市茶产业的开拓突破,实现了持续快速发展。

为了加大对信阳茶品牌的保护力度,2002年完成了“地理标志原产地保护”申报,2003年申请注册了“信阳毛尖证明商标”。“两标”的成功申报,较好地规范了信阳毛尖的生产、加工、销售行为。2003年,信阳市人民政府将信阳毛尖茶的产地进行了界定。2005年底,全市年产干茶1,500万公斤,茶叶产值9亿元,加上贮藏、包装和销售,增值3亿元,拉动物流、交通、旅游、餐饮、娱乐等收入2亿元,实现年社会总收入14亿元,茶农年人均收入1,285元。全市9个县区、108个乡镇、896个行政村产茶,种茶农户16万户,从业人员约70万人。茶园面积超过1万亩的乡镇有12个,几乎每个产茶乡镇都有茶叶交易市场,其中规模较大的有20多个。全国各地有营销网点1800多个,国外市场则销售到了日本、美国、德国、加拿大、马来西亚、韩国等20多个国家和地区。2006年,市政府制定并颁布《信阳市“十一五”茶产业发展规划纲要》以下简称《纲要》)。《纲要》提出,“十一五”期间,全市要高标准开挖新茶园,茶园面积以每年15万~20万亩的速度递增。2010年,在时任河南省委书记卢展工的倡议下,信阳市成功研发了“信阳红”红茶,并通过开展“信阳红风暴”系列宣传推介活动,使得信阳红迅速走入人们视野,得到广大消费者的青睐。到2010年末,全市茶园面积达150万亩,亩产值4500元,有20多个乡镇的茶园面积超万亩,有各类茶场1200多家,茶叶加工企业600多个,茶农120万人(含涉茶人员),茶叶产量超过3000万公斤,茶叶总产值40亿元,茶产业综合产值达到50亿元,茶叶已成为信阳市经济发展的重要支柱产业、优势产业和特色产业。在此基础上,信阳市还对“十二五”期间的茶产业发展做出了科学规划:从2011年起，每年新增茶园面积30万亩，到2015年末，全市茶园面积达到300万亩，年产干茶10万斤，茶产业生产总值达到100亿元，把信阳市建设成为我国江北地区最大的茶叶集散地、全国最大的绿茶生产基地和重要的红茶生产基地。总的来说，2000—2012年，信阳茶从传统的小商品发展成为一个横跨第一、第二、第三产业的大产业，它不再仅仅是“柴米油盐酱醋茶”的生活必需品，而是逐渐成为“琴棋书画歌舞茶”的文化产品，信阳茶的文化价值不断提升。

中共十八大以来，茶产业发展进入历史性变革阶段。中国茶业面临的形势不是茶叶少了，也不是体制问题，而是市场问题和深加工问题，这一时期茶业发展面临的是茶与各业态的融合发展问题。基于茶业发展面临的新形势，信阳地方党委、政府积极应对，持续深化茶产业供给侧改革，推动了茶产业和茶文化发展的历史性变革。具体做法是：注重探索创新茶产业发展模式，主要是在产品结构、创新“茶+”模式上下功夫，调思路，调结构，调策略，推进茶产业转型升级。一是发展大宗茶。结合市场需求和产销形势，加大夏秋禁生产力度，开发生产红茶、黑茶、白茶、乌龙茶、花茶等。二是突出茶旅融合。为了让一片叶子发挥出更大能量，各级政府推动将旅游元素融入茶园建设，让茶山成为流动的风景，让每一位游客都能找到心中的诗和远方。在规划布局上，以南湾湖百里茶廊为环线，构建大别山北麓山地茶旅度假带、红绿结合茶旅文化追忆带，打造精品旅游线路；在基础建设上，实施环南湾湖中国茶文化生态公园、鸡公山百年古茶园等茶旅融合工程，发展一批休闲观光、知识科普、采摘体验、茶文品鉴为一体的茶旅一体化示范区；在示范带动上，建设茶叶主题公园、万亩精品茶园，推动毛尖小镇、空谷活力小镇建设等，逐步走出了一条以茶兴旅、以旅促茶、茶旅融合发展之路；积极践行“绿水青山就是金山银山”的生态理念，专心做好品质茶、生态茶、健康茶。遵循生态优先的原则，科学规划，合理布局，不断加强生态茶园建设。鼓励茶企业积极开展绿色、有机茶园认证工作，全面提升生态茶园建设质量。连续五年与中国农科院茶叶研究所开展战略合作，做好茶树病虫害绿色防控工作，加快建立茶叶产品质量可追溯体系和标准化生产体系，不断提升茶叶品质和质量安全水平。2018年，全市茶园面积由中华人民共和国成立之初的2.11万亩增加到212万亩，茶叶产量由55万公斤增加到6.6万吨，总产值超112亿元。值得一提的是，除了传统绿茶外，其他品类茶产量明显提高，其中红茶产量11520吨，产值20亿元：黑茶产量3660吨，产值4.5亿元：白茶、花茶、黄茶、乌龙茶等总产量超过1000吨。2018年，全市夏秋茶总产量达28820吨，比上年增长15.5%；总产值21.5亿元，比上年增长18.8%；亩均增收超过1000元，成为茶农脱贫致富的重要增收渠道。全市有进出口资质的茶企达到18家，直接出口金额达到1.72亿元，比2017年增加了6家企业和3600万元，分别增长50%和26.4%；出口的国家从非洲、中亚国家扩展到东南亚、欧洲等国家，出口产品也从单一的眉茶、砖茶扩大到信阳毛尖、信阳红茶和信阳抹茶。据统计,全市茶产业从业人员超过120万,其中茶农超过100万,茶农人均年收入超过6000元。全市300多家市级以上农业产业化茶叶龙头企业和茶叶专业合作社参与茶产业扶贫工作,带动3.5万户建档立卡的贫困户约10万人脱贫,并在巩固脱贫成果、实现乡村振兴的进程中发挥着积极作用。中共十八大后,信阳茶抓市场、抓科技、抓生态,将茶与文化、旅游、地方菜、互联网等深度融合,形成了"喝茶、饮茶、吃茶、用茶、玩茶、事茶"为一体的六茶共舞、三产交融、跨界拓展、全价利用的茶产业发展格局,这场历史性的变革真正把小茶叶变成了大产业,信阳毛尖的区域公用品牌价值不断提升,2019年为65.31亿元,2020年为68.86亿元,2021年为71.08亿元。信阳茶作为历史名茶不仅走上了复兴之路,而且在这场深刻的产业革命中,将地方茶文化推向千年未有之大繁荣、大发展,茶文化不断得到升华。

从生煮羹饮到饼茶散茶,从单一绿茶到多种茶类,从手工操作到机械化制茶,从饮茶的物质层面到品茶的精神层面,在几千年的茶文化发展过程中,信阳茶从曙光乍现、形成完善到创新光大,其间经历了不同的阶段。无论时代如何更迭,社会如何变迁,信阳茶始终伴随并滋养着这里的人们,就像一个文化载体,让人们通过茶的真实感知,澄清自己,内敛自己,让这座城市、这里的人们逐渐形成一种生活之道,达到养身、养心、养天地的茶道境界。今天,茶是信阳的象征,是信阳的传统特色优势产业,也是竞争力强、潜力巨大、前景广阔的朝阳产业、生态产业、健康产业。

本文作者张清改为信阳市委党校副教授,市社科专家,市政协文史资料研究员。

参考文献:

[1]陈椽.茶叶通史[M].北京:中国农业出版社,2008.

[2]宋效忠.信阳种茶是从川陕移入的吗:兼谈信阳是我国最早的茶产地之一[J].中国茶叶,2011,33(4):32-33.

[3]张清改.信阳茶史[M].郑州:河南人民出版社,2018.

[4]王哲,宋光钧.六安瓜片茶历史文化探讨[J].农业考古,2007(2):232-235.

[5]陆羽.茶经[M].北京:中华书局,2019.

[6]脱脱,等.宋史[M].北京:中华书局,1985.

[7]沈括.梦溪笔谈[M].北京:中华书局,2017.

[8]马端临.文献通考[M].上海:中华书局,2018.

[9]曾枣庄,刘琳.全宋文:第7册[M].成都:巴蜀书社,1992.

特稿

TEGAO

信阳茶赋

宋效忠

悠悠华夏，茶之故乡；厥[1]生苦荼[2]，有吾信阳。茶之为饮，神农始倡[3]；药食[4]款客[5]，聚荼供丧[6]。东汉《药录》[7]，西阳好茗[8]；西晋方叔[9]，《荈赋》[10]华章[11]；鸿渐[12]著曰，光州为上[13]；大唐土贡，有录义阳[14]；色品味美，东坡颂扬[15]。

古籍库索以彰，狮子地[16]埋以出。钟山[17]荈草，弦地[18]弥[19]岗；黄港[20]槚木，子安茶场[21]。丛茇[22]片散[23]大馍[24]，东首薄侧浅山[25]。鸡公山唐宋遗株，大茶沟[26]独存青苍；孟凤里[27]董奉祠[28]下，茶马道[29]武胜关[30]畅。商贸兴业，茶社[31]开张：杀青炒烘兮毛尖，雪毫细秀兮旗枪；桑梓怡轩[32]，赞其妙香[33]。现代百年[34]，屡获金奖。

嗟乎：山岭绣披，水碧日朗；天赐一叶，千载流芳。

（辛丑正月，笔者与友五云山客、樵悦瘦翁、公堂，应龙袍山庄主之邀，览山庄茶园，品茗论道，畅快之余，撰赋以谢。）

注释：

[1]厥：语气助词，原意为“犹”，当“其”“那”“那个”用。

[2]荼：茶的旧名。出于汉《尔雅·释木》：“槚，苦荼也。”唐代陆羽《茶经.一之源》：“茶其字，或从草，或从木，或草木并。其名，一曰茶，二曰槚，三曰蔎，四曰茗，五曰荈。”

[3]神农始倡：源自《茶经》：“茶之为饮，发乎神农。”

[4]药食：见《诗经·豳风·七月篇》：“采荼薪樗，食我农夫。”和东汉《神农本草经》：“神农尝百草，一日遇七十二毒，得荼而解之。”

[5]款客：见《尔雅·释木》“荼之用，非单功于药食，亦为款客之上需也”。

[6]聚荼供丧：出自《周礼·地官司徒》“掌以时聚荼，以供丧事”。

[7]《药录》：指成书于东汉至三国间的《桐君采药录》，失传。书名见于南朝梁

陶弘景《神农本草经集注·序》等。书名中的"桐君"为传说中的上古人物。学者认为《桐君采药录》为托名之书。

[8]西阳好茗:出自《桐君采药录》"西阳、武昌、庐江、晋陵皆出好茗""西阳"指汉代西阳县,县治在今光山县仙居乡。

[9]方叔:指西晋汝宁郡太守杜育。杜育(?—311),字方叔,襄城郡定陵县(今河南省叶县)人,曹魏平阳乡侯杜袭的孙子,西晋大臣、茶学家。风姿俊美,颇有才藻,人称"杜圣"。晋惠帝永兴(304—306),拜汝南太守。晋怀帝即位(307),出任右军将军、国子祭酒。永嘉之乱(311),洛阳城破,遇害身亡。著有文集二卷。

[10]《荈赋》:中国茶文学的开山之作。"灵山惟岳,奇产所钟。瞻彼卷阿,实曰夕阳。厥生荈草,弥谷被岗。承丰壤之滋润,受甘霖之霄降。月惟初秋,农功少休,结偶同旅,是采是求。水则岷方之注,拒彼清流。器择陶简,出自东隅;酌之以匏,取式公刘。惟兹初成,沫成华浮,焕如积雪,晔若春敷。调神和内,倦解慵除。"(《太平御览》卷867《饮食部》)全文音韵和谐、抑扬顿挫。杜育借灵山西坡茶树的生长,第一次全面叙述中国历史上有关茶树种植、培育、采摘、器具、冲泡等茶事活动,为我国最早专门歌吟茶事的诗赋类作品,是研究茶文化的珍贵资料。宋代诗人苏东坡称赞:"赋咏谁最先,厥传惟杜育。唐人未知好,论著始于陆。"认为杜育之功大于陆羽。宋代文人吴淑也有言赞美:"清文既传于杜育,精思亦闻于陆羽。"

[11]华章:指杜育《荈赋》。

[12]鸿渐:指茶圣陆羽。陆羽(约733-约804),字鸿渐,唐朝复州竟陵(今湖北天门)人,字季疵,号竟陵子、桑苎翁、东冈子,又号"茶山御史"。唐代茶学家,被誉为"茶仙",尊为"茶圣",祀为"茶神"。

[13]光州:唐代州名,州治定城(今潢川县城),辖光山、固始、殷城(今商城县)、乐安(今罗山县竹竿河以东区域)4县。为上:唐陆羽《茶经》"淮南,光州上"。

[14]大唐土贡,有录义阳:出自《新唐书·地理志》"义阳土贡有茶"。

[15]出自1936年出版《重修信阳县志·食货志三》。

[16]狮子地:指固始县白狮子地战国古墓。1987年,考古工作者对固始白狮子地战国古墓14号墓进行发掘时,发现棺椁上覆盖一层植物叶片,专家认为是茶。这印证了《周礼·地官司徒》"掌以时聚荼,以供丧事"的记载。

[17]钟山:指唐代钟山县,今平桥区中山铺。

[18]弦地:指西周"弦国"。弦国:嬴姓(一说隗姓),子爵,都城今光山县仙居,公元前655年亡于楚国。

[19]弥:遍地、满山。

[20]黄港:指光山县黄头港。见陆羽《茶经·八之出》。

［21］子安茶场：指宋代子安茶场，今在商城、固始县境。

［22］从茇：出自宋沈括《梦溪笔谈》“建茶皆乔木，吴、闽、淮南唯丛茇而已”“从”指“聚集、生长在一起的草或树木”；“茇”指“干草”。“丛茇”形容满山遍野的灌木茶园。

［23］片散：指宋代散茶。

［24］大馍：指唐代团茶。

［25］东首薄侧浅山：指宋代光州生产的名茶。出自元代马端临《文献通考》“东首、浅山、薄侧，出光州”。

［26］大茶沟：地名，指鸡公山东北侧大茶沟。

［27］孟凤里：明代行政区划，今浉河区浉河港、董家河镇区域。

［28］董奉祠：在浉河港镇马家畈。董奉（220—280），又名董平，字君异，号拔墘，侯官县董墘村（今福建福州长乐区古槐镇龙田村）人，东汉建安二十五年（220）生。董奉医术高明，人们把董奉同当时谯郡的华佗、南阳的张仲景并称为“建安三神医”。后有人在马家畈建董奉祠纪念。

［29］茶马道：指浉河港遗留的明代茶马古道。

［30］武胜关：指信阳武胜关。中国著名关隘，历史上长期为军事要塞，明初开关，允许平民、商人经武胜关南下北上。

［31］茶社：指民国初信阳宏济（车云）、广益、元贞、裕申、森森（万寿）、龙潭、广生、博厚八大茶社。

［32］怡轩：指浉河港白龙潭人刘海涵。刘海涵，字怡轩，光绪（1892）秀才，与南阳张嘉谋、豫北李敏修、豫东江藩并称民国初河南四大才子。1920 年任河南省省长公署秘书，1922 年经理河南书局。

［33］妙香：“妙”出自刘海涵《龙潭小志》“龙潭左右，乱石丛中多生茶树，茶味尤以白龙潭称最，龙井雀舌恐未有此佳妙”；“香”出自 1931 年王幼侨《河南方舆人文志略》“信阳所产绿茶，味含芳香”。

［34］现代百年：指 1915 年本山毛尖获巴拿马万国博览会金奖至今百年。

茶节纪事

CHAJIE JISHI

信阳茶文化节30年

张久谦

1986年7月,我从豫南农业专科学校茶学专业毕业,分配到地区行署苏区建设办公室所属的信阳地区蚕茶总公司工作。1989年调入信阳地区供销社茶叶生产开发办公室工作。1991年参与了首届信阳茶文化节的考察、论证、方案制订和有关活动的组织等工作。1992年至2005年在地区(市)供销社参与了每届茶文化节的茶事活动策划和筹备组织工作。2006年市政府成立茶产业办公室,我于同年调入市茶办工作。由于组委会办公室设在茶办(现更名为信阳市茶产业发展中心),从而全面参与组委会工作,我全程参与了每届茶文化节总体方案的策划制订、统筹协调及茶事活动的组织实施工作,至今已连续参与了29届,是信阳茶文化节30年的谋划者、推动者、参与者、见证者之一。2002年被信阳市人民政府记三等功一次,2020年被信阳市人民政府通令嘉奖,其间数次被评为信阳茶文化节筹办工作先进个人。

信阳茶文化节从1992年举办首届,到2021年已成功举办了29届,2003年由于"非典"的影响,停办一年,但届别连续。回头一数,信阳茶文化节已经30年了。30年来,信阳茶文化节在地委、行署和市委、市政府的正确领导下,不忘初心,方向不变,目标坚定,持续举办,与时俱进,不断创新,活动内容丰富多彩,举办形式灵活多样,活动效果越来越好,对信阳经济社会的发展起到了重要推动作用。

信阳毛尖荣获国家质量金奖

信阳举办茶文化节,究其原因其一是信阳茶具有悠久的历史文化、辉煌的成就和良好的产业基础,经济效益和社会效益很好;其二是信阳毛尖茶的声誉和美名,特别是与"龙潭牌"特级信阳毛尖1990年荣获国家质量金奖直接相关;其三是信阳的改革开放需要一个平台,茶就是一个很好的媒介,茶文化节就是一个很好的平台。所以谈起茶文化节,必须谈谈信阳毛尖,也必须谈谈信阳毛尖荣获金奖的历史过程。

据史料记载,信阳种茶始于东周,名于唐,兴于宋,盛于清,历史悠久,茶文化源远流长,至今已有2300多年的历史,是古代著名的淮南茶区。唐代茶圣陆羽在《茶经》中评价,"淮南以光州(今信阳)上";宋代大文豪苏东坡曾惊叹"淮南茶信阳第一"。信阳毛尖创制于1913年,以外形细圆紧直,色泽翠绿,白毫显露,内质汤色嫩绿明亮,滋味鲜爽回甘,香气馥郁持久而享誉海内外,屡获殊荣。1915年,获巴拿马万国博览会金奖;1958年,被评为全国十大名茶之一;1985年,"龙潭牌"特级信阳毛尖和一级信阳毛尖在国优评选中荣获国家银质奖;1990年,"龙潭牌"特级信阳毛尖在全国绿茶评比中,以最高分获得国家质量金奖。

信阳毛尖获得国家质量金奖当时在全国特别是在茶界震动很大。关于"龙潭牌"特级信阳毛尖荣获国家质量最高奖——金奖的过程,我曾多次拜访平桥区农业局高级农艺师黄执优老师,他讲述了信阳毛尖荣获国家金质奖的主要过程。

国优产品的产生,要经过文字材料的审批、产品样品的申报、专家的评审和国家质量奖审定委员会的审定批准四个环节。文字材料主要包括企业组织、生产经营、质量管理情况、茶叶标准、产品的理化、卫生指标和消费者反映以及创优工作方案等方面。决定参评以后,信阳县政府确定以县龙潭茶叶总厂为申报主体材料经地区、省经委、国家商业部逐级审批上报,由国家经济委员会审定批准参评。

茶叶样品是评审的实物依据,也是评优的核心。评优是以质定论,以质取胜。优良的茶叶样品,取决于优良的茶树品种和科学培育及精细的科学的采制加工。采制茶样为春茶,要在重点名山头选择生长旺盛无病虫害的信阳本地群体种茶园作为采样园,从上年秋冬季就采取松土保墒、增施有机质肥料(饼肥)和培土防冻防旱等措施,加强茶园科学管理,促进茶树健旺,芽叶肥壮,内含有机物质丰富。到了春季谷雨前后,严格按照信阳毛尖采制工艺标准,组织技术高、责任心强的茶农采制茶叶。特级信阳毛尖的采摘标准为一芽一叶初展,为确保从采摘方法、鲜叶装运、炒制和茶叶保管、包装等全过程都高标准,不出现失误,信阳县政府从县农技站、县茶果公司抽调5名技术人员分别进驻各山头指导,实行定山头,定人员,定时间,定茶叶数量、质量等任务包干。创优专家组的同志到各山头巡回指导,每到一处都深入茶园、茶房以及总场精加工车间、库房检查,发现问题立即解决。当各个山头茶样采制结束后,专家组以国优标准,分批逐样逐项审评,优中选优,再精选定样。经综合审评比较,最后决定选取车云山分场茶样报送参评。茶样选定后,密封包装放在卫生、干燥、低温库房保存。

1990年,参评样茶是自选与任意抽样相结合。评委会要求准备10件共100公斤以上,供任意选取。抽样时,组织三省为一组,相互到对方仓库任意选取,当场密封,加盖取样人单位公章。抽样时,河南与湖南、湖北一组,我们的样茶是湖北省抽取的。当年，我们采制优质茶样较多，满足了抽取的需要。茶样选定后由专人送到评审地点。选取参评茶样 1.5 公斤，平分 3 份，每份 0.5 公斤，一份送国家茶叶检测中心检测理化和卫生指标，一份送评委会专家评审，一份作复查备用。经检测，信阳毛尖茶的卫生、理化各项指标，完全符合国家标准，特别是茶的水浸出物含量高达 46.2%，大大高于 39% 的国家标准。正是由于这一原因，信阳毛尖茶叶才香高味醇爽。

国优茶叶专家评审委员会由全国理论水平高、实践经验丰富，在业界享有盛誉的茶叶专家、教授组成，共有 12 人，黄执优老师是其中之一。1990 年 6 月 7 日至 10 日，评审工作在广东省商业干校进行。评审期间，学校已放假，封闭管理，评茶室只允许少数工作人员进入，其他任何人不得入内。另有国家食品工业协会和国家消费者协会各一名同志现场监督。茶样样品室只有一人负责给茶样密码编号，评委等任何人都不得进入和打听茶样情况。评茶室宽敞明亮，宁静整洁。评委和工作人员均穿戴洁白卫生衣帽。室内悬挂大幅红色横标，上写“科学、公正、准确、廉洁”八个大字。要求评委严格遵照标准，实事求是，大公无私，自始至终防止和杜绝一切不正之风，真正评出国家级优质产品来。

评委分三个小组，每个茶样分三份，均是密码编号，由固定送样人员送收。三个小组分别由进行评审，一轮评审 6 至 10 个样品。评审分外形、内质两个部分八个因子分别评审打分、下评语。对有争议的茶样要再评后取得一致意见，再定分数。评委会将三个小组记分进行总评分和统一评语，最后讨论评审结果，形成一致意见后交给国家质量奖审定委员会。

在此次国优名茶评审中，全国各地申报各类合格茶样 46 个，其中新参评 33 个原国优复评 13 个。我们申报的特级信阳毛尖参加复评。经专家评委评审，特级信阳毛尖得分 102.46 分，总分第一。专家评委统一对特级信阳毛尖的评语是：“条索细秀满毫，色泽隐翠光润，香气高爽，滋味醇爽，汤色清澈明亮，叶底嫩绿匀净。”评委一致同意推荐特级信阳毛尖升为国家金质奖。

国优产品的最后审定批准权归国家质量奖审定委员会。1990 年由国务委员国家科委主任宋健担任主任委员。委员由国家经委、轻工部、商业部、技术监督局商检局以及全国消费者协会、全国用户委员会等有关部门领导及专家担任。审定委员会最后审定的主要依据是专家评委的评定分数和意见，同时综合考虑产品的产值、产量和产品的卫生、理化指标以及消费者的反映等，以此确定奖项等级。

1990 年，“龙潭牌”特级信阳毛尖荣获国家金质奖。颁奖大会于 1990 年 10 月 20 日在北京人民大会堂举行。信阳县茶果公司总经理、龙潭茶叶总厂厂长林祖辉上台领奖，接受了奖牌和证书。证书落款为国家质量奖审定委员会，加盖中华人民共和国经济委员会公章。奖牌中间镶嵌优质奖章，奖章为镀金铜质，底衬红色绒布，字迹均为金黄色，奖牌落款为国家质量奖审定委员会。

1991 年 5 月 15 日，信阳县人民政府在北京人民大会堂举行信阳毛尖荣获国优金奖新闻发布会，党和国家领导人彭冲、严济慈、周谷城、雷洁琼、宋健、陈俊生等出席或题字题词祝贺，引起各界媒体纷纷报道。信阳毛尖荣获国优金奖震动京城，影响全国，信阳老区人民欢欣鼓舞，举行隆重集会，欢庆荣获国优金奖，从此唤醒了老区人民解放思想、扩大开放的希望和期盼。

建议举办信阳茶叶节

进入 20 世纪 90 年代，全国涌动着改革开放、发展经济的浪潮，信阳作为革命老区、苏区、山区、贫困地区，如何发展？全区上下在求索，在思考，在探寻，在找抓手、找契机，信阳毛尖荣获国家金质奖给信阳带来启示，一些关心信阳社会经济发展的专家学者、社会人士和有关领导纷纷建言，建议举办茶文化节。

原信阳县农业局茶叶专家黄执优、原信阳地区水利局干部王星元分别向地委、行署提出举办茶文化节的建议。王星元同志于 1991 年 2 月向行署递交了《建议信阳举办信阳毛尖茶节》的构思。1991 年 3 月 2 日，时任行署副专员张本乐批示："这是一个很好、很重要的建议。我建议请专员办公会讨论酌定。信阳举办茶节意义重大，涉及面广，若原则同意，可着手筹备，即使今年不能举办，也可先在今年的北京新闻发布会上（指信阳县拟于 1991 年 5 月 15 日在北京人民大会堂举行新茶上市新闻发布会及订货会）宣布明年开。此材料可复印十份（七份备专员办公会用，三份交地区茶办、茶叶学会，并请他们组织一次讨论，讨论意见报行署，并可登《信阳日报》以引起讨论，征询更多的好意见）。当否，请景专员酌定。"1991 年 3 月 4 日，行署专员景献琢批示："赞成张专员意见，请组织落实。"根据行署领导的批示，相关单位分别组织研究讨论。王星元同志又着手修改建议，并于同年 10 月份起草《首届信阳茶叶节方案（讨论稿）》报行署，行署专员景献琢、副专员张本乐、行署办公室主任陈其元都做出批示，赞同方案讨论稿，并安排交专员办公会讨论，重点讨论基本原则、指导思想、组织办法、经费来源等内容。

根据地委、行署有关领导的批示意见，1991 年 4 月 23 日至 25 日，由原行署办公室五科科长郑志强、原地区供销社副主任申长本和我，信阳县供销社业务股李股长等一行 6 人赴洛阳考察学习洛阳牡丹花会成功举办经验。洛阳是十三朝古都，历史文化厚重，经济繁荣，旅游资源丰富，是河南省经济实力最强的城市，1991 年 4 月 15 日至 25 日，刚刚举办完第 9 届牡丹花会，我们到洛阳市政府为筹办洛阳牡丹花会而成立的花会办公室，听取花会办张鸿昌科长介绍有关情况。他们每年成立由有关委、局、办事处及市直几十家单位领导参加的指挥部，常务副市长牵头任指挥长，下设办公室及经贸、文化、保卫、接待、环境整治、宣传等工作组，每年要提前半年开始筹备，制订活动方案，确定责任单位，办公室做好督促检查工作。开幕式和主要活动地点在王城公园，主要围绕观赏牡丹开展各种各样的活动，以带动商业、服务业、园林、城建、餐饮、旅游、物资贸易等各行各业的活跃和发展。据花会办统计，当年全市实现经贸成果8.73亿元。4月29日，考察小组召开碰头会，梳理学习收获，酝酿讨论信阳茶文化节怎么办，方案怎么制订。考察小组研究决定，方案可参照洛阳牡丹花会方案制订，安排我具体执笔起草。

5月4日，信阳县供销社主任孔令富到地区供销社汇报其参加4月24日至26日由国家旅游局和浙江省政府联合举办的1991中国杭州国际茶文化节的有关情况。该茶文化节以茶为主线，以旅游为重点，以搞活经济、增加收入为宗旨，在省展览馆组织有关产茶省、市、县生产经营单位设立展销厅，开展茶叶展览展销活动，举行了中国茶博物馆开馆仪式，还举办了茶道表演、茶叶评比、斗茶表演等活动，邀请有日本、韩国、新加坡、中国台湾、中国香港等地茶商和茶行业组织代表参会。江苏省溧阳县于1991年4月举办了首届溧阳茶文化节，行署办公室获悉后安排专人去考察学习。5月16日，我完成了《信阳茶叶节方案（草案）》初稿，交考察小组成员讨论修改，行署办公室五科科长郑志强进行了多处修改。

7月2日，几经讨论修改，由我起草的《信阳茶叶节方案（草案）》提交信阳地区供销社党组成员传阅，提出修改意见，供销社党组书记、主任裴大喜，党组成员孟祥甫、朱洪喜、申长本、邓修田等进行了传阅，提出了宝贵意见。8月初，以信阳地区茶叶生产开发办公室文件（信地茶办字（91）第8号）向地区行署上报了《关于审定〈首届信阳茶叶节方案（讨论稿）〉的报告》。

9月10日，根据行署有关领导的批示，行署办公室五科科长郑志强再次召集申长本、陈天才、我等有关人员研究《"首届信阳茶叶节"方案（草案）》，结合有关领导和其他部门提出的办节方案建议，再次对草案进行修改完善，提出举办时间放在5月中旬，指导思想为"以茶为媒，广交朋友，扩大开放，全面促进，发展经济，振兴信阳"。草案后经行署专员办公会研究通过。

信阳地委、行署经过反复论证，深思熟虑，做出了举办信阳茶叶节的重大决策，提出了"以茶为媒，广交朋友，扩大开放，全面促进，发展经济，振兴信阳"的指导思想，制定了"办好茶叶节，开好茶节订货会、商品交易会两个会，搞好资金、项目、技术三个引进"的战略和十条优惠政策。着眼于茶叶搭台、经贸唱戏，以茶叶促开放、促引进、促合作、促开发、促发展、促繁荣、促人的思想解放，观念更新，促信阳经济的全面腾飞。

首届信阳茶叶节

1991 年 12 月 19 日，地委、行署成立了首届信阳茶叶节指挥部，行署专员景献琢亲自任指挥长，副专员谢应权任常务副指挥长，张树亭、蔡辽尤、于国民、陈其元、程国琛、李殿顺、王道云任副指挥长。指挥部办公室设在行署院内，李殿顺兼任办公室主任。另设经贸活动组、市场贸易组、茶叶展销组、旅游组、文化宣传组、接待组和安全保卫组共一室七组。12 月 23 日，地委、行署召开首届信阳茶叶节动员大会。12 月 26 日，行署办公室印发了《首届信阳茶叶节方案》，正式拉开了各项筹备工作序幕。各县市（原县级信阳市）、地直单位都建立了相应的工作机构。茶叶节指挥部办公室迅速行动，首先开展了节徽、节旗、节歌的征集工作，地直各单位、各县市雷厉风行，设计展厅，建设市场，整修街道，装修宾馆，扩大宣传，整顿治安，编排演出节目，全区上下斗志昂扬，形成了团结拼搏、比学赶超的感人局面。特别是信阳县只用了 60 天时间，就在 312 国道“金三角”区域建成了“中国信阳茶叶城”，被称为“信阳速度”。

1992 年 5 月 15 日上午 9 时，首届信阳茶叶节开幕式在信阳文化中心广场隆重举行。应邀贵宾在文化中心二层平台就座，广场上是有序观众和文艺演出方阵。主席台上方悬挂着硕大的节徽，两侧竖飘着气势磅礴的对联：“江淮八百里物华天宝绿水青山奉献信阳毛尖一枝独秀；豫楚五千年人杰地灵红日丹心喜看英雄儿女万世风流。”在主席台就座的有战争年代在大别山区叱咤风云的老将军，有中央和省地的领导同志，有著名的茶叶专家、文化名人，有国际友人和港澳台同胞及国内嘉宾。郑维山、万海峰、张至秀、冯纪新、刘杰、曹思明、刘冰、寇庆延、吴基传、杨析综、严济民、刘广祥、黎明、秦科才、范濂、魏钦公、张赤侠、尚明、李宝光、张永励、朱致平、杨森、曹灿章、吕清、张起红、林永康、刘佳棚、黎红、翁大熊、李谷一、刘秉义、陆松侯、黄执优等出席了开幕式。

信阳地委书记董雷主持开幕式，行署专员景献琢在热烈的掌声中致开幕词。他代表中共信阳地委、信阳地区行署和全区 700 万人民向中外来宾表示热烈欢迎。他说：首届信阳茶叶节，是信阳人民经济、文化、政治生活中的空前盛事，将以驰名中外、荣获国家金质奖的“龙潭牌”茶叶为载体，成为我们抓住机遇、扩大开放的重要里程碑。信阳资源丰富，物华天宝，殷切期待着投资者的开发和利用。他代表信阳地区行署郑重宣布：我们将努力从各方面创造良好宽松的环境，提供比其他任何地方都更加优惠的政策，竭诚欢迎港澳台胞、身居海外的华夏子孙和所有外国朋友以及国内外的科技工作者、专家，到信阳投资、开发、经营、定居，为信阳尽快振兴、走向世界插上翅膀，注入活力。董雷书记宣布首届信阳茶叶节开幕，代表 10 个县市的10声礼炮随着军乐声鸣响,漫天彩球腾空奔放,2000只信鸽竞相飞翔。茶文化节节旗在高亢、嘹亮的节歌声中冉冉升起,迎风飘扬。

9时20分,宏大的文艺表演拉开帷幕。由公安干警驾驶的十辆摩托车为前导,领先开道。流光溢彩的节徽车徐徐向前,展示国优名茶走向世界,欢迎中外来宾欢聚茶乡。100名大学生高擎着红旗如红霞飘来,象征着信阳这块烈士鲜血染红的土地,长征接力后继有人。10个县市的文艺演出方队在彩车的引导下,依次通过主席台,30辆彩车缓缓行进,近2000名演员翩翩起舞,把信阳的名优特产,把老区人民的风采,把茶乡人民的深情,展现给五湖四海的宾朋。

参加演出的有:信阳县的"采茶舞"、潢川县的"火绫子舞"、固始县的"花挑舞"、光山县的"打六扇"、淮滨县的"放河灯"、新县的"火轮舞"、罗山县的"双边鼓"、息县的"板凳龙"、商城县的"花伞舞"和信阳市的"少儿花环舞"。这些舞蹈都是信阳的艺术珍品,有的多次在全省和全国获奖。悠扬的音乐婀娜的舞姿,精美的造型,充满了大别山区的乡土气息,飘荡着信阳毛尖的芳香开幕式历时一个半小时,现场人山人海,歌如潮、花似锦,凝聚了茶乡儿女励精图治、拼搏奋进的向心力,表达了全区人民深化改革开放、振兴老区经济的雄心壮志,构成了"让世界认识信阳,让信阳走向世界"的主旋律。

夜间,在文化中心剧场举办由李谷一、刘秉义、毛宁、杨钰莹等著名歌唱家和演艺明星主演的专题文艺晚会。东方红大道、民权大道华灯齐放,金屋流彩,火树摇红。千万颗霓虹灯、"满天星",宛如繁花齐怒放,疑似银河落九天。各县市精心制作的60多种大型彩灯,分别在七个规划区域展演。有的表达国优名茶的主题,有的抒发信阳人民的情怀,有的展现名优特新产品,有的寓意豫南大门洞开。万紫千红,千姿百态,使中外来宾和万千游人叹为观止,流连忘返。

茶叶节期间,信阳人民一直沉浸在节日的欢乐之中。最令人振奋的还是经贸活动。名优特新(副食品)展厅、外地产品展厅、科技成果展厅、茶叶展厅,参观者络绎不绝,洽谈会、订货会在各宾馆、驻地相继举行,市区设立的本地产品零售一条街、茶叶一条街、菜市食品一条街、物资交流一条街交易活跃,人气旺盛,原定5天的茶文化节延长到8天,总成交额达10亿元。

首届茶叶节期间,举办了"兴申杯"信阳茶叶质量评比活动,全国著名茶叶专家于杰、陆松侯与我省茶叶专家钱远昭、黄执优、黄道培等参与评审。

5月22日夜晚,首届信阳茶叶节在喜气的气氛中落下帷幕,中共信阳地委书记董雷郑重宣布:"首届信阳茶叶节,旗开得胜,战果辉煌,创造了信阳地区发展史上的光辉业绩,谱写了一曲改革开放的动人乐章。"他号召全区人民要"以茶文化节为起点,把步伐迈得更大。不松动,不歇脚,抓好意向性项目和贸易合同的追踪落实,直到项目实施,商品销出,效益到手,进而扩大成果。信阳的大门已被打开，茶文化节取得了圆满成功，我们决不能满足，决不能停步，一定要谦虚谨慎，继续努力，去迎接新的胜利！”

信阳茶文化节的演变过程

30 年来，信阳茶文化节经历了名称的变更，文化内涵的扩大，专业性、开放性、国际性、市场性的不断提升，逐渐成长为具有豫南风情和中原特色的茶专业节会，为茶界交流合作提供了高端平台，形成了茶界的一个重要节会品牌。活动地点的变化，反映出我市城市功能建设的发展历程，从无地点举办大型活动到会展中心的建成，从无大型会议地点到百花之声的投入使用，充分显示了信阳的发展变化。茶文化节期间，从仅组织本地茶企、茶农办展厅到举办国际茶博会，邀请国内知名茶商、茶企业和大型超市采购商参会，邀请世界主要产茶国和中国台湾地区的茶企业开展展销展示、洽谈购销业务，开展茶专业研讨、茶商大会、全国茶叶质量评比、茶产品推介等一系列茶事活动以及经贸活动、文体活动。举办茶文化节不仅弘扬了茶文化，带动了茶产业的快速发展，而且提高了信阳的知名度和影响力，提升了城市品位，促进了信阳经济社会的全面发展。

首届信阳茶文化节的成功举办，起到了进一步解放思想、更新观念、扩大开放的作用，成功地引进了几个投资项目，如浉河大市场建设、豪德贸易广场、天伦广场建设等，信阳市还与日本新见市结为友好城市等，地委、行署因此决定茶文化节将在每年的 5 月份连续举办。信阳茶文化节一年接着一年办，但在节会名称、主办单位、活动地点和活动安排等方面与时俱进，发生了多次变化。

1992 年，首届信阳茶叶节由信阳地委、行署主办，信阳市委、市政府承办 1993 年至 2000 年，由原信阳地委、行署（1998 年撤地设市）主办，中国茶叶流通协会与信阳市委、市政府联合承办。

2001 年第 10 届至 2014 年第 22 届，由中华全国供销合作总社和河南省人民政府共同主办，升格为国家级节会，中国茶叶流通协会和信阳市委、市政府具体承办。

2015 年，国家清理和规范全国各地节庆活动，控制政府主办节会，严格实行上级部门审批。信阳茶文化节未能获得国家节庆办的批准，通过了省政府的审核批准，主办单位变为中国茶叶流通协会和信阳市人民政府，信阳市茶产业办公室、信阳市茶叶协会、信阳市茶叶流通协会为承办单位。2019 年全市机构改革，成立市政府茶产业主管部门，整合信阳市茶产业办公室行政职能，组建信阳市林业和茶产业局，信阳市茶产业办公室更名为信阳市茶产业发展中心，变为市林茶局管理的事业单位。2020 年第 28 届信阳茶文化节主办单位仍为中国茶叶流通协会和信阳市人民政府，承办单位变为信阳市林业和茶产业局、信阳市茶叶协会和信阳市茶叶流通协会。

茶文化节的名称也有多次变化。1992 年叫“信阳茶叶节”，1993 年至 2002 年叫“中国信阳茶叶节”，2004 年至 2009 年叫“中国茶都——信阳茶文化节”，2010 年至 2011 年叫“中国茶都——信阳国际茶文化节”，2012 年至 2015 年叫“信阳国际茶文化节”。2016 年第 24 届按照国家、省节庆管理办法要求，开始叫“信阳茶文化节”沿用至今。

茶文化节开幕式举办时间也有几次变化。首届和第 2 届茶叶节于 5 月 15 日举行开幕式。第 3 届至第 11 届茶叶节于 5 月 18 日举行开幕式。从 2004 年第 12 届开始，开幕式时间都是 4 月 28 日。

茶文化节开幕式和主要活动地点也多次变化。首届信阳茶叶节开幕式和 4 个展厅都在信阳市文化中心。第 2 届茶叶节的开幕式在南湾在建的信阳体育场举行，并举行了大型文艺演出，茶叶展厅在中国信阳茶叶城。第 3、4、5 届茶叶节开幕式在新建的浉河大市场举行，并在大市场内举办了茶展、工业品展等活动。第 6、8、10、11、12、13、14、15、16 届茶文化节开幕式都在信阳体育场举行，并有大型文艺演出活动。其间，各项展览展示活动地点不固定，多次变化。第 7、9 届茶叶节开幕式在礼节路信阳剧院门前广场举行，在幸福茶叶市场和礼节路上搭展棚，组织茶叶展销活动。第 17 届茶叶节开幕式在羊山新区现市行政服务中心西侧广场举行。第 18、19、20、21、22、23、24、26 届茶文化节开幕式都在信阳百花会展中心门前广场或室内举行，茶博会都在百花会展中心室内展厅举办。第 25 届信阳茶文化节开幕式在百花之声大剧院举行，茶叶博览会在百花会展中心举办。第 25 届茶文化节增加了茶旅游与旅游产品展，第 26、27 届茶文化节又增加了特色农产品展、品牌菜展及在浉河区金牛文化园举办的非物质文化遗产展等。

举办信阳(网络)茶文化节

2019 年第 27 届信阳茶文化节之前，信阳茶文化节都是采取线下举办的形式，每届都组织开展了招商引资、茶叶展销、论坛研讨、经贸洽谈、旅游推介、文化娱乐等丰富多彩的活动。2020 年初，新冠肺炎疫情的出现，改变了人们的生产生活规律，按照减少集聚、避免接触传播的防疫要求，茶文化节由传统的线下举办改为线上举办，以及线上线下相结合举办，诞生了信阳网络茶文化节，开创了信阳茶文化节的新纪元。

为切实做好第 28 届网络茶文化节筹备工作，根据市政府主要领导安排，2020 年 4 月 9 日，市政府办公室党组成员、市纪委监委驻市政府办纪监组长涂卫民同志带领市林茶局、市委宣传部、市委网信办、市广播电视台等单位有关同志一行

7 人，赴洛阳市考察学习牡丹文化节网上办节做法。考察组在洛阳拜会了组委会相关领导和筹备组织人员，到部分活动现场进行参观考察后，连夜赶回信阳，起草了《关于赴洛阳市考察学习网上办节情况报告》，并报市委、市政府有关领导审定。根据考察学习情况，经市委、市政府研究，决定举办“第 28 届信阳网络茶文化节”。随即，市委、市政府向省委报送了《关于在互联网上举办第 28 届信阳茶文化节的请示》，很快得到省委同意。

如何通过互联网办好茶文化节，一切都是从零开始。我们组委会办公室的领导和同志们通过借鉴洛阳牡丹文化节、新郑拜祖大典等地网络举办节会活动安排及筹备组织工作经验，结合信阳市实际，召开媒体商讨会，与信阳电视台和网络媒体新华网、人民网、搜狐、抖音等平台合作，借助网络传播快、辐射能力强、受众广泛等特点，创新举办方式，组委会办公室制定了《第 28 届信阳茶文化节(网络)总体方案》，活动从 4 月 20 日开始至 30 日，主要安排了第 28 届信阳茶文化节开幕式(线上)、“云赏毛尖之都”—— 4 小时大型线上直播活动、信商大会、“抖音有好货，县长来直播”信阳毛尖专场网络公益活动、国家级非物质文化遗产——信阳毛尖茶制作技艺展示活动、“全民饮茶日”之信阳毛尖专家大讲堂、多家媒体茶乡行(茶文化节宣传活动周)、2020 年信阳(网络)茶业博览会等 10 余项活动，采取线上、线下相结合的形式举办，突出线上，强化宣传，务求实效，取得了良好的效果。据不完全统计，4 月 28 日至 29 日，共吸引了 1200 多万人次观看相关活动，点赞关注人数超 1 亿人，转发转载相关宣传报道数千条次。首次举办网络茶文化节取得了意想不到的效果。

2020 年下半年，按照疫情常态化防控要求，以及上级举办节庆活动有关规定，市委、市政府决定第 29 届信阳茶文化节活动安排采取线上线下相结合的方式谋划组织。市政府严格履行报批程序，组委会在原工作组织架构的基础上增加了“疫情防控组”，制订新冠肺炎疫情防控预案，各项活动组织责任单位严格按照疫情防控常态化要求，谁主管谁负责，确保活动万无一失。

第 29 届信阳茶文化节于 2021 年 3 月 26 日至 5 月 1 日举办，突出茶事活动，突出经贸成效，突出统筹协调，突出舆论宣传，突出疫情防控，线下每场活动均安排网上直播，尽量减少现场人数。其间共安排了第 29 届信阳茶文化节开幕式暨线上直播活动，2021 全国春茶产销形势分析会暨全国茶行业社团组织联席会，2021 信阳茶业博览会(网络)，信阳精品旅游线路推介活动，网络直播推介活动，2021 年信阳毛尖春茶开采仪式，信商大会，“华茗杯”2021 全国绿茶、红茶产品质量推选活动，“全民饮茶日”暨谷雨茶会，“云赏信阳毛尖”数字平台上线仪式暨系列文化体育活动等 11 项主题活动，涵盖了茶事、经贸、展示、文化、宣传等方面。各项网络直播活动，减少了人员接触，扩大了覆盖范围，提高了传播速度，吸引了更多公众参与。据不完全统计,“云赏毛尖之都”—— 4 小时线上直播活动,共吸引 2510.5 万人次观看互动,比上年增加了 1200 多万人次,点赞量近 1.5 亿人次。关注信阳、关注信阳经济发展、关注信阳茶文化节的人数进一步增加。

举办网络茶文化节开启了现代科技运用的新途径,启发了人们的思维新境界,诞生了茶产业发展新业态,网红茶人、茶农和网红县长、市长开展直播带货已成为常态。信阳茶文化节、信阳毛尖茶、信阳红茶通过网络已传播到世界各地,以茶为媒、扩大宣传效果得到充分体现,扩大开放、招商引资效应正在集聚,国家卫生城市、全国文明城市、国家森林城市、国家园林城市、国家级生态示范市、全国绿化模范城市、中国优秀旅游城市、中国毛尖之都……信阳城市名片越来越多。30 年来,初心不改,30 年来,持续不断。希望信阳茶文化节继续举办下去,为大别山革命老区振兴,为信阳人民实现“两个更好”发挥更加积极重要的作用。

本文作者张久谦,信阳市茶产业发展中心高级农艺师、信阳市茶叶协会秘书长。

首届信阳茶文化节北京新闻发布会纪事

赵主明

1991年,信阳地委、行署决定1992年举办第一届中国信阳茶文化节,茶叶搭台、经贸唱戏,促进全区经济发展。

这类办节活动,信阳过去没有搞过。时任行署副专员的谢应权在洛阳任职时办过牡丹花会,筹备茶文化节的工作就交给了他。

第一届茶文化节定于1992年5月中旬举办。为了扩大影响,地委、行署决定提前两个月在北京举行新闻发布会,意在通过首都新闻媒体,把信息传递出去。同时,邀请一批记者在茶文化节期间到信阳采访。

此时,我已到地委办公室工作了两年。考虑到过去长期从事新闻工作,对新闻界较熟,他们把参加北京新闻发布会和茶文化节邀请记者的任务交给了我。我很快组织了新闻宣传策划工作,并于3月3日启程去北京。第二天下午,由政府秘书长陈其元主持,商量新闻发布会事宜,议定了时间、地点,拟邀请的记者、发布会议程、发布的内容及组织人员分工等具体事情。

3月5日上午,我和裴树生、沈心平同志到中央电视台17楼经济部和新闻部采访组,找赵化勇、郎占岭、李东升等同志,联系新闻发布会发稿问题。赵化勇当时是台长助理、经济部主任。他们都讲了在中央电视台发布办节消息的难处,我们请求他们设法加以报道。

3月6日夜,召开碰头会。我汇报了联系新闻单位和参加记者的情况。邢芳贤同志汇报了联系使用人民大会堂天津厅的情况,陈其元同志拍定了会标、晚宴等内容。

3月7日,安排会场布置,打印请柬。下午,去人民日报社、农民日报社送请柬。

3月8日,敲定了参加新闻座谈会记者名单,其中有《人民日报》评论部副主任李德民、文艺部副主任李德润、主任记者高得生、海外版经济部副主任曹瑞天;《市场报》记者万贵生;新华社内参部主任张述忱、国内部农村组任泽励、内参部底先华、国内部孙杰；中央电视台经济部主任赵化勇、副主任王进友、编辑组长郎占岭、新闻采访组李东升；《农民日报》评论部副主任唐海；中央人民广播电台地方部陈永庆；北京国际广播电视台国内部陈洁；《经济日报》农村部陈际阳；《科技日报》新闻部季洪光；人民画报社副社长永文敏；《工商报》刘琳；《中国工商报》副总编王作言；《消费报》杜淑敏；解放军文艺出版社社长凌行正；北京电视台高庆；北京市广电局总编室主任董学武；等等。

谢应权同志最后讲了几点意见：一是对于所邀的新闻记者，原则是请得来，来得了，准时来。二是争取15日前发稿。三是会议准备工作，由陈其元、赵主明、高正超负责。四是议程：①介绍来宾；②播放反映信阳情况的录像；③发布办节新闻；④座谈。五是做好善后工作。

接着，我们又到驻京办主任高正超办公室，主持商量分工问题。由邢芳贤等人负责会场布置、就餐、进门引导工作，议程安排表的印制等；由杨海帆负责签到；由刘平负责礼品配置和发放；由沈心平和张善伟负责在人民大会堂大门入口处迎接客人；由张善伟和张士耀负责参加会议人员所带司机的误餐补助费发放；由陈连辉负责在楼门口迎接客人；由李杰负责在厅门口迎接客人；由裴树生和陈清义负责在门前接待；由杨海帆负责再给所有被邀记者打一次电话；汪清洋等同志负责送有关记者。

3月9日，再次碰面汇报各自准备的情况，并最后确定了新闻发布会要发布的三篇通稿。

第一篇：茶叶搭台，经贸唱戏，老区信阳以开放精神组织农民奔小康

基本解决温饱的我国著名茶乡河南省信阳地区，冲破封闭意识，以本地特产茶叶为龙头，扩大开放，发展经济，组织农民奔小康，加速茶区小康村建设的步伐。

信阳毛尖已有1000多年的历史，唐代即为贡品，1915年曾获巴拿马万国博览会金奖。“七五”期间，茶园面积发展到32.5万亩，社会总产量接近400万公斤，社会总产值5120万元。1988年，信阳毛尖茶荣获中国首届食品博览会金奖。1990年，特级信阳毛尖茶在国家优质食品名茶评比中得分最高，获国家金奖，1991年再获国家金奖。

信阳地委、行署把发展茶叶生产作为茶农在“八五”脱贫致富奔小康的一项重要产业来抓，依靠科技，巩固现有茶园，改造低产老茶园，适度发展高产新茶园。主攻质量，提高单产，开拓市场，扩大销售，以科技为先导，以经济实体为龙头，以供销社为主渠道，健全完善服务体系，形成农工商一体化、产供销一条龙的茶叶开发体系。地委、行署还制定了十条吸引外商投资的优惠政策。全区同26个省、市、自治

区的200多个经营单位建立了长期业务联系，同时在大、中城市，沿海口岸等地直接设立销售窗口。在技术、人才、资金及物资上向茶区倾斜，引导茶农发挥本地资源优势，发展生产。计划12万户茶农主要依靠茶叶收入达到脱贫标准。

地委、行署为了唱活茶叶这台戏，决定1992年5月15日至20日在信阳举办首届茶文化节，开展“茶叶搭台，经贸唱戏”活动，以茶叶促开放、促引进、促合作、促发展，发展内外贸易，促进市场体系建设和市场发育，进一步搞活商品流通。在茶叶、美食和物资交流3个一条街市中，开展茶叶，工业(乡镇)企业名优特新产品、科技成果和外地产品展销业务，同时举办信阳毛尖茶全国订货会、信阳商品交易会，进行中外经济技术业务洽谈和科技市场技术合作等活动。

第二篇:信阳成为我国北方主要茶叶出口基地

信阳地处大别山北麓，淮河南岸，气候温和，雨量充沛，种植茶叶的自然条件得天独厚。早在1200多年前，信阳茶叶就闻名于世，素有“淮南茶，信阳第一”美誉，以后曾多次在国内名茶评比中获奖。十一届三中全会以后，党的改革开放政策给信阳茶叶生产注入了生机。信阳地委、行署把茶叶生产作为该区脱贫致富的一项重要支柱产业常抓不懈。地、县、乡分别制定了茶叶生产发展规划，采取技术、人才、资金及物资倾斜政策，引导茶农发挥资源优势，以提高质量.增加效益为前提，积极改造老茶园，稳步发展新茶园，昔日数万亩荒山丘陵，如今变成了绿色宝库。产茶的县市都相继建立了茶叶生产配套服务体系，解决了茶叶生产过程中的技术、资金、物资供应、初精加工、包装及经营销售等问题。信阳县的茶叶总公司，下设8个分公司、12个分场和24个茶叶收购站，公司建有茶叶精制加工厂，年加工能力50万公斤，实现了茶叶的整形、分级和拼配的机械化。1991年又采用国际先进技术，建成全国首家茶叶保鲜库，使信阳毛尖可保持当年条索绿、汤色绿、叶底绿，香气永驻，滋味甘甜醇和。1990年，“龙潭牌”信阳毛尖在全国名茶评比中以总分第一获得国家金质奖。为开拓茶叶出口领域，地委、行署制定了10条吸引外商外资的具体优惠政策，全区同26个省、市、自治区的200多个经营单位建立了长期业务联系，同时在大中城市、沿海口岸等地直接设立销售窗口。目前，这个地区的茶园面积已发展到32.5万亩，具有国家名茶1种，省级名优茶14种，还有地区级名优茶，产值超过6000万元，并批量出口，产品销往日本、西德、美国、新加坡等地，年出口额在500万元以上。

第三篇:信阳毛尖——名茶珍品

信阳毛尖是全国十大名茶之一，已有1000多年的历史，唐代即为贡品，1915年曾获巴拿马万国博览会金奖;1988 年获中国首届食品博览会金奖;1990 年特级信阳毛尖茶在国家优质食品全国名茶评比中,得分最高,获国家金奖。自国家开展国优食品评选以来,在全国近百个名茶中,只有西湖龙井(1981 年)和信阳毛尖(1990 年)两种茶叶获得了国家最高金质奖。1991 年信阳毛尖再获国家金奖。

信阳毛尖主要产于河南省信阳县西南山区,俗称"五云两潭一寨",即车云山、连云山、集云山、天云山、云雾山、白龙潭、黑龙潭和何家寨。这里地势高山峦重叠,云雾弥漫,溪流纵横,日照短,温差大,土层深,土质肥,从而形成信阳毛尖特殊的生态环境。信阳毛尖获金奖时的评语概括为八个字"形美、色翠、香高、味浓"。

经化验,信阳毛尖内含蛋白质、茶多酚和维生素 A、C 等多种营养成分,维生素 C 的含量比柠檬、苹果、柑橘等还多。信阳毛尖不仅具有生津解渴、清心明目、利尿化食、降低血压的作用,而且还有抑制动脉硬化、抗癌防衰老和抵御放射性元素侵害的特殊作用。

目前,信阳全区已有茶园面积达 32.5 万多亩,年产量近 400 万公斤。年出口额在 500 万元以上,产品远销日本、德国、美国、新加坡、马来西亚、中国香港等国家和地区,深受外商好评。

10 日下午 3 时 30 分,新闻发布会准时顺利进行,效果非常理想。

新闻发布会后,被邀请的新闻媒体纷纷发布消息。新华社于 3 月 13 日在"国内新闻"栏目以"信阳成为我国北方重要茶叶出口基地"为题发了新闻通稿,《人民日报》(海外版)于 3 月 18 日以"信阳建成重要茶叶生产基地"为题做了报道,《中国日报》于 3 月 12 日二版头条、《中国工商报》于 3 月 19 日一版显要位置刊发了信阳茶叶生产消息,《科技日报》《消费时报》均刊载了信阳将举办首届茶文化节的消息,中央电视台、《瞭望》杂志等新闻媒体均做了相关报道。

4 月 24 日,我与杨海帆、周建同志再次赴京,邀请记者参加茶文化节开幕式,最后确定了人员和来信阳的时间。

本文作者赵主明,1950 年 1 月出生,河南省固始县人,中共党员。信阳师院中文专业毕业。1970 年 6 月在固始县往流公社参加工作,历任公社党委秘书,县委宣传部干事,地委宣传部新闻科科长,地委办公室秘书、副主任,地(市)委副秘书长兼办公室主任,市政协副主席等职。中国散文学会会员、中国作家协会会员。组织编写了《今日大别山》《漫话信阳茶》等作品,结集出版了《心迹 · 足迹》《梦海笔踪》等文学专著。

我任一至十届信阳茶文化节宣传文化总指挥

陈永省

1992年，我的职务是中共信阳地委宣传部副部长、信阳地区文化局党组书记兼局长、信阳茶文化节文化宣传组组长。当时地委、行署办茶文化节的指导思想是“以人为本，以茶为媒，扩大交流合作，推动信阳经济发展”“开门办节，文化搭台，经贸唱戏”。我理解的“开门办节”，就是办大众化的节，办惠及百姓、快乐百姓的节，办出个“处处节日景象，人人笑逐颜开”的结果来，使广大群众都能感受到节庆的美好和快乐。办茶节，我们文化宣传组的任务是六大项，即：①开幕式的策划与承办；②宣传品的征集、制作与发售；③文化活动的组织与实施；④新闻宣传；⑤社会宣传；⑥开展“创三优、迎茶节”文明城镇竞赛活动。市委主要领导指示：“开幕式至关重要，开幕式成功了，茶文化节就成功了一半。”我和其他同仁细化开幕式的工作为：会场的选定、主席台的布置、仪仗队组成与规模、环境的装点与美化、文艺方阵的集结与表演等。将这些拿出方案，画出图示，经领导批准后执行。

首届茶文化节，发动群众征集节徽、节旗、节歌、纪念章、宣传画、宣传手册、塑料彩旗、对联等，把信阳的大街小巷装点得五光十色。茶节期间，人人争戴纪念章、户户悬挂茶节旗成为一种时尚。

文化活动有八项内容：

一是办一台具有民族风格、地方风味、时代风貌的大型歌舞晚会《茶乡儿女情》。从全区抽调创、编、演舞台工作人员共100余人，经过4个月的努力，于5月15日晚起共演7场，奉献给了中外来宾。同时，特邀全国政协委员、中央轻音乐团团长、著名女歌唱家李谷一，著名男中音歌唱家刘秉义，著名青年歌手杨钰莹、毛宁同台演出，受到了广大观众的热情赞誉，达到了“扩大影响，提高茶文化节知名度”的预期目的。

二是特邀全国梅花奖获得者、著名豫剧表演艺术家谷秀荣和信阳豫剧团同台演出大型传统戏《五世请缨》，满足了不同层次观众的需要。

三是组织500人的踩街队伍，每天在市区几个大广场及市区街道表演。

四是文物展览。制作大小展柜40个，展出瑰宝157件。

五是举办“信阳革命斗争图片展”。

六是在东方红大道举办大型灯展，观灯群众达15万人之多。

七是在文化中心举办书法、美术、摄影展，展品90余件。

八是优秀电影汇映周活动。全区27家影院茶文化节期间放电影52部、570场次，观众达16.3万人次。

《信阳日报》《信阳宣传》《信阳经济研究》《报晓》以及、信阳电台、信阳电视台均开足马力进行了广泛的区内外宣传报道。

社会各单位结合行业特点宣传形式多样，气氛热烈。学校在学生中开展“茶节给亲友写一封信”活动；妇联结合庆祝“三八”节，工会结合“五一”劳动节，共青团结合“五四”青年节，开展“学雷锋为您服务接力赛”。有的搭建巨型彩门，有的绘制大型茶节宣传画；沿街单位争相装饰自己的门店；道路两旁，花坛相连，彩旗彩带招展，到处一片喜庆祥和气氛。

以创造优美环境、优良秩序、优质服务的“创三优”活动，在全区范围内开展得扎实深入。出现了“门前四包一联”“打击制售假冒”“狠刹三风，铲除四害”标语条幅、制发“职业道德守册”“经营须知”“文明用语，微笑服务”宣传单……喜迎内外宾朋，盛待八方来客，成了人们节日期间的自觉行动。

1992年5月18日上午9时，首届信阳茶文化节在21响隆隆炮声中，在升节旗，唱节歌，浓浓花团锦簇的氛围中开幕了。中外来宾就座，领导讲话毕，首先由摩托车队开道，节徽车、彩旗队随之，接着是文艺方阵依次拉开通过主席台，每个方阵有100余人，且10个县区10个样，各具特色。其表演内容分别是：信阳县的“采茶舞”、罗山县的“双边鼓”、潢川县的“火绫子舞”、固始县的“花挑舞”、息县的“板凳龙”、淮滨县的“放河灯”、光山县的“打六扇”、商城县的“花伞舞”、新县的“火轮舞”、信阳市（现浉河区）的“少儿花环舞”。

接文艺方阵的是仪仗队在主会场各具特色的定位表演。33部扎制精美、造型各异的宣传本地产品为主要内容的彩车有序通过主席台。表演队伍向市区东方红大道行进，首尾相距3公里，沿途10万观众大饱眼福。一外来记者看后感慨地说：“我参加过不少类似节庆，信阳茶文化节是最有特色的一个，叫人看后精神振奋，耳目一新。”

我从1992—2001年参与并领导了十届信阳茶文化节开幕式的组织指挥及文化宣传工作，每节必得完成如首届茶节一样的六项任务。前十届茶节以首届、二届、三届、六届、八届、十届声势为大。以第八届为例，开幕式文艺演出——《绿色畅想》，一改信阳民间歌舞形式，将舞台表演放大到在市体育场进行。4,600名演员、9条巨龙、1200盏大型宫灯、10余种特制道具和6种特制服装，配以17台大型彩车，构成多结构体、多层次、多个舞蹈场景和画面，在音乐伴奏下，分别表演了《激情飞跃》《鼓乐呈祥》《茶乡春韵》《巨龙腾飞》四场大型广场群舞，中外来宾观后赞叹不已。以上所有演出，均由地区文化局组织来自本区内各行各业的业余群众骨干所完成，凸现了信阳歌舞之乡深厚的群众基础优势。

一至十届茶文化节，结识过不少名人，邀请过不少知名的表演团体来信阳茶节助兴演出。这些团体有：中国东方歌舞团、中国歌舞团、山西省歌舞团、云南省歌舞团、苏州歌舞团、武汉歌舞团、俄罗斯远东艺术团、中国广播艺术团等。当然，这些团体本身就有许多享誉海内外的著名艺术家和歌星。

前十届茶节期间，地区文化局还承办了不少系列活动。如：1993 年的“纪念毛泽东诞辰 100 周年系列文艺活动”；1993 年 9 月 27 日，组织固始“花挑舞”60 人应邀赴郑州参加由国家旅游局举办的“世界旅游日中国郑州主会场开幕式”文艺展演活动；1998 年，组织潢川民舞代表队携大型信阳民舞“锣鼓闹秧”赴浙江台州参加全国第十届群星奖活动；1999 年的“纪念建国 50 周年文艺活动”和“河南百日广场文艺活动”；2000 年的“送书、送戏、送电影三下乡活动”；等等。

举办茶文化节，增强了信阳人的进取精神和荣誉感。办节给他人也给自己以情趣、温暖和享受。办节是辛苦的，仅首届茶文化节，我就召开各类办公会 30 余次，大到开幕式宏观协调、召开新闻发布会，小到一辆摄像用车、一块宣传匾牌的联系沟通，脚到手指才能解决许多具体问题。每年办节，我和我的同事们必须加班加点，近半年不能休节假日。大家只讲奉献，不计索取，涌现出许多可歌可泣的感人事迹和英模人物。他们使我深刻体会到，只有方方面面团结协作的大合唱精神，才是完成文化宣传任务的基石。

2000 年 12 月 5 日，信阳市人民政府在第九届茶文化节颁奖时，开先例为我荣记二等功。获此殊荣者，全市仅有 3 人。我知道，这是领导对我们宣传文化界办节以来付出的肯定和鼓励！

本文作者陈永省，1942 年出生，河南省唐河县人。1966 年毕业于郑州大学政治系。1981 年起任中共信阳市委宣传部副科长、科长，市文化局主持全面工作的党政副职到正职，兼任市委宣传部副部长。2002 年退休后被选任信阳市戏剧曲艺家协会主席。

信阳茶文化节让本土文化传承大放异彩

李群力　口述　史春开　整理

我在信阳文化系统工作多年，作为信阳茶文化节开幕式大型文艺演出和专场文艺晚会的总导演，参与创意、策划、设计、总编、总导了第 1 至 10 届的茶文化节大型开幕式文艺表演和专场文艺晚会，以及创意策划主导了一系列围绕茶文化节的各项文化艺术赛事活动。30 年过去了，回想起来，这么大的事情，动用了这么多的人，涉及这么多的单位，在当时的条件下，好像不可能完成，但是，我们做到了，我们做好了，我们完成了，而且得到了社会各界的认可。现在想想还真是不容易，而且也取得了非常好的效果。

参与策划首届信阳茶文化节

信阳茶文化节怎么产生的呢？好像是这样的：1991 年前，当时的信阳地区文化局，每年 5 月份都要举办一个映山红文化艺术节，实际上是一个集信阳全地区的文化艺术会演。为把活动做大做强，扩大信阳的影响力，起到“文化搭台，经贸唱戏”作用，带动信阳经济文化的发展和繁荣。到 1991 年的时候，我们就想到打信阳主打产业茶叶这个名牌，所以就参与策划了信阳首届茶文化节。

当时条件有限，还没有体育场，开幕式活动主要是做了一个主场表演、文艺踩街和一台茶文化专场文艺晚会。开幕式主会场设在文化中心，观礼就设在文化中心二层的露台上。“踩街”的队伍从工区路到文化中心大转盘集结，每个表演队伍首先在文化中心广场表演，之后沿东方红大道行进表演，到西关桥头结束。10 个县区，10 个方阵，每个都由 100 多人组成，集中展现了 10 个县区独特的文化艺术。我在创意策划时，就注重了每个县区的独特性和唯一性。比如说，商城是信阳的歌舞之乡，“花伞舞”是商城的名片，曾经在 20 世纪 50 年代的国际青年联欢节上获得金奖，我们就让他们组成了一个百人花伞舞队；固始的是百人花挑，“花挑”在全国都是独一无二的民间舞蹈表演形式，我们编导的“花挑”，曾参加央视的电视舞蹈大赛；潢川的是百人火绫子，这个民间舞蹈，在 20 世纪 50 年都跳到了中南游；淮滨的是唯美的百人放河灯；罗山的是独具特色的“九连环”；息县的是有阳刚之气的“板凳龙”；光山的是男女抒情的“打六扇”；新县的是劳作场景的“打油茶”；信阳县的是茶乡风情的“采茶舞”；信阳市的是各种传统舞蹈形式荟萃的“民间花会”。总之，各队表现形式各异，都突出了本地的特点和唯一，每个队伍在观礼台前主要表演区表演 3 到 5 分钟，然后沿着东方红大道进行“踩街”表演。当时的场景，用万人空巷形容，一点都不为过。首届茶文化节，社会各界和来自国内外宾朋的评价都非常高，信阳的老百姓说跟过年似的，好久都没有看到这些传统的好看的民间艺术了！

助推信阳茶文化节走向世界茶文化节

首届茶文化节的成功举办，为信阳打开大门走向世界搭建了一座沟通的桥梁。作为此后连续 10 年信阳茶文化节开幕式文艺演出的策划、总导演，我不遗余力地助推信阳茶文化节走向世界茶文化节。

我们有一个团队。第一届茶文化节时，地区文化局就开始准备，要设计茶文化节的节徽、吉祥物、纪念章。万事开头难，因为没有参照没有基础，一切都是从零开始的。但是我们信阳人有创意、有想法，挺能干的，做出来之后能让大家感觉到不一样，效果非常好。其中吉祥物“鸣鸣”和部分纪念章的创作和节徽的修改就出自我手。

可以说，首届茶文化节完全是我们信阳的东西，没有一点外来的。随着后来我们办得越来越大，国内的、国外的文化元素被有效吸纳，丰富了茶文化节的内涵。一批批国内外知名人士、明星在信阳茶文化节晚会上登台演出，为信阳人提供了一次次对多元文化认知和了解的机会，大家对茶文化节的期待和热情与日俱增，开幕式大型文艺演出从组织到表演，都受到了社会各界的支持和关注。

我做的最大的一届茶文化节开幕式大型文艺表演，是 1998 年撤地设市的那一届。我说我们共用了万人参与表演一点儿都不为过，开幕式表演共分为四场，分别是《巨龙腾飞》《山花烂漫》《鼓乐呈祥》《走向辉煌》。时间太久了，节目名字可能记得不太准确，但大致意思就是这样的。开场《巨龙腾飞》，我用了 9 条近 40 米长的巨龙，一条龙要几十个人来舞，九个县区每县一条龙，每条龙颜色各异，分别为：赤、橙、黄、绿、青、蓝、紫、金、银，每条龙有一个硕大的龙珠引领，从体育场东南西北的八个门翻滚舞动进入中心表演区表演。平桥区是 80 头双人大狮子分布在 400 米环形跑道上，每头大狮子左右跟随两只单人小狮子，和中心场区的巨龙交相辉映，龙狮共舞，气势恢宏，场面壮观。第二场《山花烂漫》，有 400 个女生表演花伞舞,200 个女生表演花裙舞陪衬伴舞,花裙是可以开合的花朵和花蕾,打开的直径近 3 米,与花伞共舞,组成美丽的图案。第三场《鼓乐呈祥》,有近千名小学生参与表演的腰鼓舞,500 名军人参与表演的盘鼓舞和百人大钹,以及 3 面近 3 米的大鼓,摆在正对主席台的跑道上,中心场区是近千名小学生的腰鼓舞,400 米跑道分布着战士们的盘鼓舞,大鼓小鼓鼓声隆隆,振奋人心。第四场《走向辉煌》,在鼓乐表演完之后,学生和战士们场上造型,我把前三场的龙、狮、花伞、花朵调度舞进场内,全部分设在体育场内不同的位置,欢歌齐舞,一派欢乐祥和的场景。同时,我们设计安排每个县区和市里重点行业精心制作的近 40 辆大型彩车,依次环绕跑道行进,背景台是由几千名学生组成的,他们手拿多种背景板,根据每一场的色彩情绪,出现每一场节目的名字和效果图案,做出不同的变化。除主席台之外,其他观众区,我们也分成五彩六色的区块,根据区块分别发放该区域色彩的 T 恤衫,他们手中分别有花环、花束、小旗等道具,随场内表演挥舞烘托气氛。最后,场内场下观众席上,龙飞凤舞,花团锦簇,欢歌笑语,鼓乐齐鸣,彩旗飘扬,花车环绕,近万只彩色气球放飞蓝天,现场形成一片欢乐沸腾的海洋。

这届茶文化节开幕式的大气派、大场面、大阵容、大收获,应该是前无古人后无来者。当然,涉及几百个单位,近万人的排练分练和只有一次在开幕前的现场合排彩排的机会,不敢想象的艰难,我们居然做到了。近两个月来,我在各县区、部队、大专院校、中小学,以及几十个参演单位来回奔波现场排练和指导,这台前幕后的点点滴滴,无数感人的故事和大家付出的艰辛、流下的汗水和泪水甚至是血水,这些真情、热情、激情、豪情,都在那巨龙腾飞、走向辉煌时得到了尽情的释放。那精彩的绽放,华丽的呈现,是给每一位参与者的功勋章!

社会各界从上到下好评如潮,当时的全国政协副主席洪学智亲临现场观看。他说:“这是我看过的最好看的开幕式文艺表演,比北京的都好看。”

体现本土文化 融入外来文化

我在创意策划每一届茶文化节开幕式的大型文艺表演以及专场文艺晚会时,都是本着体现本土文化为主,不断融入外来文化元素和艺术品种,每一届都会以一种全新的感觉和不同的艺术效果呈现给广大观众。例如第一届是以定点表演和文艺踩街相结合。之后,我们每届开幕式大型文艺表演除场地、形式、内容不断创新变化之外,基本保留了文艺踩街表演。第二届时,我们举办了首届信阳青春风采大赛,每个县区参赛佳丽不得少于 60 人,最多的达到 120 人,来自 10 个县区近千名风华正茂的佳丽组成的踩街队伍,在信阳的东方红大道上,形成一道五彩缤纷的亮丽风景线。之后的第三、第四届还举办了交谊舞和国标舞大赛。茶文化节让信阳人民真真切切地感受到是在过节，每天都有好看的好玩的。

那些年，我也不知道怎么那么有精神头儿，每一届不但要策划、创作、编导、排练开幕式和专场文艺晚会，同时要办交谊舞和国标舞的培训班，而且还要策划各种比赛来丰富茶文化节的活动。我既当各种比赛的评委，又要当专场文艺晚会和选美大赛的主持人，真是集编、导、演、主、评于一身。

让信阳茶文化节成为有茶有文化的节

信阳茶文化节是信阳人民的节日，已经成为信阳人每年期待和重视的一个节日。从最开始的信阳茶文化节到信阳茶文化节，我越来越感觉到的是，名气越做越大，文化越做越少，形式越做越简，期待越来越低。当然，我们真心希望茶文化节带来的经济效益越来越大，成效越来越好！

从第 10 届茶文化节以后，政府已经不再主导文艺演出或者外邀明星。茶文化节开幕式以经贸活动为主，文化演出引入了一些商业性的运作，茶文化节大型演出晚会上信阳本土文化的元素越来越少。信阳是河南的歌舞之乡，是一个南北兼容很有特色的地域，民间艺术蕴藏很丰富，尤其是一些本土文化比如信阳的民歌民舞很有看头，在河南风格迥异、独树一帜，这方面只能强化而不应该削弱。

我认为，通过举办茶文化节，提升了信阳的知名度，信阳的经济建设得到了快速发展，但在通过文化搭台、经贸唱戏的同时，我们更应该看到文化的作用与力量，更应该重视文化的传承与发展。前十届的努力，让信阳文化春暖花开、争奇斗艳，之后的茶文化节，是只有茶而渐渐淡化了文化。

通过举办茶文化节，既保留、发展、活跃了茶文化，又通过文化创出一片新天地，让信阳茶文化节确实成为既有茶又有文化的节，让信阳茶文化节确实成为信阳人引以为傲的节。

事实上，举办信阳茶文化节，已经助力信阳本土文化传承发展大放异彩，为世界各地的朋友们所关注所了解所喜爱。

本文写于 2021 年 9 月。口述者李群力，信阳市文化广电新闻出版局原副局长现已退休。整理者史春开，信阳市文化广电和旅游局离退休干部工作科科长。

信阳第一届茶文化节节歌创作记忆

王定一 口述 史春开 整理

我是1991年从信阳地区纪律检查委员会调到信阳地区文化局的,任党组副书记、副局长。当时都在忙着筹办茶文化节,我到文化局时间不长,情况不很熟悉,负责一些日常工作。1992年3月,局长陈永省告诉我,地委决定茶文化节大会议程有升茶文化节节旗、奏茶文化节节歌一项,节歌还没写好,你也写一首吧。我答应后,思考再三,根据信阳地域特色,举办茶文化节的深远意义,写出了以下歌词:

大别山高,
淮河水长。
信阳,信阳,
可爱的茶乡。
来吧朋友,
朋友来吧。
让我们拥抱红色荣光,
让我们插上绿色翅膀。
向着美好理想飞翔,
飞翔!

歌词写好后,送到了茶文化节筹备工作办公室,得到了地委书记董雷的首肯,后交给李守信同志作曲,唱响了首届信阳茶文化节。

本文口述者王定一,原信阳地区文化局党组副书记、副局长,市政协学习和文史委原主任,现已退休。整理者史春开。

那年，我们一起办信阳茶文化节

周　剑

1991年，中共信阳地委、信阳地区行署决定举办第一届信阳茶文化节。信阳茶文化节是在当时国家改革开放、各地举办节庆气氛热烈的情形下，由信阳地区举办的有史以来最大规模的一次节庆活动。

信阳作为“地区行署”，本是河南省政府的派出机构，不具备一级政府的行政职能，而当时的县级信阳市难以具备举办节庆活动的号召力与相应实力，洛阳牡丹花会从1983年开始已经连续举办了十届，吸引游人每年都在200万左右；开封菊花花会也从1983年开始举办了九届，吸引游人上千万。

信阳毛尖茶那几年连续获奖，声誉鹊起，口碑绵延：1985年获得国家银质奖；1986年获颁部优产品，再获中国十大名茶称号；1990年国家级评比中再获全国绿茶综合品质第一名，摘得国家质量奖金质奖。

不具有行政职能的信阳地委、行署却拥有组织举办大型活动的能力和资质，举办一届信阳茶文化节的策划摆到信阳地委、行署的桌面上。

1991年年底，信阳地区行署印发《首届信阳茶文化节方案》，成立茶文化节指挥部，在郑州、北京、深圳召开新闻发布会。

信阳电视台当年已经走向正规，但仍旧是“新闻部”“专题部”和“制作部”三个部门。配合首届茶节方案，每周三次的新闻加上每周日的“每周要闻”保持天天都有相关进展情况的报道。

信阳茶文化节的讯息激动人心，极大地提升着人们的期待。

茶文化节开始前，信阳电视台在北京与中央电视台共商合作事宜。我当时已经负责播音组的工作，整天忙得晕头转向。那时候电视台的设备还很落后，但茶文化节拨给专项经费购买了三套日本“索尼”“松下”的专业摄像机和一套3/4专业编辑设备、字幕机。那时候台里主打设备还是家用的大1/2和M7摄像机，编辑时甚至用摄像机剪辑。

1990年北京亚运会的时候，台里新添了一台松下300专业摄像机，那是我们台最早的一套专业设备。新设备给最好的记者使用，黄建生是公认的摄像老手，就交给他了。

亚运会期间，我俩一起去新县采集“迎亚运火炬接力”的新闻。那时电视记者还是很受欢迎和尊重的，县委书记徐富贵亲自帮我们拎机器。崭新的摄像机是分体式的，附带一个沉重的背包机，采访往往都是两人同行。不幸的是，那次刚启用的摄像机，因为鄂豫皖苏区首府博物馆前人潮涌动，车辆拥挤，不慎竟然被磕坏了。我俩心疼之极，十几万的设备呀，连徐富贵都担心回去无法交代。

那时候，负责制作的就我一个男士，其余的都是小姑娘，整天嘻嘻哈哈的没个正形。我和马玲、尚琳是主播，女播音员还有冬梅和裴莉，我们都是一边播音一边制作，偶尔忙不过来，就邀请一个业余男播音员配合。

记者们采回素材，稿子一交，其余的事都是我们的了。因为编辑线“金贵”，不允许更多的人碰，我们几个就忙得焦头烂额，连播带作，往往赶在最后几分钟才能做出成品带。那时候，因为电视台还不是独立单位，播出与制作分别在胜利路口的老广电局和羊山发射台。每次做出成品带，都交由专人骑摩托车送往发射台。

我们几个可以轮换着做节目，而专程送带的就是唐道成一个人，风雨无阻。

《大别山老区行》是中央台与信阳台联袂的作品，都是这些人制作的。

茶文化节是地区举办的活动，作为地区电视台与各地直局委办、各县都十分重视，因为地区行署下达了只许成功不许失败的指示。各局委办都行动起来，各自制订迎节方案。春节过后大家都没闲着，各项活动此起彼伏，全力以赴准备茶文化节。

各市县也都不敢怠慢，齐心协力，紧张筹备，年前就开始准备表演方阵、扎制花车，丝毫不放松。

电视作为刚刚在信阳普及不久的媒体，成为最权威、最可信的宣传渠道，地委、行署协调各县市和局委办的工作都带上电视台的记者随行。电视台包括还没记者证的所有记者都分派下去，铺天盖地的消息报道形成压倒性声势，对督促和拧紧办节发条起到了不可替代的作用。

我们忙，各级领导一样没有清闲的工夫。

为了迎接茶文化节，我们接受了几部有关信阳茶叶情况的专题片，还有要报中央电视台和省台的节目，赶制地区行署向上级报告、演示给前来视察的国家及省地领导观看的片子。时间紧张，条件有限，负责撰稿的袁维龙、陈开如、李淑华等“老手”忙得不可开交。

那时电视记者都是摸索着前进，对电视手法、表达形态、创作概念还都处在朦胧状态，我们都是边摸索边前行。

文字尚可，撰稿者只需根据上级要求写出文字稿来即可，至于怎么编辑成片，影音素材何来，如何声画对位、段落过渡、剪辑成片甚少考虑，整个电视台当时连“蒙太奇”和“轴线”的概念都没几个人知晓。我年纪稍长，对此有些研究，有过影视经历，算是“懂行”一点，大家都把我奉为“老大”。

记得编辑一个名叫《信阳毛尖史话》的片子，袁维龙将稿子交给我后，纳闷那么多历史资料：“你怎么贴画面？怎么能变成影片呢？”后来我们联络画家，用台布模仿古代宽袍大袖和寻找古风古色的茶壶，与大学生摄像师秦力格一道想尽办法，找到信阳本地名画家赵根成，最后终于把片子做成。袁主任看后大为赞赏：“没想到咱们还真的做成了！”

不仅本台上下一心众志成城，连行署领导和宣传部领导都不遗余力亲自督阵，我编片子往往在剪辑线上一坐就是几天几夜，到了最后各级领导都要前来观看，品头评足提出修改意见。我就得想办法在文字不能修改的情况下，采取手段对应修改音像画面。那年月电视台买不起特技设备，也没有如今这么便利的专业剪辑模式和现成方法，全靠临时抱佛脚去构想，逼得领导也没办法，只好陪着我们。地区行署专员景献琢，副专员谢应权、郑淑真，地委秘书长王连基，行署办公室主任陈其元都曾经陪过，地委宣传部部长钟家智、副部长王道云，还有我们的老局长李树楠一陪就是半宿——不放心啊！

那年月真是奋斗的年月，不惜一切为了工作，没有条件创造条件，从来不讲报酬不讲代价，只有做不到的没有不能做的。每每把成片拿出来，大家才感到欣慰万分，虽累得筋疲力尽，却真的是酣畅淋漓！

1992 年 5 月 15 日，首届信阳茶文化节在信阳市东方红大道与工区路、南京路交叉口的文化中心广场举行开幕式。那时候，信阳没有更合适的公共活动场合，地区行署所在的县级信阳市的文化中心落成不久，算是比较新的剧场礼堂。

文化中心有个十分高大宽阔的平台，后面是七层楼高、五十多米宽的整面栅格装饰背景，正好作为主席台。广场一头通往市内，一头通往东九县，道路宽阔平整，交叉口形成的广场适应大规模的表演活动。文化中心内厅堂敞亮高大，华丽气派，适宜做展厅会场且便于警戒安全。

开幕式前一周，各项活动基本就绪，可以实地演练了。那几天，宣传部及筹备机构马不停蹄地深入基层，号令各县市和地直机关相关环节勿稍懈怠，要保证做到万无一失。

电视台的各项工作也都落实到位，与中央台和省台的对接已经就绪。头一年（1991 年），中央台经济部主任赵化勇、制片人郎占岭与信阳电视台共同策划了 CCTV 首次“大别山老区行”活动，这项活动中两台结下了深厚的友谊。信阳举办茶文化节引起他们的高度重视，决心像对待洛阳牡丹花会和开封菊花会那样对待信阳茶文化节，向全国观众热忱推介。

当然，人家是国家电视台，我们是地方台，一切都还是我们主动靠拢。地委宣传部、广电局领导和电视台分管负责人没有中断过与经济频道的联系，提前好几天就开始预热。《经济信息联播》《经济半小时》和其他一些栏目都陆续播出了有关信阳的信息。中央电视台的制片人、编导、记者和主持人郎占岭、敬一丹、赵赫、陈晓宇等答应届时出席茶节活动。茶文化节开幕式的现场解说词撰写也是件十分严肃的事，地委宣传部开始在全区广为搜罗人才创作。后来地委、行署决定直播茶文化节开幕式后，就把这个差事交给电视台了，由电视台专题部主任袁维龙和制作科科长陈开如这些笔杆子多次研讨，分头写作。最后定稿由陈开如收官完成，根据开幕式方案他整整写了 18 页。

宣传部指示要在全区找最好的播音员解说，要保证万无一失，不能在直播中出任何纰漏。地区台和各县市的播音员名单都汇聚到宣传部和信阳电视台，最后择定由固始电视台选派的女主播叶敏和我一起负责现场实地解说。但是，这是备选方案，如果能请中央电视台的播音员赵赫和敬一丹参与现场解说，就能更上一层楼了。

开幕式彩排提前一天举行，各县的表演方阵和彩车都提前到达，已经在驻地演练娴熟等待上场。九县一市分别各有一辆彩车和由一百多人组成的方阵，固始县的“花挑舞”，息县的“板凳龙”，信阳县的“采茶舞”，潢川县的“火绫子”……载歌载舞，简直五彩缤纷花团锦簇，令人眼花缭乱。

文化中心广场和主席台、观礼台都已经搭建完毕，开幕式现场显得端庄大气，彩旗飘飘，鼓乐齐鸣，硕大的氢气球拖着巨幅标语在空中腾起，五颜六色，参差错落，信阳的天空从来没有这么靓丽过！

东方红大道和工区路一大早就实行了封路措施，沿路各单位派出的义务工作者和警察、保安，在打扫得干干净净的马路和广场四周布防，秩序井然。一派庄严肃穆的气氛下，各县市和地直表演团队聚拢在工区路上等待着通过主席台和到广场表演。

那时候没有专用车，我们都是骑自行车凭特别通行证到主席台会合。信阳电视台只有一辆“普桑”和一辆面包车，“普桑”是台长的坐骑，也拿出来与面包车一道运送器材。刚刚升任副台长的制作科原科长吴晓强算是电视台的“技术大拿”，和刚从新县选调到信阳台“无所不能”的刘文森撑起了信阳电视台的所有技术环节，跑前跑后，台前幕后为保障现场摄录紧张忙碌着。两个人一宿一宿不睡觉，堆起的烟灰在两个烟缸里如小山一般。

高高的主席台上是中外嘉宾和国家及省市来宾的观礼台，我们的导播操作台和解说台都安置在主席台下。地委书记董雷、行署专员景献琢也亲临现场，随时调整部署。虽说是第一次面对如此盛大的活动，各项部署却有条不紊。

比较特殊的是,预演彩排我和叶敏是在台下,但是董雷和宣传部的领导合计后却临时做了调整,正式开幕式把解说席挪到了主席台上靠近贵宾的位置。

那确实是个很妥帖的调整,因为现场解说,不仅仅是读读解说词那样便利,还得随时观察现场进展情况,特别是文艺表演和彩车踩街,如果看不到实施的状况,就像不能声画对位。现场如果不能恰当地掌握节奏,不能恰如其分、绘声绘色地描述出表演气氛,一切就会逊色甚至出现问题。

5 月 15 日是个周末,头天彩排后,晚上我接到通知要到行署招待所去。

到了那边,我见到了中央台包括经济频道的主持人陈晓宇在内,打前站的一行。他们领我去见她,那时的陈晓宇十分年轻,见我还客气地称“老师”。她是武汉人,说起来,她对信阳显得十分熟稔。

原来,他们做通了工作,请她顶替叶敏做现场解说。原来打算男女都让中央台播音员出场的,但是赵赫不能及时赶到,这差事就依然还是让我来,就这样搭配起来了。

陈晓宇才刚刚拿到解说词,正在翻阅,谦虚地说“稿不熟,正在看”。我们初次见面,她的适应力很强,很快就有了默契。草草对了一遍词,聊了一会儿就分开了,相约明早再见。

开幕式当天,我们没有别的任务,要求全神贯注做好现场解说。

一切都在预期中进展,唯一出现的变故是拴在主席台一侧的一个固定摄像机位,被风吹得出现很大位移。眼看离开幕时间越来越近了,急不可待的吴晓强便不管不顾地爬上高高的灯柱子,自己动手把机位重新做了固定。

那个时候的吴晓强还算身手矫健,也顾不得副台长的矜持了。我们在台上能与他爬到灯柱等位相互对视,满脸污痕的他露出白牙,近视眼镜片在曙光中闪着光,那种场面,那个时辰,真是紧张啊! 那情形闪烁难忘。

开幕式按时举行,一切都井然有序。

尊贵的来宾都披红戴花,到处都铺上了红地毯,鼓乐齐鸣,祥鸽飞翔。地委书记董雷和行署专员景献琢也都披上大红绶带,致辞讲话,对来自国内外省内外的宾朋表示热烈的欢迎。

其实,来自国外的嘉宾就那么四五个,据说还是在信阳师院担任外教的外籍人士。但是,久经封闭的豫南老区贫困山乡,开天辟地地举办这样一次盛会,依然是感到热血沸腾。考虑到后期做片子的需要,我还特意交代摄像师一定要跟拍多拍外国友人的镜头。

这里还有一个想说的小插曲。

按照预先的设计,现场共有七八个机位拍摄。其中在广场的制高点豫南饭店(后为天源宾馆)的八层楼顶上设置了一个机位。这个机位除了可以俯拍广场外，对侧面拍摄文化中心主席台也是一个很好的角度。

这个位置交给了与黄建生同样负有好摄手名声的秦力格，他是与周健、李永行同年分配到电视台的应届大学毕业生，思维灵敏，年轻有为，活力四射。如果不是因为前一年的特殊风波，作为“天之骄子”焉能分到这个三线城市？

不幸的是这么矫健的小伙儿，居然有“恐高症”，他说他一站到楼顶就有种绝望的感觉，我们几个人戏谑地搀扶着他到达指定位置，他闭着眼说“我只看远景，不敢看脚下”。后来，安排了张瑾上去。不知道他们现场实拍时究竟是怎么对付过来的，好在拍摄的镜头还挺好使。

广场上的音响设备经过反复调试，声音达到了理想的效果，简直震彻寰宇。

那时信阳城区主干道上都有有线广播喇叭覆盖，现场表演和仪式进展情况经有线广播传送，到处都回响着茶文化节的旋律和我们的解说声。

记得事后很多朋友都说，从来没有听过这么铿锵抑扬的解说，音响效果特别好。解说词撰稿人陈开如下来后，拍着我的肩说：“我开始还一直担心我的解说词千万别出现什么纰漏，也怕出不来气势。现场解说，‘杠杠’的！”

难能可贵的是，陈晓宇与我只对了一遍词，就能极为亢奋地满场解说下来，全程三个小时不出差错。中央台播音员的功力真不是虚的！还有，本来是要合作的叶敏也心无旁骛地帮着做其他工作去了，从没见她有所抱怨，端地极有涵养。

首届茶节经过一周圆满结束，“茶叶搭台，经贸唱戏”的构想完美落幕，招商引资项目 77 项，签约项目 57 个，总投资 4.52 亿元，贸易成交 7.9 亿元。对于当年 GDP 不到 60 亿的信阳来说，这的确是极为可喜的收获。

1992 年以后，信阳每年举办一届茶文化节。

第二届茶文化节由信阳地委、行署主办，中国茶叶流通协会和信阳市委、市政府联合承办，开幕式在新建的体育场举行，声势浩大超过了第一届，邀请到全国人大常委会副委员长王光英、信阳籍上将李德生，以及时任河南省委书记李长春参加，贸易总额 16.3 亿元，招商引资项目总投资 14.6 亿元。这届茶节还是 5 月 15 日开幕，但是因为遇上阴雨天气，节庆期间的活动多受影响。信阳气象台研究了信阳有史以来的气象资料，决定将次年的开幕式推迟几天，移到晴天概率较大的日期举行。

1994 年的第三届茶节于 5 月 18 日在新落成的浉河大市场举行开幕式。三届茶节一届比一届会期短，第二届从第一届的 7 天改为 5 天，第三届以后固定为 4 天。第三届茶文化节邀请全国人大常委会副委员长费孝通等参加，贸易总额 6.1 亿元，签约总投资 11.2 亿元。

此后一直到第五届都是在浉河大市场举行的开幕式。

1997 年的第六届开幕式又改到新体育场，但贸易成交额 4.5 亿元，招商引资总投资额7.6亿元,并不理想。1998年的第七届缩小规模,改到信阳影剧院门前开幕了,那一年也正是信阳撤地设市的第一年。

因为全国整治呈现泛滥的节庆活动和取缔以"国家名义"冠名的地方节庆,2001年,第十届茶文化节改由中华全国供销合作总社和河南省人民政府主办,信阳市委、市政府承办,信阳茶文化节由此升格为省级节会。本届开始了茶节大型商演,中国广播艺术团抵信演出。河南电视台和信阳电视台现场直播了三个半小时的开幕式。这一届贸易成交额8.2亿元,招商引资总投资8亿元。

2002年第十一届茶文化节还好,但是年底出现的"非典"(SARS)事件严重影响了次年茶文化节的举办。

2003年第十二届茶文化节按照常规于2月份开始筹备,但因"非典"影响而于4月份中止筹备工作。2004年1月继续筹备,并决定改名为"中国茶都·信阳茶文化节",这样就绕开了冠名中国的限制,且避免了单纯经济追求,增加了文化色彩。

信阳毛尖上品都是"明前茶""雨前茶",而每年的清明、谷雨通常都在4月5日和20日前后。前十届的茶节都是5月份,似乎有所迟滞。于是从这一届开始,决定将办节时间由5月提前到4月28日,此后便一直延续下来。

继2009年茶文化节开始把全国茶叶评比(茶博览会)纳入办节,改名"中国茶都·信阳第十七届茶文化节暨第二届全国名优茶博览会"(首届在杭州)后,受大名声的刺激,自2010年第十八届始,添加"国际"字样,再度更名为"中国茶都·信阳第十八届国际茶文化节暨2010中国绿茶大会"。此后便冠以"信阳国际茶文化节暨中国(信阳)国际茶业博览会",直到2014年第二十二届,连续举办了五年,不是一直而是间或冠以"茶都"字样。

2016年第二十四届开始,信阳茶文化节回归原位,退出省办节庆改由信阳市政府主办,洗去铅华,恢复本位,此后就老老实实称"信阳茶文化节"了。举办信阳茶文化节是信阳历史上的一件里程碑式活动。信阳人在办节的节奏中走过了28年,信阳把茶文化节作为地方建设的"抓手",的确办成了不少事情。信阳GDP由办节前不足60亿元,到2020年的2805.68亿元,翻了将近48倍,城市建设翻天覆地,这个"抓手"功不可没!

本文作者周剑,信阳电视台原副总编,第一代播音主持人。曾任信阳电视台记者、编辑,先后担任制作科科长、制作室主任、外宣部主任、总编室主任。退休后任信阳市老新闻工作者协会常务理事、副秘书长、《老记者视野》编辑部副总编辑。

一位老民建会员的茶文化节情缘

王星元

信阳市位于河南省南部，地处淮河上游、大别山北麓，气候宜人，雨量丰沛，植被茂密，山水秀丽，风光旎，是重要的地理分界线，即 800 毫米降水分界线，是冬季零摄氏度分界线，是亚热带和暖温带分界线，是阔叶林和针叶林分界线等素有“北国江南，江南北国”之美称。信阳茶文化节是自 1992 年以来，信阳凭借全国十大名茶之一的信阳毛尖茶的品牌优势，以茶为媒，广交朋友，在每年 5 月前后举办的大型文化活动，其中包含招商引资、融资洽谈等多项活动，旨在发展当地经济，促进信阳茶叶产业的长足发展，是信阳本地最大的文化经济活动之一。信阳是中国名茶之乡，信阳毛尖是中国十大名茶之一。茶是信阳的象征，是信阳的传统特色优势产业，也是竞争力强、潜力巨大、前景广阔的朝阳产业、生态产业、健康产业。信阳种茶历史悠久，茶叶已成为大别山革命老区信阳农民的重要收入来源，是富民强市的重要支柱产业之一，为当地经济的又好又快发展做出了卓越贡献。

为了发展信阳经济，提高人民生活水平，我位卑未敢忘忧国，经多年调查研究提出以茶（质量优异、历史文化悠久的信阳毛尖）为媒，发展经济，跳跃式发展信阳的理论。经 12 度修稿，50 岁时撰写了《关于举办中国信阳茶文化节的论证报告》（获 1990—1992 年度信阳地区社会科学优秀成果一等奖，并被推荐到省参评），于 1991 年 2 月（第三稿）和 9 月（第十二稿），两次向信阳地区行署提交举办茶文化节的建议，得到地委、行署领导的赞同。1991 年 3 月 2 日，行署副专员张本乐批示“这是一个很好、很重要的建议。我建议请专员办公会议讨论酌定……此材料可复印十份（七份备专员办公会用，三份交地区茶办、茶叶学会，并请他们组织一次讨论，讨论意见报行署。并可登《信阳日报》以引起讨论，征询更多的好意见）。”10 月 17 日，行署办公室主任陈其元批示：“王星元关于举办茶文化节的建议，已得到地委、行署领导的赞同，现又搞了第二稿和《首届信阳茶文化节方案》讨论稿。”

从 1992 年起，信阳已连续举办了 26 届茶文化节（2003 年因“非典”影响停办）。

茶文化节使信阳茶农富裕了，他们纷纷从交通闭塞、无电、无音频视频的高山峡谷，购买或自建住房搬到乡镇所在地，进而搬到县城、市区；茶叶经销商做大了，衍生了五云茶叶集团公司、文新茶叶公司、新林茶叶公司、广义茶叶公司和庞大的茶业经营商户。他们把信阳茶叶销往全国乃至世界，为人类的身体健康和精神愉悦做出了巨大贡献：信阳市交通、通信、能源等基础设施建设得到了长足发展，人民生活水平显著提高，精神面貌焕然一新。

我业余研究茶叶，查阅了大量茶叶专著、文史资料以及文学作品，使我从一个生长在北方、不知茶叶为何物的人，成为中国茶叶学会会员。1998 年我入选信阳市第二届茶叶学会担任副理事长，并受聘为五云茶叶集团顾问。

为了进一步提高信阳茶叶知名度，发展茶叶经济，我先后撰写了《保护茶农利益，保护茶叶龙头企业利益，持续发展信阳茶叶经济》（在"信阳跨世纪茶叶发展研讨会"上发表，并获市级科技进步二等奖）、《茶文化节后又思索》、《请君常饮一杯茶》、《茶树的起源》、《茶叶的分类》、《茶乃国饮》、《茶叶的品饮》、《信阳毛尖是我国绿茶珍品》、《二十一世纪的饮料市场是茶的世界》《茶与佛教》、《茶与礼仪》、《茶与诗词》、《茶与立法》、《茶与楹联》《茶与美术》、《茶与戏剧歌舞》、《茶圣陆羽信阳行》、《苏轼与信阳茶》《信阳名茶开拓者甘以敬》等文章，为信阳的社会经济发展贡献一份绵薄之力。我虽已年过古稀，但作为一位老民建会员，一位信阳历届茶文化节的见证者亲历者，老骥伏枥，志在千里，仍愿继续为茶都信阳的发展鼓与呼！

本文写于2018 年。作者王星元，1942 年出生。1993 年加入民建组织。大学文化，会计师。

疫情下的线上信阳茶文化节

张杰磊

我于2005年从安徽农业大学茶学专业毕业，毕业后在信阳市农科所参加工作。2006年，信阳市委、市政府做出大力发展茶产业的决策部署，整合全市茶叶管理职能和技术力量，成立了信阳市茶产业办公室，我于同年调到市茶办工作至今。年一度的信阳茶文化节组委会办公室就设在市茶办，从2007年第15届茶文化节开始，我参与了历届茶文化节的谋划组织和具体筹办工作，见证了信阳茶文化节的不断创新、不断提升、不断成长。2019年全市机构改革，信阳茶产业办公室更名为信阳市茶产业发展中心。

在第28届之前，信阳茶文化节始终采取线下举办的形式，每届茶文化节都组织开展了招商引资、茶叶展销、论坛研讨、经贸洽谈、旅游推介、文化娱乐等丰富多彩的线下活动。2020年初，新冠疫情的发生，改变了信阳市20多年来举办茶文化节的模式，由传统的线下举办改为线上举办，以及线上线下相结合举办，开创了信阳茶文化节的新纪元。

线上举办第28届信阳茶文化节

从2019年下半年开始，第28届信阳茶文化节筹备工作已陆续展开。按照往届惯例，召集相关部门研究如何办节，学习借鉴外地经验，听取了各相关部门的活动举办建议，提出了举办工作方案，并得到了市委、市政府同意。2019年底，按程序，市政府向中国茶叶流通协会发出了《关于商请共同主办第28届信阳茶文化节的函》（信政函〔2019〕41号），并得到中国茶叶流通协会复函同意。市政府又向省商务厅发出《关于申请在第28届信阳茶文化节期间举办茶博会的函》（信政函〔2019〕42号），待审核批准。同时，各项活动筹备也按计划进行。2020年初，突如其来的新冠疫情，打乱了第28届信阳茶文化节的举办计划，原本紧张进行的各项筹备工作被迫暂停。按照国家、省、市疫情防控指挥部要求，全国暂停举办一切线下聚集性节会活动，省节庆办和省商务厅对第28届信阳茶文化节暂缓批复。

春节过后，疫情从初期零星发展、传播到扩散，信阳也出现了病例，防疫工作成为重中之重。有人提出茶文化节像2003年“非典”一样停办一年。3月下旬，通过全民奋战，疫情逐步得到控制，形势趋于好转。得知4月初的洛阳牡丹文化节确定在网上举办，市主要领导提出可以借鉴洛阳等地线上举办节会活动的经验，筹备举办“第28届信阳网络茶文化节”。为切实做好筹备工作，根据市政府主要领导安排，4月9日，市政府办党组成员、市纪委监委驻市政府办纪监组长涂卫民同志带领市林茶局、市委宣传部、市委网信办、市广播电视台等单位有关同志一行7人，赴洛阳市考察学习牡丹文化节网上办节做法。考察组在洛阳拜会了组委会相关领导和筹备组织人员，到部分活动现场进行参观考察后，连夜赶回信阳。我参与起草了《关于赴洛阳市考察学习网上办节情况报告》，报市委、市政府有关领导审定。根据考察学习情况，经市委、市政府研究，决定举办“第28届信阳网络茶文化节”。随即，市委、市政府向省委报送了《关于在互联网上举办第28届信阳茶文化节的请示》(信文(2020)20号)，省委领导批示同意。

如何通过网上办好茶文化节，一切都是从零开始。通过借鉴洛阳牡丹文化节、新郑拜祖大典、开封清明文化节、菏泽牡丹花会等地网络举办节会活动安排及筹备组织工作经验，结合信阳市实际，创新举办方式，市茶文化节组委会办公室制定了《第28届信阳茶文化节(网络)总体方案》，活动从4月20日开始至30日，主要安排了第28届信阳茶文化节开幕式(线上)、“云赏毛尖之都”——4小时大型线上直播活动、信商大会、“抖音有好货，县长来直播”信阳毛尖专场网络公益活动、国家级非物质文化遗产——信阳毛尖茶制作技艺展示活动、“全民饮茶日”之信阳毛尖专家大讲堂、多家媒体茶乡行(茶文化节宣传活动周)、2020信阳(网络)茶业博览会等10余项活动，采取线上、线下相结合的形式举办，突出线上，强化宣传，务求实效，取得了良好的效果。

线上线下相结合举办第29届信阳茶文化节

第29届信阳茶文化节筹办工作从2020年下半年开始逐步展开，虽然国内疫情形势趋于稳定，但仍有零星、局地出现病例，境外输入病例数量仍然较高，外防输入、内防扩散的防控形势依然严峻。按照疫情常态化防控要求，以及上级举办节庆活动有关规定，活动安排采取线上线下相结合的方式谋划组织。市政府严格履行报批程序，于2021年1月21日向中国茶叶流通协会去函，商请共同主办第29届信阳茶文化节，中茶协于1月28日复函同意。2月22日，市政府分别向省节庆办和省商务厅申请举办第29届信阳茶文化节及信阳茶业博览会，并递交了工作方案、经费预算方案、茶博会招商招展方案、外事活动和外宾邀请情况说明、安全保卫应急处置预案、消防应急处置预案、新冠肺炎疫情防控预案、食品安全应急处置预案、医疗卫生保障应急处置预案等相关申报材料，省节庆办和省商务厅于3月

12 日分别批复同意。

第 29 届信阳茶文化节于 2021 年 3 月 26 日至 5 月 1 日在信阳市举办，突出茶事活动，突出经贸成效，突出统筹协调，突出舆论宣传，突出群众参与，突出疫情防控，共安排了第 29 届信阳茶文化节开幕式暨线上直播活动，2021 年全国春茶产销形势分析会暨全国茶行业社团组织联席会，2021 年信阳茶业博览会（网络），信阳精品旅游线路推介活动，网络直播推介活动，2021 年信阳毛尖春茶开采仪式信商大会，"华茗杯"2021 年全国绿茶、红茶产品质量推选活动，"全民饮茶日"暨谷雨茶会，"云赏信阳毛尖"数字平台上线仪式暨系列文化体育活动等 11 项主题活动，涵盖了茶事、经贸、展示、文化、宣传等方面，取得了良好的效果。尤其是各项网络直播、宣传活动，减少了人员接触，扩大了覆盖范围，提高了传播速度，吸引了更多公众参与。据不完全统计，"云赏毛尖之都"—— 4 小时线上直播活动，共吸引 2510. 5 万人次观看互动，比上年增加了 1200 多万人次，点赞量近 1 亿次。

可持续线上举办信阳茶文化节

通过连续两年线上举办信阳茶文化节，拓宽了办节思路，创新了办节形式，积累了办节经验，找到了一条特殊形势下举办节会活动的可持续发展之路。一是搭建了全新平台。疫情下的线上茶文化节虽然没有了往届的现场交流和热闹氛围，但通过搭建全新的网络平台，实现了与国内外茶界友人和客商的连线对话和交流沟通，吸引了全国各地的爱茶人士参与互动，提高了传播速度，扩大了影响力，信阳茶文化节的知名度得到进一步提升。二是提供了创新机遇。受疫情影响，虽然关闭了线下举办茶文化节的大门，但同时也打开了一扇线上举办的窗。疫情给了我们一次创新举办茶文化节的机遇，由传统的线下举办到线上举办，再到线上线下相结合，由传统的注重现场规模场面，到突出流量和效果，通过主动创新开拓了新领域，信阳茶文化节实现了线上、线下全面开花的良好局面。三是积累了宝贵经验。线上举办茶文化节是我们在特殊形势下举办节会活动的一次有益尝试，借鉴了外地很多的成功经验和模式，也加入了我们自己的特色和创新。虽然举办过程中还有一些问题和不足，但也为我们积累了丰富的线上举办节会活动的经验，为我们持续推进节会创新，不断提升办节水平打下了良好的基础。

本文作者张杰磊，信阳市茶产业发展中心农艺师，毕业于安徽农业大学茶学专业。连续十多年参与信阳茶文化节的具体筹办工作，多次被市政府评为"茶文化节筹办工作先进工作者"。

罗山茶与信阳茶文化节

李书胜

自1992年举办首届信阳茶文化节以来，至今已有30个年头了。信阳茶文化节的持续举办，搭建了宣传平台，推介了名茶品牌，弘扬了茶叶文化，发展了地方经济，对促进茶产业乃至全市经济社会发展具有重要意义。我有幸作为首届和前几届茶文化节的参与者与亲历者，回想起当年罗山县承办茶文化节的经历，罗山茶人创制名优茶的热情，罗山茶企争先创优、争金夺银的激动场景，再联想到当今罗山县茶产业取得的非凡成就，心里一直有股冲动，想写一篇回忆罗山茶产业发展和参加茶文化节的文章，留住一些茶事活动的珍贵记忆。

备战首届信阳茶文化节

首届信阳茶文化节于1992年5月15日在信阳市隆重开幕，这是信阳茶乡人民经济文化和政治生活中的空前盛事。为了筹办好茶文化节，打响罗山茶品牌，罗山县委、县政府高度重视，成立了首届信阳茶文化节指挥部，设茶节办公室和经贸活动组、市场贸易组、茶叶展销组、旅游组、文化宣传组、接待组和安全保卫组等1室7组，各项筹备工作于1991年底开始紧张进行。

为促进罗山县茶产业快速发展，早在1991年3月份，罗山县委、县政府就成立了茶叶生产开发领导小组，由分管农业的副县长谢秀魁任组长。领导小组下设办公室，办公地点在县供销社，县农委副主任任家学任县茶叶生产办公室主任，也是罗山县茶办的首任主任，县供销社副主任李岩任副主任，从县供销社农业局各抽调2名工作人员，分别是林祖谦、易杨、罗正刚和我，县棉麻公司一辆“豫S20061”牌照的吉普车供茶办使用，棉麻公司李明志任专职司机。县茶办的主要职责是制定全县茶产业发展规划，下达茶叶生产计划并督促落实，开展茶叶生产技术指导服务。

从办公条件和领导重视程度来看，当年的县茶办是一个很不错的机构。我们坐吉普车下乡，走遍了9个种茶乡镇的山山水水，对各个茶场的情况有了全面了解。有时茶场场长或种茶大户进城办事，顺便到县茶办咨询情况，我们都热情接待，并提供便餐。曾有种茶大户动情地说："我们种茶人过去没人管没人问，现在有了茶办下乡给我们作技术指导，进城还有个'娘家'给我们提供帮助，看来我们种茶人还是有奔头的。"茶办主任任家学是部队团级干部转业的，工作能力强、领导水平高，深入基层、联系群众，与茶场场长和种茶大户交流谈心拉家常还真有一套本领。我称他是罗山县首任"茶官"，对他十分敬佩。省农业厅茶叶专家钱远昭称赞任家学主任工作雷厉风行，有军人作风。

根据县茶文化节指挥部安排，县茶办负责茶叶展销组的工作，主要任务是收集资料，督促落实样品茶生产，推介名茶品牌参与展销评活动，力争在首届茶文化节茶事活动中叫响罗山茶品牌，提高罗山名茶知名度。茶展组下设三个小组：一是摄影宣传组，由县茶办主任任家学负责，成员有县文化馆副馆长吴其贞、县文联孙炳鑫、摄影师徐大义；二是资料收集组，由县农牧局副局长谢登仁负责，成员有张国义、罗正刚和我；三是茶叶展评组，由县供销社副主任李岩负责，成员有林祖谦、李定江、易杨。按照各自的分工，责任到人，各小组紧锣密鼓地行动起来了。

第一个茶叶商标诞生

罗山县在茶文化节上进行品牌推介宣传，首先要明确参评、参展名茶身份和品牌推介主体。罗山不缺名茶，但缺乏像信阳县龙潭茶叶总厂和"龙潭牌"商标这样的大企业和大品牌。我们只能在众多茶场中推荐相对知名的茶场参加茶叶质量评比，当务之急就是抢在首届信阳茶文化节开幕前完成茶叶商标注册。为注册商标，当时县茶叶公司列出了备选名单七八个，包括灵山、灵山寺、龙池、灵峰. 白云等。这些名称或是不符合相关规定，或是被别人抢先注册了，为此，县茶办专门召开了商标名称征集讨论会，征求大家意见。在会上，我一时来了灵感，提出了"灵云"这个名字，寓灵山云雾出名茶之意。想法一经提出，有人反对，有人认可。县供销社有位同志当场反驳说："无论是在《辞源》或是《辞海》中都找不到'灵云'这个词，属于生造词，不能注册成商标。"会场一下子安静了。沉默一阵后，县茶叶生产领导小组副组长（县人大常委会原副主任）李润生发话说："我倾向采用书胜同志提出的'灵云牌'商标名称，能代表罗山名茶特点，有寓意。"与会同志众说纷纭，讨论了一上午也没有定论。最后茶办主任任家学表态说："把备选名称都写在纸上，报县领导审定。"当天，常务副县长李春恩在备选商标名单上将"灵云"二字圈起来，在旁边签上"同意"二字。第二天，县供销社即安排专人到国家工商总局申办商标注册事宜。就这样，赶在首届信阳茶文化节之前，罗山县的第一个茶叶商标诞生了。"灵云牌"商标由县茶叶公司注册，全县名优茶场共同拥有，属于公用品牌。在之后一段时期,这一商标成为对外宣传推介罗山名茶品牌的一张金名片,给茶区人们带来了骄傲和自豪。直到后来随着申林茶业、灵山茶业等茶企业的发展和崛起,“申林牌”“仙灵牌”“老寨山牌”等名茶商标的产生,各茶叶企业拥有了自己的商标品牌,“灵云牌”商标品牌才逐渐淡出人们的视线。

“灵云牌”名茶一战成名

首届信阳茶文化节期间举办了“兴申杯”名优茶评比活动,分“信阳毛尖”“河南毛尖”“地方名茶”三个类别参评。除信阳龙潭茶叶公司参评的“龙潭牌”特级和一级信阳毛尖被认定为特别奖外,其余参评茶样均实行密码编号,由全国著名茶叶专家于杰、陆松侯和河南省茶叶专家钱远昭、黄道培等亲自评审,依据外形和内质的得分高低确定名次。经过充分准备和认真筛选,罗山县推荐的10多个茶样参加首届茶文化节评比,获得了7项大奖,几乎囊括了“信阳毛尖”类一、二、三等奖的全部奖项。当时公布“兴申杯”名茶评比的结果是:特级“信阳毛尖”一等奖获得者是罗山县彭新乡前峰茶场,二等奖获得者是罗山县朱堂乡保安茶场,三等奖获得者是罗山县彭新乡张堆茶场;一级“信阳毛尖”一等奖获得者是罗山县朱堂乡马河茶场,二等奖获得者是河南省五一茶叶总场和罗山县茶叶良种场,三等奖获得者是信阳地区茶叶试验场和罗山县朱堂乡老察茶场。另外,罗山县朱堂乡保安茶场生产的“灵山剑峰”获“兴申杯”省级名茶奖。罗山县在首届茶文化节“兴申杯”名茶评比中一炮打响、独占鳌头,取得骄人成绩,受到各大媒体的关注。《中国老区报》(1992年7月9日第2版)以“白云灵山下,清茶比酒香”为主标题,以“热烈祝贺灵云牌信阳毛尖茶荣获兴申杯七项大奖”为副标题,专版介绍罗山县及罗山名茶。

在首届信阳茶文化节开幕式活动中,各县市还组织了丰富多彩的文艺演出活动,在彩车的引导下缓缓通过信阳文化中心大街开幕式主席台。罗山县参演的节目是“双边鼓”,演员人数达100人,引导演出方队的彩车正前面悬挂有“灵山剑峰”字样的巨大牌匾,两侧是“白云灵山下,清茶比酒香”的宣传标语,把罗山的名优特产,老区人民的风采,茶乡人民的深情,展现给来自五湖四海的宾朋。

罗山名茶声名远扬

时光荏苒,转瞬即逝。在1993年第二届信阳茶文化节上,由全国知名茶叶专家对各地名茶进行鉴评。我县推荐的具有代表性的全国名茶“信阳毛尖”、省级名茶“灵山剑峰”、地方名茶“龙池秀针”等,经专家鉴评后都不吝赞美和好评。安徽农业大学林鹤松教授对灵云牌“信阳毛尖”的评语是:“灵云毛尖外形紧细圆直,色泽绿艳毫显,内质汤色翠绿明亮,香嫩持久,滋味浓爽,叶底嫩绿。"河南省农业厅茶叶专家钱远昭对省级名茶"灵山剑峰"的评语是:"形美、色翠汤浅绿,香高、味浓、叶匀净,是大别山上新开的一朵鲜花。"湖南农学院陆松侯教授对地方名茶"龙池秀针"的评语是:"条索细秀似针,色绿显毫,汤色黄绿明亮,嫩香高,味醇爽,叶底嫩绿明亮,有名优茶特点。"

1993 年 5 月 17 日,参加第二届信阳茶文化节的专家组一行,在常务副县长李春恩的陪同下,慕名前往罗山县名茶主产地灵山寺考察。得天独厚的宜茶生态环境,源远流长的灵山寺禅茶文化,使远道而来的专家们产生了极大兴趣,在新落成的灵山寺宾馆品茶论道,挥毫泼墨。安徽农大林鹤松教授亲笔题写"禅茶自古难分,千年古刹传真,灵云香茗独秀,唯有淮南罗山"的优美诗句;陈慧春教授题写"山实灵山美,茶独灵云香"。专家们从不同的侧面感悟灵山寺千年禅茶文化,赞美罗山县灵山秀水和灵云牌名茶,实属难得。

1994 年第三届信阳茶文化节举办"金龙杯"名优茶评比活动,罗山县再次夺魁,又一次荣获 7 项大奖。其中 6 个茶场获"信阳毛尖"类评比奖,分别是:彭新张堆茶场、彭新张洼茶场、涩港(灵山)同心茶场、朱堂老寨茶场、朱堂保安茶场、朱堂肖贩茶场。"灵山剑峰"(朱堂保安茶场送样)获省级名茶奖。

首届信阳茶文化节"信阳毛尖"评比范围限于信阳县、信阳市和罗山县,共设 10 个奖,罗山县获得 6 个:第三届信阳茶文化节"信阳毛尖"评比范围扩大到信阳地区范围内各县,共设 16 个奖,罗山亦获得 6 个大奖。足见当年罗山县高度重视名优茶生产,各茶场踊跃参加名优茶评比争先创优的积极性。得天独厚的宜茶环境,管理精细的生态茶园,加上精湛的手工炒制技术,孕育出罗山县名优茶独特的品质特征。加上历次茶文化节活动中的品牌推介宣传,罗山名茶的知名度和美誉度逐年提升,深受茶界和广大消费者好评。

为了推动名优茶生产,从 1990 开始(持续到 2005 年),罗山县每年都于 4 月中旬组织开展名优茶评比活动,聘请省内茶叶专家担任评委,优胜者由县领导亲自颁奖,颁发荣誉证书,给予现金或实物奖励,并推荐参加信阳茶文化节质量评比。通过开展争先创优活动,叫响了罗山名茶品牌,培养了大批制茶能手,推介了一批名优茶场。2003 年朱堂乡白云寺茶场场长吴自群参加县级评茶获奖后非常激动,当场打电话通知家里人即日起库存茶叶每斤涨价 100 元,不得贱卖。据了解当年该场茶叶全都高价卖出,而且供不应求,这事在当时一度传为美谈。近 30 年来,在历届党委政府的大力支持下,罗山县茶产业快速发展,成为农民增收的主导特色产业。茶园面积由 1991 年 3.8 万亩发展到 2021 年的 27.6 万亩,产量由 35 万公斤增加到 600 万公斤,社会总产值由 500 万元增加到 10 亿元。30 年前,罗山茶叶远不如信阳县茶叶出名,罗山产的信阳毛尖茶,用上信阳的茶叶包装送人才显得体面大气。当年罗山印制了一批茶叶包装,因有"罗山县茶叶公司出品"字样,多年积压没人愿意使用。近20年来,情况明显变化,因罗山茶园主要在山区茶场,没有"田改茶"的情况,生态条件优越,以采春茶为主,多数沿用传统手工制作,拥有叶肥芽壮、汤清叶绿、香高味浓、耐多次冲泡等诸多优良品质,在历届茶文化节的宣传推介下,受到越来越多的消费者欢迎。远在外地工作的罗山籍成功人士,喝惯了罗山茶有了依赖感,偶尔收到家乡人寄送的信阳茶有些不习惯了,叮嘱来年寄送茶叶还是正宗的罗山茶好。现在印有罗山县××茶叶公司或罗山县××茶叶合作社字样的茶叶包装,即简洁又环保,配上正宗罗山茶,受到越来越多的消费者欢迎。从这些变化情况看,可以说是今非昔比了。

"灵山剑峰"命名渊源

谈到罗山名优茶生产,我想重点介绍一下省级名茶"灵山剑峰"的创制发展过程。罗山县素有名茶之乡的美称,产于灵山寺的"灵山云雾"茶自古闻名,曾被列为贡品。明代《河南通志》记载当时河南地方唯一名茶"罗山茶产汝宁府信阳州",可见"罗山茶"自古闻名。自"信阳毛尖"问世以来,罗山县是公认的全国名茶主产区之一,当年"信阳毛尖"的产地界定为信阳县、信阳市和罗山县。

20世纪90年代初,全国名优茶主产区都在开展轰轰烈烈的名优茶创制活动。在各级政府的推动下,在省农业厅和信阳地区农业局专家指导下,我县各地名优茶场积极创制具有地方特色的名优茶,先后推出了一批名茶新品"灵山剑峰"(灵山镇、朱堂乡)、"天山香"(山店乡)、"龙池秀针"和"彭新银针"(彭新镇)、"皇城贡芽"和"青山银梭"(青山镇)等地方名茶。其中"灵山剑峰"是最具独特发展优势和广阔发展前景的名茶。

关于"灵山剑峰"名茶创制发展过程,我是参与者和见证者,有些趣事回想起来至今记忆犹新。1990年5月河南省举办第三届名优茶评比会,主要内容是评选认定一批省级新名茶,对信阳毛尖茶进行评比。当年我在县农牧局园艺站工作,接到省评茶通知任务后,我们安排朱堂乡(原涩港乡)保安寨茶场准备样品参评(保安寨茶场是当年罗山县最有名的茶场,由该村老支书张新善任场长)。我们没有创制新名茶的经验,不计划申报新名茶,于是让保安茶场精心制作一份特级信阳毛尖样品(该茶场在1985年全省名茶评比中获一级"信阳毛尖"类一等奖),经密封包装送样参评,我们和老场长于1990年5月24日参加在信阳召开的全省茶叶质量评比大会。为了让罗山县送去的这份样品能获得好名次,我们在评茶会报到的当天晚上,将参评茶样打开请省内几位专家提前点评。打开包装后阵阵茶香扑鼻而来,茶芽个个饱满,扁平挺直,白毫显露,非常匀整,独具特色。专家们被这份样品深深吸引了，并从色、香、味、型各个方面进行点评。专家们一致认为，这是一份具有独特品质的茶样，放在“信阳毛尖”类参评，从外形看不符合毛尖茶“细圆紧直”的特点，如果被淘汰那就太遗憾了，建议列为新创名茶评比。

按照专家建议，我们决定将该茶样按新创省级名茶申报，有两项任务当天夜晚必须完成。一是新名茶名称问题，二是填报名茶申报表。按照名茶命名规则一般是四个字，前两字是地名，后两字表明名茶特点。我提议地名冠以“灵山”字，一开始张新善老场长有异议，提出茶叶样品明明是保安茶场生产的，为何不是“保安”而是“灵山”呢？有些不乐意。我给他说明道理，该名茶一旦被专家认定为省级名茶，就是一个公共名茶品牌，可推广到灵山一带的高山名优茶场生产，不能仅仅局限于保安茶场。而且“灵山”更有名气，知名度更高，历史上出产过名茶，更有利于新名茶的宣传和推广。老场长也是明白人，经这么一讲他也明白了，笑着说道：“好吧，就用‘灵山’当地名吧，谁让咱们都是灵山冲的人呢？”（灵山西北延伸下来的山头和冲田及村庄，当地人叫灵山冲。）

张新善老场长是个爱茶人，对保安和保安茶特别有感情。20 世纪 70—90 年代的绝大部分时间都住在茶山，以茶场为家。老场长 90 年代末去世时，家人按照他的遗愿，将他安葬在保安茶山上，与茶山永久为伴。他去世后，茶场由其侄子张立伟经营管理，2005 年由尹璐接手承包至今。

至于新名茶的后两个字，黄道培、黄执优等专家一致认为，该茶外形扁平挺直似剑，就叫“剑峰”，这就是“灵山剑峰”名称的来由。

填写“河南省新创名茶申报表”也是一项紧急任务，当天夜晚在有关专家的指导下顺利完成了名茶申报表填报任务，包括产地环境、制作工艺、品质特点等方面的内容。第二天评茶会正式开始，由罗山提供的样品茶和申报书正式提交专家组评审。

1990 年 5 月 25 日上午，评茶会正式开始。评审组专家由 6 人组成，分别是湖南农大教授陆松侯、安徽农大教授陈慧春、河南省农业厅专家钱远昭、信阳地区农业局高级农艺师黄道培、信阳地区供销社高级工程师杨重云、信阳县农业局总农艺师黄执优。各位专家对茶叶的外形和内质进行认真鉴评，一致认为“灵山剑峰”具有独特的外形特征，生态条件优越，茶叶品质优良，符合新创名茶的要求，正式认定为省级新名茶，颁发了河南省“新名茶证书”。在名茶申报表“专家评语栏内”，专家组的评语是：“‘灵山剑峰’外形扁平挺秀似剑，白毫显露，色泽翠绿：汤色浅绿明亮，香气高爽，叶底嫩绿匀净。”6 位专家在申报书上亲笔签名。

1991 年清明节过后春茶开采期间，我住在朱堂乡保安茶场，用一周的时间专门研究“灵山剑峰”的采摘标准和制茶工艺，详细观察和记录每一道工艺火候大小和时间长短对茶叶品质的影响，最后形成了完整的工艺流程。我将研究成果整理成资料寄送省农业厅,钱远昭专家看后亲笔给我回信,认为材料翔实完整。“灵山剑峰”是罗山乃至全省今后很有希望和发展前景的名茶,并将我整理的“灵山剑峰”相关资料编入《茶树良种与河南名茶》一书(内部资料)。由于本人在名茶创制推广中做了一些工作,因而先后获农业部科学技术进步三等奖1次,省农业厅农牧渔业科技进步一等奖、二等奖各1次。

1990年《中国茶叶》杂志(第5期)专门介绍“灵山剑峰”名茶产地及品质特点,中国农业出版社出版的《中国名优茶选集》(1994年)、《中国名茶志》(1999年)等茶叶专著,单列条目对该名茶的创制历史、产地环境、制作工艺、品质特点、名茶文化等进行全面介绍。

在历届茶文化节茶叶评比中,“灵山剑峰”都榜上有名,多次获得大奖。在1992年首届信阳茶文化节和1994年第三届信阳茶文化节分别获“兴申杯”“金龙杯”大奖。1999年省农业厅点名安排罗山县选送“灵山剑峰”样品参加昆明世博会评比。当年因保安茶场样品准备不足没能参评,成为一大遗憾。在2002年河南省首届十大名茶评比中,由朱堂乡肖茶场生产的“灵山剑峰”样品参评,正式入围河南省十大名茶,名列第二,仅排在信阳毛尖之后。当年5月1日《大河报》以“河南省首届十大名茶评比揭晓,信阳毛尖、灵山剑峰等被评为河南省十大名茶”为题进行宣传报道。2012年省级名茶复评,“灵山剑峰”顺利通过,获颁荣誉证书。2017年“猫眼春牌”灵山剑峰在全省名优茶评比中获得金奖。2018年“老寨山牌”灵山剑峰在全国名优绿茶评比中获得特别金奖。

“灵山剑峰”名茶自创制生产以来,工艺得到完善,质量不断提高,产量逐年增加,受到广大消费者好评,成为罗山县一张新的茶叶名片。

关于“灵山剑峰”名茶,可以界定为产于罗山县朱堂乡、灵山镇等高山名优茶场,精选谷雨前芽尖或一芽一叶初展的细嫩芽头,按“灵山剑峰”制作工艺加工具有扁平挺直似剑的外部特征和香高味醇的内在品质的名茶,统称“灵山剑峰”。多年来,由于宣传推介不到位,因此对该名茶概念认识模糊,甚至官方宣传资料上有“省级名茶‘灵山剑峰’牌信阳毛尖”的提法,这显然是错误的。“信阳毛尖”是全国名茶,“灵山剑峰”是省级名茶,它们都属于特种绿茶,但又是各具不同外形和内质特征的名茶。有些宣传品上甚至写成“灵山剑锋”,把名字都搞错了。本来是扁平挺直的茶叶,搞成带金属旁可以弯曲的形状。2007年9月15日,首届中原茶博会在郑州举行,我特意邀请住在郑州的保安茶场负责人尹璐先生到罗山茶展厅参观(尹总小时候在罗山长大,后随父母在郑州上学就业,也算是罗山的成功人士),尹总看到罗山县茶展厅展出各个茶企业的不同茶展品,为家乡的茶产业大发展感到自豪,同时对品牌宣传也有疑虑。晚上,尹总邀我在郑州茶馆喝茶,讨论主题就是“灵山剑峰”名茶相关问题。尹总直言道:“保安茶场是‘灵山剑峰’名茶原产地，我们公司又注册了‘灵山剑峰’商标，为何今天看到茶展厅里有其他茶场展出的‘灵山剑峰’茶叶？”我解释道：“‘灵山剑峰’省级名茶最初在保安茶场创制这是事实，但这是一个公用品牌，不能为某个茶场独有。你们将茶叶名称注册成商标，可叫‘灵山剑峰牌’灵山剑峰，老寨茶场也可生产灵山剑峰，叫‘老寨山牌’灵山剑峰，这都没有问题。”经我这么一讲，尹总茅塞顿开，担心别人冒名的疑虑终于打消了。

罗山茶艺表演

2003 年“非典”疫情蔓延，自 1992 年以来连续举办的信阳茶文化节被迫停办。这一年县茶办的办公地点从县供销社转到县农业局，这也意味着对茶叶生产管理的行业部门职能的一次大调整。2012 年，我从县茶办调回县农业局，直接从事茶叶生产管理的工作算是告一段落。虽然不再直接与茶叶生产打交道，但毕竟属于大农业的范畴，我依然关注着信阳、罗山的茶叶方面的大事小情。每每夜半梦醒，依然是漫野茶乡的浓浓回忆。尤其难忘的是罗山的茶艺表演。

2004 年的第十二届信阳茶文化节增加了茶艺表演内容，要求每个县区都组织茶艺表演队参与评比。罗山县茶艺表演由县政府办负责，县政府接待办（罗山宾馆）具体组建团队，领队人员是叶梅、刘梅，主泡手是罗瑞，助泡手是郑娟、任冬梅、桂涓涓。经过精心组织和认真排练，罗山茶艺表演队荣获“文新杯”茶艺表演赛银奖，任冬梅获优秀茶艺师奖。我收藏了这次茶艺表演的解说词，现摘录部分内容如下：

凝盛灵山云雾质　飘出九华晨露香

我谨代表罗山七十万勤劳智慧的茶乡人民，热忱欢迎各位嘉宾来灵山茶苑赏茶品茗。

茶都迎盛会，茶乡朋友来。喝好茶，品佳茗，是人生高品位的享受。丝丝古琴，缕缕茶香，一壶香茗莫自饮，赠与天下有缘人。

伴着优雅的背景音乐，我们罗山宾馆茶艺表演队的姑娘们，将把各位专家、评委带到一个“发思古之幽情，品绝佳之风情”的意境，让大家充分感受、品味“茶艺文化、茶具缤纷、茶业古今、茶韵流长”。

茶道讲究以茶立德、以茶会友，泡茶时应讲究心静、器雅、汤清。心静则为排除杂念，心无杂念则心静，以达人茶合一之境界。

罗山县地处大别山北麓，淮河南岸，这里山清水秀、人杰地灵、历史悠久。早在北魏时期已有种茶记载，位于县城西南的灵山，重峦叠嶂、山外青山、古树苍翠、飞瀑清泉，更是盛产像“灵山剑峰”这种上等好茶的地方。

现在各位贵宾面前所放置的则是被誉为绿茶极品的“灵山剑峰”，请各位嘉宾赏茶。“灵山剑峰”因长于人间净土佛教圣地灵山之上，这里终年云雾弥漫，四季百卉溢香。“灵山剑峰”茶吸天地之灵气、集日月之精华，又因其外形似剑、色泽隐翠、白毫显露如霜，故得名。

初泡，又称温润泡，将温水分别倒入每个盖碗约 1/2 处，双手托起杯托，以逆时针方向晃动三周，迅速将茶汤倒入茶洗中，我们称其为洗茶。可滤茶叶中杂质，又可使茶叶浸润张发。好的绿茶嫩似莲心，乾隆皇帝就曾把洗茶称为甘露润莲心。泡茶用水也是多有讲究的，泉水为上，河水、井水次之。我们所采用的则是取自佛教圣地灵山之上的山泉水。

正式泡茶也称注汤，三位茶艺小姐同时将壶提至一定高度，壶高水急，高冲而下，激荡茶水，是为“悬壶高冲”，也称“高山流水”。

古人有“未尝甘露味，先闻圣妙香”之说，细啜一口，舌根轻转，可感茶汤醇厚甘鲜；缓慢下咽，回甘生津，韵味无穷。可品出独特的“剑峰韵”，至今茶人尚未能说清楚，只留待后人品断，这也是“灵山剑峰”之魅力所在。现在可以看到我们茶艺小姐正准备将一杯杯香气浓郁的“灵山剑峰”献至各位贵宾面前。

请先用左手托起茶碗底托，右手拿揭杯盖，举案齐眉，以茶敬宾，将杯盖在杯中作逆时针方向旋转一圈，后送至鼻端晃动以闻其香，观其色，色泽以青翠为胜。再品其味，“灵山剑峰”初品滋味清淡，二品则回味无穷。无怪乎朱元璋在品了灵山茶后，也不禁赞道“无味中之味，谓之上味也”。

罗山是中国绿茶的故乡，这里山清水秀，环境优美，人民勤劳朴实，热情好客。借此机会，我再次代表罗山七十万人民真诚地邀请各位专家、各位宾客到茶乡罗山采茶品茗，观光旅游。

本文由罗山县政协提供。作者李书胜，1965 年 3 月出生，信阳农专毕业，曾担任罗山县农业局工会主任，县茶办副主任，县农业农村局党组成员、总农艺师等职，现任县农业农村局二级主任科员。多年来一直从事茶叶方面工作，多次开展茶叶技术指导、培训和推广，参与茶叶发展规划制订，承担有关茶叶项目实施，曾获农业部科技进步三等奖 1 次，省农业厅农牧渔业科技进步一等奖、二等奖各 1 次，获得河南省十大优秀茶文化工作者、河南省优秀科技特派员等荣誉称号。在《中国茶叶》《中国名优茶选集》《中国名茶志》《信阳论茶》《中原禅茶》等书刊发表论文多篇。

茶人故事

CHAREN GUSHI

回忆我的曾祖父甘以敬

甘子伦

从 107 国道西行，进入鸡公山西侧的黄湾村，一条小溪与路并行直通谭家河。小溪对面有一个十几户的村落，叫白鹅塆。这里流传着一句谚语："白鹅墙，金龙宝殿。"不知道的人肯定费解，明明是个小村落，何来"金龙宝殿"？这就要追溯到清末民初了。当时，社会动荡，民不聊生，老百姓连饭都吃不饱，更谈不上住好房屋了。但白鹅塆例外，这里住着一个士绅，由于房屋比较好，里外三层院，墙体全部用青砖砌就，外面再用木板围起，木板上雕刻着各种图案，当地称"鼓皮墙"，院中通往各方都有走廊。因此在当时老百姓眼里，这里就是所谓的"金龙宝殿"了。这"金龙宝殿"的主人就是我的曾祖父、信阳毛尖的创始人甘以敬. 提起信阳毛尖，算得上家喻户晓，闻起来清香扑鼻，喝起来沁人心脾，有去油腻提神醒脑的功效。信阳毛尖与我曾祖父甘以敬有着密不可分的渊源。

甘以敬是他的庠名，他的辈分名叫甘庆绵，字飏浒，号周原，1864 年农历六月二十一生于甘家冲甘家大塆小孙家冲，晚清秀才。据父亲甘呈祥讲，他曾屡次科考不第，祖上曾花钱捐官，因而他憎恨晚清官场腐败，无意仕途。后醉心于康梁变法，变法失败后心灰意冷，弃笔从商。甘以敬生于官宦之家，颇有些家资，他投资开办工厂、商行、书肆，并拓荒植茶。到安徽六安、浙江杭州、湖北咸宁购买茶种，在信阳震雷山北坡植茶 30 亩，因信阳气候、土质、环境等条件优越，茶树生长良好，茶叶品质独特。甘以敬率先成立了"元贞茶社"，是豫南最早的茶叶组织。经营中积累了较多资本，他又转向投资矿业。父亲告诉我，现在从柳林到李家寨到处都是矾石，当时科技落后，人们以为是银矿，便以讹传讹。祖父为了开矿，开始变卖田产，被他卖掉的田产有：马河村的大竹园、刘家垄，老塆村的焦家，万冲村的夏家冲和武胜关的石门，除白鹅塆前面的 30 余石口粮田外，其余全部卖掉。他的田产大部分在鸡公山西侧，甘家冲只有很少一部分。卖田的钱大部分用来开矿，其结果可想而知，当然是以失败告终，于是便专注于茶叶种植，打造茶叶品牌。在他的带领下，信阳毛尖在 1915 年巴拿马万国博览会上一举获得金奖，从此奠定了在绿茶中的地位,后成为中国十大名茶之一,享誉海内外。甘以敬为信阳茶叶的发展立下了不朽功勋。

我父亲听我爷爷甘其伟讲,太爷爷甘以敬饱读诗书,写得一手好字,遒劲有力,飘逸潇洒,曾为多地题字。现在新店村马号大塆前,以前立了许多牌坊,上面的字都是他题写的,只可惜没有保留下来。20 世纪四五十年代的人都看见过那些牌坊。如今他的手迹存世的仅有一幅,还有他生前唯一的照片。照片下方清晰可见"丽昌照相",小字为"上海美界北四川路"的字样。照片中有 3 个人,中间便是甘以敬,左边是翟机枢,右边是他舅兄柴伟卿。这位翟先生与他有何渊源,不得而知。照片的背面中间记着:"后来我之子孙见中间者,即十四世祖考庆绵公矣。"右边记着:"此像在上海所照,中间者即先父,右着长衣者即二舅柴伟卿,左着短衣者即翟机枢也。"落款:"慧然录于青云书屋南窗下。"显然这是我爷爷甘其伟(字慧然)记下的。他是我曾祖父的三子。中间落款是:"绥青其佩,惠然其伟,同书。"绥青是我爷爷的二哥。左边小字记着曾祖父的死因:"十四祖庆绵公,因二次革命受累,避难上海苏州等地,在苏州大姐家受病,即登车至沪,遂入天津路红十字医院,月余于民国三年甲寅冬月初五日病逝,绥青于数日后,由北京来同议,葬于上海沪宁车站长老会馆,铁路车站不远。"下边落款"慧然书"。我爷爷所说的"二次革命受累",是指袁世凯称帝,孙中山起兵讨伐。失败后,孙中山逃往日本,甘以敬则逃往上海外国租界避难。甘以敬参加何种组织进行倒袁活动,我不得而知。但有一点可以肯定,有家不能归,在忧愤中病逝上海。民国三年即 1914 年,他还不到 51 岁。

我曾祖父在二次革命中,虽然是个名不见经传的人物,但他渴望天下太平。在他病逝一年后,他所开创的信阳茶业出产的信阳毛尖品牌终于向世界证明了它的品质,可惜他没有等到那一天。白鹅塆与我曾祖父紧紧联系在一起,而他又和信阳毛尖结下了不解之缘。当地百姓所谓的"金龙宝殿"早已湮没在历史的尘埃中,但他所开创的信阳毛尖茶已深深扎根于信阳人民的心中。信阳人民没有忘记他,在茶之韵广场为他树立了铜像,并铭文纪念他对信阳茶业的贡献。

附:甘以敬的家族成员

甘以敬的祖父甘宝仁:生于嘉庆八年,即1803年农历二月初二;故于咸丰十一年,即1861年农历十二月二十四。他是道光年间的"州同",葬于万家冲村夏家冲。此墓保存完好,碑文清晰可见。碑文上刻有甘以敬兄弟6人的名字。

甘以敬的父亲甘家驹:秀才,库名世昌,字昂千,号五峰。生于道光十六年,即1836年农历九月初八,故于光绪十六年,即1891年农历九月十九。葬于柳林甘家冲西楼,后迁葬东双河。直至20世纪90年代,由于坟墓长时间没人修缮,以致碑倒坟平。开发商在那里修建液化气站,挖掘机误将棺木推出,棺木用白布浸泡松香水缠绕多层,无法开启,疑为古墓。文化部门将棺木劈开,因密封较好,尸体完好,但由于处理不当,遇风而腐,只将其发辫剪走,后发现碑文才知墓主人身份。

甘以敬夫人甘柴氏:李家寨柴家湾老垮人,生于同治二年,即1863年农历三月初八;故于光绪三十三年,即1907年农历九月三十。葬于老垮村焦家垮。

甘以敬长子:不幸早亡,与母合葬在焦家垮。

甘以敬次子甘绶青生于1890年,故于1938年。1908年入北京协和学堂学医1915年毕业、获医学博士学位,是信阳第一个西医医师。曾在确山、潢川等地行医后又在豫南大同医院(现为信阳市中心医院)任职,曾出任代理院长。其间,他以救死扶伤为己任,培养过许多医务人才。抗战爆发后信阳沦陷,日军控制了医院,他举家前往重庆,1938年不幸病逝,直至1946年才由佃户韩忠秀将其骨灰运回葬于白鹅垮。育有四子,长子甘昭祥,次子甘永祥,三子甘致祥,四子甘博祥。《信阳县志》载有他的事迹。

甘以敬三子甘其伟:字慧然,也就是我的祖父,生于1896年,读过私塾。以种田、教书、贩卖茶叶为生。因曾祖父在孙家冲有一块茶山,我们家每三年轮采一次,采摘后由大伯甘继祥炒制。我还记得儿时家里有一个铁皮大茶桶。祖父故于1959年12月25日。育有五子:长子甘继祥,次子甘进祥,三子甘有祥,四子甘丰祥,五子甘呈祥。

甘以敬曾孙辈共有9人,即甘子明、甘子德、甘子捷、甘子茜、甘子挥、甘子拯、甘子进、甘子慧、甘子伦,散布在郑州、武汉和信阳李家寨白鹅垮等地。

本文作者甘子伦,男,汉族,1979年8月出生于信阳市鸡公山管理区李家寨镇黄湾村,为甘以敬四世孙,现在武汉、西安、海口等地经商。

我的曾祖父王选青与信阳毛尖的渊源

王 勇

1876 年(清光绪二年),我曾祖父王铨基(字选青)出生在信阳城内镇远坊一个门头匾额刻有“御赐中宪大夫第”的宅院。从大门进去,左边有一座小院右门进去,穿过三座小院到大院。大院四方形,石块铺地,三座花坛,种有花草.正中堂屋.进屋后两边有卧房,里面有小套间,堂屋墙后面有一楼梯可以上到楼上 1949 年后从上面搬下来好多木牌,上面写着“肃静”“回避”,可惜都当木材烧了。东边的厢房当厨房,西屋住人,三座房屋均有走廊联结,院子种有柿子树、石榴、梨树,有一台压水井。厚青砖墙,小布瓦。这座院落由兄弟三人分别居住,家族在信阳已安居生活二百多年,代代有入庠食饩,登贤书,比踵相接,实乃书香门第。

信阳古称义阳,地处南北之冲,为军事战略要地。分楚豫,隔江淮。平靖关、武胜关、九里关三关拱卫,据关可南控江汉,北制郑洛,西扼宛随,东进潢固。千百年来,史书载境内有大小战役 70 余次,人民深受兵燹之苦。民国《重修信阳县志》记载:“自周末至于今,凡国家有大征伐,时局有大变迁,玄矜之苦,虔刘之惨,申人必先受之。改革之际兵事辏焉。信阳当宋南渡后,兵乱四十余年。明末屠城后,境内居民死徙相继,所剩不过数百户,故元明以上土著极少,今大户族可考者大都或南或北移民而来。”

据志书史籍载,乾隆年间王姓家族自山西洪洞移民而来,在清代,人才辈出,文章经济,辉映一时。家族人物在教育、政声、爱乡、文艺上的作为和影响,对我的曾祖父王选青的成长,潜移默化,影响深远。在这个为国尽忠,为民尽责,知廉耻,守仁声,诗书礼义大家庭,他耳濡目染,从小接受了良好的教育,成为对社会有用的人。

王选青中秀才后,光绪二十九年废科举,罢考试。其父王煦远在外地为官,政声清明,经济廉洁,父子聚少离多。王选青从小读书知礼,养成其坚韧独立的性格。其父后因公殉职,致使大家庭捉襟见肘,十分拮据。王选青作为长子弃儒经商,在南关城内老院落中开辟一个小院,改为典当行,朝夕经营,以收取衣物等作质押,典当各类物品,为民手头不便时,周转资金,方便乡民。后又兼营钱庄,信阳南关当铺胡同因此而得名。自此家庭慢慢有起色,经济渐发达,地方公益多有参与。

清末,两浙、两淮及苏属缉私营统领蔡和林(字竹贤)提倡开山种茶。城南柳林孙家冲甘以敬(字周原,附生),朴质才俊,疏财尚义,因青年时代受康有为、梁启超变法影响,思想先进,视野广阔,热衷于实业报国,先后开办过矿山、印刷、学校、书店、西药等事业,但均不发达。1903 年,甘以敬与其亲戚,也是出身秀才的商会会长王子漠、地主彭清阁等人商量种茶,招股集资,在震雷山成立"元贞茶社",派人到安徽六安、浙江杭州西湖龙井购买茶籽,后因经验不足,销路不佳,积余甚多,茶业未得发展。车云山乃山高林密、幽深险僻之地,咸丰、同治年间寇盗肆虐,此山为避难之所,保全数以万人。原名仰天窝,其水石清丽,怪石鳞嶙,山高多雾;山径益险,崎岖湾环,暗谷邃深,不能俯瞰;奇峰耸翠,危石象形或鹦,或卧虎,或母鸡;水天倒落,峭崖成瀑,景色优美。山中更有良田美池、桑麻鸡犬,犹如世外桃源。早年曾有人种过茶,因茶税重,茶园荒废,林中尚存零星茶树。1910 年,甘以敬邀陈一轩、王选青、陈相庭等人,在骆驼店陈相庭家邀集亲朋多人商办茶社事宜。甘以敬等人认为车云山山高土肥多云雾,适宜种茶,于是决定组建"宏济茶社",推举陈一轩为社长,王选青为会计,陈相庭为经理。茶社共征集股金 2000 余股,每 5 串钱为一股,共折合 1.35 万元。陈一轩、王选青、陈相庭各认 100 股。其余至少认 30 股,有股东 50 多人。陈一轩亲自向道署衙门备案领执照,同时先后派人到安徽六安、麻埠,浙江杭州,湖北咸宁等地购置茶籽,请六安茶师吴著顺、吴少堂来山指导生产,于车云山主峰千佛塔一带种茶 4 万余窝。新茶社的建立,加上专职管理人员对新兴事业甚感兴趣,精心经营,又请来茶师指导,茶叶生产生机勃勃。1913 年,宏济茶社试采,大部分股东应邀上山庆贺。因种植的茶树是由杭州龙井购回来的茶籽所生,所以茶社为制出的茶起名为"车云龙井"。"车云龙井"成为信阳茶叶的第一个品牌。"车云龙井"茶品质甚佳,头年制出了 300 余斤,除社长、会计、经理各送两斤茶酬劳外,其余股东和来宾各送半斤至 1 斤不等。剩余全部卖给县城同盛酱园零售,有的股东还将茶叶赠送给在北京、天津、开封等地的亲友。1915 年,时值中美洲巴拿马运河通航,举办万国博览会。车云茶社被民国政府推荐送去春茶毛尖 2 斤参加展出,获金质奖章和奖状。宏济茶社股东和当地群众看到奖章和奖状后,情绪很高,劲头更足,并将宏济茶社改名为"车云茶社"。随后扩建茶房,添置工具,开辟新茶园。三四年后,车云茶园达 80 余亩。车云茶社的兴隆和车云茶叶的获奖在信阳当地引起很大震动。1915 年 11 月,当地政府随即呈请设立茶叶公所,所长由茶社社长轮流担任,在福惠庵商会办公。办公经费由八大茶社分摊每年每社 20 串。

1936 年后重新建立茶叶公所,推举蔡竹贤、陈善同(字雨人)、薛温伯、王选青、肖序阶、彭辑轩、蔡础鏀等组成董事会。董事长王选青、陈一轩,名誉董事长蔡竹贤、陈善同。地址在信阳老城太平缸胡同路东(现信阳市浉河老城办事处邻近)。

茶叶公所负责信阳县的茶叶生产发展,在公所的统筹下,信阳城乡各地士绅商人、地主以及寺庙和尚等纷纷集资建茶社。车云茶社的一些股东也出来单独经营,另建新茶社开荒种茶,形成闻名遐迩的"八大茶社"。这八大茶社分别是:元贞茶社,成立于1903年;车云茶社,原名宏济茶社,成立于1910年,位于董家河车云山,有茶树8万余窝,产茶千斤,负责人是陈一轩、王选青、陈相庭,有股东44人;裕申茶社,成立于1911年;广益茶社,成立于1912年;万寿茶社也称森森茶社,成立于1913年;龙潭茶社,成立于1915年;广生茶社,成立于1915年;博厚茶社,成立于1919年。八大茶社共有茶树46万余窝,390多亩。一些茶商也在城里相继建立了祥记等茶庄,专门经营本山出产的毛尖。此时,淮河以南山区普遍开山种茶。其中,我曾祖父王选青在震雷山南麓挖山种茶5万余窝,许靖轩在浉河港五棵树种茶4万余窝,李友南在西双河,肖序瑜在南高庙,何泽修在浉河港,马仲麟在马家庄,陈少禹在水塘湾等地也开山种茶,茶叶生产进入兴盛阶段。

清末民初,茶叶生产之所以得到复苏,乃至兴盛,与茶农精心制作,茶叶品质优良,需求量增加,为官吏、地主、士绅、富商赏识有一定关系。同时茶社的建立,专业经营,管理制度严格,对生产有很大促进。1919年各个茶社先后采用"标包制",在股东会中推举热心茶叶事业并有经验的人为经理,定产承包,自负盈亏。经理明确责任,订立合同,证人保证,法院备案。董事会还选派监山人监督合同执行,承包时间3年以上,经营好的可以继续承包。为防止重采轻管谋取暴利,合同规定:头茬春茶、二茬夏茶共计不得超过45天,夏至7天后必须停采。承包人多为茶庄老板,为了多获利不亏损,认真管理,讲究采制技术,提高茶叶品质,降低制茶成本,因而茶叶产量、质量均有所提高。加上交通便利,外地客商多,茶叶远销北京、天津、西安、汉口、郑州、开封、洛阳、南阳、许昌等地,供不应求。1938年日寇侵占信阳后,国民党退居城西北山区。由于生活物资紧缺,通货膨胀,百姓四处逃荒,无论茶商还是茶农都无心经营茶山,因此茶园大多荒废,茶社大多散伙。

我曾祖父王选青民国时期为信阳毛尖茶生产、销售、经营呕心沥血,勤勤恳恳,不遗余力。清末,信阳境内无干线公路,出境道路仅可行人力车和畜力车。民初始修道路,均为土沙路面,十分简陋。山路崎岖难行,物资多靠人力挑运,大道用驴、骡驮运或马车运输。为生产出好茶叶,王选青坐牛车或马车,遇山高路陡须步行一二天上山,雨淋日炙,披星戴月,监督茶树修剪、采摘、制茶、运输、经营。在各位茶工和社长、经理共同努力、用心打造下,信阳毛尖1915年荣获巴拿马万国博览会金奖,王选青是推动者和参与者之一。

宏济茶社的"车云龙井"毛尖茶声名远扬,还有一个外人不知的原因:王选青和薛温伯是儿女亲家，"车云龙井"的销售早期全部是在城内的薛家同盛酱园。老信阳人都知道，位于现在卫校医院对面的赵家桥酱品厂是民国薛家同盛酱园，是城内规模最大、品种齐全、种类丰富的调味制品作坊。民国时没有现在的反季节蔬菜瓜果，交通运输不便，是人行牛拉的时代，酱油、醋、酱品、咸菜都是家家户户的必备品。那时茶是铁桶或竹篓装，买茶用土褐色油纸包，乡邻可在买完醋后，再包上一两半钱的茶叶。"车云龙井"就是在这个客流量巨大的地方销售，对信阳毛尖茶的迅速推广，被商人、士绅、官员所接受，起到推波助澜的作用，其功不可没。加上薛氏家族在信阳和很多城市有巨大影响力，其产品凭着良好品质和优良信誉远销成都、重庆、上海等大城市。

信阳市政协原常委王显周在关于巴拿马万国博览会信阳毛尖金质奖章和奖状的回忆中写道：早在民国初年，我家与信阳茶叶公所相邻，在信阳市太平路附近，茶叶公所的名誉董事长蔡竹贤、陈雨人，董事长王选青、陈一轩。在1915年2月庆祝巴拿马运河通航举行的万国博览会上，信阳县车云山产的"跑山尖"茶叶获得金质奖章和奖状。奖章形状圆形带花边，小碗口大，内有像区分经纬度线条和象征万国地图的图案，并印有外文，奖状有四屏画两张那么宽，一半那么长，同样印有外文。获奖后，创办人很受鼓舞，感到非常兴奋和快慰，表示今后积极发展茶叶。我是在1925年春天见到此奖章和奖状的，保存在茶叶公所，后由于战争和统治阶级腐败，信阳茶叶发展受阻，机构撤毁，奖章和奖状由陈一轩和王选青收藏保管，以后下落就不清楚了。（口述人王显周，因本人身体偏瘫，不能握笔书写，特请人代笔。代笔人：信阳县茶果公司陈光荣。落款时间1985年3月29日。然而时局动荡，战争的影响，我曾祖父王选青早逝，我们后人也没有睹奖牌芳容，十分遗憾！）

在车云山和王选青亲手开创的震雷山茶园进入高产后，为了更好管理车云山和震雷山茶园，由本家侄孙王文轩任经理，全权负责两边茶山生产和管理，并在今信阳市胜利南路七中斜对面的信阳老字号赵仁义药房隔壁开有店面经销茶叶。对着店门墙摆着大山架，架上摆着白铁打造的小圆茶叶桶，装着比较高级的茶叶。山架的下面有4个一人高的白铁大茶桶，装着低级点的茶叶。王选青有很强的商标意识，32开大小红光油纸印有金字"本山毛尖"，是我曾祖父生产的茶叶专用标识。有客商来购买茶叶，用粗油纸包成长四方形，粘上封口，压上红油纸金字的"本山毛尖"，再用细麻绳捆扎好给客户。"本山毛尖"的字号是别的茶社不能用的。王选青的茶界声望，老辈信阳人家喻户晓，人称王大爷。"本山毛尖远销周边很多城市，就连陕西那边的茶商也到店里进货。

1938年信阳被日本侵占后，我曾祖父抛弃信阳震雷山茶园，关停城内生意，抛家弃业，拖家带口，和我曾祖母带着一个孙子和一个孙女（我姑姑和三伯）避难到湖北随县柯家寨。不开市、不合作，不与侵略者为伍，显示了一个商人的民族气节和家国情怀。直到1942年病逝于柯家寨，也没回被日军占领的信阳城内。

时局变幻，斗转星移，信阳成功举办了29届茶文化节。让老区人民通过茶叶创收，走上了富裕之路。但随着茶叶的发展，一些茶商以次充好，以假乱真，用外地茶冒充本地茶。茶叶市场良莠不齐，鱼龙混杂，严重影响了信阳毛尖的美名度、信誉度。作为茶人的后代，为了继承家族前辈付出心血开创的信阳毛尖优良品质，维护信阳毛尖茶的金字招牌，彰显信阳毛尖的百年品牌，在深入了解曾祖父王选青致力发展信阳毛尖的一生后，感到有责任为信阳茶产业尽一份力。百年品牌的形成、传承并流传下来，不仅仅是时间的积淀，更是品质的延续。只有坚持不懈，一丝不苟做好每一件茶事，始终坚守品质如一，信誉至上，才能实现信阳毛尖品牌的真正价值。

本文作者王勇，系信阳八大茶社之宏济茶社创始人之一王选青的曾孙。本文撰写时参考民国二十五年版《重修信阳县志》、1990年版河南人民出版社《信阳县志》、阙贵元主编《茶趣》等资料和有关当事人后代的回忆。

我家几代人与信阳茶的故事

肖珺景

春时过，夏风来，又是一年茶忙过，院子里的石榴花开得正好，阳光打在小桌子上光影斑驳，好像还和几十年前一样，姥爷周祖宏也总爱坐在那棵石榴树下，喝着他最喜欢的绿茶。我最喜欢在茶忙季结束后，吃着西瓜，听姥爷讲他和他的父亲、爷爷过去有关茶的故事……

回忆改革开放前　茶农日子真艰难

肖珺景：姥爷，你给我讲讲你年轻时做茶的故事吧！

周祖宏：哈哈，那时候有啥好讲的，都是苦日子。我十一二岁的时候还抱不动茶把，有时候看我爹搞累了，就去给他帮忙，用两个手托抱着茶把在生锅里帮忙杀点青，都是半个小时排一班。有时候火大了，把柴火去一点；火小了，把柴火添一点。有时候看见地上掉的有点茶青，觉得怪可惜的，就把它拾起来。

肖珺景：后来呢？

周祖宏：到了17岁，正赶上"文化大革命"，学校停学一年多，高中还没有上完，我就回来了，开始正式学习炒茶。我这个徒弟跟着父辈一起炒茶的时候，他们都说我年轻，没有体力，也就不想教我。那时候男的工分记八分，女的七分，头一年给我定的是七分——妇女工分。出乎意料的是，这一季茶忙时节我挣了一千多分，咱家是不够集体平均值的打款户，这回终于翻身了。

肖珺景：哇，这么厉害啊！你咋做到的啊？

周祖宏：那时候炒茶叶，有个升降图，很大的一个牌子，上面有师傅的名字。举个例子，就像咱们两个合伙，半个小时排一班，一班要上五锅呢，就记在那升降图上，一天一夜能升多少锅，每锅都要记工分。在开始的时候，我啥都可以过关，就是理条抓不直。我就不服气，所以人家下班我还在茶房里看父辈和其他师傅的手法，但是那时候有些师傅并不实打实地教你，只能靠自己去摸索，慢慢地，我的熟锅理条也抓直了，人家半个小时上六锅，我半个小时也能上六锅喽，我的茶叶也做好了。

肖珺景：人家都下班了，你还缠着其他师傅不走，人家肯定想着你真倔，哈哈，果然是坚持不怕苦才能掌握真本事。

周祖宏：那一年，我还只是在学炒茶上吃苦、下功夫，艰苦还在后面呢！

肖珺景：后来咋了？

周祖宏：1971 年浉河港第一届高中毕业，我就正式开始留在家乡炒茶叶了。100 多亩的茶山是整个村子生活的活计。那时候大山里生活更贫困，条件也不好，除了在 40 多摄氏度高温的茶房里一夜到天亮地炒茶叶，卖茶叶也是问题。路都是走潭沟羊肠小道，茶叶都是肩挑下去找销路。直到 1973 年，供销社外贸才来收茶叶。

肖珺景：姥爷，那时候高中生很厉害的，这么艰苦，你后悔留在这茶山沟沟里吗？

周祖宏：如果回到那时候，我一定还留在这儿！（他声音突然高了好几个声调）

改革开放换新颜　茶路一走几十年

周祖宏：1978 年，咱们国家开始实行改革开放。1980 年，咱们这大山里的路终于从羊肠小路修成了土路坯子。这土路坯子一修，我就觉得咱们茶乡有希望了。1984 年，咱们黑龙潭村开始分田到户。按照亩产斤数来划分，一共十六个等级，规定一人分 42.6 斤。从这时候咱们茶乡做茶的茶人终于开始富裕起来了。要想富先修路，咱茶乡也分田到户了，国家的好政策带来了多少好机会！

那时候我刚好也年轻，有干劲，立志把咱信阳的茶炒制得更好，传播得更远。1985 年，在镇上听说有炒茶比赛，回来我就说要参加。我记得当时是秋天，参赛的茶是白露茶，你姥姥和你妈妈姊妹三个打的茶青，我炒好了之后送去评比，在“龙潭牌”信阳毛尖创“国优”工作中被评为先进工作者。从这时候，就有好多做茶人来看茶叶怎么才能炒好，我也就开始带徒弟了。

肖珺景：姥爷，我感觉这份茶好有意义，是一家人劳动的结晶，也是改革开放后，在国家好政策下得的第一个奖。

周祖宏：是的，有了这一份实打实对我炒茶的鼓励和认可，我干劲更足了。1989 年自学获得了茶叶专业助理农技师职称，潜心地扎根在茶山上炒茶。1992 年第一届茶文化节的时候，开始打小茶叶，就是小芽儿，在过去的时候就打一芽一叶、一芽两叶这些大茶叶。有一次，咱们小茶叶篓头卖到了 78 元一斤，给咱家开了票据，周围的邻居都很吃惊。那时候这个茶价在这个村子里是天价。他们都问：“老周,你的茶叶咋炒的?”就开始经常来和我一起交流炒茶技术,茶叶一年比一年卖得好。1993 年,咱的芽头儿卖了 260 元一斤,我特别高兴,这是从来没有卖过的价格!

肖珺景:姥爷,那为什么你的茶能卖到这个价呢?

周祖宏:珺景,你要知道,一定要脚踏实地、扎扎实实地干事,你的产品好,一定会有人看见,有人认可!在 1993 年,我还做了一个很重要的决定,那时候都说西湖龙井做得好,在茶叶季还挺忙的时候,我和浉河区十几个对炒茶很上心的师傅一起去了杭州,去看西湖龙井,整整待了 20 天。一定要学会忘掉自己,重新走出去学习,再重新找回自己。

肖景:姥爷,我会的。

周祖宏:回来之后,我就带了更多想学这门手艺的徒弟,带了 100 多人学习炒茶。天气不好的时候,有的茶厂茶叶炒不好,来找我去指导他们在特殊天气下怎样做茶。经过我的指导,茶叶可以炒好了,他们的茶叶卖得好,我也高兴。1995 年我被浉河港镇评为“富民工程”示范户代表。自己一个人好不算好,有能力有责任可以担起一方百姓的才算好。1996 年,我通过这么多年传统信阳手尖炒制方法的总结和归纳,开始参与了炒茶机“碾机子”研制,调节高度和力道大小,虽说比人工炒茶略低一筹,但是让很多炒茶人可以规范地使用。1997 年,炒茶机开始投入使用了,不仅减轻了茶农的体力劳动,茶叶产量也大幅度提升。

肖景:姥爷,我觉得你这是在坚守传统信阳毛尖手工制茶的基础上,拓展创新,在为茶乡谋出路。

周祖宏:1998 年,茶园大调整,大发展,人们生活越来越幸福。1998 年我被浉河港镇评为劳动模范。我最喜欢的还是怎样在不同的天气温度下看茶、炒茶,怎样炒出一锅好茶来。

下面这些是我姥爷历年来获得的荣誉:

2000 年,在第九届中国信阳茶文化节被评为信阳市十大炒茶能手。

2002 年,被五云集团公司评为茶叶生产技术能手。

2003 年,被选为信阳市法浉河区第二届人大代表。

2005 年,炒制的“龙潭牌”信阳毛尖在中国茶都·信阳第十三届茶文化节“龙潭杯”名优茶质量评审委员会评审中荣获铜奖。

2005 年,中原茶事活动中被评为中原著名茶人。

2006 年,炒制的“龙潭”信阳毛尖经中国茶都·信阳第十四届茶文化节“蓝天玉叶杯”绿茶质量评审委员会评审荣获特级信阳毛尖银奖。

2006 年,任浉河港镇茶叶协会理事。

2007 年,经信阳市文学艺术界联合会信阳市民间文艺家协会认证,被评为信阳市民间艺术大师。

2007 年,经河南省民间文艺家协会、河南省民间工艺美术家(大师)资格认证委员会认证,被评为河南省民间(制茶)工艺美术大师。

2008 年,炒制的“龙潭牌”信阳毛尖在中国茶都·信阳第十六届茶文化节河南省“盛弘杯”名优绿茶评比中获金奖。

2008 年,荣获河南省非物质文化遗产代表性传承人称号。

2010 年,被授予信阳市农村实用人才荣誉称号。

2013 年,被河南省茶叶协会授予高级制茶师称号。著名茶叶专家黄道培为他题词:“外形青秀细似针,香浓色清味厚醇。品饮回味精神爽,地灵人杰育佳珍。”

2018 年,被中华人民共和国文化和旅游部评为国家级非物质文化遗产代表性项目绿茶制作技艺(信阳毛尖茶制作技艺)代表性传承人。

我姥爷记不清他拿了多少奖,他说他只想不断通过比赛,更加精进自己的炒茶技术,也可以让更多人看见信阳茶更好的姿态。几十年间,他没有放弃任何一次参与学习的机会。

他得了很多奖,他的大徒弟肖兴亮炒茶也拿了金奖,荣获“信阳毛尖十大炒茶能手”称号,并且很好地传承了这项传统手工技艺

我姥爷这几十年的茶路历程,先后被《光明日报》《河南日报》《信阳日报》《信阳晚报》和大河网、凤凰网,以及中央、省市电视台宣传报道,传播信阳毛尖炒制技艺。这一切殊荣的获得,他感谢各级党委、政府的大力支持和培养。我姥爷从一个别人不看好的茶乡小伙子,变成国家级信阳毛尖“非遗”传承人;茶乡的路也从羊肠小道,变成了国家级旅游四级公路。信阳毛尖经过几辈人的精心呵护,在 2021 年中国区域公用品牌价值评估中排名前三,达到 70.08 亿元。

茶和爱情 我父亲都有了

我的父亲肖兴亮是一个很可爱的人,严肃又幽默,高高黑黑瘦瘦的,是个很实在的人。父亲家里兄弟姊妹六个。小时候家里穷,他很早就出去闯荡江湖了。下过煤矿,卖过手表、照过相……后来认识了我母亲,开始学做茶。父亲家在土门,母亲家在黑龙潭,土门和黑龙潭是一山的两面。那时候,在两地交界处,有一个大茶场。他有体力,实在,一夜一夜地熬,熬得受不了了,眼睛在打瞌睡,手里的茶把子还在不停地转动。

我的父亲应该是最能代表信阳大部分普通茶农的,在我印象里,他春天熬夜炒茶,炎夏里挖茶山,不善言辞,踏实干活,一年又一年。就是这样一个普通人,为了

能和我母亲在一起,放弃从事了两年的摄影行业,学炒茶,一干就是几十年。我姥爷收徒弟的标准是,"首先得人品好",只有把人做好了,才能把茶做好。

我父亲17岁开始在大茶场学炒茶。我母亲5岁识茶,19岁炒茶。那时候在大茶场里,一二十个人排排站,个个拿着手把子在锅里转,茶场里有专门验茶叶的师傅,看哪锅茶叶炒得不错就多记几分,一晚上都炒得好可以赚个烟钱。后来父亲开始跟着我姥爷炒茶。最初是因为我母亲,按父亲的话说,他学炒茶才能和我母亲有话聊。

我父亲忠厚实在,一个字就是"轴",该什么样就什么样,遵循自然之道,里里外外,干干净净,大山茶就绝对是大山上的东西,早几天就是早几天,晚几天就是晚几天。母亲说,茶叶实在,她卖茶才有底气。最初,我父母在黑龙潭山顶承包了幺姥爷的一块茶山,跟着我姥爷学手艺。

现在,我父母做茶整整28年,所有的青春都印上了茶的痕迹。我父亲在手工炒茶比赛中从铜奖拿到金奖。他将我姥爷炒茶的四句口诀"杀青要到位,搛条要均匀,理条靠手感,火候是关键"牢记在了心中,每炒一锅茶,经验就更进一步加深。他荣获了炒茶能手称号,是市级"非遗"传承人。我深知父母的不易,除了春季制茶,大多数时间他们也与茶园打交道,夏天挖山一挖就是一个多月,那么多艰辛的岁月沉淀在他们的额头和眼角,每一片茶,也在这岁月的沉淀里氤氲着他们掌心的温度。

或许在多数饮茶人眼中,茶像谦谦君子,淡泊而闲适。可我眼里的茶是不一样的,从小就知道做茶是一件很辛苦的事情,父母在姥爷身边整夜整夜地炒茶,一夜到亮不睡觉,那茶毫在空气里飞着,粘在他们的头发上就像白了头。我明白了他们生在茶乡,以此为生计,要想脱颖而出就必须比别人更加努力。如今,他们的努力有了点点回报,我们家的茶获得了很多客户的认可,也拿了很多的奖项。我记得那时候家里穷,一到春季我也会加入其中。个头不够,就踏着凳子干活。筛茶叶、杀青、鼓风……那种长期潜移默化的活计,让我现在一摸茶叶就知道程度老嫩。我姥爷和父母总是说:生在茶乡,茶就是大自然的恩赐,做茶最重要的就是遵循自然之道。什么样的茶最好喝是有章法的,明前尝新鲜的小米芽:谷雨之前做绿茶;天气暖和,映山红花开了,就做红茶:小月季花开时,高山上的老茶树长好了,可以采摘做味道很浓的野茶。茶啊,它在我眼中真是神奇,百变的形态,百变的滋味,既苦涩又甘甜。茶叶应天气而生,价格一天一变。既盼望着好天气,又盼望着下雨;想下雨休息一下,又想趁着好晴天多炒点茶叶出来。我终于明白了白居易《卖炭翁》中那句"可怜身上衣正单,心忧炭贱愿天寒"的意思。

有人专门做了实验,一克绿茶有112个芽头儿,一斤绿茶有56 000个芽头儿,一泡三克的茶叶需要这双手采摘336次,一斤茶需要采摘56 000次。我也终于明白了茶农们做茶的艰辛。父辈们做了几十年的茶,也卖了几十年的茶。一个小小的茶坊,见证了三代茶人的岁月,那岁月实在得就像茶树几十年扎下的老根。

前浪与后浪　皆当志存高远

2019 年,我姥爷受邀参加北京世界园艺博览会。出发前几天,他放不下他的茶山,去山上除草,脚受伤了。可他依旧坚持奔赴北京,向世界各界友人讲述信阳茶制作工艺,讲述中国茶。他说既然是国家级“非遗”传承人,就有责任有义务承担起他力所能及的事情,有生之年,一定要带徒弟,活态传承。他被河南省人民政府评为 2019 年北京世界园艺博览会河南参展工作先进个人。

我姥爷对我说,他还没有工作室,还是几十年前的小作坊。他说“90 后”年轻的一代真厉害,能不能他教我炒茶,我教他玩视频。要我一定要和信阳优秀茶人多交流多学习,不要怕失败也不要怕议论。未来还很远,定当志存高远,信阳茶人应共同抱团取暖,携手共进,做好正宗信阳毛尖,让信阳茶走得更远。信阳毛尖传统制茶技艺不能丢,一定要传承好发扬好。

我姥爷炒茶 58 年,父母因茶相识相爱,我因茶回乡创业。在信阳,我这般家庭的人也有很多,也有无数个像我姥爷那样的老茶人,他们学识不高,却在谋求茶的生存之道中倾尽了心血。2019 年,我大学毕业,放弃了上海吉祥航空公司的品牌策划工作,回到了我的茶乡。2020 年 3 月某日凌晨,同往常一样,各组的村民兴冲冲地背着熬夜炒好的茶到村子市场上售卖(也称茶叶鬼市)。早上 7 时,我看见一位老伯失落地背着茶叶往回走。那一刻,我忽然意识到,我不仅要帮自己家卖茶,还要为更多的贫困的茶乡人把茶卖出去。

我非常认同解读信阳这座城市的一句话:“茶,是这座城市的符号,是我们流动不息的血脉。”我想到了信阳的黑龙潭、白龙潭、车云山、集云山、天云山、云雾山、连云山,以及商城、光山、罗山等县所有与茶相关的地方,还有无数与茶相关的人。我们祖辈以茶为生,茶已融入血脉。无论是在多远的未来,还是在多近的现在,伸手可及的茶,不仅是一种味道,也代表了一种执念和坚守。于是我做了一个决定,开始拍摄制作发布关于信阳茶乡茶人的视频。拍摄平桥郝堂,浉河四望山、土门,罗山老寨山,新县将军岭,鸡公山大茶沟的茶山,还有仙女潭、黑凹尖、商城的茶乡,茶艺的省赛、国赛,以及少儿公益茶礼等。至今累计总播放量超 260 万次,平均播放 3 万次/条,单条播放最高达 177.9 万次,获得 5.1 万个点赞、1234 条评论。视频多以一分钟时长为主,我希望大家可以通过我的视频了解信阳茶。这些短视频区别于单条广告片,结合信阳各地茶与旅游景点的特色推出合集系列片,将不同的故事情节和茶文化融入其中,通过视频合集打造优质信阳广告体,将信阳的山水、信阳的茶和人、信阳的生活生动地展现出来，讲好信阳故事，让外地受众系统全面地认识信阳。

2020 年 12 月是最让我印象深刻的一个月。毕业以来，我拍摄的所有信阳地标性建筑和各县区茶乡航拍大景，在我国第一届职业技能大赛屏幕上播放，让我格外激动。我相信，信阳不只如此，信阳茶也不只如此。未来的日子，我依旧会深耕茶乡，全面系统地传播信阳的好故事。

三毛说："如果手里捏着属于自己的泥土，看见青禾在晴空下微风里缓缓生长，算计着一年的收获，那份踏实的心情，才是余生最好的答案。"在与茶相知的日子，我只觉路过了一个又一个春天。

暖风起，那棵石榴树比几十年前高大了不少，但是依旧每年开着新花，吐着新芽儿……

本文由浉河区政协提供。作者肖珺景，女，1997 年 7 月出生，信阳市浉河区人。本科学历，河南省优秀毕业生。出身于国家非物质文化遗产信阳毛尖炒制技艺之家，现为高级茶艺师、中级评茶师、瑶景与茶品牌创始人、信阳少儿公益茶礼发起人、信阳周肖同茗茶业品牌主理人、信阳毛尖区级非物质文化遗产传承人。周祖宏，男，1952 年生，信阳市浉河区浉河港镇黑龙潭村人，国家级非物质文化遗产信阳毛尖茶采制技艺代表性传承人。

与信阳毛尖茶结缘的茶专家

黄执优 口述 蔡金保 张静月 陈俊名 采访整理

题记：信阳是个美丽的茶乡，信阳茶叶1915年在巴拿马万国博览会上获金奖后，声名鹊起。新中国成立以来，尤其是改革开放的40余年间，信阳茶屡获国内外大奖，在中国茶史上树起了一座闪光的丰碑。黄执优，1929年出生于广西壮族一个农民家庭，1949年高中未毕业便投笔从戎，参加解放军，听了许多大别山革命英雄故事，让他十分感动。1952年转业到中南茶专学茶，1954年毕业后，抱着建设革命老区的信念来到大别山腹地的河南信阳，百里茶乡为其所学派上了用场。60多年来，他一直从事茶叶专业科技工作，为老区建设，为老区人民脱贫致富付出了毕生的智慧和汗水。

记者：现如今，全市茶叶种植面积已达210多万亩，年产量达5万多吨，产值达100多亿元，信阳毛尖茶的品牌价值达到59.91亿元。信阳老区百万茶农靠种茶脱贫致富。60多年来，作为茶叶专家，您一直勤勤恳恳、默默无闻，不断地为信阳茶这座丰碑添彩增色。请谈谈您的经历。

黄执优：我老家在广西，我是壮族，在农村长大的。新中国成立前，我上学上到1949年冬天，高中快毕业时家乡解放了，我参了军，1952年转业到江西中南茶叶专科学校，学习茶叶专业。从1952年到1954年，学习了快三年，三年的课程二年学完。那时在江西，从各省保送去的学员留在中南茶区，我是从广西去的，我女朋友是从河南去的，在学习中相处得很好，建立了关系，毕业后暂时各回各省，后来为了照顾我们的关系，把我调到河南，在农业厅搞茶叶。河南的茶叶都集中在信阳，领导征求我们的意见，为了开展工作方便，又把我们调到信阳. 在信阳农业技术推广站工作。来了以后，正好赶上南湾水库库区里面的移民移到山上开山种茶。这五个茶山(车云山、集云山、云雾山、连云山、天云山)原来茶农很少，南湾水库的移民都迁到山上去了，建立了茶叶专业合作社，国家投资. 盖好房子，把群众迁到山上，请民工把茶山开出来，正式办了新中国第一批新式的茶叶生产合作社，是集体性的，过去都是分散性的。这时候我和爱人结婚才五天，正好赶上南湾水库移民迁移开山种茶，我们上山指导民工开茶园。从这时候开始，信阳茶山都是按照水平梯田发展，把“二跑”变成“三保”，保水、保肥、保土，这是新中国成立后信阳茶叶发展的第一个变化。

记者：的确，您把高产茶品种引进来，改良当地茶，手把手地教当地茶农学种茶，大大提高了种茶效益。又把传统炒茶工艺与当代新科技相结合，提高了茶叶质量，接受培训的茶农有成千上万，没有收一分钱培训费。您和农机人员一起研究炒茶机，减轻茶民的劳动强度，现已广泛使用，从没有申报专利。您开创性地提出实现科学种茶的理论，与茶农和茶叶科技人员一起共同努力，把信阳的茶叶产量和质量提高到一个新水平，把信阳的茶产业推向了新局面。

黄执优：总的来说，我们搞茶叶工作的人辛苦得很，日晒雨淋，群众给我们总结了一句话：你们搞技术的，背着东西，拿个棍子，远看像个要饭的：太阳晒在脸上黑不溜秋的，近看像个烧炭的，一问才知道是农业技术推广站的。为了祖国发展，茶叶生产很苦，我是学茶叶专业的，种好茶是我一生奋斗的目标，什么苦都不计较。从学校学来的知识能够在生产中发挥作用，心里非常高兴，就什么都不考虑了。我背着四件宝，棍子、背包、水壶和干粮。拿个棍子，上山下山走路不费力：背个小背包，是因为新中国成立初期群众很苦，没有多余的被子。亲身经历了 20 世纪 50 年代大别山茶区发展茶叶生产的艰难时期，亲眼看到了信阳茶叶生产由过去的衰败到现在的发展复兴。

记者：信阳毛尖茶发展越来越好，是您不懈的追求，您靠自己在中国茶界的名望跻身国优名茶评委行列，您指导和监督茶农采制参评国家奖的样品茶，在评比会上您慷慨陈词，据理力争，为信阳毛尖茶夺得了响当当的金银两块国家级奖牌——1985 年荣获国家银质奖，1990 年又以最高分夺得国家金质奖。这两块奖牌浸透了您的心血和信阳茶农的汗水，金灿灿，沉甸甸，创造了信阳茶历史最辉煌的时刻。

黄执优：我们与茶农搞“三同”，同吃、同住、同劳动。晚上在茶农家里住，与他们聊天，谈他们种茶的历史，生产是怎么搞的，座谈了解情况，由少到多，积累起来，我就系统地编写了一本书《信阳毛尖古今谈》，包括信阳茶叶生产的历史、发展、演变，信阳毛尖的具体生产技术，怎么培养茶园，怎么使茶叶优质高产，怎么炒制好毛尖，都写得很详细。还有一本《信阳茶论》，内容更加丰富，从新中国成立初期到 2000 年以后，把过去写的资料又重新整理，编成这本书，收录了很多图片。这两本书，还有一个科教片，系统反映了信阳茶叶生产的历史发展情况、具体茶树栽培、茶叶采摘炒制、领导的重视等各个方面，是我在信阳工作 60 多年，对整个茶区发展情况的一个全面总结。

记者：您为了信阳毛尖茶虽然白了头，可是信阳的茶山年轻了，正如您在书中写道:“我的家就在茶山的怀抱里,千年名茶和个人的偏爱,使我与信阳茶结下了一生不解之缘。在信阳这块不大的天地里,我看的是茶,喝的是茶,写的是茶,爱的是茶,夸的是茶,唱的是茶,茶在我血液里奔涌,在我睡梦中萦绕,在我的笔端沸腾,在我的歌声中飞扬。”

本文口述者黄执优,1929 年出生,壮族,广西壮族自治区贺县人。高级茶艺师,采访整理者蔡金保、张静月、陈俊名均为信阳广播电视台记者。本文根据信阳广播电视台《茶天下》栏目组提供的“信阳茶界老茶人——黄执优”节目整理。题目为编者所加。

闪光的丰碑

——我所认识的茶叶专家黄执优

袁维龙

中国是世界茶的故乡，世界最好的茶在中国，中国最好的茶在信阳，信阳人种茶代代相传，经久不衰。信阳茶自从1915年在巴拿马万国博览会上获金奖后，便声名鹊起。特别是中华人民共和国成立以来，信阳茶产业进入了黄金时期，1958年信阳毛尖被评为中国十大名茶，20世纪80年代起信阳毛尖茶叶屡获国内外金奖，在中国茶史上树起了一座丰碑，但很少有人知道，60年来一直勤勤恳恳默默无闻为这座丰碑不断涂抹光环、添彩增色的茶叶专家黄执优，竟是壮族人！信阳县委宣传部副部长杨家山在新华网上连续发表长篇通讯——《名茶之魂》中披露了他和夫人的一段传奇情缘，讲述了他毅然来到信阳、夫唱妇随、科技兴茶的故事，生动感人，必将引起信阳人对黄执优先生更加敬重和爱戴！

茶叶以信阳为荣，信阳以茶叶扬名，信阳茶以西山茶为根，西山茶是信阳毛尖茶的源头。黄执优关注信阳茶乡，情系茶农，而他的科研基地就在西山，具体说就是在董家河乡、浉河港乡的“五云二潭一寨”的八大名茶山上。他在那里奋斗了几十年，奉献了几十年，他的足迹踏遍了那里的座座山头，汗水洒满了那里的条条山路。他在那里和茶农交朋友，指导茶农加强茶园管理，提纯复壮；从国内外引进优质茶品种，改良当地茶；开展密植茶试验，提高信阳茶产量；培训茶农把传统炒茶工艺和当代新科技相结合，提高信阳茶质量；和农机人员一起研究炒茶机，减轻茶农劳动强度。他为发展信阳茶产业做出了杰出的贡献，他提出并实践科学种茶的举措具有开创性，他和广大茶农、科技人员一起共同努力，把信阳毛尖茶叶产量和质量提高到一个新水平，把信阳的茶叶生产推向了新局面。他的人生在信阳茶叶当代史上留下了深深的烙印，信阳广大茶乡人民不会忘记他的功德！

信阳毛尖创国优是黄执优不懈的追求。他指导和监督采制参评国家奖的样品茶，他跻身国优名茶评委行列，在评比会上慷慨陈词，据理力争，为信阳毛尖茶夺得了响当当的金银两块国家级奖牌——1985年荣获国家银质奖，1990年又以最高分夺得国家金质奖。这块金牌浸透了黄执优的心血，浸透了信阳茶农的汗水，金灿灿，沉甸甸，创造了信阳茶历史最辉煌的时代。从此，信阳上百万茶农依靠这个品牌效应脱贫致富。

为了提高信阳茶的知名度，信阳地委、行署借获金奖之际于1991年9月在北京人民大会堂举行新闻发布会，国家领导人彭冲、严济慈和高厚良、张池明、潘炎、曹思明等20多位信阳籍的老将军，国家有关部委的领导同志，中国茶叶界著名专家，社会知名人士及首都新闻界记者200多人应邀出席会议，会议由信阳行署专员刘心铭主持，信阳县县长孙长江作主题发言。会议开得很成功，会后各大报纸、中央电视台、中央人民广播电台都发了消息或通讯，把宣传信阳毛尖茶推向了高潮。1992年5月15日信阳主办第一届茶文化节，黄执优与党和国家领导人、省地领导、茶叶及文化各界名流一起在主席台就座。对这迟来的荣耀，他看得很淡，我们采访他，他说："我也是信阳的一位普通的茶人，值得庆幸的是千年信阳茶乡终于有了自己的节日！"我见他眼里闪烁着泪花。信阳茶产业大发展，信阳毛尖飘香海内外，是各级领导重视、许多科技人员共同努力、广大茶农辛勤劳动的结果，黄执优更是有着不可磨灭的功劳。他20来岁到信阳，他爱信阳茶乡胜于爱故乡，为信阳茶获国家金奖奋斗了大半生。我敢说，如果没有黄执优的努力和执着，信阳毛尖茶获国家金奖还会遇到许多曲折，信阳毛尖如果没有这块金牌就会黯然失色，就不会有如此繁荣的信阳茶经济，就不会有驰名天下的信阳茶文化节，就不会有那么多大大小小的茶老板，也不会有一些官员兴茶的闪光业绩。

我认识黄执优是在1974年，一天我去十三里桥公社采访，第一次见到他就"一见倾心"，彻夜长谈，成了一辈子的朋友。他比我大12岁，在一起总是称兄道弟，我1986年调离信阳县，和执优兄相聚少了，但也曾多次和他一起上茶山，他也多次接受我的采访。他身上汇聚了新中国第一代科学家的许多高尚品德，他博学敬业、勤奋、谦虚、奉献、低调、简朴……他不吸烟不喝酒，一心为信阳毛尖茶着想，为信阳茶农着想，从来不给自己谋利益。他是公认的信阳茶叶大师，公认的清廉专家。

我知道他写了大量茶文章，苦于没钱出书。2002年我将此事告诉了信阳电视台两位政协委员——台长王开科、总编室主任周剑，他俩专门写了一个提案，请市政府帮他出书，抢救信阳茶叶珍贵的历史和科技资料，引起市政府领导的重视，批了两万元经费，帮黄执优出了一本专著《信阳毛尖古今谈》，这对他多少有点宽慰。现在一些官员和茶人出茶书，没有不引用黄执优专著中经典内容的。黄执优被杨家山称为"名茶之魂"，并不过分。如今茶叶绿满山头，他却白了头，今年86岁了。不久前我和杨家山通电话，问他黄执优的身体情况，他说他患有哮喘病，上下楼有点困难，我听了心里一阵阵酸楚。

我和黄执优心灵相通，有许多共同语言。我写的上百篇（部）茶叶新闻、通讯、诗词、电视专题解说词，几乎都有他的影子，其中有十几篇（部）获国家级和省级奖，内容大部分是采访他的，他是我宣传信阳茶、研究信阳茶的良师益友。一次，我和杨家山、平桥人民广播电台原台长胡思云去看望他，我们一见面都很激动，眼含热泪，紧紧地拥抱在一起。他的哮喘病比较严重，家里安装有制氧机，说话时气喘。85 岁的虎大姐满头银发，还是那样热情，看样子身体很好。不过，她说她也有多种老年病，血压高……（已于 2019 年去世。）

黄执优是第一批被批准的国务院特殊津贴专家、高级农艺师。我看到这位著名的茶叶专家的住房，还是 30 多年前信阳县农业局分给他的那套简陋的旧家属楼，在小楼的三（顶）楼，面积 50 多平米，两室一厅，验证了杨家山文中说的“客厅小而昏暗，几件木质家具、书桌、床和衣被，看上去都是老古董。只有满满一面墙壁的书柜和那台带点‘现代化气息’的电视机，在向人们展示着小屋的生机和主人精神上的富有”。他把这位信阳第一号茶叶专家的清贫活脱脱地展现给了广大读者。我亲眼看到这些，既为黄执优的情操而感动，也为黄执优生活的寒酸而心痛！我采访过不少信阳的茶老板，他们都是靠近些年贩卖信阳茶或争取茶项目的投资成了富翁，那富丽堂皇的豪宅，价值百万的红木家具，豪华的奔驰、宝马车，消费着名贵的烟酒……和一代茶王黄执优相比，真是天壤之别！杨家山说，黄执优给自己的蜗居起了个诗意的名字“幽兰斋”。那“幽兰斋”不仅是黄执优出理论成果的地方，也是他感情的依托。他的夫人姓虎名兰生，是大别山一朵幽香的兰草花，也是位茶叶专家，二人牵手走过了 60 多个春秋，依旧恩爱如初。如果说信阳毛尖茶叶的丽质成就了黄执优事业的辉煌，那么大别山兰花的清香则沁透了黄执优的精神世界！

临走，黄执优指着他书案上一大堆资料说，能不能帮他整理成册。我说我们现在都无能为力了，我的眼睛也有毛病，家山、思云年纪也大了，心脏不太好，你这上百万字的文字工程我们实在接收不了。我看到黄执优流露出一丝的失望和无奈，我也很伤感——谁来帮他整理文献又资助他出书呢？

他在老伴的搀扶下把我们送到家门口，我们挥手告别，依依难舍！我们看到执优老两口那种期盼的眼神，真让人难过。回来后，我们几个商量，再难也一定帮他把这本书编好！参与编书的我和杨家山、唐道武、胡思云都是黄执优的好友，也都是 60 多岁、70 多岁的人了，我们一拍即合，不厌其烦地编辑、校对、修订，历时 4 个多月。老伙计们说为了了却执优老人的心愿，也为了信阳名茶的传承，我们再友情合作一次。这种文人相亲、相敬的精神永远刻在我们心中，难以忘怀！全书洋洋洒洒 53 万多字，分身世篇、国优篇、成就篇、科技篇、谋略篇、茶韵篇、心声篇、激励篇共 8 篇，编入 160 篇文章，虽然体裁多样，但围绕的是一个“茶”字。它不仅是他对个人奋斗史的总结，也是对信阳一个时代茶史的客观评价；不仅是他对信阳茶的种植制作技术的论证和创新，也是一部研究信阳的茶历史、茶经济、茶科技、茶工艺、茶文化的经典。我们给书取名《信阳茶论》，他却谦虚地说："题大了，拔高了！"我们说您是国务院特殊津贴专家，中国名优茶评委会专家评委，是信阳国优名茶的实践者、开拓者、见证者，最有资格论信阳茶，也有相当高的权威性！他勉强地接受了我们的创意。封面设计时我们考虑到他的夫人虎兰生女士和他是大学同学，也是位茶叶专家，夫妇俩一直牵手在信阳茶乡奋斗几十年，绿了茶山，白了少年头，他们把爱情融入浓浓的茶乡情之中，像毛尖茶那样醇正、香甜，于是便选一张二人站在茶山上的伉俪照，编排在封面一角，被虎兰生一再谢绝。她说："文章是执优写的，我不能沾那个光。"我们只好把那张照片从封面上撤下来。这就是当一辈子无名英雄的虎大姐，实在令人可亲可敬。在此书的编印过程中，他们的儿女黄信、虎桂、黄艳、黄虎威对老爸给予了热情的鼓励，积极和编辑人员配合，参与编校，书中也不让署上他们的名字。此书即将付印时，我想找有关领导帮助解决印刷费问题，和他们协商，一家人都不同意，众口一词地说："坚决不能找组织的麻烦！"这就是一位正直的名茶专家的高尚品德和他的清纯厚道的家风。

信阳茶在中国茶史上矗立起一座丰碑，黄执优在信阳茶史上何尝不是一座丰碑呢？当黄执优先生因年事已高，渐渐淡出信阳茶界，有些既得利益者已把他忘却了的时候，杨家山先生却浓墨重彩地把黄执优和他钟情一生的信阳茶推向了网络大世界，在这个意义上讲，杨家山不也是在为信阳茶和黄执优先生树立丰碑吗？诗曰：

一

愿将血汗铸茶魂，从此茶乡好运生。
百万茶农奔富路，而他含笑守清贫。

二

君挥铁笔写茶魂，心正义浓情也深。
奉劝因茶得利者，扪心莫忘黄先生。

本文作者袁维龙，信阳电视台原副台长、高级编辑、国务院特殊津贴专家。此稿曾在《老记者视野》杂志和新华网等多个媒体发表。

我与振兴信阳茶的功臣杨明轩

袁维龙

中国茶源远流长，凝聚着中国人的智慧，承载着厚重的历史，弘扬着民族精神，影响着人类社会的发展。信阳是一个美丽的名茶之乡，我家住在茶乡。清晨，山风送来带露的茶香，沁人心脾；夜晚，坐在月光下品一品毛尖茶，神清气爽——谁不夸俺茶乡好啊！

我欠下一份沉重的人情账

作为基层新闻单位的记者，我更多的是关注家乡。宣传信阳、歌颂茶乡是我的天职，是责无旁贷的义务，是我做人的本分和良知。

我生在茶乡，对信阳毛尖茶有着特殊的感情，20 世纪 60 年代，我就开始写信阳茶。因新闻工作和文学创作的需要，我走遍了信阳的名茶山，交了茶界许多朋友，撰写宣传歌颂信阳茶乡、信阳茶文化、信阳茶经济、信阳茶人的文章、新闻稿、诗词 400 余篇（首）；策划、撰稿的含有信阳茶内容的电视专题几十部，其中在中央电视台、河南电视台播出的就有 20 多部，一部分交流到河南、山东、江苏、安徽、湖北、湖南、四川、重庆、贵州、云南等 10 多个省、市 60 余家电视台播出。在这些文章中，有不少是宣传对振兴信阳茶有突出贡献的人物，他们中有领导、有专家、有茶农、有茶业企业家、有茶文化工作者，如李长春、李中央、宋效忠、王铁、于杰、骆少君、黄执优、阚贵元、刘文新、席本刚、林祖辉、王辉、钱晓玲、李广义、黄正连、龚立堂、李广谦、毕昌友、唐道武、张道敏等。写的最多的是信阳茶界的知名人士，我写他们不仅交流了感情，还学习了一些茶知识，尤其是他们顽强的敬业精神和为信阳争光的宽阔胸怀，让我深受教育！

但是，我漏写了被茶界专家和市县领导公认的振兴信阳茶的第一功臣、商业部劳动模范、原信阳县政协副主席杨明轩同志。一方面是他为人低调，坚决不让我写他；另一方面是我的顺从，听信他的劝阻，只字未提这位信阳茶的振兴者、开拓者、奉献者,时至今日仍深感内疚和不安。最近,我见到了失联多年的杨大哥,他已 82 岁,满头黑发变成了银丝,耳朵有点背,走路蹒跚,一向健谈的他却沉默寡言。我俩紧紧地抱在一起,眼里滚动着泪花。我动情地说:“哥,您对振兴信阳茶产业做过这么多贡献,我却没写过您一篇文章,欠了您的人情账啊!”他依然淡淡地说:“那都是过去的事了。”

信阳茶振兴的奋进者

1980 年 1 月,刚过不惑之年、精明强干的杨明轩出任信阳县供销社主任。那时供销社是茶叶生产和经营的主管单位,茶叶实行统购统销,收购价格低,茶农生活困难。为了发展茶叶生产,他领导县供销社成立了龙潭茶叶总场和龙潭茶叶公司,组建了产供销一条龙的服务机构,扶持茶叶生产。他和著名茶叶专家黄执优一起,在县委、县政府领导下和茶乡党委、政府的支持下,组织茶农对老茶园进行脱胎换骨的改造,在大力推广矮化密植速生茶的同时,引进福建优良品种福鼎大白茶,单产干茶翻了几番,亩产值由几百元增加到 3 000 多元,是老茶园的 6 倍,全县 20 多万茶农靠种茶率先脱贫,山沟里出了不少“万元户”,许多茶农把茅草房换成了“小洋楼”。1988 年我去浉河港乡黑龙潭村采访,乡长孔令富告诉我,黑龙潭村昔日的“光棍堂”,如今飞来了“金凤凰”,山下的 21 位姑娘自愿上山安家落户,老茶农左凤生接连给打了多年光棍的 4 个儿子娶了媳妇。他说:“这里也有杨明轩一份功劳!”

杨明轩为信阳毛尖夺取国家金奖付出了辛勤的汗水和心血。1985 年全国名茶评比,信阳毛尖仅以 0.46 分之差,屈居西湖龙井之下获银奖,这让杨明轩深感遗憾。全国名茶评比 5 年一次,他向县委、县政府提出“保银夺金”的建议,引起高度重视,很快在全县掀起夺金牌的热潮。这是一场大战役,杨明轩负责组织协调,黄执优负责质量把关,二人联手拼搏,经常奔忙在茶山上。杨明轩和几个茶乡的党委政府领导,反复向茶农宣传“夺金”的重要性,并确定专职技术人员负责,将每一个生产环节和工艺流程都控制在技术指标之中。领导、技术骨干和茶农三位一体,打响茶叶质量攻坚战。1990 年,“龙潭牌”信阳毛尖在全国名茶评比中,气压群芳,以最高分夺得国家金质奖。在北京人民大会堂颁奖仪式上,信阳县龙潭茶叶公司经理林祖辉代表信阳百万茶农登台领取金牌,而杨明轩则坐在台下大众席上不停地鼓掌,分享信阳茶千古以来的最高荣誉。

信阳毛尖荣获国家金奖,很快传遍茶乡,茶农们欢欣鼓舞,全县人民奔走相告,他们自豪地说,中国是世界茶的故乡,世界最好的茶在中国,中国最好的茶在我们信阳!

自从夺得国家金奖，信阳茶业发展便进入黄金时期，地委、行署（1998年撤地设市）更加重视茶产业，把茶叶生产写入了全区经济发展规划，成立了行署茶业办公室（后为市茶办），统一指导全市种茶，种植面积迅速扩大，遍及全市六县两区，总面积猛增到如今的210多万亩；年产干茶上升到5万多吨；每斤干茶由几十元增长到几百元甚至几千元，年产值突破百亿元；信阳毛尖品牌市值高达59亿元。现有各类茶场1230多家，茶叶加工企业800余家，省级龙头企业12家，中国茶行业百强企业8家，百万茶农靠种茶致富。许多人的业绩被树碑立传，而杨明轩的业绩却悄然无声地写在那滴翠流油的茶山上。

信阳茶科技的实践者

可能有人说杨明轩只不过是一位基层茶叶行政管理者，并不是一位茶叶专家。此言差矣！什么是茶叶专家，我以为懂得茶专业知识，懂得茶科技、茶文化、茶经济，并有突破性研究成果的人士都可以称为专家。诚然，杨明轩不是大学茶叶科班毕业，也没有著书立说，但是，他与茶叶打了几十年交道，他和黄执优等著名茶叶专家交往密切，他热爱茶业，是茶科技的爱好者、推动者、实践者，是从行政管理工作者自学成为专家，这是无可厚非的。

20年前，台湾资深节目主持人刘华伦女士来信阳采访，专访了杨明轩，我在现场。刘华伦频频发问，杨明轩侃侃而谈。刘华伦把采访杨明轩的内容编入了大型电视专题《淮河风情》，在台湾电视台播出后产生广泛影响。2015年我随信阳老新闻工作者采风团去台湾旅游观光，导游就知道信阳毛尖，他说他是从电视上看到的，对我们分外亲切。下面是刘华伦采访杨明轩的一段实录：

刘华伦：杨主任，谢谢您接受我们的采访，我想和您讨论一下信阳茶的话题好吗？

杨明轩：特别欢迎你来信阳采访，感谢你关注信阳茶！

刘华伦：信阳出好茶有特别的条件吗？

杨明轩：信阳种茶历史悠久，融贯古今，驰名中外，茶文化博大精深，自然有独特条件。简单地说，信阳区位独特，是中国南北分界线，气候温和，雨水充沛，中国南方几乎每个省都产茶，信阳算是最北方的一个产茶区，再向北就不产茶了。信阳茶生长期比较长，内在的营养成分聚集的时间比较长，加上当地的土壤和气候条件，决定了它的品质。所以当地群众说，这是天赋的，是其他地方难以比拟的。

刘华伦：你跟我们介绍这些情况，注定了信阳茶叶的优良品质，信阳茶为什么叫信阳毛尖茶呢？

杨明轩：对信阳毛尖茶要从色、香、味、形综合评价。信阳毛尖的特点，就是细圆紧直，汤清色绿，芳香馥郁，芽嫩多白毫。你看，显峰尖，多白毫，所以称"毛尖"。

刘华伦：据说信阳毛尖分几种等级，哪一种最好，不同的地方在哪里？

杨明轩：是的，有特级茶，就是最好的毛尖茶，你看，一芽初展，芽比较多，嫩度高、叶芽还没有完全展开，初展嘛。你看这是一级茶，就不同了，是一芽一叶，叶月已经展开。这是二级茶，一芽两叶。

刘华伦：杨主任，泡一杯茶一般需要多少茶叶？

杨明轩：3克。制作500克特级干茶，大概就要六七万个芽尖，4斤鲜芽才能炒一斤干茶，6个茶姑娘忙一天只能采制一斤干茶，所以相当稀少也很珍贵。特级茶，汤色明亮、嫩绿，一二级茶，汤色翠绿，因为叶片大，叶绿素含量高。

刘华伦：味道有独特的地方吗？

杨明轩：那肯定有，你看看，叶芽泡开以后，尖都朝上，味道很特别，有一种熟板栗的味道，叫栗香，实质上是一种浓浓的清香加花香，这也是别的茶叶比不了的。那你喝喝品品。

刘华伦：嗯，真的很香，非常香，而且喉咙有一种爽爽的甜甜的感觉。

杨明轩：对，清爽可口，回味甘甜。到信阳，品毛尖，可以说是人生一大乐事。

刘华伦：谢谢杨主任，您讲的都是内行话，是专家之言，领教了！

杨明轩：不客气！

如果说台湾记者不懂信阳茶，杨明轩讲的也是信阳茶的一般知识的话，那么他与黄执优长期合作，取得了信阳茶种植技术的许多成果，这是有目共睹的。其实，他个人也在研究茶科技的其他课题。信阳毛尖茶叶以其独特的制作工艺和优秀品质享誉国内外，但是，千百年来，信阳毛尖茶叶一直没过储藏关，"春天绿，秋天黄，到冬天就红汤！"不少专家学者为此伤透了脑筋。为了探索信阳毛尖茶保鲜技术，杨明轩亲自试验，每次将三四斤干茶放入自家冰箱中冷藏5个月，做了5次试验，历时两年半，终于取得重大突破。经监测，茶叶冷藏保鲜可达3年，外形和内在品质和刚采摘的鲜茶一样，完全保持了叶绿、汤清、味浓的信阳毛尖特色，一投放市场，就深受消费者喜爱。一次在西安举行的全国食品博览会上，杨明轩介绍了信阳毛尖保鲜技术，使来自全国各地的顶级茶叶专家感到震惊，说他解决了具有世界意义的难题。为此，商业部专门立项，投资在信阳龙潭茶叶总场建了一座茶叶保鲜库，年储存干茶可达30万公斤，从此消费者一年四季都可以饮用新鲜的国优名茶信阳毛尖了。1992年1月24日，河南电视台新闻联播报道了这一重大科技成果，称这一成果必将在全国产生不可估量的经济效益。而杨明轩依旧默默无闻地继续进行茶科技攻关，他甚至连科技成果奖和国家专利都没有申报。

1998年我再次去浉河港乡白龙潭村采访，与杨明轩不期而遇。他已退休，正在信阳龙潭毛尖茶厂指导创新品牌。他告诉我，前不久，市有关领导督促他出山，帮助创新茶产业，为繁荣地方经济再做贡献。

自从“龙潭牌”信阳毛尖荣获国家金奖后，白龙潭村更加声名远播了。各地的茶商大都知道这里出产的是优质信阳毛尖，慕名前来的车如穿珠，人如流水，都想到这里来买正宗的国优名茶。为了方便经营，经上级批准，白龙潭村自筹资金建了一个茶叶市场，每逢开采季节，卖茶的、买茶的、看茶的、品茶的、贩茶的接踵而来，把这个山区茶市搞得红红火火、沸沸扬扬。龙潭毛尖茶场就坐落在这个茶市旁边。楼顶上安放的“茶王龙岚”4个朱红大字，更显得气度不凡，楼内新组装的现代化茶叶加工生产线令人叹为观止。杨明轩告诉我，近年来信阳茶叶出现了生产大发展、市场大繁荣的可喜局面，但喜中有忧，名牌效应带来了一些副作用：有的地方种植粗放，加工粗糙，急功近利，滥用化肥：一些外地茶假冒信阳毛尖进入市场，使信阳毛尖的声誉受到损害。成立龙潭毛尖茶厂的宗旨就是保信阳毛尖声誉，正国优名茶美名。他说，必须加大茶叶生产的科技含量，茶园一律施用农家肥、有机肥，特别是饼肥，禁用无机化肥和农药，培育无公害生态茶园，走生产、加工、科研、经营、服务为一体的产业化道路，出真品，出精品，出珍品，让广大消费者喝上货真价实的信阳毛尖茶。他充满信心地说：“通过办龙潭毛尖茶厂，建成一个龙头企业，开发一个基地，打响一个品牌，搞活一个产业，培育一个市场，带富一方群众，这就是我的追求！”

他的这个运行方案引起市县领导的高度重视，还得到中国茶叶流通协会的肯定。茶场和信阳农专很快达成协议，联合开发龙潭毛尖，信阳农专还在白龙潭村建立了教学科研基地。领导、院校、专家、生产者、经营者“同台唱戏”，春风又一次在茶乡荡起春潮。

1998年10月10日，在杭州国际茶博览会上，“龙岚牌”信阳毛尖和杭州“贡牌”西湖龙井，在参评的100多种中外名茶中脱颖而出，双双摘取“金奖”桂冠。日本著名茶叶专家、80岁高龄的西贞子女士赞不绝口，她对杨明轩说：“信阳毛尖清香高雅，不仅是中国的珍品，也是当今世界绿茶的珍品！”

杨明轩感慨地告诉记者：“‘龙岚牌’信阳毛尖荣获首届中国国际茶博览会金奖，是在市委、市政府的亲切关怀下取得的，是茶乡干部和广大茶农汗水的结晶，是信阳人民的光荣！”他一句都没有提及自己，这就是杨明轩！

信阳茶扬名的推动者

信阳毛尖获得金奖后，各级媒体记者相继来到信阳，宣传茶乡。实事求是地说，真正把宣传信阳茶推向高潮的是杨明轩，他是国家级媒体宣传信阳茶最早的牵线搭桥者。我见证了他来往于北京、信阳，穿梭在著名茶叶专家和新闻记者之间，为信阳茶鼓与呼。1991 年 5 月的一天，杨明轩邀请来两位尊贵的客人，一位叫王锋，时任广电部办公厅综合处处长(退休后任国家新闻出版广电总局节目监管顾问专家组组长)，一位是中央电视台资深制片人郎占岭。二位都是应杨明轩之邀来报道“供销社与茶”的。二位的到来，很快惊动了当时的信阳地委、行署领导，一再挽留他们在信阳多住几天，了解一下老区信阳。王锋因要去湖南开会，他安排郎占岭留下。杨明轩对郎占岭说：“你不能只宣传供销社，我可出不起这个风头。信阳茶成了区域支柱产业，主要是历届各级党委政府的领导和广大茶农的共同奋斗，我们只不过做点服务工作。信阳是个老区，战争年代做出过重大牺牲，现在政治安定、经济发展，请中央电视台在舆论上多多给予支持。”郎占岭在地委宣传部副部长王清林、杨明轩和我的陪同下，相继采访了信阳县、罗山县、潢川县、新县等县。郎占岭与我同岁，是个性格内向、工作认真、事必躬亲的同志。当晚，我们研究了 6 集的系列专题的选题，综合反映一下信阳老区的新面貌。郎占岭在信阳采访了 10 天，回京后，很快在央视综合频道《祖国各地》节目中连续播出了我们制作的《供销社与茶》《唱好奋进曲》《念好“山字经”》《写好“水湖传”》等 6 集电视专题。

8 月 20 日，由郎占岭带队的中央电视台舆论扶贫采访团记者、节目主持人一行 15 人抵达信阳。8 天时间共摄制新闻、信息 80 余条，专题 7 部，在中央电视台开设了《大别山革命老区行 · 信阳篇》专栏，连续播出 6 天，形成了宣传信阳老区的高潮。时任中央电视台台长赵化勇对我说：“央视这样长时间、连续性大力度地集中宣传你们信阳，创造了全国地市电视台之最，引起轰动效应。”

郎占岭离开信阳时，特意约见杨明轩和我。他深情地说：“信阳是个老区，战争年代做出过重大贡献，现在虽然还穷，但扶贫工作已见成效，变化很大，应当加大宣传力度。”他还说：“信阳是一个美丽的茶乡，但知道的人并不多，应当学习外地经验办个茶文化节，提高知名度。”郎占岭的一席话深深打动了杨明轩，送走央视记者团后，杨明轩立即把郎占岭的建议报告了地委领导同志，地委行署很快做出决定，一个月后的 1991 年 9 月便在北京举办信阳毛尖茶叶获得国家金奖新闻发布会。我为随行记者，和杨明轩打前站，做前期准备工作。杨明轩和时任地委宣传部常务副部长宋效忠(后任信阳市人大常委会主任直到退休)，整天忙碌着邀请贵宾。这次我真的见证了信阳茶的荣耀：国家领导人彭冲、严济慈和高厚良、张池明、潘炎、曹思明等 20 多位信阳籍的老将军、国家有关部委的领导同志、中国茶叶界著名专家、社会知名人士及首都新闻界记者 200 多人应邀出席会议，《人民日报》、《经济日报》、《光明日报》、《中国青年报》中央电视台、中央人民广播电台等各大新闻单位都进行了大力度报道，信阳茶第一次扬名全中国、扬名全世界。

1992 年 5 月,信阳地委、行署举办了首届信阳茶文化节,取得圆满成功。从 2001 年第十届开始,信阳茶文化节由中华全国供销合作总社和河南省人民政府联合主办,信阳市委、市政府承办,茶文化节由此由地方节会升格为省级节会。第 18 届正式更名为“中国茶都 · 信阳国际茶文化节”。一年一度的茶文化节,就成了信阳老区人民和茶乡儿女最隆重、最热烈、最欢快的节日,至今已举办了 28 届。每逢节日,中外记者云集信阳,一次又一次把宣传信阳推向高潮。

茶以信阳为本,信阳以茶扬名。信阳茶造福了一方百姓,锻炼了一批干部,成就了一群企业家,杨明轩直到快退休时才提为副处级,而他却无怨无悔!

在各级党委领导下,信阳毛尖茶从信阳县拓展至全市,成为区域性支柱产业,杨明轩的贡献多多,大家称他为振兴信阳茶的第一功臣,实至名归!杨明轩虽然隐姓埋名,但他的足迹还留在茶乡的山间小路上,他的汗水还挂在茶丛中的嫩芽上。杨明轩一贯信守低调做人,务实干事,甚至被有些人淡忘了,但他的名字和众多卓越奉献者一样,永远镌刻在振兴信阳茶的丰碑上,留在历史的记忆中,铭记在广大茶农心中!如今,茶山美了,茶农富了,茶乡年轻了,杨明轩却白了少年头!这正是:

毛尖香透万重山,广大茶农带笑颜。
涌现多少奉献者,乡亲难忘杨明轩!

本文写于 2020 年 7 月 13 日,曾在信阳市老新闻工作者协会主办的《老记者视野》杂志和新华网等多个媒体发表。作者袁维龙,系信阳电视台原副台长、高级编辑,享受国务院特殊津贴专家。

感恩与信阳毛尖结缘

——我的创业故事

刘文新　口述　龚立堂　采访整理

引子

时间过得真快呀！弹指一挥间，一晃三十年。

从1992年信阳地委、行署举办第一届信阳茶文化节，到2021年举办第29届信阳茶文化节，除2013年因“非典”疫情停办一届，已经30年了。

从1992年我开办第一家文新茶庄，创立信阳市文新茶叶有限责任公司，到2021年拥有530家直营加盟店（茶馆）和加工园、科技园两个基地，也已经30年了。

三十而立，文新公司与信阳茶节同生共荣，一起成长。

应运而生

1991年，信阳建成了两个名气很大的茶叶市场，一个是市内的“幸福茶叶市场”，一个是平桥的“中国信阳茶叶城”。据说这两个市场都是为举办信阳茶文化节而兴建的工程。

1992年春，我在幸福茶叶市场租了门面房，开了文新茶庄，招了几名员工，还正式注册成立了信阳市文新茶叶有限责任公司。从此，我告别了三年风吹日晒雨淋的摆地摊卖茶的日子。这也是我创业开办的第一家门店。

那个时候，在幸福茶叶市场租门面房，可不是一件小事，一间房一年的租金就是6000元。如果一年赚1万块钱的话，店铺租金加上各项开支每个月就是1000多元，一年就有可能赔得血本无归。我揣着兜里省吃俭用攒的1万块钱，考虑了很久，最后还是咬咬牙把店铺租了下来。

那一年我刚好 20 岁。因为开办了文新茶庄,成立了公司,所以我成为当时信阳茶市里最年轻的小老板。

也就是这一年的 5 月 15 日,首届信阳茶文化节在信阳市文化中心广场举行开幕式。我早早地来到广场路边一个地势较高的地方,站在那里看热闹,那场面、那气势,我一个农村出来的毛头小伙,至今记忆犹新、难以忘怀。

信阳为什么要办茶文化节?那时我也不知道。后来听说是我省的洛阳和开封都连续举办了好几届牡丹花会和菊花花会,每年吸引游客几百万人。我们是学习借鉴他们的经验办节的。

为什么要办节?据说还有一个原因,就是作为中国历史十大名茶之一的信阳毛尖,那几年连获大奖:1985 年获得国家银质奖,1990 年又获得国家金质奖,还是全国绿茶评比综合品质第一名。于是,地委、行署决定举办茶文化节。

我的茶庄开业不久,就接了一个“大单”:一位客户订了 300 斤大山毛尖茶还预付了全部货款。但是,由于茶叶货源紧缺,几天过去了,我只收了一大半货,还跑了几十里地把茶叶送给客户,退还了剩余的货款,并一再表示歉意。那位客户半开玩笑地对我说:“用小山茶充数不就得了,你真傻,送到手里的钱都不知道赚!”

做门头生意讲究诚信为本,诚信也是经商办企之道。我知道要想做好事首先要做好人,做人诚信是金。从做茶叶生意那天起,我就坚持讲诚信,诚信是我经商和做人的基本原则。我的茶庄生意可谓风生水起,每天店面经营很火,当年我就赚了好几万块钱。

转眼到了 1994 年底,我投资 38 000 元买了一间房子,用于茶庄和公司的办公室。铺上地板砖,配了沙发和办公桌,我感到公司有办公室才有底气,客户看见像样的办公室才觉得公司有实力,生意就容易谈成。

我的茶庄主要是以零售茶叶为主,一天卖 100 多斤,最好的时候一天卖了 6000 多斤。能把生意做成这样,也许很多人都不相信,现在回想起来连我自己都不敢相信。

完全可以说,文新公司的发展,是信阳茶文化节成就了文新公司,也是茶文化节促进了文新公司的迅速发展。

茶餐模式

我的茶庄名气越来越大,生意也越做越红火。但光卖茶叶没有喝茶的地方怎么能行?这时我计划开茶馆了!

2000 年,我在市内申城大道创办了第一家典雅别致、集文化娱乐与品茗休闲为一体的文新茶艺馆。在茶艺馆内,市民们不仅可以品尝到正宗、地道的信阳毛尖，而且可以享受到具有传统特色的茶文化。茶艺馆的成立，也为信阳开启了第一个展示茶文化的窗口。接着，2002年我又在中山北路建成了一个更大的文新茶艺馆，面积有2000平方米，里面既有喝茶的茶艺馆，还有卖茶叶的专卖店，生意也是十分红火。

2006年6月，我开始进军郑州市场，投资700万元在郑州打造了一个2000多平方米的茶艺馆，也是郑州经营面积最大、品种最多的茶艺馆。

让我怎么也没想到的是，很多消费者来一次茶艺馆就不再来了，他们认为花钱喝茶不值得，不如去吃饭。茶艺馆生意十分惨淡，乃至关门。几个月下来，我因为着急一下子瘦了18斤。

一年后，郑州茶艺馆可以说是血本全无，赔得一塌糊涂。为了挽救败局，我想了很多方法，免费给高端客户送优惠券，在店面门口搞茶艺表演、印发广告等，但这些举措没有任何效果，一个也没有成功。

在信阳，请朋友到茶馆喝茶是传统习惯，而郑州人的习惯是请客人喝小酒吃烩面或羊肉泡馍。更重要的是，郑州的消费者更喜欢吃饭、喝茶在同一个地方。我在一次翻看顾客意见簿的时候，偶然发现了一些顾客抱怨"这茶喝的！饿得要命还得出去找饭吃"。

怎么办？根据消费者的意见，我开始改变思路，在茶艺馆里加上了餐饮，让大家在喝茶的时候还能够吃饭，吃完饭还能够买茶叶。正是这样一个小小的改变使得茶庄的命运迅速发生了逆转。加餐后的茶庄客人猛增，营业额也从一个月几万元一下子增长到几十万元。

做餐饮一定要有特色。信阳菜在全国有一定的知名度，我们在卖信阳茶的同时，做信阳菜特色餐饮，就形成了我们独有的一店一馆特色，既有卖茶的茶庄，又有吃饭的餐馆。于是，"一店一馆，茶餐合一"的文新经营模式也就应运而生了。

文新一店一馆的店面包含文新茶庄和文新茶馆：一店就是文新茶叶专卖店，经营销售信阳毛尖和信阳红茶以及茶具、茶食品等涉茶商品；一馆就是文新茶馆供客人喝茶吃饭的地方。文新茶叶专卖店和文新茶馆是紧挨着的，便于满足顾客喝茶、吃饭、买茶的需求。同时，我们也提出了"喝文新茶，吃信阳菜"的概念。

在文新茶叶专卖店，有客人进店买茶，服务人员在推介茶叶的同时向客人介绍文新茶馆。同时，还推出优惠活动，买够一定金额的茶叶，免费送品茶券，在隔壁的文新茶馆免费品茶。在文新茶馆，工作人员也会进行类似的顾客引流，向来茶馆消费的顾客介绍文新茶叶专卖店，这样有需要的顾客就会在吃完饭后，顺便买茶。

布点建馆，一发不可收。于是，我接连在郑州开了5家分店，当时每家店的年营业额都非常可观。

茶餐本来就是一个综合载体，与其干巴巴地卖茶，讲茶产品，不如为消费者提供一个喝信阳茶、买信阳茶、吃信阳菜的一个体验模式，这就是我们文新“一店一馆、茶餐合一”的经营模式。我们把这一模式复制推广到全国各地的文新店面，一直延续至今，也体现了我们的“河南味道”！

打造品牌

在创业初期，我发现茶叶市场存在鱼龙混杂、以次充好的现象，既损害了消费者的利益，又损害了信阳毛尖的形象，更不利于信阳茶产业的长远发展。

文新公司成立后干的第一件大事，就是实施名牌战略，向国家工商总局注册了“文新牌”信阳毛尖商标。在当时信阳市18万户茶农中，我是第一个用自己名字命名茶叶品牌和企业名称的人。

公司名称和产品商标都用我的名字“文新”命名，当时有三层意思：一是文新是我的名字，是独一无二的，别人不可复制的；二是象征着我这个人，要像爱护自己的生命一样来爱护这个品牌；三是不断提醒、鼓励自己，要严于律己、树好形象、不懈奋斗。

1999年，文新茶叶作为河南省茶叶唯一名优产品，被省政府命名为“重点保护产品”。文新茶叶声名鹊起，市场份额一路飙升，市场上也随之出现了一些假冒文新品牌的伪劣产品。任其招摇过市骗人，损害的不仅是文新品牌和信阳毛尖的声誉，更是对广大消费者的伤害。我出资邀请新闻记者一路北上沿途打假，日夜兼程跑了2000多公里，走访了130多个茶叶店，通过郑州、北京、天津等地质监部门收缴假冒包装袋12万只，有力地维护了文新品牌和信阳毛尖的市场信誉。

我认为，品牌是我的脸。我一生只做一件事，那就是用心做好茶，做消费者放心的、安全的、信得过的茶，把文新做成受人喜爱和尊敬的茶叶品牌。

随着公司的不断发展，“文新”品牌的内涵和外延也在不断丰富和拓展，“文新”二字背后也蕴藏着丰富的时代精神内涵：

“文”即文化。一说起茶，就不可避免与博大精深的茶文化相联系，它不单单是一种天然饮料，更承载着中国三千年光辉灿烂的茶文化。所以，文化是茶产业发展的翅膀，没有文化做底蕴的信阳毛尖是不可能真正展翅高飞的。因此，文新公司视“名茶复兴”为己任，复兴的不仅仅是信阳毛尖茶，更是其源远流长的茶文化。

“新”即创新。创新是一个企业实现不断发展的灵魂，茶产业如何适应当下这个高速发展的时代？创新是唯一的出路。我们将“创新”作为企业的核心价值观，就是要在这个机遇与挑战并存的行业里面，通过创新来打造自己独一无二的竞争优势，实现可持续发展，真正扛起名茶复兴的大旗。

2013年上市的文新“中原一号”，是我们公司倾力打造的一个高端产品品牌。

“中原一号”只产自核心产区百余亩高海拔茶园，并只在春茶采摘季的“黄金3天”完成采摘。从技术、工艺方面考量，“中原一号”由顶尖的炒茶大师纯手工操作。

品牌是文新的发展之道，“文新”品牌连获殊荣。1997年在中国北京国际茶叶展览会上荣获金奖；1999年作为全省茶叶唯一的名优产品被省政府列为“省重点保护产品”；2007年获得第二届世界绿茶大会最高金奖和日本世界绿茶大会最高金奖；2010年被认定为中国驰名商标；2013年荣获河南省“省长质量奖”，成为省内唯一获此殊荣的茶叶企业；2015年在米兰世博会上，更是一举获得“百年世博中国名茶金骆驼奖”，并成为上合峰会唯一提供用茶；2018年文新茶叶作为河南特产亮相外交部河南全球推介活动；2019年荣获“华茗杯”中国茶叶特别金奖……

在品牌的传播上，我们也是与时俱进，从传统（展会、茶会）到现代的传播方式（新媒体、短视频、直播），结合大数据的技术优势，多形式广泛传播，品牌传播力与影响力得到显著提升。比如，我们在郑州和信阳连续10年举办“文新春茶节”，开展手工炒茶比赛、茶艺茶道表演，大大提高了信阳毛尖的知名度和美誉度。

“我为毛尖代言！”鲜红的T恤，醒目的大字，活力四射的面容，充满自信的微笑……我们文新公司全体员工以这样的形象出现在文新茶叶全国各地的专卖店、茶庄、茶馆，乃至微信公众号、报纸、电视上。大家喊出“我为毛尖代言”的口号，向人们推介信阳毛尖，展示信阳毛尖魅力。

2012年，我们策划、打造的中国首部国风茶韵音乐电视《心容天下》在郑州首映，这首茶歌瞬间唱响了信阳醉美茶文化。2013年3月，我又启动“中原茶文化世界行”活动，在美国华盛顿和洛杉矶掀起了两场信阳毛尖品牌宣传推广风暴。在同年的腊月二十三这天，我们的文新香港店在香港皇后大街隆重开业。

针对疫情影响，在2020年3月28日举办的信阳毛尖开采仪式暨第九届文新春茶节上，我还邀请了中国茶叶流通协会会长王庆，中国工程院院士、湖南农业大学教授刘仲华，中央广播电视总台节目主持人任鲁豫，网球奥运冠军孙甜甜，国家一级演员、中国豫剧表演艺术家小香玉，国家一级演员、中国曲艺家协会副主席范军等国内各界知名人士为信阳毛尖公益代言，向全世界推介信阳毛尖。

打造品牌不是一朝一夕就能完成的，品牌的影响力也是长期积累起来的。从2011年起，我国每年对全国18个省（市、自治区）的158个茶叶企业的183个品牌进行有效评估，发布中国茶叶企业产品品牌价值排行榜。2021年，文新品牌以7.98亿元的品牌价值位居全国茶叶百强第13名，连续10年大幅攀升，品牌价值比2011年评估的1.69亿元增加了6.2亿元，品牌排名由起初全国茶叶百强的第30名上升了17个名次。无论是品牌价值还是品牌排名，文新茶叶始终位居河南茶叶第一名。

质量为先

质量是文新的立命之本。没有质量就没有市场,没有质量就没有效益,没有质量就没有发展。如果质量上不去,再有成效的市场营销,也只能是前面开拓市场,后面丢失阵地。

我始终认为,一个企业要做大做强,必须千方百计狠抓产品质量,不断创新和超越,追求更高的目标,做到以质取胜。唯有如此,才能处于行业领先的地位。

为了确保文新茶叶的质量和信誉,我在创业初期的采茶时节,常常深夜两三点起床,到 50 公里外的大山茶区,穿梭于茶叶批发市场,翻山越岭到茶园和茶农家中看茶样,挑选质量可靠的茶叶。

我深知,得茶源者得天下。茶源和茶企是一对孪生兄弟,茶源好则茶叶好,两者密不可分。为了打造从茶源到茶杯的好茶,我们公司在信阳毛尖的核心产区建立了 3 万亩茶园示范区,从培育良种茶苗入手,大力开发无公害、无污染的种植技术和采制工艺,一方面,为合作社的茶农提供技术、资金支持,引导茶农种好茶;另一方面严格按照统一种植、统一修剪、统一采摘、统一加工、统一销售的“五统一”标准,规范合作社茶叶生产,从源头上保障了文新茶叶原料是最优质的天然品质。

2006 年开始,我们公司又在信阳率先引进了第一条国内最先进的信阳毛尖机械化、清洁化生产线和第一条高香红茶生产线,并先后建成国际一流的茶叶精制加工车间,完善成熟了信阳茶区茶叶生产的一系列核心技术。2009 年,在羊山新区按高标准兴建了集茶叶精制加工、仓储、物流、电子商务、检验为一体的科技园区。

与此同时,在文新茶叶的制作过程中,不但强调天然茶韵的存留,更讲究传统与创新的结合。我们自己建立了文新茶叶研究院、高香红茶工程实验室、河南省院士专家工作站、国家级检验检测实验室等研发和产品检测平台,还与国内多家知名涉茶高等院校和科研机构签订了产学研战略合作协议,这些都为文新茶叶提供了可靠的品质保障和强大的技术支撑。

为确保文新茶叶品质,我们要求每一项产品质量指标必须严格高于国家标准。文新公司出品的所有茶叶,批批自检,然后送中国农业科学院茶叶研究所复检,产品复检十多年来全部合格。

茶源好,茶才好。我们以牢固的产品质量为靠山,拓展市场,文新茶叶先后获得河南省质量奖、中国驰名商标、中国名牌农产品、世界绿茶大会金奖等近百项荣誉称号。

斗茶风暴

初生牛犊不怕虎。

2011 年 5 月 20 日，我们才诞生 402 天的这个“信阳红”“茶姑娘”，斗胆来到了一个 400 岁的世界红茶发源地福建“老人”面前，与红茶鼻祖的正山小种等“闽红”一起“擂”茶，欲比高低。

当日上午，在福州名茶文化城内的数百个特色茶位上，福建的坦洋功夫、政和功夫、华祥苑、品品香、八马茶业、日春茶叶和我们信阳的文新信阳红、龙潭信阳红、九拓信阳红等多种红茶轮番上阵，谈笑中一品高低。

说起信阳红茶，这里我讲几个小故事。

2009 年 12 月 27 日，从福建到河南履职才 28 天的新任省委书记卢展工，在信阳市浉河区调研茶产业得知信阳毛尖产量很低时说，绿茶一般一年只采一季，就是春季，并且春季还分雨前茶和明前茶，这个产量很小。实际上，茶叶一年可以采摘好几季，春季茶以后还有夏季茶、秋季茶，甚至有的地方还有冬季茶。我们现在的绿茶采完春季茶后，夏季茶、秋季茶怎么办呢？做绿茶不行，维持不了信阳毛尖的品质。那么，夏季茶、秋季茶是不是可以用来做红茶？

功夫不负有心人。2010 年 4 月 13 日，我们信阳人用了 106 天时间研发生产出信阳红茶，不仅改写了信阳 2 300 多年只产绿茶不产红茶的历史，而且开创了我国高纬度地区生产红茶的新纪元。

时隔 12 天后的 4 月 26 日，卢展工和刘枫来到信阳，这两位茶界“大鳄”端起信阳红茶，一边看着红汤透明、闻着清香的红茶，一边认认真真地细品，竟然得出如出一辙的结论：信阳红茶可与武夷山红茶银骏眉媲美！高兴之余，卢展工欣然为新研发的信阳红茶起了一个厚重而响亮的名字——“信阳红”。有着中国茶界泰斗之称的中国国际茶文化研究会名誉主席刘枫也挥毫题词：“信阳红，健康之宝，致富之源。”

正当信阳掀起“信阳红风暴”宣传的关口，2010 年 11 月 1 日晚 9 时多，卢展工在信阳设下擂台，他带来的是福建的金骏眉、坦洋功夫、大红袍、正山小种等知名好茶，与信阳的市委书记、市长，以及生产信阳红茶的我们 3 家龙头企业（文新茶叶有限公司、五云茶叶有限公司、信阳红茶叶有限公司）的老总等人一起“斗茶”，我们文新公司拿出的是自家生产的“文新信阳红”红茶。我们 3 家公司被卢展工称为信阳红茶“三剑客”，他说我们 3 家公司在技术、生产、品牌营销上最有优势。此番斗茶“斗”的是茶的“色、香、味、形、韵”，两轮斗罢已是翌日凌晨 1 点，时间持续 3 个多小时。

卢展工这位“茶人书记”深夜发表了自己对“信阳红”的看法和建议：①顶级信

阳红的综合品质完全可以和金骏眉媲美；②信阳红的香型特别，建议用“泉香”“水香”“石香”来命名；③信阳红的宣传语要做好，做茶应该低调、内敛，建议用“信阳红，与众不同”；④信阳不能只做高档红茶，更要注重中、低档红茶的生产，甚至可以用信阳的茶资源开发白茶、黄茶、黑茶等。

时间过去不到半年，也就是 2011 年 4 月 28 日下午 3 时许，省委书记卢展工在参观 2011 中国（信阳）国际茶叶博览会展馆时，边走边看边听，他不时停下来、坐下来，在前来参展的中闽魏氏、华祥苑实业、八马茶业、安溪铁观音集团、品品香茶业、日春茶业、武夷山岩茶、坦洋功夫集团、春伦茶业、正山堂茶业、熙瓜、台湾永福高山茶等外地以及斯里兰卡、印度等国家的著名茶产业企业和我们信阳文新、五云、九拓等几十家茶叶企业和相关产业企业的展位内，与大家一起品茗论茶，共话茶产业发展。

与往日参观不同，卢展工此次多了一份品茗论茶的闲情。在近两个小时的时间里，卢展工先后与福建茶商、信阳本土茶商“斗茶”11 次。但卢展工不这样认为，他笑道：“严格来说，这不能叫斗茶，应该是赛茶。”其实，我认为这也是一次“斗茶”。

给我印象最深的是，卢展工在两次面对媒体记者这个特殊的对象，竭力推介信阳红时的情景。一次是 2010 年 8 月 31 日在郑州召开的第十六届全国省区市党报总编辑新闻出版工作研讨会，来自全国 31 家省区市党报的 88 位代表参加会议，临近中午 12 时，会议主持人招呼大家：“会议紧张地进行了一上午，现在略得空闲，请大家品尝一下我们信阳红茶。”

不少与会的总编辑发出疑问：“我们知道信阳毛尖是绿茶中的名品，怎么信阳也产红茶啊？”

“我喝着这茶，还以为是我们福建的红茶呢，怎么是你们信阳红茶啊？”来自红茶故乡的福建日报社副总编辑谢晶思说。

此时，前来看望与会代表的省委书记卢展工笑着说：“你不要小看河南啊，河南也有红茶啊！”卢展工随后又对比着说，信阳的红茶跟福建的正山小种差不多，比福建的坦洋功夫要好。坦洋功夫是地瓜味，这个是桂圆味，味道要好一些。

另一次是 2011 年 3 月 6 日在北京举办的十一届全国人大四次会议河南代表团对外开放日，会议还没开始，就有 120 多名境内外记者赶到了河南代表团驻地河南大厦。而主持本次会议的河南省委书记卢展工，借助这一机会又好好地宣传了一次信阳红。

会议刚一开始，卢展工便环顾了一下会议室，突然像想到了什么：“记者们是不是还没有矿泉水？工作人员快快端上信阳红，让记者们尝尝。信阳红是去年才开发出来的河南名茶品牌。你们都尝尝，也顺便帮我们宣传一下。

此时，卢展工要求工作人员给每位记者都端上一杯“信阳红”茶。为了保证红茶充足，省委书记两次亲自到屏风后面督促我和服务员抓紧泡茶，以便让媒体朋友尽快品尝。书记看到我跑前跑后在亲自倒茶，忙得满头大汗，笑着对记者说："你们今天回去都别吝惜笔墨，多夸夸我们的刘老板！"

中国茶叶流通协会报告显示，"在新兴红茶产区中，信阳红生产发展速度迅猛。在政府的大力支持下，2010 年信阳红的产量达到 500 吨，居国内各新兴红茶产区之首"。这个成绩的取得离不开市委、市政府在全国范围内掀起的七场"信阳红风暴"，让"信阳红"茶红动中国、红遍全球。

风从北京来。"信阳红风暴"除本土掀起飓风外，自 2010 年 10 月 10 日在北京刮起，席卷郑州、武汉、上海、福州、广州等地，一直持续到 2011 年 5 月 28 日结束。同样是"信阳红风暴"活动这个主题，但每到一地又有着不同的形式和内容。如果说 2010 年"信阳红风暴"活动是造势的话，那么 2011 年"信阳红风暴"活动的特点则更加鲜明：武汉"卖"茶，福州"擂"茶，上海"秀"茶广州"品"茶，一城一主题，城城信阳红。

广州是七场"信阳红风暴"的最后一站，也是我们文新茶叶公司具体承办的一场活动。信阳市长到场亲自为同乡们把盏煮新茗，共话茶盛事。年逾古稀的广州市茶文化促进会会长邬梦兆触景生情，现场赋诗一首："信阳茶改展奇观，红绿共荣大道宽。资源优势全利用，成倍增收万民欢。"

完全可以说，"信阳红风暴"这种宣传运作方式，全面扩大和提升了"信阳红"的影响力和知名度，开创了一种全新的品牌宣传营销推介模式，理应载入信阳茶叶发展史册。

布局渠道

在文新公司发展过程中，我们十分注重渠道建设。开疆拓土，是文新实现创新发展的重要举措之一。

占领信阳市场后，文新公司迅速向外扩张。根据自己的品牌定位，在全国各大机场、高铁站、购物中心、店中店、商超、五星酒店等特通渠道铺设店面。

在店铺选址上，也有一套别人想不到的方法。比如，在信阳高铁站，检票口的左右两边，有两个一模一样、面积相同、位置也完全对称的店铺出租。很多人觉得租左边和右边是一样的，而我却坚决要租右边的一间店铺。后来人们才发现，右边店铺的客人竟然真的比左边的多。为什么左右两个完全一样的店铺，右边的客人要多一些呢？这是因为客人习惯往右边走，所以店开在右边，会引起他们的注意。

除了选址，我们在茶叶的细节上也下足了功夫。比如，只把店里 100 克包装以下的茶叶，放机场和高铁站的店里卖，就是为了方便顾客乘飞机或坐高铁时携带。

靠着对消费心理的细心琢磨和不断创新的经营管理,我们开的茶庄和茶叶店也越来越多,目前全国已有530家文新直营茶叶店和加盟店(茶馆)。文新公司逐渐步入了立足信阳、向外扩张的快车道。

再比如,在互联网经济迅速发展时,文新紧跟时代步伐,成立文新电子商务部、实行互联网+茶叶模式,大力发展茶产业电子商务,产品畅销全国。不仅引领信阳毛尖电商销售,而且使文新品牌在电商领域成为信阳毛尖销售的领导品牌。

渠道建设使文新公司的固定资产、年销售额和利润同步增长,形成了设施先进、功能齐全的经营、销售、服务体系,成为社会公认的发展茶产业、弘扬茶文化的示范企业。公司先后荣获"全国重合同守信用企业""全国青年文明号""中国茶业百强企业"等殊荣。

茶旅融合

对于信阳来说,茶产业是脱贫产业、生态产业、健康产业、文化产业、旅游产业、惠民产业。

当茶产业发展到一定规模的时候,必须走茶旅融合之路。我们利用2006年建设的文新有机茶叶加工园基地等"三园建设"项目,进行资源整合,实施茶旅融合,开发建设文新茶村,发展茶旅游业,让游客来到文新茶村可以看星星、闻茶香,愿意来、留得住,从而带动当地茶产业发展。

茶乡旅游是休闲农业与乡村旅游重要的组成部分,也是最有活力、最具传统文化底蕴的一部分。过去茶乡的老百姓,一年就两个月采摘茶叶,采完茶叶就出门打工,家里只剩下老人和孩子。我们提出把茶园变公园、把茶区变景区、把茶山变金山、把茶农变社员的"四变"目标,就是要把茶旅融合做起来。现在人们足不出户、挣钱顾家两不误,在家可以做农家乐,就能获得就业岗位。文新茶村先后荣获国家AAA级景区、中国最美茶村(茶园)、中国茶产业T20最美生态茶园等称号,如今正在申报"AAAA级旅游景区"。

每年春茶季前后,来自全国各地的茶友们都会拥向文新茶村,开启自己的茶山之旅。文新茶村不仅吸引游客来这里,而且通过信阳毛尖手工技艺展示、信阳菜的品鉴、茶艺表演等项目,使游客能充分地感受和欣赏信阳茶文化的独特魅力,彰显信阳的民风、民俗和民智,让更多的人了解信阳,喜欢信阳。同时,也真正实现了让绿水青山变成金山银山。

扶贫帮困

乐善好施、扶贫帮困是中华民族的传统美德。我们公司以"复兴名茶、回报社会”为己任,自觉担当起龙头企业的社会责任。

特别是脱贫攻坚战打响以来,我们公司承担起浉河区浉河港镇6个贫困村的帮扶任务,实施扶贫创新三大模式,把助力脱贫攻坚与企业发展结合起来,为老区打赢脱贫攻坚战贡献力量。

首先是创新产业带贫模式。在公司发展的实践中,我们探索出了以建立贫困户与产业链的利益联结为核心的多种产业带贫模式。一是“园区+贫困户”模式利用加工园和科技园,提供茶叶生产岗位3 000多个,其中吸收贫困户1 862人就业。二是“茶旅游+贫困户”模式,利用文新茶村旅游项目,先后带动近千名贫困劳动力就业。三是“合作社+贫困户”模式,就是对贫困户种茶实行补贴,以每亩5 400元至8 000元不等的标准,使茶农直接获益达1 900多万元。

其次是创新教育扶贫模式。一方面是免费培训。我们把技能培训作为提升贫困茶农就业技能的重要方式,充分发挥自身产学研合作优势,每年聘请茶学专家专业技术人员深入贫困村免费对茶农进行种植技术培训,先后培训和指导3200多人次,无偿发放技术书籍、培训资料近5 000份,既引导茶农进行无公害、绿色食品和有机茶生产,提高产品附加值和市场竞争力,又有效提高茶农收入,带动贫困户脱贫增收。另一方面是捐资助学。我们把帮助贫困茶农子女完成学业作为阻断贫困代际传递的重要途径,从2013年开始在信阳首创“红领巾文新奖”,连续8年为优秀教师、辅导员和优秀少先队员奖励30多万元。同时,我公司在茶乡设立专项助学基金,对联姻的贫困家庭学子定向资助,两年来,公司向郝家冲村13户贫困茶农的19名学龄子女提供专项助学金10多万元,让困难学子顺利完成学业。

最后是创新联姻助贫模式。我们公司坚持走“企业支部+农村支部”联姻发展的路子,以文新茶村为载体,与茶乡的贫困村党支部结成帮扶对子,签订帮扶合作协议,让党支部在扶贫工作中发挥引领作用。公司组建了由46名党员和区级以上劳模组成的企业扶贫工作队,所有党员一对一精准对接贫困户,及时解决贫困户的实际问题。公司与茶农签订协议,以高出市场10%的价格收购协议户的鲜叶,保证贫困户茶叶不愁卖,真正实现脱贫致富。同时,依托茶村党支部与景区覆盖行政村党支部签订“产业扶贫对接协议”,先后带动马家贩、土门、黄庙郝家冲、黑龙潭、白龙潭等行政村3000余农户、1.2万人依托茶旅融合项目受益。

产业兴,茶农富。近年来,我们公司连续4年为浉河港镇、谭家河乡的22个村634户贫困户直接发放产业帮扶资金300多万元。同时,按照《扶贫协议书》收购茶叶,仅为郝家冲村贫困茶农就让利1000多万元。通过产业扶贫带动,公司直接带动6500余农户、2.3万余人在茶叶生产中受益,人均增收2050元。

2020年8月29日,我头天晚上刚随驻豫全国人大代表调研考察归来,一大早就赶往浉河区浉河港镇茶乡。这一天,我为茶农办了两件事:上午为浉河港镇18

个村的498户贫困户发放517万元产业扶贫资金,下午又免费为茶农发放总价值240多万元的300吨有机肥料。

滴水之恩,涌泉相报。我深知,茶农是水,我们是鱼,鱼儿离不开水,帮助茶农脱贫致富,实现乡村振兴是我的责任也是我的义务。我认为,茶企存在的价值和意义,不是要挣多少钱,而是要通过企业的引领使广大的茶农得到实惠,从而使产业良性健康地发展下去。

羊跪乳,乌反哺。公司创立以来,我把全部精力用在茶产业发展上,坚持建基地、创品牌、拓市场、富茶农,形成了下联茶农茶户、上接国内国际市场的茶产业链,辐射带动30万茶农脱贫致富奔小康。同时,我向社会各类公益事业捐款累计达2000多万元。

党建引领

红色引领,绿色发展。党组织就是战斗堡垒,党员就是奋斗旗帜。我们文新公司在信阳市非公有制企业中率先设立党支部,2000年6月成立党支部,2016年10月成立党总支,2018年6月成立党委,党员从最初的3人发展到现在的52人。

让党旗在文新公司的每一块阵地上高高飘扬,让党员在文新公司的每一个岗位上闪闪发光。在我们公司,每个茶叶基地、每个生产车间、每个专卖店都有党员。公司党委还大力实施"把业务骨干培养成为党员,把党员培养成为业务骨干"的"双培"工程,目前32名业务骨干发展为党员,70%以上的党员成长为业务骨干。公司先后有2名党员荣获全国五一劳动奖章,3名党员荣获河南省五一劳动奖章等,3名党员当选人大代表、政协委员。

与此同时,我们公司党组织还在各专卖店、茶艺馆设立"党员柜台""党员示范岗""党员免费茶水站",把党的宗旨落实在企业的价值观和员工的行为规范之中,让党建工作扎根于企业成长的土壤中,真正成为增强企业竞争力、提高企业管理水平的重要推动力。公司每年推选出的优秀员工中,80%以上是党员;每年获得创新奖的员工中,半数以上是党员。党员员工积极建言献策,被公司采纳的100多条建议,为企业带来了1000多万元的经济效益。

文新公司的发展证明,非公企业的党建只能加强,不能减弱,谁的党建抓得早、抓得实,谁就抓住了发展的牛鼻子,就凝聚住了人心,就增强了企业发展的动力。党建工作已成为推动文新公司的一张靓丽名片。如今,公司还总结提炼出红色引领、绿色发展的"一心一叶"党建主题品牌,一心就是一心向党,一叶就是一叶富民。

建言献策

人大代表这个称号，既是荣誉，更是责任。每年全国两会召开之前，我都会到茶乡一线调研，了解民情民意，听取意见建议，为提建议做好准备。

自2012年当选全国人大代表以来，我作为大别山老区一名连续两届的人大代表，始终把茶农装在心中、把责任扛在肩上，做到"人民选我当代表，我当代表为人民"。

茶农在心中，责任扛肩上，就要为茶农代言。我始终认为，茶农是我们的衣食父母，是茶农养育了我们，成就了文新公司。茶叶是信阳最大的特色产业，茶叶在信阳脱贫致富当中占有很大分量。在与茶农交流中，了解到河南茶叶税赋较重的问题，我向全国两会提交了《关于落实中央1号文件，调整茶叶种植产业税收政策以支持乡村振兴战略的建议》，很快得到了财政部的答复，国家税务总局下发文件，把河南的茶叶税收比例由16%降至13%。这项政策的落实，不仅营造了河南省茶区与全国其他茶区享受同一税收政策的环境，而且进一步普惠到了河南茶企和广大茶农，全省茶产业每年降赋达1亿元以上。茶农的难题被解决，我的心里就乐开了花。

茶农在心中，责任扛肩上，就要为茶农解忧。我始终认为，带着对茶农的深情想办法、干事情，把目光聚焦在茶农最关心、最直接的切身利益上，就能得到茶农的拥护和支持。为了解决疫情下茶农卖茶难的问题，我们公司向茶农承诺了不拒收、不压价、不欠钱的"三不"收购政策，给茶农吃了"定心丸"。收茶时公司通过现场微信扫码支付给茶农，不欠一分钱。我们公司定位是走高端市场，今年一改过去只收优质茶、不收低档茶的惯例，破例收购茶农的低档茶10多万斤。100块钱一斤收的低档茶，70多块钱就卖了。仅此一项，公司就直接亏损200多万元。公司虽亏了钱，但我不亏良心，替茶农把茶叶卖出去了，茶农高兴，我也高兴。

茶农在心中，责任扛肩上，就要为茶农谋利。我始终认为，一个人活得再好，如果茶农不说我好，我活着还有什么意义？我的企业做得再大，如果不能够带动当地茶农增收致富，办这个企业还有什么作用？在脱贫攻坚战役中，我们公司一方面对茶农采取技术扶贫和扶志扶智相结合，利用公司的技术优势，帮助指导茶农种茶、制茶，提高茶叶产量和质量；另一方面实施产业扶贫，公司连续4年为浉河港镇、谭家河乡的22个村、634户贫困户直接发放产业帮扶资金300多万元，同时还为浉河港6个村的319户贫困户发放茶叶种植补贴178.6万元，带动茶农直接获益1900多万元，让茶农增强了获得感、幸福感。

一份建议，一种担当。在今年全国两会上，我又就构建乡村振兴的"四梁八柱”，提出在乡村振兴进程中培育和支持网红型、工匠型、乡愁型、资源型等“四型”人才的建议。10 年来，我年年念茶经，先后向全国人代会提出建议 32 份。

以文化人

众所周知，一个企业要做成大事情，既要硬实力，更需软实力。软实力代表着一个企业的格局和境界，代表着一种精神的力量，代表着一种文化和氛围。

企业文化是品牌，也是一种无形资产。上等公司治理靠文化，中等公司靠制度，下等公司靠亲友义气。我认为，一个好的企业文化可以激励员工，带动员工向前发展。当员工在这个朝气蓬勃、有拼搏奋进精神的企业当中工作时，就会被这些无形的企业文化氛围所左右、所熏陶，就会不断地激发出创造力和想象力，他们将有动力完成工作，并努力实现他们的个人目标和企业的整体目标。反之，如果在没有企业文化的企业，即使有一些优秀人才到了这个环境，也很快会被同化。这就是近朱者赤、近墨者黑的道理。

完全可以说，企业文化是企业的内驱力、生命力，是核心竞争力。所以说，企业文化对企业的发展有着无形的推动作用。在 30 多年的发展史中，我们总结出了文新公司自己的企业文化，也体现了我们文新公司的特色。

文新的企业文化是在发展过程中逐步形成的，为全体员工所认同并遵守的、带有本公司特点的使命、愿景、宗旨、精神、价值观和经营理念，以及这些理念在生产经营实践、管理制度、员工行为方式与企业对外形象的体现。它可以坚定职员的信念，凝聚企业人心，实现职员自身价值、企业价值，提升企业竞争力。

比如，文新公司的核心价值观是 8 个字：健康、修身、敬茶、爱人。首先是健康。我们做的茶事业是一个健康事业，茶是一种健康的产品，健康是我们现在倡导的理念。其次是修身。修身是一辈子的事儿，我们只有自己修身，别人才会支持你。再次是敬茶。敬茶有两个方面：一是茶有灵性，我们要敬畏茶：二是传递一个理念，到文新来，不管买或不买，我们都要敬上一杯茶。最后是爱人，就是要爱每一个人。要爱自己，让自己的身体好。爱我们的孩子，爱我们的伴侣，爱我们的父母，爱我们的朋友，爱我们的同事，爱我们的岗位，爱我们的国家，爱我们的民族，如果人人都能付出这样的爱，那么世界就成了美好的人间。

文新公司的精神是：勤奋、好学、激情、实干。企业精神构塑是根据企业的特点、任务和发展走向，使建立在企业价值观念基础上的内在的信念和追求，通过企业群体行为和外部表象而外化，形成企业的精神状态。

文新公司的愿景是，把文新做成受人喜欢和尊敬的茶叶品牌。这个愿景体现了我们公司的立场和信仰，也是我们最高管理者对企业未来的设想，更是对“我们代表什么”“我们希望成为怎样的企业”的持久性回答和承诺。它将不断地激励着我们奋勇向前、拼搏向上。

文新人还有四梦：一是国人好茶梦。就是为每一位消费者，提供一杯安全的、健康的、绿色的、放心的、买得起的一杯好茶。二是茶农幸福梦。我经常讲，如果不能让茶农增收致富，就失去了文新这个企业的功能。让茶农富裕起来，走共同致富的道路是我的梦想，所以我们要和茶农走共生、共建、共创、共享、共富的道路。三是文新家人梦。那就是让文新人被人认可，受人尊敬，家庭幸福，收入同行业最高，活得有尊严。四是名茶复兴梦。就是做强做大信阳毛尖和信阳红，让信阳毛尖和信阳红走出信阳，走出河南，走向全国，走向世界，这是我们的梦想。

文新的经营理念是，品牌是文新的发展之道，质量是文新的立命之本，服务是文新的取胜之法，创新是文新的活力之源，后面四个字简称“道本法源”。

文新的管理理念是，为一线员工服务，深入基层，抓好基础，要做到三像：一像教练，二像教授，三像父母。既要有严格的管理制度，又要有高度的人文关怀。光讲人情，你的企业是一盘散沙；光讲制度，没有人情就激发不了人的内在动力，所以我们要像教练，像教授，像父母，用父母心贯穿始终。

文新的服务理念是：笑脸相迎、说话有情、百问不厌、事事有主。光这四句话还不够，还要做到五个一样：大人小孩一个样，生人熟人一个样，有钱没钱一个样，官大官小一个样，买和不买一个样。

文新的工作作风是“三抓三严三统一”。三抓即抓紧、抓实、抓细；三严即严肃、严谨、严格；三统一即统一思想、统一认识、统一作风。

最后是文新员工誓言：

1. 我们爱茶，茶是我们的生命，茶是我们的事业，我们一生只做一件事.那就是用心做好茶。所以我们做茶专业，做业专注。文新公司是社会的一部分，是信阳的文新公司，是党领导下的文新公司。现在文新公司能赢得方方面面的认可，就是因为我们专注，和茶没有关系的事，我们一件也不做。我们要干一行爱一行，钻一行精一行，我们要做茶行业的行家里手，做茶行业的老师，做信阳毛尖的代表品牌。

2. 我们是有理想、有追求、有担当、有责任感的文新人。

3. 我们一定要把个人的利益、公司利益和国家利益紧密地结合在一起，堂堂正正做人，本本分分做事。做企业做人一定要有家国情怀，没有国家，哪有文新？没有文新，哪有个人？我们一定要有这种境界。

4. 我们要始终树立学习的理念，本着不懂就问，不会就学的态度，向书本学，向老师学，向领导学，向成功者学。学习是无止境的，一定要学有所用，学以致用，没有绝顶聪明的人，只有用心学习的人。一个人要想干大事、成大业，要知道自己是谁，从哪里来，将要到哪里去。路子要对，方向要准，这很重要。所以，我之所以能够走到今天,很大程度上是靠后天的不断学习得来的。

5. 我们要维护公司形象,不利于公司的话不说,不利于公司的事不做,做一个诚实守信的文新人。我们既然来到文新公司这个大家庭,就要做文新的宣传员、传播员,我们不管到哪里都要树立文新好形象,传播文新好声音,讲好文新好故事。

6. 我们热爱文新,不离不弃,为了我们共同的事业,我愿意！入党要宣誓,进入文新公司也要宣誓。热爱一份事业,一定要内心愿意,才有无穷的动力。企业文化是企业的灵魂,是推动企业发展的不竭动力。30 多年来,文新公司走出了一条发展较快、效益较好、整体素质不断提高、协调发展的路了,也得益于文新独有的企业文化。

文新公司的发展告诉人们,缺乏对价值观的尊重,缺少对企业文化的重视,企业不仅没有未来,而且没有现在。企业要健康成长,就必须更加自律而坚定,只有相互认同的人群走在一起,不忘初心,在事业成长的过程中不断凝聚新的共识、持续强化,才能形成巍峨的文化大厦,奠基长青基业。

为了给自己"充电",我挤出时间不断学习,先后攻读了郑大 EMBA 和北大光华管理学院 EMBA,我觉得文新人就应该有一种精神,那就是"勤奋好学,激情实干"！这既是文新公司的企业文化,也是我们文新人的自觉行动。

尾声

在 2019 年全国两会期间,习近平总书记参加河南代表团审议并亲切接见与会代表。当总书记走到我面前时,我紧握着总书记的手自我介绍:"我是来自大别山革命老区信阳的一名基层代表。"总书记脱口而出说:"信阳毛尖。"我激动地说:"是是是。"当我汇报信阳老区借助信阳毛尖品牌优势,带动贫困群众脱贫奔小康,有 6 个县脱贫摘帽时,总书记又连声说:"好好好!"

2019 年 9 月中旬,习近平总书记在信阳考察调研时指出:"路子找到了就要大胆去做。要通过"公司加农户的方式,朝着市场化、规模化的方向发展,使公司和农民彼此受益。"茶是我的生命,茶是我的事业,我一生只做一件事,那就是用心做好茶。这是我的人生定位和信仰,我一定不忘总书记的殷殷嘱托,一定要把信阳毛尖品牌做好,一定要把信阳茶产业发展好!

30 多年来,我从提篮叫卖的"茶叶郎"成长为"杰出中华茶人",把文新这个"小店铺"发展成为国家农业产业化重点龙头企业,使文新这个"地摊货"产品淬炼成了"省长质量奖"和"中国驰名商标",登上了"上合组织"的高雅殿堂……我感恩遇上这个伟大时代,感恩与信阳毛尖结缘。

本文由浉河区政协提供。口述者刘文新，1972年6月出生，信阳市平桥区人，现任信阳文新毛尖集团党委书记、董事长、总经理。1989年开始摆地摊卖鸡蛋卖茶，1992年创立信阳市文新茶叶有限责任公司。当选第十二届、十三届全国人大代表，共青团全国十五大代表，中国青年企业家协会副会长，中国茶叶流通协会副会长，全国青联委员，河南省青联副主席，河南省茶文化研究会副会长，河南省扶贫协会副会长，信阳市工商联(总商会)副会长。荣获全国劳动模范、全国五一劳动奖章、全国道德模范提名奖、杰出中华茶人、中国十大杰出青年农民、中国青年五四奖章、全国农村青年创业致富带头人标兵、河南省脱贫攻坚奖河南省优秀中国特色社会主义事业建设者等称号，享受国务院特殊津贴。本文整理者龚立堂，曾任信阳晚报、广播电台总编辑，信阳广播电视台、信阳日报副总编辑，资深高级编辑、省新闻职称高评委和省报纸审读专家。河南省优秀新闻工作者、宣传文化系统“四个一批”人才，信阳市专业技术拔尖人才。

创业三十年　歌声满茶乡

阚贵元　口述　袁维龙　采访整理

题记：阚贵元生长在国优名茶信阳毛尖的集中产地、信阳西部的大山深处，经过30多年奋斗，由一个茶农的儿子成长为优秀的农民企业家，成为当代中国茶农的杰出代表。他身上焕发着茶乡人民自强不息的创业精神，他用智慧和汗水谱写了一曲铿锵的兴茶奋进曲。

袁维龙：阚总，听说您回到茶乡，想跟您好好聊聊，请对您几十年来兴茶乡经历做一个比较系统的回顾。

阚贵元：好的。我这大半辈子都在种茶、研究茶、销售茶，与茶业打交道回过头来看一看，总结一下，对我个人，对茶乡的年轻人都有一定的意义。

袁维龙：我知道您24岁刚出头就在信阳市浉河区董家河镇集云村任党支部书记，你带领乡亲们种茶，种出了希望，种出了幸福，也种出了成就。您从大山里走出来，在市场经济的大潮中冲浪，把西山茶推向国内外茶叶大市场，促进了信阳茶产业的大发展，荣获"新中国60年茶功勋人物"等荣誉称号。有人说您是信阳种茶的带头人，是信阳茶产业的开拓者，是带领茶农致富的功臣，是信阳茶农的优秀代表，是"信阳茶王"，您自己怎么看？

阚贵元：这都是高抬我了！我也听到不少溢美之词。我在中央和地方报刊上发表过文章，在中央电视台、河南电视台、信阳电视台露过脸，和中央、省市领导一起登过茶山，探讨过如何发展壮大茶产业、茶经济，上过各种大会主席台讲过话，但我始终认为，我不过是一个普通茶农的儿子，之所以取得一些成绩，要感谢党的改革开放政策，使我们的茶乡回到了春天，使我们这些种茶人遇到了千载难逢的机遇。各级党委政府对茶叶生产的关心、重视、支持，对我个人的关照、信任、扶持起到了决定性的作用，否则，我充其量也就只是一个大山沟里的村支部书记。二是感谢我们老祖宗留下产业。可以这样说，中国是世界茶的故乡，世界最好的茶在中国，中国最好的茶在信阳，信阳最好的茶在西山。西山茶天生的优秀品质，为我们打造品牌奠定了坚实的基础,成为我们开拓市场、让信阳茶走向大都市、进军国际大市场的一张响当当的名片。三是感谢我的父老乡亲。大家都知道西山有车云山、集云山、天云山、连云山、云雾山、黑龙潭、白龙潭、何家寨八大名茶山,是优质信阳毛尖茶的集中产地,那里住着我的七八万父老乡亲,他们世世代代种茶,不仅继承了独具特色的传统炒茶工艺,而且继承了种茶人诚心为本、忠厚质朴的传统美德,这就保证了西山茶无公害、原生态、造型美、香味浓的特色,因此受到广大消费者喜爱,一直畅销不衰。四是感谢我的团队。我们公司从小到大、从弱到强,得力于一支能吃苦、敢创业、会管理、懂科技、善经营、能打硬仗的团队,他们和我亲如手足,同甘共苦,克服许多困难,打了不少胜仗,使我在任何时候、任何情况下都充满信心,义无反顾地向前走。

袁维龙:您讲得很好,讲的是天时地利人和,这是你事业成功的主要因素。您自己为什么如此爱茶山?您家是从哪一代人开始种茶的?

阚贵元:是啊,没有茶山哪有一代代茶人?哪有我和乡亲们的今天?我的家就在西山的怀抱里,那里叫集云村,是信阳著名的"五云"茶山之一。我与信阳茶结下了一生不解之缘。我看的是茶,喝的是茶,种的是茶,收的是茶,卖的是茶,夸的是茶,想的是茶,爱的更是茶,茶在我血液中奔涌,在我睡梦中萦绕。我家祖祖辈辈都居住在茶山上,主要是以种茶、制茶为生,是地地道道的茶农。我的父亲是当地知名的种茶人,是个种茶、炒茶能手,经他的手炒的干茶,细圆紧直,具有标准的信阳毛尖特征。小时候就看到父亲起早摸黑地打理茶园、炒茶时需要木炭拉烘,每年要五六百斤木炭,那时家里没钱买,父亲就自己上山砍柴烧炭。炭窑温度很高,他把破袄子放在水里湿透,顶在头上降温,仍然浑身大汗淋漓,像水洗的一般。就这样他固守茶山,年复一年地种茶。

袁维龙:您还记得那时茶农的生活怎么样吗?

阚贵元:我出生于1961年,记事时正是大集体年代。新中国成立后茶农翻了身,毛主席号召多多在山坡上开辟茶园,茶农种茶的积极性很高,种茶面积不断扩大。但那时是计划经济,茶叶由供销社统一收购,每斤干茶三四元,最好的每斤也就8.5元,加上技术落后,茶叶产量低,效益差,茶农并没有得到多少实惠。茶农的口粮每月29斤,虽然由国家供应,但买粮钱得自己拿。我兄弟姐妹8个属于多子女家庭,靠父母参加集体劳动,连买口粮的钱也挣不够,日子过得很艰难。我在家中是长子,有3个弟弟,每逢过年父亲就做一件新衣服让我穿,出门走走亲戚,给家里撑撑门面。平时做的单衣棉衣也是我先穿,穿旧了老二穿,老二穿后补补缀缀给老三穿。比我家条件好点的茶农也只是解决了温饱问题。

袁维龙:您是怎么喜欢上种茶的呢?

阚贵元:不是喜欢不喜欢的问题,我认为那就是命运决定的,因为我就生在茶山,信阳在我心目中算是大城市了,离我家有40多公里,那么遥远。茶山又没有耕地,不种茶就没有出路,说实话,我打算守在山沟里当一辈子茶农。

袁维龙:您啥时候开始种茶的?

阚贵元:我7岁开始上小学,学校离我家5里路,每当上学之前和放学回家之后,就跟着父母学习种茶、采茶,可以说我从儿时就种茶。1979年我高中毕业后回到家乡成了茶农。在当时,我算是村里的高级知识分子。1984年我24岁,党员选我担任村党支部书记,我看到满山的茶树、优质的茶叶和乡亲们的贫困,心里总有一种使命感和责任感。我暗自下决心,一定要让家乡的茶农富裕起来。俗话说:"靠山吃山,靠水吃水。"我们集云村这么多茶园,又是信阳毛尖的主产地之一,为什么家家户户都那么穷,有的家里甚至连小孩的学费都交不起?由此,我产生了一种念头,就是立志当一个优秀的茶农,当好乡亲们的带头人。我要把家乡产的信阳毛尖卖到山外去,卖到大城市和全国去,让更多的人喝上信阳毛尖,让我的乡亲尽快富起来。有了强烈的责任感,就有了浓厚的种茶兴趣,我下决心改变茶山的面貌。我真正种茶创业是从那时开始的。说实话,那时我想到的只是帮助我身边的父老乡亲种茶脱贫,从来没有想到要当一个茶叶公司的老板。

袁维龙:您从小小的集云山村起步,跳出大山,走进了信阳市,走向了全国,您是怎样创业的?

阚贵元:说实话,这条路很漫长,很艰辛。我是从1984年担任集云村党支部书记开始迈开步子创业的,至今30多年了。

第一步,把我村里的茶种好。有人说茶叶是摇钱树,可我们村守着茶山没饭吃。那时我还年轻,凭着一股子热情,发誓要改变茶山的面貌,要让集云村的人富起来。我用了3年时间改造老茶园3 000亩,扩建新茶园500亩,亩均增产干茶10多公斤,那时户均年增收3 000余元,集云村在全乡24个行政村中率先走上了种茶致富路。

第二步,带领家乡人种好茶。1989年董家河乡党委、政府决心大力发展茶叶生产,看我干出了成绩,决定成立五云茶叶总场,让我当总场场长,那年我28岁,身上的担子可不轻。五云茶叶总场包含了董家河乡的五大名茶山,茶园8 000亩,茶农近2000人,茶叶年产量占全乡的80%以上。我经过调查研究,和几个村的干部一起商量,决定抓三件事,打开新局面。一是抓技术培训,靠科技种茶。我骑着破旧的自行车上山下乡,或搭公共汽车跑信阳农专、信阳师院、信阳农科所等单位,诚恳地邀请专家来给茶农讲课。二是引进优良品种,提高产量。我和技术人员到安徽、福建,引进"白毫早"和"福鼎大白"等优良品种,当年就受益。我们改造了老茶园,每亩增值1000多元。三是抓示范户,典型引路。我选择5户科技扶贫示范户,将研制和引进的一些茶叶新品种让他们试种,年底,5个科技示范户家庭收入比别人高一倍多。这三项措施让茶农们信服了，也得到了实惠。

第三步，带着好茶闯市场。经过近十年的实际运作，我看到了信阳毛尖的潜在价值和巨大的市场，我要成立公司，走“公司+基地+农户”的道路，让更多的农民兄弟富起来。1998 年，我们在五云茶叶总场的基础上组建了河南信阳五云茶叶（集团）有限公司，实现了信阳茶叶从产业化到市场化的历史性跨越，公司总资产增加到 8 000 余万元，下辖 5 个分支机构和 8 个茶叶专业场，成为集茶叶种植加工、销售、储藏、科研于一体的大型企业集团。为了便于经营，我们在信阳市湖东开发区征地 20 亩建立销售公司，以此为龙头，在全国各大中城市设立销售网点近 100 个，实现了茶叶规模化经营，使茶叶生产销售能力由总场成立之初的每年 3 万公斤增加到 50 万公斤。

第四步，用名茶做品牌开拓市场。1990 年“龙潭”牌信阳毛尖在全国绿茶评比中以最高分荣获国家金奖，我和我的乡亲是创国优名茶的直接参与者。也正是有了这个金奖，才有了中国信阳茶文化节。接着“五云山牌”信阳毛尖又脱颖而出，多次荣获茶叶博览会金奖。2004 年底，我们大胆决策，收购了“龙潭牌”茶叶商标，2007 年我们又收购了“陆羽牌”茶叶商标。我们用“龙潭”“五云山”“陆羽”三块沉甸甸、响当当的金牌，打开了茶叶市场。

第五步，强强联合做大茶产业。信阳弘昌集团是信阳一家大型综合企业，经友好协商，2008 年 5 月 26 日，五云和弘昌正式签字联合，成立信阳毛尖集团公司，我先后任总经理、副董事长兼党委书记。我们规划的 16 个产业项目入选“河南省茶产业发展规划 2011—2020 项目库”，其中年产 5000 吨信阳红茶机械化加工项目和信阳国际茶城项目被列为河南省 2011 年度重点项目。在历届市委、市政府和各级党委政府的领导下，我们和全市广大茶农、茶商、茶科技人员共同努力，使信阳毛尖茶叶成了中国乃至世界的名牌，畅销国内外。截至 2013 年信阳毛尖品牌价值达 46.9 亿元，这是我从来没有想到的。由于公司的龙头作用，从而带动了全市茶产业的快速发展，全市 10 个县区有 8 个县区种茶，信阳毛尖茶园面积达 210 万亩，年茶叶产量达 5 万余吨。茶业从业人员达 120 万人，目前有 20 多万人的销售大军遍布全国，形成了千城万店的大市场格局。信阳毛尖还远销俄罗斯、美国、日本、东南亚、非洲等几十个国家和地区。数以千计的茶农成了经营茶叶的老板，百万茶农靠种茶走上致富路。

袁维龙：您走的这条创业之路肯定很漫长，很艰辛。您认为最难的是什么？又是怎样克服的？

阚贵元：让我感到最困难的是没有资金。1989 年成立五云茶叶总场，说是个总场，其实仅有 7 个人，我当场长每月工资才 56 元，场里没有一分钱。我把积攒多年的 1 万元钱作为建场的铺底资金，租赁了农民的三间房子当作办公室，五云茶叶总场总算有了自己的家。后来又从全场职工中筹集一部分资金，作为启动资金。我的职工非常可亲可爱，那时大家都困难，听说办茶叶总场没钱，需要集资，有的把卖茶叶的钱、卖菜的钱，甚至卖几个鸡蛋的钱都拿来了。为了打开市场，我克服当时交通、吃住不便等困难，背着茶叶东奔西走，到平顶山、郑州等地，寻找茶叶销路。跑机关，进企业，足迹几乎遍及全河南省。晚上住不起宾馆就在火车站、公共汽车站过夜，没钱吃饭就啃方便面。后来公司做大了，金融部门及时贷款扶持，才使我们渡过了一个个难关。

袁维龙：信阳种茶面积扩大了，产量增加了，关键是如何卖得出去，还能卖个好价钱。您是怎样打开茶叶市场的？

阚贵元：你问的这个问题很关键，再好的茶叶卖不出去，也不会产生效益。20世纪80年代基本上是河南人喝信阳茶，我到过北京、上海、广州、武汉等大城市，看见商场里摆的都是西湖龙井、铁观音、普洱茶，很少见到信阳毛尖茶。主要原因是宣传没有上去，茶叶再好，知名度低，市场份额小。我国著名茶叶专家、中国茶叶流通协会副会长、全国绿茶评审委员会专家组组长于杰就说，他搞了几十年茶叶，还不知道中国有这么好的茶叶，希望加大对信阳毛尖的宣传力度。从20世纪90年代初，我们就重视宣传。首先，我们每年都要投入几十万元，甚至上百万元在中央和地方各级各类媒体宣传信阳毛尖。中央电视台1991年5月和2006年5月两次派记者团走进大别山，我们都积极联系，把宣传信阳茶作为一项重要内容，摄制了几部电视专题和几十条新闻向国内外推荐信阳毛尖。特别是一年一度的中国信阳茶文化节，市委、市政府把宣传信阳茶作为一项战略，形成一次次的高潮，每年都有数十家新闻媒体和上万的茶叶客商云集信阳。茶文化节成了信阳茶乡最隆重、最热烈的节日，也成了中央和地方新闻媒体的舆论中心，掀起了阶段性的宣传高潮。每年茶文化节，我们五云茶叶集团都抓住机遇，积极参与，当主角，唱重头戏，大踏步地走进国际国内茶叶大市场。其次，培训建立销售队伍，经过20多年努力，营销网络实现了从集云山到董家河，从董家河到信阳市，从信阳市到郑州市，从郑州市到北京市四级跳。公司先后在北京、上海、广州、重庆、武汉、福建、郑州、西安等大城市建有分公司，在全国各地建直营专卖店200多家，代理商、经销商1000多家，在各大卖场建专柜3 800多个，终于打开了销售局面，每年产的干茶都能销得出，而且价格也由过去的几十元一斤，上升到几百元、上千元一斤，让茶农真正得到实惠。

袁维龙：您在前进中有过失败，而更多的是成功。您认为最成功的是什么？

阚贵元：成功不是我个人，成功靠党和政府，靠我们的团队。我在前面已经讲了，企业从小到大，从弱到强，在没有资金、没有市场、没有品牌的情况下，走出了一条专业化、产业化的发展之路，企业已成为国家重点龙头企业，河南省上市后备企业，连续8年为中国茶行业百强企业，信阳毛尖堂而皇之地走向国内外大市场，这或许就是成功。当然，成就一番事业，还必须从小事做起，从一件件的实事做起，要有开创性的突破。比如，我们在科学攻关上就取得重大成果，我和有经验的茶农、专家、大学教授联合组成攻关小组，从茶叶的品种、栽培防病、治虫、采摘、加工、包装、保鲜等8个环节选出29个重点科研课题进行攻关，成功探索出老茶园改造方法，使茶叶由亩产15公斤增加到25公斤，并把这项技术无偿传授给广大茶农，仅此一项按现在价格就为茶农户均增加收入几千元甚至上万元。我因此被国家科委授予“科技扶贫带头人”称号。在一次中国信阳茶文化节品茶会上，日本朋友称赞我“创造了茶叶极品，把茶叶质量推上了顶峰”。再如，信阳毛尖的贮藏是历史的老大难问题，“春天绿，夏天黄，到了冬天就红汤”，严重影响了市场销路。我下决心要破解这个千年难题，带着科研人员到安徽农科院，与专家们共同研究，经过3个月的上百次试验，终于找到了茶叶保鲜的“温湿临界值”，研发了冷冻保鲜技术，获得世界性、历史性的突破。我们利用这项科研成果，最先建起了容量10万公斤的茶叶保鲜库，并引进了一条茶叶真空保鲜生产线。这两项高科技的运用，使每户茶农平均增收千元以上。同时，保证一年四季都有新鲜茶叶供应市场，取得了明显的经济效益和社会效益。

袁维龙：您最高兴的是什么？

阚贵元：我最高兴的是我的乡亲种茶致富了。据不完全统计，仅五云茶叶集团就直接辐射带动种茶面积30万亩，带动茶农10万户以上，茶农人均年净增收3000余元。由于公司的龙头作用，从而带动了全市茶产业的快速发展，特别是我看到乡亲们当年茅草房变成了砖瓦房和小洋楼，过去的穷山沟变成了社会主义新农村，过去老实巴交的种茶人现在成了西装革履的大大小小的老板，家用电器普及到茶农家，不少茶农还购买了小轿车，这些变化是天翻地覆的，是全局性的也是历史性的，我从内心里感到十分欣慰。

袁维龙：请具体说说您是怎样带领茶农致富的。

阚贵元：茶农致富从根本上讲，还是依托公司走共同富裕的道路，在营销模式上，主要采取“公司+基地+农户”的方式。尤其是近几年，政府积极开展土地流转工作，促进了信阳毛尖茶叶的集约化生产。公司对流转后的茶园实行统一种植、统一管理、统一生产、统一加工、统一质量的“五统一”管理，改变了一家一户的小农经济模式。对茶园流转后有技能和劳动能力的村民，公司根据他们的特长，一部分人员从事茶园的种植管理，另一部分人员从事生产加工，还有一部分人员从事茶叶销售。在保留传统手工制作名茶的基础上，五云茶叶集团先后投资近3000万元，在车云、孔贩、集云、连云、黑龙潭、何家寨新建现代化茶叶机械加工厂7座，就地对茶叶进行精深加工，不仅使茶叶增加了效益，而且把茶农从繁重的体力劳动中解脱出来,大大提高了劳动生产率。公司对茶园土地流转后年满60岁以上的茶农,按照政策发给养老金:对没有达到退休年龄的茶农按照有关政策参保,使他们老有所养。我可以这样告诉你,我最大的愿望就是让我祖祖辈辈种茶的乡亲从这一代开始种茶致富,我们公司所做的一切都是为了发展国优名茶生产,和百万茶农一起走共同富裕的道路。

袁维龙:您的事业成功了,不忘回报家乡,给家乡办了不少公益事业,是吗?

阚贵元:是的。五云茶叶集团为乡村办电、建校和疏通河道等公益事业捐资达100余万元,还在交通部门的大力支持下,多方筹资500万元,修通了山区的公路总长达170多公里,资助200名贫困家庭的学生上学。1996年7月,我受到国家科委的表彰与鼓励,获得“国家科技扶贫先进工作者”称号,奖金10000元,我把奖金如数捐赠给董家河镇塔耳湾村电力希望小学。同时为修建孔贩希望小学我又捐资5万元。2009年以来,我们积极争取投资70余万元,让集云村用上了自来水;五云茶叶集团投资300余万元,为集云村修了村村通和旅游公路。2012年为了修长6公里、宽5米的车云山盘山水泥公路,国家投资200万元,五云茶叶集团捐资270万元。

袁维龙:您是茶农的儿子,是信阳土生土长的企业家,对您影响最大的人是谁?

阚贵元:我是土生土长的信阳人,首先我是茶农的儿子,然后才成为有点成绩的茶人,或者是你说的企业家。我还是共产党员,我讲做人的良心,也讲共产党员的党性。学校的教育、党组织的培养都对我的学习、工作、创业产生关键性的影响。而在做人方面,影响最深的是我的父母亲。我的父亲是一位非常朴实的茶农,为人忠厚老实,做事非常认真。就拿做茶来说,从种植茶苗、施肥、锄草采摘,到炒茶工艺的生锅、熟锅、初烘、摊晾、复烘、拣剔、再复烘、储存等工序,父亲都做得很认真。父亲对子女要求很严,他教育我们从小就学着做好人。他说,做茶也是一样,要做好茶,必须做好人,不能坑人骗人。我年幼时,有时和邻居的小孩吵架,有理没理父亲总是批评我,他从不给自己的孩子仗势。父亲同情弱者,常怀怜悯之心。虽然我家比较穷,但他还是省吃俭用周济比我家更穷的乡亲。讨饭的来了,他从不歧视,尽量给点吃的或穿的。我的母亲是个家庭妇女,很关心孩子,我们兄弟姐妹8个都在母亲的呵护下健康成长。母亲很会持家,她辛勤地种菜园,每年都腌有七八种菜,来了客人不需要去买菜,就可以端出七八盘菜来。村里上面来人了,也经常把饭安排在我家,我的父母总是倾其所有,热情招待。我母亲还喂猪、喂鸡、做饭、洗浆补连,承担着繁重的家务,白天干活,晚上在煤油灯下做针线活,积劳成疾,59岁就病逝了。父母的言传身教,使我们兄弟姐妹都学会了规规矩矩做人,勤勤恳恳做事,无一人违法乱纪。

袁维龙:请问您培养出多少茶叶界的成功人士?

阚贵元:茶产业是个大产业,是信阳的特色产业,没有党的领导,没有一大批致力于兴茶的人是不行的。茶叶在信阳生长了近3000年,曾经有过辉煌时期,但是,由于天灾人祸,特别是战乱,信阳的茶业遭到严重破坏,旧社会给茶山带来的是满园荒凉,直到解放前夕,信阳县种茶面积不足2000亩,产量不足1万公斤。中华人民共和国成立后,千年名茶喜获新生,重放异彩,尤其是改革开放以来,大大小小的茶场、茶叶公司像雨后春笋般破土而出,市场上也出现了激烈竞争的局面,没有人才怎么能行? 五云茶叶公司把吸纳人才、培养人才作为百年大计,先后培养了120多位种茶、炒茶能手,培养了上百名公司的老总、集团公司的主要领导和中层领导干部。这里面一部分是引进的大学生,我们从1992年开始先后招聘了500多名大中专毕业生,如曹元礼,大学毕业后来到我们公司,从办事员干起,跟着我干了20多年,现在是信阳毛尖集团的党委副书记、副总经理。一部分是我从大山里带出来的优秀青年,如阚贵前,是我的四弟,部队转业到我们公司,我让他从业务员干起,在一线干了近20年,一步一步走向领导岗位,现在是信阳龙潭茶叶公司的董事长兼总经理。还有倪保春、曹勇等都是大山里的小青年,现在都是信阳龙潭茶叶公司的副总,他们年富力强,思想解放,实践经验丰富,充满活力,得心应手,比我干得还好,我对他们寄予了厚望。

袁维龙:您多次受到党和政府的表彰,获得了许多荣誉,请和大家分享一下。

阚贵元:这些荣誉不是我个人的,应该属于信阳茶乡人民。我先后受到党和国家领导人李克强、李长春、陈奎元、卢展工等同志的接见,他们给我印象最深的就是鼓励我要坚持质量第一,把企业做大做强,带领茶农尽快致富奔小康。1992年5月,省委书记李长春登上了我的家乡集云村茶山,看到漫山的绿茶,茶农错落有致的红楼,感慨地称赞道:“万山丛中一点红,白云深处小康村!”国务院副总理李克强接见了我,当面给予鼓励。历届省委、省政府领导都十分关心信阳茶叶生产,主要领导都上过西部茶山,对我和我们公司寄予厚望。历届市委市政府领导更是非常重视茶叶生产,非常关心我们公司的发展,面对面地进行指导,实打实地帮助排忧解难。这都是我个人进步和公司前进的动力。五云茶叶公司几十次在国家和省获奖,先后被认定为国家重点龙头企业、河南省重点龙头企业、河南省人民政府重点支持的全省50家农业产业化企业之一、河南省150家上市后备企业之一。公司从2006年开始,每年都被评为“全国茶行业百强企业”。2008年3月,“龙潭牌”茶叶商标被国家工商行政管理总局认定为“中国驰名商标”。2009年,公司参与制订的信阳毛尖茶国家标准正式实施,公司被农业部认定为信阳毛尖名优茶机械化加工创业基地;“龙潭 · 信阳红”在信阳红茶评比中荣获特级金奖,公司被评为“新中国60周年茶事功勋企业”。我个人先后当选河南省第十届、第十一届、第十二届人大代表,中国茶叶流通协会副会长,信阳市茶叶商会会长。2000年荣获河南省第四届"五四青年奖章",2004 年被评为"全国茶叶行业优秀企业家",2006 年被评为"中国茶叶行业十大经济人物",2009 年被评为首届"全国十强农产品经纪人",2010 年被评为"新中国 60 周年茶事功勋人物",2015 年被评为"信阳市十大三农人物"等。

袁维龙:您大半生都在从事茶业,茶叶成就了你的多彩人生。请问您今后还打算为信阳茶做点什么?

阚贵元:茶叶哺育了我,锻炼了我,成就了我,我是信阳茶产业发展的参与者、见证者、奉献者,也是受益者。我愿意为信阳茶付出自己的一切。最近我辞去信阳毛尖集团总经理和副董事长职务,回到生我养我的茶山。就茶叶而言,需要干的和想干的还有很多,我要继续为茶乡父老乡亲服务,还想进一步研究信阳茶文化。茶文化是茶的灵魂,是茶乡的神韵,博大精深。作为一代茶人,我有责任、有义务继承、研究、弘扬茶文化,我主编的《五云茶韵》《茶缘》,就是弘扬信阳茶文化的举措。我们应在继承传统文化的基础上,引入现代理念,创新茶文化,引领茶消费。作为非物质文化遗产信阳毛尖茶制作技艺传承人,我将尽心尽力尽责保护好开发好利用好信阳毛尖茶传统制作技艺,研究信阳茶叶新品种,培养更多的新一代制茶能手,为保护信阳毛尖的优秀品质做出自己应有的贡献。我打算利用我们这里的山地资源,和父老乡亲一起进行二次创业,已经流转了 38 000 多亩山地,开挖了 10 000 多亩的油茶山和 6000 多亩的油牡丹基地,立足创新,开发生态农业和观光农业,把董家河建设成为国优名茶基地、油茶基地、油牡丹基地,观光农业基地和茶乡旅游中心、养老中心、茶文化中心和科研中心。

本文口述者阚贵元,1961 年生,中共党员。1984 年任集云村党支部书记,1989 年任五云茶叶总场场长,1998 年任河南信阳五云茶叶集团有限公司总经理,2008 年任信阳毛尖集团公司总经理、副董事长兼党委书记。采访整理者袁维龙,信阳电视台原副台长、高级编辑、市老新闻工作者协会副主席兼秘书长。本文采访整理于 2014 年 10 月,刊载于信阳市老新闻工作者协会编印的 2016 年第 6 期《老记者视野》杂志。收入本书时略有修改。

那些流经我记忆的光山茶事

彭公长

1968 年 12 月，我从广东茶叶技术学校毕业后，被分配到光山县农业局，从事茶叶技术推广工作。由此，我与茶叶结下了不解之缘，人生的奋斗轨迹与茶相伴，见证着光山茶业的振兴历程。

参加工作伊始，我与同行一道，对全县的茶树品种和资源、生产现状及历史作了较详尽的调查，积累了资料，丰富了专业知识内容。我从史料中了解到，光山的种茶历史始于春秋，兴于唐、宋，盛于明、清，茶文化源远流长，是古代著名的淮南茶区。唐代茶圣陆羽在《茶经》中评述“淮南（茶），以光州（时治所在光山）上”“生光山县黄头港者与峡州同”。宋代沈括在《梦溪笔谈》中记载：“光州光山场岁卖茶三十万七千二百一十六斤，卖钱一万二千四百五十六贯。”历经战乱，现存于大苏山的清代茶园与古寺名刹天台宗祖庭净居寺相伴，见证了光山禅茶文化渊源。光山悠久的茶史，让我深感作为一名光山茶人的自豪，更增添了我干好本职工作的信心。

为扩大宜茶区茶叶种植面积，我走遍了全县 11 个产茶乡镇，52 个产茶村勘察适宜种茶的地块，为领导谋划茶园发展提供技术参考。之后，在斛山茶场、净居寺茶场、牢山林场、晏河乡、文殊乡播种茶籽 7 万公斤。作为技术员，我参与了茶籽播种的技术指导。1969 年，光山县的干茶产量达到 79 000 公斤。

作为一名茶叶技术员，我经历了这个时期的光山茶叶发展历程，见证了光山茶园面积的不断扩大。我躬身实践，开发新茶园、改造老茶园。1970 年，光山从外地调茶种 5 万公斤，分别在斛山、白雀园、砖桥、泼陵河、槐店等乡镇种植。之后，光山先后从外地引进茶种 115 万多斤，在全县 20 个乡普遍种植，全县乡乡种茶，总面积近 2.5 万亩。同时，我还深入净居寺、斛山等茶场，与手工制茶的师傅们一起交流、探讨、实践“豫毛青”（当时，国家对茶叶实行统购统销，将产于信阳及罗山南部的茶叶命名为“豫毛峰”，产于光山、潢川、商城、新县的茶命名为“豫毛青”，1978 年以前光山县只能生产烘青茶和炒青茶）的生产工艺流程。

光山茶沐浴着改革开放的春风，茶产业结构演进经历由粗放向集约、由传统向现代的转身和嬗变，茶产业已成为光山县壮大县域经济、促进农民增收的支柱产业。这期间，我深入凉亭、晏河、白雀园等茶区，推广技术，多形式地推进茶叶开发。

全县茶叶种植面积继续扩大，以凉亭乡为代表的南部山区乡镇，以乡、村林场建设为抓手，统筹使用农村“两工”，向宜茶荒山、荒坡、荒地进军，开荒种茶退耕还茶，迅速膨胀产业规模，成功打造出光山县第一个万亩茶乡。在凉亭乡的示范带动下，其他茶区茶园面积也实现了“量”的扩张，到1985年，光山县茶叶总面积近6万亩，茶叶总产量达到81万多斤。20世纪80年代中后期，我积极参与了全县茶树品种的改良，摒弃、淘汰了过去的鸠坑、褚叶等中小叶群体种，结合发展新茶园和低老茶园改造，相继从福建、安徽、浙江等省引进“福鼎大白”福鼎大毫”“龙井43”“祁门储叶”等良种茶籽数十万斤，分别种植在白雀园、凉亭泼陵河、晏河、砖桥、文殊、殷棚、河棚等乡镇和净居寺、杏山茶场。1990年引进“龙井43”等无性系良种茶苗，在净居寺茶场、凉亭乡、杏山茶场栽植，开创光山无性系良种栽培的先河。建成了以凉亭乡香龙寺茶场、马山岭良种场和泼破河镇东岳寺茶场等为代表的骨干乡、村茶场。特别是1988年，在我的建议下，光山县首届“谷雨节赛茶会”在凉亭乡成功举办，进一步激发了千万茶农科学种茶、采茶、制茶的热情。到1999年，全县茶园面积发展到9.6万亩，其中采摘面积5万亩，茶叶总产量达171万公斤，名优茶产量由1990年前的“零记录”增加到112万公斤。

原始的种植、管理、采摘、炒制方法不改，就是使再大的力、吃再大的苦，也难以提高茶叶的质量。“喊破嗓子不如做出样子”。1988年，我与茶技干部张国善、唐良务等深入凉亭乡矮密茶叶示范场，应用“808”生物制剂，对光山茶区茶叶产量、质量影响进行试验、示范，结果表明，年实现增产22.3%、增值25.3%。

在省、市主管部门的指导下，我两次赴安徽东至县茶树良种场签订合同，调运“福鼎大白”“龙井43”“白毫早”等无性系良种茶苗80万株，分给白雀园凉亭、泼河、净居寺等地种植，繁育面积达160亩，为推进全县茶树良种化奠定了基础。

1987年至1991年，我积极参与了以河南省农业厅高级农艺师钱远昭为组长的“大别山、桐柏山区茶叶系列开发模式研究与实践”课题，协助省农业厅经济作物工作站承担的“国家重点农业新技术推广项目——名优茶开发”在光山的实施。1989年，我走出农业局机关，担任凉亭乡科技扶贫工作队队长，与其他茶叶技术干部一起，一年四季大部分时间在凉亭乡度过，风风雨雨不停步，吃住在茶农家，经常走访座谈做笔记，不断开展普及推广名优茶炒制技术，开展无公害茶、生态有机茶示范种植，取得了显著效果，1991年，凉亭乡被国家科委、省政府命名为“扶贫开发先进单位”。我驻凉亭乡杨岭村三年，与村民同吃同住同劳动、开挖荒山种茶200亩、油茶200亩，全村85%的农户掌握了农、林、牧、茶实用技术1～2项，使该村面貌发生了巨大变化。

1988 年至 1994 年,我参与承担了河南省“立体生态茶园建设研究推广”项目的区域示范课题。1994 年参与承担了省经作站“茶叶生产联合进行技术开发承包”项目。多年来,我走到哪里,就把技术传播到那里,先后深入白雀园、凉亭泼陵河、南向店、晏河等乡镇,为茶区干部、科技人员、茶农共举办培训班 300 多场次,参训人员 3 万多人次,为促进全县茶产业发展提供了强有力的技术支撑。

1998 年,我积极响应农业局党委号召,走出机关,探索新时期茶技推广的新途径,与白雀园镇马山村(贫困村)村委会签订 7 年的合同,承包茶园面积 50 亩。我把全家搬进了马山村茶场,吃住在茶场,手把手教茶农做茶。在茶园管理上,我实行生态配置、无公害管理;在茶叶加工上,实行标准化生产,严格卫生质量标准,让茶农直观接收到茶叶生产新技术。7 年来,我在马山村培训茶农 700 人次,建立茶叶科技示范户 8 户,带动当地茶农科技致富。

从 20 世纪 80 年代起,光山县开始改制烘、炒青茶为信阳毛尖茶。为了推广普及信阳毛尖“小锅”炒制技术,我带领茶叶技术员们深入茶区、深入茶场制茶车间、深入茶农炒茶作坊,手把手教他们掌握信阳毛尖制作技术。在挖掘本县制茶经验的基础上,积极研发创制地方名优茶,我与茶叶技术干部陈明华、唐良务、龙斌忠一起成功创制了“赛山玉莲”“赛山翠芽”“白雀翠茗”“光山云尖”等 4 个省级名茶和“大尖山毛峰”“麒麟山毛尖”“光山雀舌”等市(地)级名茶。

1986 年 6 月,在河南省第十届名优茶鉴评会上,光山净居寺茶场生产的特级毛尖获第一名,“苏山茗芽”被评为省级优质绿茶。从此,光山县掀起了参赛茶节会、争创名优茶、打造茶品牌的高潮,中外名优茶评比会成为光山茶产品的竞技场,国际茶叶博览交易会成为光山茶品牌的推介场。研制开发了“赛山玉莲”“杏山竹叶青”等 7 个地方名茶,注册、打造了蓝天玉叶牌、凉亭牌等多个信阳毛尖商标和知名品牌,实现了金奖名茶向品牌茶、名牌茶的转变。光山县被省政府命名为“名优茶生产基地县”,被信阳地区行署授予“名优茶生产先进县”称号。

1990 年,我与茶叶技术干部陈明华、唐良务一起创制的“赛山玉莲”茶成为光山县第一个省级新名茶。全国著名茶叶专家陆松侯教授品鉴后,挥毫题词:“赛山玉莲名茶乃大别山新秀。”1994 年,赛山玉莲茶参赛全国名优绿茶评比会捧回了光山茶叶第一个国家级大奖——“中茶杯”特等奖。之后,赛山玉莲茶先后获中国国际博览会金奖、'99 杭州国际名茶金奖、昆明世界园艺博览会银奖等殊荣。“赛山玉莲”“杏山竹叶青”被收录于《中国名优茶选集》。

1994 年,国有净居寺茶场机制毛尖茶首次投放市场。1995 年,该茶场在全省首次推广信阳毛尖机械炒制技术并获得成功,之后迅速在全市推广机械化制作信阳毛尖,光山迈出了手工作坊制茶向清洁化、机械化制茶的第一步。

在开展茶叶技术推广的同时，我与茶叶技术干部唐良务、龙斌忠一起进行茶叶销售市场调研，掌握第一手资料，为领导决策茶叶市场发展、指导茶贸活动提供参考依据。1983 年以前，光山境内茶叶实行统购统销，国家统一定价，并按收购数量给予粮食、食油、化肥、棉布、煤油等物资奖售。改革开放以来，光山茶叶销售如火如荼。1984 年全县茶叶销售推向市场，经历了由国营（集体）公司、民营（集团）公司销售到现在的多点开花全民销售，由开始的“肩挑扁担走四方”零售，发展到后来的兴茶市、开茶社、办茶庄，购销全国茶、走向全国去卖茶，茶贸活动十分活跃。县域内逐步形成了三类茶叶市场：一是茶叶专业市场。1996 年，白雀园镇建成了大别山茶市，拥有固定营业用房 128 套，流动交易摊位 3000 多个，年交易量达 1 500万公斤，年交易额达 3.5 亿元，成为南茶北运的中转站、江北主要的茶叶集散地。还有凉亭乡的茶叶鲜叶交易市场也远近闻名，采茶季节交易火爆；二是茶叶兼营市场。以茶叶为主，兼营其他农特产品，如县城公安街及其周边的茶叶门店、流动茶叶销售摊点；三是自发茶叶市场。以乡镇的集镇为多，具季节性和时间性。截至 1999 年底，全县拥有茶叶交易市场 6 处，年交易额 3.84 亿元。

我从工作岗位退下来后，依旧“茶”心不改，一直关注光山茶产业的发展，经常到茶区和茶企走访、了解，所思、所悟颇深，我为光山县茶产业的蓬勃发展而赞叹，光山县真正把小茶叶变成了富民大产业。光山县相继被授予“全国重点茶产业县”“全国茶业转型升级示范县”“中国名茶之乡”“中国茶业扶贫示范县”“出口茶叶质量安全示范区”等称号。

在光山县茶产业高质量发展的进程中，涌现出许许多多扎根茶区的茶人。他们殚精竭虑奋力拼搏，为茶乡的新生和发展默默奉献出青春、爱情和前途，绘制出光山茶产业的美好蓝图，让光山茶走出光山、走出河南、走出中国、走向世界。在我的统计中，科技茶人的突出代表有刘海似、王照权、彭公长、刘大军、陈明华、吴开义、詹发富、唐良务、涂浩、张国善、龙斌忠、李家猛、雷咸良、曹璐等，企业茶人的突出代表有卢文全、韩忠学、卢从润、匡祯超、李振华、唐大禄、陈勇等。

茶香悠悠，茶韵悠长。作为有着悠久茶史的茶乡，作为一名光山茶产业发展的实践者、见证者，我将和 93 万光山人民一起，在继往开来的新征程中，续写光山茶的新篇章。

本文由光山县政协提供。作者彭公长，1948 年 9 月出生，河南省光山县人，中共党员。1968 年毕业于广东茶叶技术学校，大专学历，高级农艺师。工作以来撰写论文、科普材料，编制规划、技术方案 150 多篇，参与编写《茶树良种与河南名茶》《信阳 4355 项目茶叶子项技术咨询报告》《中国名优茶选集》《中国名茶志 · 河南卷》等著作。曾被评为市优秀科技工作者、市茶叶开发先进工作者，信阳茶文化节先进个人、市优秀共产党员、县第二批专业技术拔尖人才，以及河南省茶叶十大茶人、中原著名茶人、市茶技推广十大名人。1995 年获国家科委扶贫办公室、香港学者协会授予的振华科技扶贫奖励基金服务奖。撰写的论文多次获奖。

杨杭生与商城茶

杨杭生　口述　涂白松　整理

题记：商城县是著名的茶乡，提起新中国成立以来，特别是改革开放40年来商城茶叶生产的振兴和发展，人们不会忘记一个20世纪60年代从浙江农业大学茶学系毕业分配到商城工作的浙江诸暨人、茶叶专家杨杭生。商城是他的第二故乡，在这里，他为商城的茶叶事业奋斗了一辈子。在商城，他被评上了茶叶生产高级农艺师。曾任第三、四、五届商城县政协副主席，河南省政协委员，商城县农业局茶叶技术推广站站长，商城县茶叶特产开发公司经理，中国茶叶学会会员，河南省蚕茶学会理事，信阳茶文化研究会常务理事、茶叶学会理事，商城县茶叶协会理事长。

推广茶叶生产技术　扩大茶叶基地规模

商城茶叶，史负盛名。唐代陆羽《茶经》载“淮南茶，光州上”。商城当时属光州辖。宋代官府在淮南大别山茶区设专卖交易茶场13个，商城就有2个。其中商城茶场每年卖茶40万斤，子安(今苏仙石)茶场每年卖茶23万斤，两茶场占宋朝茶叶总税课的7.2%。此后，商城虽传统名茶延续未绝，但由于长期战乱，导致茶园日渐衰败，到新中国成立前夕，全县年产干茶仅有万斤左右。新中国成立后，政府组织茶农垦复茶林，到20世纪五六十年代将茶叶产量提高到6万斤左右，但是生产技术落后，茶农收入低，茶叶生产发展缓慢。

1985年，一个春寒料峭的早晨，我艰难地行走在通往伏山乡龙泉村的山路上。突然，一阵急促的声音吸引了我，只见一位70多岁的老汉正挥锄挖掉那马上就要冒出嫩尖的茶树。我心疼地问：“大爷，咋把茶树挖了？”老汉显得有些生气说：“留它干啥，又不能当饭吃！”接着他向我诉说了他这几年种茶吃的苦头：一年产百十斤茶，一两块钱一斤还卖不掉，屋里还剩六七十斤，全霉了。

我来到他家，摸着他那床上网一样的破棉絮，看着他小孙子冻得红肿的光脚，望着主人找不到凳子让座的窘境，泪水模糊了我的双眼。

当夜，我回到县城的家，翻着陆羽的《茶经》、沈括的《梦溪笔谈》和《商城县志》，久久不能入睡，看着上面对商城茶的记载，想着商城县茶叶生产曾经的红火风光和如今的冷清萧条，作为茶叶农艺师的我痛心疾首，泪如泉涌。

茶叶卖不出去，茶农要毁茶树，我再也坐不住了。第二天一早，我径直跑到了县长办公室，一口气述说了商城茶叶的历史、现状、茶农的贫困生活，以及商城茶叶生产的优势、商城茶叶打开市场的设想，并激动地说：如今改革开放了，党的政策好了，商城茶应该打翻身仗了！

我的建议获得了县委、县政府的大力支持，并专门成立了领导组，把茶叶生产作为山区支柱产业来抓。我被任命为县茶叶技术推广站站长，承担起了全县茶叶技术推广的任务。挑起了担子，我首先从茶园建设抓起。商城县茶叶产量每亩只有一二十公斤，而江浙一带亩产达二三百公斤，产量这么悬殊，症结何在？我背起挎包进了山。7 个深山区乡，一个乡一个乡地跑，跑这山沟钻那山沟。土壤地势、阳光、降水、气温，一项一项地考察，饿了一块馍，渴了一杯山泉水。有一次我从苏仙石乡境内的金刚台下山，路上太困了，倒在石板上就睡着了，一觉醒来，已是半夜，顿觉毛骨悚然，吓出了一身冷汗。

通过调查，我回味着母校老师说的“高山云雾出好茶”这句话，心里异常兴奋。商城地处江淮之间，雨量充沛，土地肥沃，茶树大多在高山，应该出好茶，产量应该上得去，关键在于管理。过去茶农一直把茶树当作“野鸡”，不耕作，不施肥，自生自灭。这种观念应该改变了。

我连夜赶写了《商城县低产茶园改造意见》，报送县政府办公室。征得有关领导的同意后，立即请来了 30 多名技术人员，深入茶叶产区推广茶叶高产栽培技术。大力推广引进了无性系茶树良种“龙井 43 号”“白毫早”“碧云”“储叶齐”“乌牛早”等，有性系良种“鸠坑种”“储叶齐”“福鼎大白”等。在全县建立了良种示范园，面积达 1 万多亩。

与此同时，我坚持茶叶生产技术培训，提高茶农技术素质。每年举办多次不同形式的茶叶生产技术培训班，培训农民技术员千余人次。

领办茶叶开发公司　提升商城茶叶加工水平

联产承包责任制后，茶园分给了一家一户，虽然管理水平提高了，茶叶产量上去了，但一家一口小锅在那炒制，制作水平难以提高，茶叶质量没法保证，仍然面临着茶叶卖不掉、卖不出好价钱的窘境。

“联合，形成茶叶产供销集团。”我和县委书记陈世忠想到了一块，两双手紧紧地握在了一起。没过多久,陈书记就请我去面谈。他说:"杭生,县委常委会根据你的提议,研究决定成立商城县茶叶开发公司,想让你出任经理,实行自负盈亏经营,这下把你的'铁饭碗'换成了'泥饭碗',你考虑一下,能接下这个担子吗?"

"铁饭碗"对人们有着巨大的吸引力,得到了几乎没有人愿意去动一动。县里同时决定成立的几个特产开发公司,都因没人愿意出来领办而搁浅。我准备领办茶叶公司的消息一传出,一些人见到我直摇头,还说:"茶叶公司上下都没有挂靠单位、根本搞不成。"也有的说我是想出风头。我老伴儿也再三劝说:"你年龄这么大了,停薪停职,老了谁管你的事,不要去干这冒险的事!"

这时,我心里也是七上八下的。办茶叶公司,白手起家,一缺资金,二缺人才,要担很大风险。老家70多岁的母亲和90多岁的外祖母因无人照料,还在一封封信地催我调回浙江去。河南省供销社、信阳地区农牧局、信阳地区茶叶公司打听到商城还藏着一个学茶叶的专业人才,也纷纷来函,想调我去帮助搞茶叶开发。

然而,我和老区人结下了深厚感情,回想着茶农的贫困生活,想着自己苦心经营这些年的茶叶生产目前陷入的困境,思考再三,还是决定不走了。

茶叶生产百废待兴,我没有那么多时间瞻前顾后,县里研究后的第三天,我毅然接受了任务,并说:"我自己的'铁饭碗'换成'泥饭碗',一定要让茶农都端上'金饭碗'!"

1985年3月,在一阵热烈的鞭炮声中,一块"商城县茶叶特产开发公司"的牌子挂在了县城边儿十几间简陋的平房前。我把"建基地,搞联营;抓信息,重人才;引技术,深加工;硬质量,软价格;多品种,精装潢;增效益,利返农"的36字系列经营方针向茶农代表会一宣布,台下掌声如雷,经久不息。

茶叶公司成立后,我决定对茶农实行资金、技术、物资、设备四配套的扶持方法。并和职工一起跑上跑下,帮助茶农购进茶叶机械20多台,制茶工具3万多件肥料400多吨,解决粮食指标15万多公斤。同时成立茶叶联营董事会,实行股份制入股茶农,无论春茶、夏茶、秋茶一律包收,解除他们"春茶俏,夏茶、秋茶卖不掉"的后顾之忧。

1986年初春,普遍进行复垦了的茶园,露出了新的生机。这时,我又跨上南下的列车。半年来,这是我第三次南下福建引进茉莉花苗了。这一年,不仅解决了茉莉花在大别山区安全越冬的问题,还用调回的20万株花苗在商城建成了花香四溢的茉莉花基地。接着,又几进洛阳,采取同洛阳补偿贸易的形式,建起了一座年加工花茶1.5万公斤、精制绿茶2.5万公斤的机械化茶厂,将茶农的春末、夏初的中低档茶变成了身价倍增的精品茶。分散变联合,茶农的积极性上去了,生产走出了"低谷",产量腾腾地往上翻。

茶叶品种增多,茶质提高,但"卖茶难"的问题依然没有根本解决,商城茶在外地人眼里依然是粗茶的形象。为此，我夜不能寐，食不甘味。经过认真分析认为不是商城茶质差，主要是包装太土，对外宣传不力。为了改包装，我跑杭州进上海，请高级设计师帮助设计，又整天像着了魔似的转商场，吸取别人包装的长处，提出体现自己特点的设计意见，很快搞出了一两装、二两装、半斤装等十几种古朴典雅的精美包装。

为将茶叶打进大中城市，我果断地采取三项措施：一是在大中城市设立窗口，建立茶叶销售网点；二是与大中城市有关部门签订销售合同，请它们代销；三是与外地茶叶经营单位联营。

销路终于逐步打开了。在北京、武汉、郑州、洛阳这些大中城市，老苏区商城县的"大别山龙井""金刚碧绿"茶，被摆进了繁华商场的橱窗、一流宾馆的客房受到了人们的青睐。10 个基地乡、75 个茶场、35 个茶叶生产专业户、7 600 多户茶农，联合成了一个强有力的产供销一条龙的集团，产值翻番。全县 5000 多贫困户靠种茶摆脱了贫困。

研制开发名优茶　让商城茶享誉国内外

商城茶叶虽历史悠久，但制茶技术的落后仍无情地困扰着这块贫瘠的土地。采春茶时，茶农只会做炒青，一斤只卖一两元钱，两道春茶一摘，接着就只能做被称为"满天飞"的老茶片了。茶质差，价格低，这像石头一样沉重地压在我心头。

多年来，我一直梦想着搞出一种具有商城自己特色的名茶。领办县茶叶公司后，决心要使这一愿望得以实现。我博采众家茶叶之长，潜心试制。一口炒茶的大锅，几只透明的玻璃杯，炒好了马上冲泡，不满意又重新炒。一次又一次，不知经历了多少次失败，终于炒出一种紧细显毫、馥郁芬芳的毛尖茶。这种茶冲泡后汤色清澈碧绿，入口醇厚鲜爽。一投放市场，便备受顾客欢迎。我看着这绿得润心的茶汁，灵机一动，给这诞生在大别山主峰金刚台脚下的绿茶，取了一个美妙的名字——金刚碧绿。

要提高茶叶的综合经济效益，单靠一两种优质茶还不够，必须根据鲜叶的不同时期的特点，炒制不同种类的名优茶。我深知这个道理，没等"金刚碧绿"全面推广，便又踏上了四处请制茶高手的征途。

在杭州的中国农科院茶叶研究所里，我含着泪讲述了老区茶叶生产技术的落后，讲述了大别山那荒瘠茶园的呻吟，讲述了那贫困茶农的呼唤……一番热情洋溢的话语，深深打动了研究所的领导同志："杭生，我们这里的技师按说是不准外流的，这次我们破例对你提供帮助，不过我们只能帮你联系技师，去不去还得靠你自己去请。"

我接过写着几位师傅家地址的纸条，欣喜万分，连旅店也没顾上找，便一家一家地登门求见。一个同意了，两个同意了，三个同意了……计划请的四名师傅中，浙江省军区茶场的名技师孔筱源还没请来。我先后五次来到他家，赤诚之心深深打动了这位62岁的制茶老师。他答应专门请一个人照顾自己生病的老伴儿，起身随我到苏区去。

杭州龙井茶的师傅请来了，信阳毛尖茶的师傅请来了，福建金华茉莉花茶的师傅请来了，山乡一下子来了37个制茶名师。我领着他们到各个茶场又带出了250多个本地的小师傅。大别山龙井、金刚碧绿、金山毛峰，一个个中高档茶相继得到推广。

科学、技术、人才、先进设备带来的活力，像清泉一样滋润着古老的茶区。茶类结构的优化，茶质的提高，将茶乡带进了一个新的天地。

几十年来，我一直在商城茶叶技术岗位上普及茶叶生产加工技术，从事茶叶技术研究开发、示范、推广。退休后的20多年里仍然退而不休，为商城茶叶的大发展贡献力量。我先后在商城县推广新式条栽茶园种植技术，立体生态茶园建设，无公害茶叶生产技术推广，茶树修剪，科学施肥，无公害防治茶园病虫害技术，合理采摘及老茶园改造技术等，提高了茶叶产量与质量。成功研制开发了19个地方新名茶。其中，金刚碧绿、仙洞云雾、壁渡剑毫、莲花雾毫、天堂春芽、金刚春芽被评为省部级新名茶，使全县名优茶产量达到总产量的40%以上，名优茶产值占全县茶叶总产值的80%以上。我还编著有《金刚台说茶》《茶文化知识选编》等书籍，在全国专业刊物上发表茶叶研究论文2篇，把商城茶的种植加工经验记载下来，传承下去。先后获得全国农技推广科技进步一等奖1项，河南省科技进步奖三等奖2项，河南省农业科技进步奖一等奖1项，大别山桐柏山茶叶系列开发科技进步奖二等奖1项，河南省农牧厅科技进步奖二等奖1项，县科技进步奖一等奖2项、二等奖2项。1989年被评为信阳地区劳动模范，并获得优秀科技工作者和优秀茶叶专家组专家称号；1990年被评为农业部表彰的先进工作者。

本文由商城县政协提供。口述者杨杭生，1937年出生，浙江诸暨人，高级农艺师。1963年毕业于浙江农业大学茶学系。整理者涂白松，中国散文学会会员，中国艺术摄影学会会员，河南省作家协会会员，河南省摄影家协会会员。先后有1300多篇作品在《人民日报》《河南日报》等报刊上发表。出版有个人散文集《燃情岁月》。主编有《商城县志》《商城年鉴》《商城革命史资料》《商城民间传世文稿》等。曾任商城县党史地方志研究室主任。

我的四十年茶叶科研生涯

吕立哲

从上大学到毕业参加工作,40 年来,我一直与茶叶结缘。可以说,我一生都在与茶叶打交道,始终从事茶树种质资源研究、茶树生态栽培技术研究、信阳毛尖茶机械化加工技术研究、茶树新品种选育等方面的研究和新品种、新技术、新成果的示范推广工作。

从学习茶到研究茶

有人说:"人与茶的缘分,是可遇不可求的。"

我为什么选择学茶?原因其实很简单。小时候我在家里看到父亲的一包茶叶,长条形灰白色的形状,用开水冲泡后喝,味先苦而后甜,还有浓浓的熟板栗香味,觉得很好奇。这是我对茶的第一次认识。

1982 年高考填报志愿时,我看到信阳农业高等专科学校有个茶叶专业,就报了这个学校。经过 3 年的学习,1985 年 6 月毕业被分配到隶属于信阳地区农业局的地区茶叶试验场工作,也就是现在的信阳市茶叶试验站。

1985 年 7 月初的一天,我满怀激情背起行囊,沿着震雷山脚下蜿蜒崎岖的山路来到了信阳地区茶叶试验场,从此踏上了我的茶路生涯。

信阳地区茶叶试验场始建于 1956 年,原属于河南省农业厅,是我省最早建立的茶叶试验示范和研究机构,后因机构改革被下放到信阳地区行署、信阳地区农业局。

信阳地区茶叶试验场是当时全区唯一的茶叶科研和试验示范机构。我参加工作后被安排在技术科做科研和技术推广工作,从最基础的茶园管理做起,与工人们一起从事茶园除草、茶树修剪、茶园喷药和茶叶采摘、加工等工作,向前辈们学习茶叶科学研究方法,承担茶叶科研工作任务等。13 年的虚心请教、实践锻炼为我以后从事茶叶科研及技术服务工作积累了经验。

1997年3月，根据工作需要，我来到了地区农业科学研究所工作，牵头开展茶叶科研工作。当时地区农科所没有茶叶科研人员，随着全区茶产业的迅速发展，迫切需要加大茶叶科研和技术服务工作力度，因此成立了茶叶研究机构。我来了以后，觅人才建团队，很快建立起了茶叶科研团队，并在信阳县五里店建立了茶树种质资源圃、茶树新品种母本园、茶树区域试验基地等科研示范基地，为茶叶科研工作奠定了良好的基础。市农科院现有茶叶研究人员15人，其中专业技术人员12人，专业研究领域涵盖茶树种质资源与育种、茶树栽培、茶树植保、茶叶加工与生化、茶叶审评检验与茶文化等，形成了一支为我市茶产业持续发展提供技术支撑和智力支持的专业技术人才队伍，成为信阳市和河南省茶叶科学研究和技术成果转化推广工作的重要力量，对促进信阳市乃至豫南地区茶产业的健康发展发挥了重要作用。

自参加工作以来，我一直在茶叶科研、生产一线工作，付出了常人难以想象的汗水。有付出就有回报，我先后主持和参与了国家和省、市科技攻关计划项目40多项，获省部级科技奖5项，市厅级成果奖20多项，在《中国茶叶》《中国茶叶加工》《茶叶通报》等国家级和省级学术刊物上发表论文、研究报告、政策建议、调研报告120多篇，主编或合著出版《茶叶无公害生产关键技术》《信阳毛尖》《中国无性系茶树品种志》《茶树病虫害鉴别与绿色防控》《中原茶典》等专著8部，主持起草省级地方标准6项，获得专利5项。

从育良种到研工艺

茶树良种对提高茶叶品质的作用不言而喻，信阳茶树种质资源的挖掘和利用工作比较薄弱，我从20世纪80年代就开始做这方面的工作。

1988年，我开始主持茶树良种选育工作，长年奔波于信阳的茶山，观察选择优良单株，挖掘优良茶树种质资源。选育出的产量高、品质优、抗性强的“信阳10号”茶树良种于1994年通过了农业部全国茶树良种审定委员会审定，成为我国江北茶区唯一的国家级茶树良种，目前已在河南、陕西、山东等我国北方茶区大面积推广，为当地茶产业提质增效发挥了积极作用。该项研究成果2004年获得了河南省科技进步奖二等奖。

2008年，我带领研究团队与湖南省茶叶研究所、山东农业大学合作开展茶树杂交和茶树双无性系采种试验研究，创制茶树新材料4 000多份，选择出优良株系160多个，目前已选育出“豫茶1号”“豫茶2号”“豫茶3号”“豫茶6号”“豫茶7号”以及“信茶1号”“信茶2号”等“豫茶”“信茶”系列茶树新品种（系）10多个，这些新品种（系）将为信阳乃至我省茶产业高质量发展提供种业核心支撑。

传统的信阳毛尖茶加工是手工制作，但随着社会的发展，手工制作生产效率低、劳动力成本高的弊端日渐突出，清洁化、规模化、标准化生产也难以实现，实行茶叶生产机械化是茶产业发展的必然趋势。从 20 世纪 90 年代初，我开始力推茶叶机械化加工。

1991 年，我从浙江引进茶叶加工机械，制定工艺技术路线，开始了信阳毛尖茶机械加工技术的研究，经过多年反复的试验，优化工艺技术参数，研究提出了信阳毛尖茶机械加工工艺技术，该项技术在我市浉河区、光山县、新县、潢川县等茶叶企业推广应用，制茶品质提高 1 ~ 2 个等级，生产效率提高 5 倍以上，加工成本降低 60% 以上，取得了显著的经济效益和社会效益。该项技术 2000 年获得了河南省星火奖三等奖、信阳市科技进步奖一等奖。

随后，我又带领研究团队对信阳毛尖茶连续化、智能化加工工艺技术进行深入研究，研究出了小型、中型、大型信阳毛尖茶连续化、智能化加工生产线机械配套方案和关键工艺技术，并制定了省级地方标准《信阳毛尖茶清洁化生产技术规程》，为我市茶产业提质增效、转型升级提供了重要技术支撑。信阳文新茶叶有限公司建设的大型生产线取得了显著的经济效益，该项技术 2010 年、2013 年分别获得信阳市科技进步奖一等奖和河南省农业科研成果奖一等奖。

与此同时，为了将科技成果尽快转化为生产力，我在浉河区、罗山县、光山县、新县等地建立成果示范基地。如在信阳文新茶叶有限公司建设了优质高效综合示范基地和信阳毛尖茶机械化、标准化加工示范生产线，在光山县诚信茶叶有限公司建设了茶园绿色防控、水肥一体化、三产融合、新品种等综合示范基地和茶叶标准化加工示范生产线，在罗山县申林茶叶开发有限公司建设了茶资源综合利用、茶园绿色防控等综合性示范基地，在光山县赛山悟道茶叶有限公司和信阳祥云茶叶有限公司建设了茶树新品种展示、良种繁育等示范基地，在新县草木人生态茶叶有限公司建设了茶叶智能化加工、茶旅融合示范基地等。这些示范基地的建设，集中展示了茶叶新技术、新品种、新成果，在我市茶产业高质量发展中发挥了重要的示范引领、辐射带动作用。

从攻难关到传技术

2010 年初，市委、市政府做出了在保护和壮大“信阳毛尖”绿茶金字招牌的同时，调整茶叶产业结构，大力开发“信阳红”红茶生产的决策，这是信阳茶产业的一次革命。

我认为，信阳开发红茶可以实现优化配置资源、丰富茶类产品，充分开发春末夏秋茶资源，促进春、夏、秋季高中低档红、绿茶协调生产，不仅可以推动信阳茶园生产管理变革，增加茶园单位面积的产值和效益，持续增加茶农收入，而且可以将信阳巨大的茶叶资源优势转化为现实生产力。但茶产品的调整需要以技术创新为支撑，为此，我和我的团队及时开展了“信阳毛尖茶清洁化生产关键技术研究”“信阳红茶品质提升关键技术研究与品质标准创建”“茶叶机械化采摘综合配套技术研究与示范”“茶园主要病虫害监测预警与绿色防控技术研究”“茶叶质量安全控制与溯源技术研究”等课题的研究。经过 3 年探索和试验，研制出了高香信阳红茶以及加工工艺技术，制定出了省级地方标准《信阳红茶初制加工技术规程》，获得国家发明专利 1 项，2014 年获得河南省科技进步奖三等奖。该项技术的推广，为我市拉长茶产业链条，调整优化茶产品结构，提高茶产业综合效益发挥了重要作用。

围绕制约信阳市茶产业发展的热点、难点问题和关键技术需求开展技术攻关，我先后担任了科技部国家星火计划重大项目“信阳茶叶优质高效关键技术集成与示范”首席专家、河南省重大科技专项豫南茶产业升级关键技术研发与产业化首席专家，农业部河南省标准茶园创建活动指导专家、农业部果菜茶有机肥替代化肥项目河南省指导专家、农业部大别山区地区名优茶优质高产协作活动技术专家等，还先后主持开展了“茶叶加工品质调控技术研究”“茶树遗传资源收集、创新与新特品种选育”“茶树树冠培养与机械化采摘综合配套技术研究”“茶叶机械化标准化生产技术集成与示范”“茶树有害生物高效无害化治理”“茶园主要虫害监测预警与绿色防控技术研究”“茶尺蠖核型多角体病毒 EoNPV 的制备与应用技术研究”“茶产品水溶性农药的安全性评估和控制技术”“茶园土壤肥力演变规律、综合评价与提升技术研究”“信阳毛尖茶清洁化生产关键技术研究与应用”“绿茶加工生产线及工艺参数标准化研究与示范”“信阳红茶品质提升关键技术研究与品质标准创建”“信阳毛尖茶春茶采摘指数预报”“信阳砖茶生产关键技术研究”等技术攻关项目，建设了河南省茶树种质资源圃、河南省茶树种质资源信息数据库和信阳茶园土壤营养状况数据库。这些工作的开展大大提升了我市茶产业的科技水平，为信阳市乃至我省茶产业持续健康发展提供了重要技术支撑。

作为河南省茶叶学科的技术带头人，我担负着围绕当地茶产业发展需求，集聚优质资源，进行共性技术和关键技术研究、集成、试验和示范，开展技术服务等一系列任务，先后主持了多项国家和省、市级科研攻关和技术推广项目，取得了丰硕的科研成果和经济、社会效益。主持完成了科技部星火计划重大项目“信阳茶叶优质高效生产关键技术集成与示范”，通过项目的实施，4 000 亩茶园获得有机茶认证，并提出了绿色、有机茶叶安全生产区域和技术规范，举办培训班 250 余场次，累计培训产业工人 2 320 余人；培训茶农 10 020 人次，项目区 10 万亩茶园亩均增收 2000 余元，带动项目区约 1 万户茶农，户均增收 2 万元以上。

承担农业部“信阳市茶树无性系良种繁育基地”建设项目，项目建成后将形成年出圃无性系良种茶苗 7 500 万株的生产能力，对加快信阳市无性系良种茶园的建设、优化茶叶种植结构、提高茶树良种在全市茶园的比例，增加茶农收入，促进茶区经济发展等方面具有重要而现实的意义。

主持河南省重大科技专项项目“豫南茶产业升级关键技术研发与产业化”项目。针对河南南部茶区茶产业发展存在的关键技术问题，通过良种快繁、土壤营养调控和病虫害绿色防控、信阳毛尖茶和红茶自动化加工等技术的研发与集成示范，建立示范基地和示范生产线。项目实施以来，获得了发明专利 1 项，实用新型专利 8 项。获得省级科技进步奖 1 项，市科技进步奖 2 项。起草省级地方标准 2 项，企业标准 1 项。项目实施使茶叶产品质量明显提升，经济和社会效益显著，仅 2014 年项目就新增产值 2 100 万元。

信阳作为我国传统茶区，茶叶生产历史悠久，近年来，茶叶面积迅速扩大，但同时也面临着茶园基础薄弱、产出水平低，茶叶生产规模化、产业化水平低，龙头企业带动能力差、市场营销和组织管理处于低层次初级阶段、缺乏战略协同和创新意识、品牌创建力度小、精品少、质量安全意识不强、良种覆盖率低、优良栽培技术不足、病虫害防治和茶叶安全检测水平不高、田间作业机械发展落后、加工技术和产品开发能力有待加强等诸多问题。为努力解决这些突出问题，我长年奔波于浉河、商城、罗山、固始、光山等茶叶主产区，为推广茶树良种种植、科学防治病虫害、实行茶叶无公害生产等进行着不懈努力，茶山的沟沟坎坎都留下了我的足迹。我还深入文新、五云、太平山、广义、九华山等知名茶企业进行技术服务指导，帮助企业改造、设计茶叶机械化生产线 10 多条，提升了茶叶加工品质。

科技创新是助推茶产业发展的有效途径。下一步，我将继续发挥科研技术优势，对信阳茶的产业化、科学化发展进行系统研究，努力助推茶产业转型升级、提质增效，做大做强信阳茶产业，促进茶产业高质量发展，真正让“一片叶子富一方百姓”。

本文作者吕立哲，男，汉族，1963 年 8 月出生，河南省唐河县人，中共党员，学士，研究员。先后在信阳市茶叶试验站、信阳市农业科学院长期从事茶叶科研、技术推广工作，历任信阳市农业科学研究所茶叶研究中心主任、国家茶叶产业技术体系信阳综合试验站站长、河南省茶叶工程技术研究中心主任、河南省茶学博士后科研创新团队主任、信阳市农业科学院茶叶研究所所长等职，多次担任国家、省、市科技项目评审、名优茶评审等专家组成员。先后荣获信阳市专业技术拔尖人才、信阳市优秀青年科技专家、河南省十大茶人、省优秀科技特派员、省政府特殊津贴专家、河南省劳动模范、全国优秀茶叶科技工作者、全国农作物品种审定委员会先进工作者等称号。

我与信阳茶二三事

夏国宗

作为一名在信阳茶行业工作奋斗近30年的“老兵”，我有责任也有义务写一写我与信阳茶的不解之缘。

初出茅庐 投入茶叶生产经营管理

我与茶结缘或许是1990年高中毕业，班主任建议修改高考志愿，被安徽农业大学茶业系录取的那一刻就开始了。1994年10月大学毕业后，由于学茶的缘故，我被分配到市泼河水库管理局林场工作，主要是从事茶叶生产经营工作。林场有茶园近百亩，其中新茶园占三分之二，处于刚刚开采初期，单产不高，茶园管理任务繁重。我很庆幸学有所用，全身心充满激情地投入到工作中去，从种植管理的补种补植、移栽修剪、中耕除草、施肥追肥及病虫害防治，到茶叶的加工生产、包装销售，直到茶叶品牌的经营和市场的开拓，各方面工作干得有滋有味并初显成效。我从技术员干起，后被评为助理工程师，当了副场长，1998年3月主持林场工作。2000年又被评为工程师，2002年12月担任场长。到2006年4月我调离林场，一干就是12年。其间做了几项令人难忘的工作：1995年春建信阳毛尖“炒制灶组”；1996年炒制的特级、一级毛尖在第五届茶文化节评比中荣获合格奖，令人欢欣鼓舞；随后林场陆续引进小型杀青机、揉捻机和理条机，以及链板式连续烘干机，开展信阳毛尖机械化生产加工；1997年5月参与制作的一级信阳毛尖荣获省农业厅、省蚕茶学会主办的第四届河南省名优茶鉴评会二等奖；后来省农业厅经济站领导及信阳市知名茶叶专家黄道培亲临林场指导，厘清了林场茶叶发展的思路和方向；2002年林场利用国家实施退耕还林的政策机遇，在光山县农业局茶果站的大力支持帮助下，发展无性系良种茶园，取得了巨大的成功，并开发了新名茶“碧波翠毫”，在品牌创建上迈出了坚实的一步。

现在每每回想起那12年的基层茶事工作经历，那段青春年少、激情燃烧的岁月，内心始终充满对组织领导和同事们的感恩、感激、感谢之情，初出茅庐的苦乐年华让我扎根基层、学以致用、成长进步，也真正体会到了在基层开展茶叶生产经营的艰难困苦，但在大家的共同努力下，取得的成绩也是喜人的。林场的茶叶产量由不足百斤到近千斤，茶叶的最高单价由 50 元提高到 200 元，年产值由 6 万元提高到近 30 万元。水库林场茶叶的快速发展可以说是全市的一个缩影。

尽职尽责　抓好茶产业的发展壮大

2007 年 9 月，我调到市茶办工作。当时的情景是：一年前市委、市政府出台了《关于做大做强茶产业的意见》，成立了高规格的信阳市茶产业发展领导小组及办公室，市政府印发了《信阳市“十一五”茶产业发展规划纲要》，大力推进茶产业发展。

毫无疑问，抓“十一五”茶产业发展规划的落实是我这个业务干部的当务之急，也为我更好地发挥专业优势、服务推动全市茶产业做大做强提供了广阔的历史舞台。初到茶办的第一项工作是筹备全市茶产业发展大会，从会务、文字材料到宣传工作我全程参与。记得会议是 10 月中旬召开的，市委、市政府主要领导及人大、政协的领导出席了会议，县区、市直单位的主要领导参加了大会，还有县区茶办的负责人和全市茶叶龙头企业代表也参加了会议。会议氛围隆重热烈，会场外彩旗飘飘，升空气球下挂满了各类宣传标语，茶叶龙头企业的宣传展板放在会场外。会上，3 个县区的主要领导作典型交流发言，8 个产茶县区向市政府递交了 2008 年度茶产业发展目标责任书，还印发了新一年度茶叶生产基地建设的意见文件，并决定对本年度发展的无性系良种茶园实施以奖代补。最后，市主要领导和分管领导分别作重要讲话，对全市茶产业发展工作进行动员部署和安排。会议开得很成功，极大地激发了全市上下大力发展茶产业的工作热情，营造了浓厚的发展氛围，驻信省级媒体和信阳日报社、信阳电视台受邀进行了广泛深入的报道。这样的大会每年召开一次，会后还组织到县区召开一次现场观摩会。各产茶县区也比照召开会议，全市上下迅速掀起了秋冬季整地建设新茶园的热潮，每年完成 15 万～20 万亩新茶园的建设任务。到 2010 年底，全市茶园总面积由 2005 年的 65 万亩发展到 150 万亩，我市“十一五”茶产业发展规划提出的茶园基地建设指标.经济效益指标、茶叶龙头企业与品牌建设指标、交易市场建设指标和文化休闲旅游指标等五大发展目标均全面完成，信阳市茶产业发展已站在一个新的起点，成为全国最大的绿茶生产大市及江北地区主要的茶文化旅游休闲城市，迎来了新的历史发展机遇。

这当中我的体会是，组织保障、政策资金扶持和发展机制尤为重要。组织保障方面，市县级成立了高规格的领导小组和茶产业办公室，负责领导、指导、协调、管理和服务工作，做到专事专人专干；政策资金方面，市县分别制定了人才、科技和资金方面的保障措施，市、县两级财政分别设立茶产业专项基金，加大金融信贷的支持力度，整合国家退耕还林、农开、扶贫、农业结构调整、以工代赈土地整理、小流域治理、新农村建设等项目资金，向茶产业项目倾斜；发展机制上，走“公司+基地+农户”“合作社+基地+农户”模式，实行龙头带动，引入“回归工程”，鼓励种茶大户、个体老板、农村能人、机关事业单位人员积极参与，做到山、水、园、林、路、渠配套，种植业、养殖业、加工业和生态观光旅游业一体化发展：工作机制上，实行年度目标管理考核，定期在《信阳日报》上通报县区工作进度和完成情况，同时市委、市政府两办督查室联合市茶办每年至少开展两次专项督查，市级主流媒体加大宣传报道力度，全市上下各方面形成了强大的工作合力。

2009 年 12 月底，时任河南省委书记卢展工来信阳调研考察茶产业，点题倡导我们开发生产“信阳红”红茶。随后市委、市政府破题强力推进，浉河区先行先试、主动作为，“十一五”末的 2010 年成为“信阳红”诞生元年，各产茶县区一大批茶叶龙头企业积极参与研制开发，主动调整产品结构，扩大夏秋茶资源的利用，提高种茶制茶的经济效益，取得了开创性的明显成效。随后的 2011 年和 2012 年卢书记出席信阳茶文化节期间，提出了“小茶叶，大产业：小茶叶，大民生：小茶叶，大文章；小茶叶，大形象”的工作要求，催生了河南省历史上第一个茶产业发展规划（2011—2020 年）的出台，提出了到 2015 年和 2020 年全省茶叶种植、茶产业产值、龙头企业和品牌建设、茶产品交易市场建设及消费市场和茶产品带动增收能力等六个方面分阶段的发展目标。

2012 年 8 月，组织上让我临时主持茶办工作到 12 月底。其间我主要做了三项重点工作：筹备召开全市茶产业发展大会、制订信阳市茶产业发展规划（2012—2020）和筹办第 21 届茶文化节。在此我想着重谈谈我市第二个茶产业发展规划的制定工作，其制定的依据是省规划和省、市领导提出的要求。为此，前期我们做了大量的调研工作，认真研读了省规划和省外其他地市的相关规划，分别召开县区茶办主任、茶叶龙头企业负责人和茶叶专家学者几个层面的座谈会，厘清了思路框架，当年 10 月底形成了初稿，并在一定的范围内广泛征求意见，在 11 月份召开的全市茶产业发展大会上，印发了讨论稿进一步征求县区和市直部门的意见，经进一步修改完善后于 11 月底以市政府文件印发实施。信阳市茶产业发展规划（2012—2020）共分五大板块，计 1.2 万余字。第一部分是发展现状，全面系统总结了“十一五”以来全市茶产业发展取得的巨大成就，强调我市已跨入全国第二方阵，同时也指出了存在的问题和短板；第二部分为发展优势、竞争力及市场前景分析；第三部分是指导思想、发展原则与目标；第四部分产业规划布局和第五部分发展重点为本规划的核心内容；第六部分是保障措施。在指导思想上提出贯彻落实省规划、卢书记“四小四大”讲话要求和市“打造生态经济高地，建设绿色农业强市”的工作要求，努力实现“安全、生态、高产、优质、高效”发展。在发展目标上提出了总体目标和到2015年、2020年分阶段的具体目标。具体目标包括茶叶生产基地建设、茶叶产量产值效益、茶叶企业品牌和市场建设、茶产业集聚区和茶产业园区建设等四个方面，总体目标提出要努力把信阳建设成为中原经济区现代茶产业示范区、中部最大的茶产销集散地和中国最具影响力的茶文化休闲旅游城市，跨入全国茶产业发展第一方阵。全市茶产业布局总体规划为“两带两集两网一线”。规划发展重点包括绿色无公害生态茶园建设、茶叶生产管理机械化、新产品研发开发、茶产品质量安全监管、龙头企业的培育壮大，做大做强茶叶品牌、加强市场体系建设和筹办一年一度的茶文化节等10个方面。

随后的两三年里，围绕新的发展规划的实施，市茶办每年拟定年度工作目标任务，坚持每年召开一次全市茶产业工作会议，印发文件，进行全面安排部署。这中间由我负责或牵头主抓的业务工作主要有：一是落实市政府与中国农科院杭州茶叶研究所签订的战略合作协议，开展茶园绿色防控三年行动；二是以市政府的名义，出台《关于进一步加强茶叶质量安全工作的意见》和《关于茶叶品牌创建和市场开拓奖励办法》两个文件，支持推动全市茶产业持续健康发展；三是与中国茶叶流通协会深度合作，成功开创了信阳毛尖茶采摘指数的收集发布工作，有力地打击了市场上的假冒行为，随后被西湖龙井、碧螺春、黄山毛峰等全国名茶复制，目前已成为中茶协每年春茶开采季节发布的知名品牌采摘指数，在全国茶行业内产生了巨大的影响。

废寝忘食　参与茶节会的组织筹办

市茶办的主责主业除了抓好全市茶产业的发展外，还有便是筹备一年一度的茶文化节。我到茶办工作，从参与2008年第16届茶文化节的筹办。开始，到2015年上半年共参加筹办了8届茶文化节。之后的四年虽到市供销社工作，但仍按照市里的安排参加茶文化节的筹办，共计全过程参与了12届茶节的筹办。头一两届更多的是学习、参与、了解，后来渐入佳境，成为工作骨干和业务能手，全身心投入其中。每年的茶文化节的筹备工作一般从上一年的10月份开始，基本上持续半年多的时间，也形成了比较成熟的套路和模式，市茶办主要负责向主办方沟通请示汇报、方案制订、开幕式组织、主要活动安排、领导贵宾的邀请接待、会务承办，以及部门协调、指导、监督、服务等工作。但每一年都会有新的不同情况和具体的筹备工作要求，总体上是时间紧、任务重、工作细、要求高，不容任何闪失，也深深感到：年年岁岁节相似，岁岁年年各不同！

市级层面成立茶文化节筹备组织机构,召开筹备工作动员大会,印发茶文化节总体方案,安排宾客邀请事宜,是每届茶文化节筹办工作的四大工作重点和关键环节。茶文化节组委会由市领导、市直各单位主要负责人和县区长组成,一般下设一室七处,即办公室、茶事活动处、项目洽谈处、文体活动处、新闻宣传处、环境整治处、安全保卫处和后勤接待处,分别负责各项活动的筹备、组织协调工作。总体方案一般须与主办方中国茶叶流通协会进行前期充分沟通协商,并先后提交市政府常务会议和市委常委会会议讨论通过。主要活动包括开幕式、茶业博览会等茶事活动、招商引资及项目签约活动、群众性文体活动等,有些年份还安排重要启动仪式和各类峰会论坛活动,一般不超过 10 项。各类主要活动都有对应的处室和责任单位负责具体筹办,并且都有具体的工作方案,确保活动圆满成功。市茶办承担着组委会办公室和茶事活动处的工作职责,人少事多,工作超强度加班加点、废寝忘食是工作常态,可以说是一支能打大仗、恶仗的精干尖刀小分队。筹备工作一般每年 3 月份进入冲刺阶段,所有筹办工作任务清单从 3 月 1 日开始,按进度表统筹安排两个月,重点工作每周一安排,责任落实到领导和每位工作人员身上,直到 4 月 28 日茶文化节开幕,其间最后两周犹如战前指挥部,每天早晨召开日例会,碰头汇总前日工作完成情况、存在的问题及当日的工作安排,然后分头组织协调落实,重要事情和突发情况随时碰头商量落实解决。4 月 27 日晚基本上是通宵达旦,所有筹办工作务必一切就绪,确保 4 月 28 日上午 9 时开幕式圆满顺利进行。开幕式是茶文化节的重头戏,一般控制在半小时内完成,主要议程是市领导致辞,客商代表和领导讲话,最后由一位最重要的贵宾领导宣布茶文化节开幕。各级领导、各位来宾、专家学者、茶商代表、媒体记者及广大市民等共同见证那一历史时刻。

开幕式结束后,所有贵宾来宾在市领导的陪同下参观茶博会及相关活动,其他活动根据会务指南的安排,多场地分头进行,由主办方负责组织落实。

回顾我参与筹办的 12 届茶文化节(从 2008 年第 16 届到 2019 年第 27 届)至今令人难忘的有几个方面的工作:

首先是宾客邀请工作。2012 年第 20 届之前每届均邀请一位现职或退职的国家领导人出席,以提升节会的规格和影响力。另外还邀请中华全国供销合作总社领导,中直部门和国家部委负责人,国内知名产茶地市领导和省辖市领导,知名客商、茶行业协会负责人、茶商代表、茶叶专家学者,以及国内省内主流媒体记者,同时运用市场化的手段委托一家公司,邀请演艺圈名人名角在市体育中心举办一场标志性的大型文艺演出活动。自 2013 年第 21 届之后,由于落实中央八项规定的要求,不再邀请副国级领导人出席,也不再举办大型文艺演出活动,只组织举办信阳地方特色的文艺专场演出,以展现信阳的独特历史和文化。

其次是开幕式活动。2010 年第 18 届茶文化节之前，开幕式场地不固定，如 2008 年第 16 届在体彩广场举行，2009 年第 17 届在行政服务中心西侧临时完工的场地举行。2010 年百花会展中心建成投入使用后，举办开幕式的场地问题得到彻底解决，此后连续 3 届均在室外北广场举行，场面盛大、隆重热烈。到 2013 年第 21 届及以后，遂转场至百花会展中心内举行，缩小了规模，注重简约高效，市民广泛参与。令人记忆深刻的是 2010 年第 18 届国际茶文化节同步举办了 2010 年中国绿茶大会，全国政协副主席罗富和、十届全国人大常委会副委员长盛华仁两位副国级领导人出席了开幕式，开创了有现职副国家级领导人和两位国家领导人出席信阳茶文化节开幕式的空前绝后的纪录，应邀出席本届茶文化节的重量级贵宾还包括浙江省委原副书记、省政协原主席、中国国际茶文化研究会会长刘枫，福建省人大常委会原党组书记、常务副主任、海峡两岸茶业交流协会会长张家坤，省委常委、省委秘书长曹维新，副省长刘满仓，以及省人大常委会原副主任、河南省茶文化研究会会长亢崇仁等。2012 年第 20 届国际茶文化节邀请中央政治局原委员、中央军委原副主席曹刚川出席。同时，省委书记卢展工和中华全国供销合作总社理事会主任杨传堂也应邀出席，这也是至今为止唯一的现任省委书记出席茶文化节开幕式的节会。杨传堂主任工作严谨仔细，深夜亲自召集总社办公厅的同志讨论修改第二天开幕式上的讲话稿，类似的情形之前刘满仓副省长和之后的亢崇仁会长均亲自动手修改过自己在茶文化节开幕式上的讲话稿。据说杨主任此行对信阳留下深刻的印象，以至到 2013 年开展党的群众路线教育时，已任交通运输部部长的他，将交通运输部党的群众路线教育活动的联系点定在信阳革命老区商城县，对老区的交通事业发展给予了很大的帮助。这是后话了。

开幕式活动还有一项重要的工作，就是领导贵宾们的讲话稿，一般都是由我在当天早晨分别呈送领导的秘书和随行人员手中，宣传通稿和讲话稿在开幕式结束同步发给媒体记者。另外一项极端重要的工作是开幕式主席台贵宾位次排序，多年来一直由我具体负责拿出初步意见，然后按程序上报组委会领导审定后送到主席台领导贵宾手中。主席台贵宾控制在 40～50 人，一般是副厅级以上领导和重要客商及茶界专家学者，我市四大班子领导也安排出席。主席台 1 号首长确定后，就按照职务高低依次安排，客商和专家学者及我市四大家主要领导穿插其中。排名先后有时难度不小，同级别的领导还要从省内省外、现职退职、实职虚职以及年龄高低几个层面来综合考虑，位次图是要发给所有主席台贵宾的，不能有半点瑕疵。

茶业博览会是每届茶文化节的招牌茶事活动，旨在向出席茶文化节的来宾们集中展现全市茶产业发展的各项成就，集中展示展销信阳毛尖、信阳红红茶等本地各类名优茶和全国各地名优茶、茶制品、茶饮料、茶食品、茶机械、茶包装、茶配套、茶具等茶类衍生品。参展商来自全国各大知名茶产区，涵盖六大茶类十大名茶，有时还邀请我国港台地区及日本等境外企业参展，为广大茶叶爱好者提供了一个赏茶、购茶、品茶、论茶的平台，深受来宾和广大市民的普遍欢迎。这中间令人记忆犹新的分别是2012年第20届茶文化节茶业博览会和2018年第26届茶文化节茶业博览会。2012年茶博会的特色亮点是福建、云南、台湾等一大批行业领军茶企业和知名品牌前来参展，如华祥苑、八马、正山堂、品品香及大益集团、川红集团、滇红集团等20余家企业，在百花会展中心市外展厅A厅全部搭建高档的特装展厅，极大地提升了那届茶博会的档次品位和人气美誉度，还有台湾茶商业同业公会组织了十余家台湾茶企业组团参展，让那届茶博会增添了不少宝岛茶叶的元素，增进了两岸茶行业的交流合作。2018年茶博会是改变承办方式、创新办会模式的一届茶博会，至今让人津津乐道。首先是承办主角由市茶办改为市供销社牵头，具体由我负责全面筹办。其次是我们通过中国茶叶流通协会邀请到了全国供销系统的茶叶龙头企业，如浙江省茶叶集团公司、湖北省茶叶集团、安徽省茶业公司和湖南省茶业公司等产茶大省的著名企业参展，同时增设了信阳出口茶专区。再次是在百花会展中心北大厅搭建了LED大屏，为各产茶县区和广大参展企业提供了产品推介、品牌宣传、新品发布和茶文化展演推广的舞台，增加了展厅的人气，营造了浓厚的文化氛围，深受各方一致好评。最后是我们还对百花会展中心中厅、南厅的布展方式进行了大胆的设计改革，打通了三个东西方向的参展通道，让展厅设计更科学，参观来宾和群众更方便。

此外，茶文化节重要茶事活动还有中国茶叶流通协会主办的春茶产销形势分析会，以及自2013年第21届开始由我倡导建议市政府与中茶协联合举办的中国国际茶商大会，一直举办至今，在全国茶行业界均颇具影响力。

尽心尽力　谋划茶品牌的宣传推介

宣传推介信阳的茶产业茶企业茶品牌，提升信阳毛尖和信阳红在全国的知名度和影响力，进而开拓信阳茶叶的国内外市场，提升茶农茶企种茶制茶的经济效益，为产业增效、茶企增收、茶农致富做贡献，是市茶办的另一项重要的职能。我作为当时茶办唯一的副主任和分管业务的干部，为此不遗余力、尽心尽力，每年都为此做了大量卓有成效的工作，其中比较重要的有以下几项：

第一项是制定地理标志产品信阳毛尖茶国家标准。此项工作由市茶办统筹市质监局具体负责。2008年7月底召开了研讨会，信阳茶产业产学研及政商方面的人士参加，大家围绕讨论稿各抒己见，畅所欲言，共同讨论，逐条确定。该国家标准于2008年12月底由国家质监总局和国家标准委发布，2009年6月1日正式实施,标准号:GB/T22737-2008。

第二项是组团参加2008中国(澳门)国际茶叶博览会。该博览会由中国茶叶流通协会主办,澳门贸易投资促进局、中非民间商会支持,澳门越秀展览公司承办,于2008年5月23日—25日在澳门威尼斯人会展中心举行。省商务厅负责组团,我市组团参展企业14家,圆满完成了茶博会展示展销宣传、信阳毛尖鉴赏推介会和中非民营企业合作论坛等活动,参展的"龙潭牌""文新牌""申林薮北牌""蓝天牌""光州牌""仰天雪绿牌"信阳毛尖等13个茶叶品牌,入选最受我国港澳茶客欢迎的中国茶叶品牌,标志着信阳毛尖茶走向国际市场迈出了重要一步。

第三项工作是参与组织举办了第22届国际茶文化节北京活动周。此活动由信阳市政府联合中国茶叶流通协会和北京市西城区政府共同举办,于2014年6月19日至22日在北京展览馆和马连道同步举行,相当于把茶文化节移到北京举办,活动内容包括开幕典礼、信阳市与西城区结为友好市区签约仪式、名优茶展示展销、信阳毛尖信阳红品牌推介会、马连道万人品茶活动及全国茶艺表演大赛等,活动的成功举办让信阳茶再一次火爆京城。

第四项工作是全程筹办第11届中国茶业经济年会。该年会是我市2013年10月在湖南岳阳举行的第九届年会上争取申办的,是中国茶界的"全运会",于2015年10月19日至22日在我市举行,主题是"新常态,新机遇,新发展",参会人员近千人,主要为国内知名产茶地市领导、各省市茶行业协会负责人、全国各知名茶企茶商茶市场负责人及产茶地政府主管部门领导,还有茶界专家和媒体的代表。本届年会的主要活动安排包括开幕式及主题报告会、专题报告会研讨会、中国绿茶(信阳毛尖)发展高峰论坛、信阳毛尖价格指数发布仪式及展示展览参观考察活动等。该届年会取得了巨大成功,受到了主办方中茶协的高度赞誉。

此外,一年一度的郑州国际茶博会,我市均组团参加,相当于信阳的主场活动,助力我市茶企业不断开拓中原茶叶市场。2010年和2011年连续两年在北京、上海、广州、武汉、郑州等大城市举办的声势浩大的"信阳红风暴"活动,更是创造了茶叶品牌营销推广的一个经典范例,将我市茶叶品牌的宣传推介推向了一个新的高度。

本文作者夏国宗,原市茶产业办公室副主任、市茶叶流通协会会长,现任市政务服务中心主任。

茶业往事

CHAYE WANGSHI

回忆信阳茶山茶社初创情况

刘开造

我生长在北有“元贞”、西接“广益”、南邻“裕申”的茶乡——信阳东双河。虽对种茶、采茶、制茶、品茶、储茶、茶具、茶的性状和功用等不甚精通，但因我是元贞、广益茶社创始人之一刘墨香先生的后裔，所以对我县茶山、茶社初创等有关史实时有所闻，略知一二。

《茶经》盛赞：“淮南（茶），光州上。”唐《地理志》记载：“义阳土贡品有茶。”北宋大文学家苏东坡在吟诵“一碗喉吻润，两碗破孤闷，三碗搜枯肠”之余，称赞：“淮南茶，信阳第一。”据《重修信阳县志》及《信阳文史资料》第四辑载：明代信阳劳动人民在李家寨东南三条沟内种过茶树（后人称大、中、小茶沟），到明末因捐税重，茶价低，故而茶园荒芜，茶株砍伐殆尽，至今仅存90株茶树（直径约20厘米）。据说黑龙潭顶上还留有10余株宋代的老茶树。

光绪二十七年（1901），信阳人甘以敬（字周原，同盟会员，住甘家冲）、刘墨香（同盟会员，住东双河）受康梁变法的影响，憧憬以富致强的哲理，因此选择“实业救国”的道路。与双林寺住持廉泉，秀才王子谟，绅士虞紫鸾、周佩鱼、彭清阁（字包文）议定开山种茶，召股集资（一股五串铜钱，千文一串，八百文合银洋一元），首创信阳八大茶社之一的“元贞茶社”。

1912年冬，刘墨香、周佩鱼、翟敬三、万兰轩、虞紫鸾等又与双林寺住持空宸禅师签订60年合同，筹资建观音堂“广益茶社”（有注为东双河胜泉寺，误）。这期间信阳境内开山种茶之风大开，先后召股集资开山种茶的有：甘以敬、刘墨香、王子谟等建的“元贞”（30余亩、31 000窝，即今国有震雷山茶场）；僧空宸、刘墨香、周佩鱼、翟敬三等建的“广益”（60余亩、63 000窝，即今信阳市五星乡八一村境观音堂茶场）；甘以敬筹建的“裕申”（30余亩、30 000余窝，即今柳林乡甘家冲小孙家冲，1911年建）；陈一轩、王选青、陈相庭建的“车云”（80余亩、80 000余窝，即今车云山茶场，原名“宏济”，1910年建）；张玉生、周天赐等建的“博厚”（30余亩、30 000余窝，即今黄龙寺白马山茶场，1919年建）；王子谟、僧空宸等建的“万寿”（40

余亩、40 000 余窝，即今谭家河乡万寿山茶场，1913 年建）：易宜三（同盟会员）、强石生、李友芸等建的“龙潭”（40 余亩、40 000 余窝，即今浉河港乡黑龙潭天心寨茶场，1915 年建）：杨子述、蔡玉山等建的“广生”（80 余亩、80 000 余窝，即今董家河镇三角山茶场，1915 年建）。以上茶场年产茶万斤以上。

随着茶叶的产销发展，原来的糕点店、杂货、酱园代销，已远远不适应新的形势，所以先后在信阳城内开设了祥记茶庄（原木牌坊）、和记茶庄（现中山路）、恒记茶庄（现胜利路中段）专司经营。本山茶不仅为信阳人的开门七件大事，而且还以“信阳毛尖”南销湖广，与红茶、棍茶抗衡，北运郑、汴、京、津等地，成为人们清谈助兴、养生提神之上品，体味到“苦茶久食，益意思”。“味甘苦，微寒，无毒，主瘘疮，利小便，去痰，热喝令人少睡”“最能降火，又兼解酒食之毒，使人神思闿爽，不昏不睡”。所以在人们生活中，“茶”和“油盐柴米酱醋”连为一体成为必然。

信阳采茶，多在风和日丽、映山花艳、兰香扑鼻的“谷雨”前后，草长鸟啭，层山尽翠，采茶姑娘的山歌此起彼伏：

三月的雨哟洒满天，
三月的茶哟抽出了尖。
姑娘山上把茶采哟，
茶叶飘香绕山间。

1981 年，信阳县（今平桥区）政协成立文史研究委员会，我有幸跻身其间。我本就热爱文史编撰工作，加之领导的期望、自身的责任，经常不畏跋山涉水、酷暑严寒探幽采访，还随地随时拾遗补缺。孩提时常随先父侍坐，向兴建信阳茶社的先辈们求知问字。对元贞、广益、裕申等茶社的创建时有亲闻。1983 年我探源寻根，找到原广益茶社原合同的收藏者翟明正（已故，享年 89 岁）。据他说：“原合同是双林寺和尚空宸与刘墨香、翟敬三、周佩鱼等签订的，从民国元年起 60 年期，因原纸放在铁盒内保存，时间长了，锈蚀剥落，近两年被小孩扔了！”

记得甘以敬、王子谟等在召股集资开山种茶、制茶之余，以“咏茶”为题，写出了表现发展实业、富我豫申、强国利民的衷心愿望。甘以敬的五言古风写道：“民以食为天，茶与饭相关。开彼南亩地，劈之东隅山。请来湘楚师，富我豫申园。知礼非饥人，立信岂赖天。荷锄暮色里，笑坏一群‘仙’！”（因甘周原种茶、开矿、栽桑卖了田地，时人讥他“甘竹竿”，他借解缙诗“跌倒解学士，笑坏一群‘牛’”而讥之）刘墨香的诗更是怀着忧国忧民之心抨击时弊：“开门七事殿称茶，强国足信当务它。身羸病由在何处？腹枵体裸尚绩麻。”王子谟的诗道出了“茶史”和“茶”给信阳人带来的福音：“漫野童童树一科，富庶从来靠自革。唐时著书传陆羽，宋人提名有东坡。南山追溯到明代(现李家寨乡大、中、小茶沟尚遗明代茶株),北地移来(震雷山元贞茶社)自湘河。吾豫丘岗皆垦种,遍地福音遍地歌。”周佩鱼家住现平桥镇雷山村笔架山麓,介于“元贞”“广益”之间,他在春季采茶、秋季管理茶园忙碌之暇写道:“童童荒岭广种茶,三年有成遍地花。金针银毫称上品,青蚨翩翩入吾家。”当时采茶流行“戴花粉的青年妇女越采越发”的说法,虞紫鸾从侧面记录了这个片段:“童山峻岭皆劈开,移来青茶精心栽。饭后品评醇馨味,年年可招粉香来。”以上诸诗,可以反映出当时信阳开山种茶的势头和创建茶社人的情趣。

最后,我也诌两句,为信阳茶文化节祝福!

早于神农著于陆羽益于心思;
根在赤县光在豫申香在宇寰。

本文由平桥区政协提供。作者刘开造,1923 年出生,信阳市浉河区人,已故。生前为东双河高中教师。原载原信阳县政协文史资料委员会 1993 年 12 月编《信阳县文史资料》第八辑,收入时略有改动。

信阳毛尖茶荣获国家银奖、金奖纪实

黄执优

信阳县历史悠久的著名特产信阳毛尖茶,在20世纪八九十年代两次参加国优名茶评比,先后荣获国家银质奖和金质奖,信阳县人民无不为之高兴,茶农生产积极性空前高涨,茶叶生产迅速发展。评国优前的1984年,信阳县茶园面积6万多亩,年产毛尖茶33万公斤,总产值293万元。获国优银奖、金奖后,截至1995年,茶园面积发展到10万亩,年产毛尖茶125万公斤,总产值4 500多万元。茶叶生产的发展,使茶乡面貌焕然一新。茶农的茅草屋变成了砖瓦房,公路四通八达,家家户户都用上了电,祖祖辈辈肩挑背扛的苦日子已成为历史,电视机和新潮家具普遍进入了茶家。学校建在茶山上,茶香书香交融成一曲社会主义新乐章。

"创优难,保优更难!"我在信阳茶乡从事茶叶科技工作40多年,亲自参与主持这两次创国优活动,并作为国家茶叶专家评委会12名委员之一参加国优茶评审,深深体会到创优和保优工作实在是不易!因此,把这两创国优的主要情况记述下来,让人们知道而更加珍惜我们信阳毛尖茶的荣誉,并不断发扬光大,是我义不容辞的责任。更希望信阳毛尖这朵奇葩永葆青春,为信阳茶乡不断做出新贡献。

参加国优茶叶评比的条件

国优茶叶的评选是在国家经济委员会牵头组建的国家质量奖审定委员会统一领导下,委托中国食品工业协会具体组织进行的。专家评审委员会由国家有关部委和省负责推荐有丰富专业知识、理论和实践经验,有专业技术职称,并在同行业中有威望的专家、教授,报国家质量奖审定委员会审批聘请后组成。

评选国优产品,要体现国家最新先进水平,要求十分严格,符合一定条件方可申报、受理。国家经济委员会规定,申报国家优质食品奖的条件是:①国家优质食品,应是已经获得"双优"(省优、部优)称号和证书的产品,由省、市、自治区审批后,食品工业协会推荐申报或国务院主管部门推荐申报,在经过全国优质食品评选会议的基础上产生。②企业已经推行全面质量管理，车间 QC 小组的活动成绩显著，并具备生产优质食品的必要条件。③企业执行优于各级技术标准的内控标准，各项质量指标已达到或超过国内或国际同类产品的先进水平。④申请评选国家优质食品奖的企业卫生条件，必须符合中华人民共和国食品卫生法的规定，申报食品的卫生指标要达到国际标准。⑤生产具有相当批量，年产值一般不少于 30 万元。⑥必须有工商行政管理部门注册的商标。⑦滞销和亏损产品或亏损企业的产品不能评为国家优质食品。⑧凡对国计民生有较大影响，出口量大、国际市场上声誉好、竞争力强、换汇高，消耗少、成本低、经济效益好，深受国内广大消费者欢迎的优质食品，可优先评奖。

国优产品不是终身制，一般五年复评一次，复评也有条件。1987 年 5 月，国家经委《关于国家优质产品奖有效期满后的复查确认办法》规定，要严格按条件复查确认，水平不够的坚决不予评选，防止终身制。凡有下列情况之一者不能申报复查确认：①淘汰和拟淘汰产品。②产品的设计、结构、性能落后，物资消耗高，款式陈旧。③应采用国际标准而未采用。④在获奖有效期内，历次国家及地方产品质量监督抽查和常规检查中综合判定有两次以上（含两次）不合格。⑤在近三年内发生重大质量事故或用户对产品质量有强烈反映。⑥在同行业中有争议。⑦产品经济效益不好，近二年市场占有率下降，有经营性亏损。⑧不按评优标准进行常规生产。

1990 年 2 月，中国食品工业协会转发国家经委《关于 1990 年国家优质产品评选计划的通知》和《关于进行国家优质食品评选工作的通知》中，又重申了参评的 8 个条件和复评的 8 条原则，不按条件进行申报复评，自动取消资格。信阳毛尖产品在组织领导、生产发展、质量和市场销售等各个方面，都符合国家优质产品条件的要求，因此，1985 年和 1990 年两次申报评国优都得以通过。

“龙潭牌”信阳毛尖荣获国家银奖、金奖的主要过程

国优产品的产生，要经过文字材料的审批、产品样品的申报、专家的评审和国家质量奖审定委员会的审定批准四个过程。在这四个过程中，特别在第一、第二两个方面，“龙潭牌”信阳毛尖做了大量艰苦细致的工作。在上级计划经济委员会，特别是省食品工业协会及地区经委的热情指导下，申报工作进行顺利。

申报文字材料　文字材料主要包括企业组织、生产经营、质量管理情况、茶叶标准、产品的理化卫生指标和消费者反映以及创优工作方案等方面。材料经地区、省经委、国家商业部逐级审批上报，国家经委审定批准参评。两次国优参评的文字材料，有我亲自撰写的信阳毛尖茶叶标准和信阳毛尖茶叶检验方法，县政府组织撰

写的创优工作方案和茶叶生产、质量等方面材料，县茶果公司撰写的企业经营和质量管理以及消费者反映等方面材料。申报的全部文字材料达两万余字。

茶叶样品的采制和报送　茶叶样品是评审的实物依据，也是评优的核心。评优是以质定论，以质取胜。优良的茶叶样品，取决于优良的茶树品种和科学培育的茶树及精细的科学的采制工艺。采制茶样（春茶）的头年，我亲自在重点名山头选择生长旺盛无病虫害的信阳本山种（良种）茶园作为采样园。采取松土保墒、增施有机质肥料（饼肥）和培土防冻防旱等措施，加强茶园科学管理，促进茶树健旺，芽叶肥壮，内含有机物质丰富。到了春季谷雨前后，严格按照信阳毛尖采制工艺标准，组织技术高、责任心强的茶农进行茶叶采制。参评的茶样是特级和一级毛尖。特级毛尖采半展的1芽1叶，一级毛尖采初展的1芽2叶。为确保采摘方法、鲜叶装运、炒制和茶叶保管、包装等全过程都高标准，不出现失误，县政府从县农技站、县茶果公司抽调5名技术人员分别进驻各山头监督，实行定山头、定人员、定时间、定茶叶数量、质量等任务包干。我经常会同茶叶领导小组领导同志，到各山头巡回检查。每到一处都深入茶园、茶房以及总场精加工车间、库房指导，及时总结经验，发现问题立即解决。当各个山头茶样采制结束后，我又以国优标准，亲自分批逐样进行审评，优中选优，一再精选定样。茶样选定后，严密包装置放于卫生、干燥、低温库房。1985年是选取黑龙潭分场茶样，1990年是选取车云山分场茶样。

1985年参评茶样是自定自报，1990年参评茶样是自选与任意抽样相结合。评委会要求准备10件共100公斤以上，供任意选取。抽样时，组织三省为一组，相互到对方仓库任意选取，当场密封，加盖取样人单位公章。抽样时，河南与湖南、湖北为一组，我们的茶样是湖北省的取样人抽取的。是年，我们采制优质茶样较多，满足了抽取的需要。茶样选定后由专人送到评优地点。每次选取参评茶样1.5公斤，平分3份，每份0.5公斤，一份送国家茶叶检测中心检用。经检测，信阳毛尖茶的卫生、理化各项指标完全符合国家标准，特别是茶的水浸出物含量高达46.2%，高出≥39%的国家标准。正是由于这一原因，信阳毛尖茶叶才香味醇爽。

专家评审　国优茶叶专家评审委员会由挑选的理论水平高和实践经验丰富，公正无私的本行专家、教授组成，共有12名。为了达到真正的名副其实的名牌产品要求，必须给评审专家创造一个宁静的环境和场所。1985年6月4日至8日，评审工作在江西省南昌市郊区的江西省良种繁殖场进行。1990年6月7日至10日，评审工作在广东省广州市郊区广东省商业干校进行。评审期间，单位已放假，门岗严守，与外界隔绝。评茶室只许评委和少数工作人员进场，其他任何人不得进入。另有国家食品工业协会和国家消费者协会各一名领导在场监督。茶样样品室只有一人负责给茶样密码编号，评委等任何人都不得进入和打听茶样情况。评茶室宽敞明亮、宁静整洁。评委和工作人员均穿戴洁白卫生衣帽。室内悬挂大幅红色横标,上写“科学、公正、准确、廉洁”八个大字。要求评委严格遵照标准,实事求是,大公无私,自始至终要防止和杜绝一切不正之风,真正评出具有国家先进水平的优质产品来。评委会对评委还有10条纪律要求:①评审期间不外出,不接待外人,要遵守时间上下班。②评选前半小时开始不吸烟。③不吃异味食物不喝酒。④不带异味芳香物入室。⑤清点人数,穿戴工作服。⑥个人独立思考,不交谈暗示。⑦允许申诉、咨询。⑧评语准确,有修改者需盖章。⑨不交换样品,不与外界联系评审进行情况。⑩不遵守制度的,取消评委资格。

评委分三个小组,每个茶样分三份,均是密码编号,由固定送样人员送收。三个小组同时进行评审,一轮评审6至10个茶样。小组逐个评审,统一意见后进行打分、下评语。对有争论的要重评。小组评审得分由评委会将三个小组记分进行总评分和统一评语。评委会最后认真讨论评审结果,意见统一后做出结论交给国家质量奖审定委员会。若有个别异议可以保留意见。评审分外形、内质两大部分,八个因子。外形评形状、色泽、匀整、净度。内质评汤色、香气、滋味、叶底。八个因子分别评定打分,用“加权平均”法计算最后得分。评审结束后,在全体国优评比大会公布结果。

1985年江南南昌国优茶叶评审会收到全国各地报送来各类茶样共151个,经过资格审查,只有30个合格样品正式参评。经专家评委评审结果,特级信阳毛尖总分为101.70分,评语是:外形细秀、匀齐、翠绿显毫(51.17分),内质香气滋味,嫩香、浓醇(30.40分):汤色黄绿明亮(10.03分):叶底嫩绿明亮(10.10分)。一级信阳毛尖总分100.88分,评语是:外形细紧、匀齐、翠绿显毫(50.50分),内质香气滋味,清香、醇爽(30.25分);汤色绿亮(10.03分);叶底嫩绿明亮(10.10分)。评委讨论意见:推荐特级、一级信阳毛尖为银奖。

1990年在广州国优茶叶评审中,全国各地申报各类合格茶样46个,其中新参评33个,原国优复评13个。我们申报特级和一级信阳毛尖参加复评。经茶叶专家评委评审,特级信阳毛尖总分第一,得分102.46分:一级信阳毛尖总分101.23分,居13个复评样第六位。专家评委对特级毛尖统一下的评语是:“条索细秀满毫,色泽隐翠光润,香气高爽,滋味醇爽,汤色清澈明亮,叶底嫩绿匀净。”评委一致同意推荐特级信阳毛尖升为国家金质奖,一级信阳毛尖仍保持银质奖。专家们在赞扬我们信阳毛尖品质高尚的同时,很有风趣地对我说:“黄工呀,你的名字起得很有意义,什么都要拿(执)好(优)的。你拿来的信阳毛尖真好!同时你也想要拿金牌的!”

国家质量奖审定委员会审批　国优产品的最后审定批准权归国家质量奖审定委员会。该委员会主任委员,1985年评奖时由中国食品工业协会会长杜子端(部长级)担任,1990年由国务委员、国家科委主任宋健担任。委员有国家经委、轻工部、商业部、技术监督局、商检局以及全国消费者协会、全国用户委员会等有关部门领导及专家担任。审定委员会最后审定的主要依据是专家评委的评定分数和意见,同时综合考虑产品的产量、产值、国内外市场商品量和产品的卫生、理化指标以及消费者和用户的反映等方面来确定奖励等级。两次国优茶叶评选,经国家质量奖审定委员会最后审定批准公布。1985年,“龙潭牌”特级和一级信阳毛尖荣获国家银质奖。颁奖大会于1986年1月25日在北京举行,发给奖章和证书。证书内容是:“河南信阳龙潭茶叶总场、龙潭牌特级信阳毛尖、一级信阳毛尖茶经国家质量奖审定委员会批准,荣获银质奖章,特发此证书。国家质量奖审定委员会(中华人民共和国国家经济委员会公章)。一九八五年十二月。”证书为37厘米×25厘米。银质奖章为八角星形,直径10厘米,立体造型,中心有“优质”二字,下方有天安门图章和“奖”字。银牌镶嵌在33厘米×25厘米大的镜框正中,绿绒布衬底,上方有“中华人民共和国国家质量奖”文字,下方有“1985”和“中华人民共和国国家经济委员会”两行文字。

1990年,“龙潭牌”特级信阳毛尖荣获国家金质奖。颁奖大会于1990年10月20日在北京人民大会堂举行。证书、奖章大小形状与1985年银质奖相似。证书内容:“河南信阳县龙潭茶叶总厂(场)龙潭牌特级信阳毛尖经国家质量奖审定委员会批准荣获金质奖章,特发此证书。国家质量奖审定委员会,一九九〇年十月(国家技术监督局公章)。”金质奖章衬底是红色绒布,上方有“中华人民共和国国家质量奖”文字,下方有“1990”和“国家质量奖审定委员会”两行文字。此外,还奖有一面蓝色旗帜,旗面有一图案,由齿轮、麦穗包围成圆形,当中有一个龙体S形,有一A字压在图形上。这面旗帜只有国家优质金奖单位才能悬挂。

信阳县龙潭茶叶总场的诞生

信阳毛尖茶集中产于信阳县西南部的董家河、浉河港、谭家河、东双河、柳林、吴家店等10多个山区乡,多是农茶结合的村、组。村组也多建有专业茶场,但规模不大,一般数十亩至百余亩茶园。只有车云、集云、云雾、黑龙潭、白龙潭、何家寨、双碑、叶庙等10多个专业(组)茶场规模较大,茶园面积数百亩至千亩以上。为了适应信阳县经济腾飞的需要,大力发展农村商品生产,把信阳毛尖茶列为“拳头”产品,保证声誉,增强市场竞争能力,同时适应评选国优名茶条件的要求,信阳县政府于1985年2月7日正式成立信阳县龙潭茶叶总场,隶属于信阳县经济委员会。总场下设重点茶山董家河乡的车云、集云、云雾、天云、连云,浉河港乡的黑龙潭、白龙潭、何家寨,谭家河乡的土门,吴家店乡的双碑等10个分场。总场场部设在县茶果公司。1985年4月29日,县经济委员会任命县茶果公司经理殷国玺兼任龙潭茶叶总场场长，我任副场长兼总工程师，副场长还有常荣光、杨光明、席本荣。从此，信阳县开始有一个较大型的能代表全县著名特产信阳毛尖的茶场了。总场茶园总面积3 400 亩，年总产毛尖4.1 万公斤，总产值41 万元。由于名山名水与名茶关系十分密切，为有利于弘扬胜景和毛尖名茶声誉，因此总场借信阳著名八景之一“龙潭瀑布”之名，将茶场命名为“信阳县龙潭茶叶总场”。总场茶叶产品注册商标取名“龙潭牌”。1985 年，“龙潭牌”特级、一级信阳毛尖获国优银质奖后，于1986 年增加了吴家店乡的擒龙山、叶庙两个分场，共12 个分场。为了进一步加强“龙潭牌”信阳毛尖“保银创金”工作和生产的领导，信阳县计划经济委员会根据工作需要，于1990 年3 月25 日调整了龙潭茶叶总场领导班子，由县茶果公司经理林祖辉任场长，我仍任副场长兼总工程师，副场长还有王学文、杨光明、席本刚。这时总场茶园总面积达6 600 亩，年总产毛尖20 万公斤，年总产值600 万元，创税利150 万元。茶园面积、茶叶产量、产值、税利分别比1985 年增长94.1%、3.88 倍、13.63 倍、13.6 倍。1990 年，“龙潭牌”信阳毛尖（特级）荣获国家金质奖后，广大干群深受鼓舞，干劲倍增，茶叶生产积极性空前高涨，1995 年，总场茶园总面积扩大到1.5 万亩，毛尖年总产40 万公斤，年总产值1 200 多万元。茶农户数由1985 年的416 户增加到650 户，总场茶农人口由1985 年的2 119 人上升到2 700 人。

为了保证茶叶质量的不断提高，总场十分注意加强质量管理工作，成立了全面质量管理领导小组和办公室，各分场成立质量管理小组，主要领导和技术人员担任质量管理领导小组成员。领导小组办公室定期举办质量管理学习班，不断提高全体职工质量意识和管理水平，使产品质量不断提高。1989 年4 月10 日，信阳地区技术监督局颁发了计量验收合格证书。1990 年3 月20 日，信阳地区经济委员会颁发了全面质量管理达标重点企业证书，4 月又对龙潭总场进行产品标准化工作考标、测试，各项理化、卫生指标均达到国优质量水平。

“龙潭牌”信阳毛尖自1985 年荣获国家银质奖后，同年参加了在北京举行的首届亚太地区国际博览会，1986 年再次获商业部全国名茶称号，1987 年参加了新加坡优质食品展，1988 年获中国首届食品博览会金奖、中国优质保健食品博览会金鹤杯奖、河南省乡镇企业优质产品金杯奖，1989 年参加“中国茶文化展示周”活动，均得好评。1990 年参加地区、省农牧厅、河南省、国家商业和国家级评优，全部夺魁。1991 年4 月，在首届杭州国际茶文化节上荣获“中国茶文化名茶”称号。

信阳县龙潭茶叶总场“龙潭牌”信阳毛尖荣获国家金质奖后，对全县、全地区乃至全省震动很大，信阳毛尖茶对振兴信阳县以至全地区经济发展，都发挥了巨大的支柱产业作用。为了进一步适应改革开放和社会主义市场经济发展的需要，促进名茶生产迅速发展，增强商品竞争能力，中共信阳县委于1992 年成立以县龙潭茶叶总场为龙头的信阳县茶叶集团总公司，实行公司加农户的产、加、供、销一条龙的系列化生产经营体系。1991 年和 1992 年,商业部和联合国开发计划署扶持 100 多万元,先后建成一个年产 30 万公斤精制加工车间和储存 30 万公斤的全国首家茶叶专用冷藏保鲜库。茶叶包装也不断改进,提高了茶叶保质、保鲜能力,很受消费者喜爱,也荣获省、部及国家茶叶包装奖。

信阳县毛尖茶创优领导小组的成立

信阳县种茶有 2000 多年的悠久历史,茶叶品质高,经济价值高,生产效益好,是山区群众脱贫致富的支柱产业。新中国成立以来,县委、县政府很重视茶叶生产的发展。20 世纪五六十年代,农业、供销、商业、外贸等业务部门专管,70 年代开始建立茶叶生产工作领导小组,明确一名副书记、副县长主管,各有关业务部门领导为领导小组成员,专设办公室。1985 年,国家下达产品创优计划,信阳县"信阳毛尖"被省经济委员会列为指令性计划项目。县政府为了进一步加强对信阳毛尖名茶创国优工作的领导,1985 年 2 月 7 日宣布成立信阳县毛尖茶创优领导小组,下设创优质量管理办公室。其组成人员有:组长安惠芬(副县长),副组长张世刚(县经委副主任)、尹振昌(县农委副主任)、杨明轩(县供销社主任),成员吴春芳(县经委副主任)、龙富德(县科技局局长)、黄图民(县农牧局副局长)、戚先让(县经联社农业科科长)、邢常春(董家河乡副乡长)、张香科(浉河港乡经联社副主任)、周保堂(吴家店乡经联社副主任)、刘德全(谭家河乡经联社副主任)。县经委调研员徐彦坤任顾问。县茶果公司殷国玺任办公室主任,我和县经济研究中心股长于洪学任办公室副主任。

在上级计划经济委员会及有关部门的指导和县创优领导小组的具体领导下,各级领导、科技人员和茶区广大干群齐心努力,1985 年"龙潭牌"信阳毛尖参加国优评比荣获国家银质奖,没有达成得金奖的愿望。为力争夺取金牌,信阳县政府于 1986 年 5 月 15 日发出《关于调整充实"信阳毛尖"茶创优领导小组的通知》,增补曾晋宏(县经济研究中心主任)、陈可元(县经委主任)等为领导小组副组长。我和殷国玺、于洪学为领导小组成员,仍兼任办公室正副主任。领导小组提出"保银牌创金牌"的行动口号,充分发挥上下各方的有利因素,积极投入创金牌工作。根据领导小组成员的工作变动,为更进一步加强"保银牌创金牌"工作的领导,县政府于 1989 年 12 月 18 日及时调整充实信阳县茶叶创优工作领导小组成员,由县政府副县长苏世友任组长,县政府办公室副主任兼县财贸办公室主任杨大成、县供销社主任杨明轩、县农牧局局长刘德金任副组长。领导小组成员有:陶寿章(县供销社副主任)、彭忠祥(县农牧局副局长)、彭枝荣(县苏区办副主任)、李建华(县农行副行长)、吕学志(县工商局副局长)、梅春柏(县税务局副局长)、龙富德(县科委主任)、我和李哲森(县计经委总工程师)、张敬润(县计量所所长)。领导小组办公室由陶寿章兼主任,我和林祖辉任副主任,聘请县司法局律师罗作成为领导小组常年法律顾问。董家河、浉河港、谭家河、东双河、吴家店、柳林等重点产茶乡也成立相应的领导小组和办公室,明确专人抓。这样,全县茶叶创优工作在创优领导小组的统一指挥下,轰轰烈烈、扎扎实实地开展起来。

茶叶创优工作领导小组的主要任务是安排生产计划,制订创优工作方案,组织和发动各方人力、技术、资金和物资等投入创优工作,同时不断深入生产第一线,巡回检查,现场指导,及时总结推广先进经验,举办技术培训班,并抓好市场管理,使得整个创优工作紧张而有序地进行。当获得国优银牌、金牌后,领导小组及时召开庆祝大会和游行宣传,表彰创优工作先进单位和有功人员,同时利用广播、电视、报纸等新闻媒体大张旗鼓地进行宣传,扩大影响。1991 年 5 月 15 日,信阳县委、县政府在北京人民大会堂举行信阳毛尖创国优金奖新闻发布会,彭冲、严济慈、雷洁琼、宋健、陈俊生等到会祝贺,还有部分知名人士和 16 家新闻单位、10 多家茶叶公司经理等近 200 人参加。全国人大常委会副委员长彭冲、周谷城、严济慈、雷洁琼,国务委员宋健、陈俊生,以及全国人大常委会民族委员会副主任爱新觉罗·溥杰等同志为信阳毛尖荣获国家金奖题词祝贺。彭冲题词为“发展商品经济,促进信阳繁荣”,周谷城题词为“雨阳时若,品物咸亨”,严济慈题词为“振兴老区,脱贫致富”,雷洁琼题词为“淮南茶区,信阳第一”,宋健题词为“依靠科学技术,发展商品经济”,陈俊生题词为“搞好多种经营,发展老区经济”,爱新觉罗·溥杰题词为“淮南茶信阳第一”。商业部茶叶处处长、高级工程师、国家茶叶专家评委组长于杰在信阳茶文化节期间十分高兴地说:“信阳毛尖为茶中珍品。”在全国 100 多种绿茶中,获国优金奖的唯有西湖龙井和信阳毛尖两种。

信阳毛尖创国优金奖,是信阳县各级领导、广大干群和科技人员用奋勇拼搏的精神和严谨的工作态度争取的,是各级领导的重视和大力支持的结果。在“保银创金”的过程中,不但创优领导小组具体抓,地区行署副专员张本乐和信阳县县长孙长江,副县长、创优领导小组组长苏世友等领导同志在基层指导工作,同时还亲自到北京向国家有关部门汇报工作情况,争取上级部门和领导的大力支持。总之,信阳毛尖创国优金牌工作之艰难,是非同寻常的。

为了弘扬国优金奖信阳毛尖的声誉,进一步宣传信阳,让世界了解信阳,使信阳走向世界,快速振兴信阳经济,信阳毛尖夺取国优金牌后,我在县和地区一些会议上呼吁举办信阳茶文化节,以吸引更多人到信阳来。中共信阳地委和信阳地区行署决定从 1992 年开始,每年 5 月中旬举办中国信阳茶文化节,提出了“茶叶搭台,经贸唱戏,以茶为媒,广交朋友,招商引资,振兴信阳”的指导思想。地委书记、行署专员亲自主持每届茶文化节。每届茶文化节都邀请中央、省领导参加,港、澳、台胞和海外侨胞，以及日本、美国、德国、马来西亚、加拿大、越南、泰国、韩国等国家和地区的贵宾商贾陆续前来参加。茶文化节上，全区10个县市都组织开展物资展销、经贸洽谈、茶叶评比和文艺表演等活动，引进国内外数十亿元的项目投资，为振兴信阳经济起到了非凡作用。

弘扬声誉　任重道远

信阳毛尖荣获国家金奖，圆了我在信阳长期从事茶叶技术工作的夙愿。然而，这不是最终目的。茶叶生产的不断发展，茶叶质量的不断提高，效益不断增长，茶农日益富裕，才是我们追求的目标。我们不能以此而满足，必须加倍努力，高度珍惜荣誉并不断弘扬创新精神。针对信阳县茶叶生产实际，要继续本着“保名牌、创高产、增效益、求发展”的总方针，扎扎实实地做好有关工作。第一，要巩固现在面积，稳步发展，因地制宜，分类指导，进一步提高茶园科学管理水平，主攻单产和质量。分期分批改造衰老稀散低产茶园，搞好水土保持，增施有机质肥料，定型修剪好幼龄茶树，扩大树冠，为优质高产打好基础。第二，要积极推广茶树良种，逐步淘汰原有茶园夹杂的劣种，以利于茶叶产量、质量的提高。第三，严格标准，精心采制茶叶，确保信阳毛尖传统名茶的独特风格。春茶多采传统毛尖。根据市场需求，夏茶进行初、精制结合，改进工艺，逐步实现机械化生产，增加适销对路产品，促进畅销，提高工效，降低成本，增加效益。第四，改善经营管理流通渠道，充分发挥供销社主渠道作用，联合农业技术部门，不断提高加强产前、产中、产后全方位服务工作，把茶农和企业两者利益紧密联系起来，健全产供销一条龙、农工商一体化组织，充分调动茶农生产和企业经营两个积极性，并积极组织茶叶出口，进一步提高经济效益和社会效益。同时，在加强宏观控制和市场管理的基础上，继续贯彻改革开放政策，发挥多渠道依法经营的辅助作用，促进物畅其流。要从严查处假冒茶叶的不法行为，永葆名茶声誉。第五，要进一步加强各级党政部门对茶叶生产的领导。各有关业务部门要通力合作，技术、资金、物资紧密挂钩，不断巩固完善生产承包责任制，努力创造条件，向集约化规模经营和产业化生产迈进。要重视智力投资，不断壮大技术队伍和提高茶农素质。还要不断加强产品的广泛宣传等，大力促进茶叶生产健康发展，以保证今后每年复查评比，稳享金牌荣誉。

本文选自2004年中共信阳市委知识分子工作办公室编黄执优著《中国名茶·信阳毛尖古今谈》。收入时有改动。

悠悠红茶香　浓浓浉河情

张广成

时光荏苒，岁月如梭。不知不觉中，我从事茶叶方面的工作已经12年了，从2009年担任浉河区茶办主任、书记开始，一直为浉河区茶产业做大做强而奋斗。回首过去，最令我兴奋的依旧是信阳红茶的成功研制。

责任使命

2009年9月，我开始进入区茶叶办公室工作。当时区茶办是一个名不见经传的小单位，我上任的时候，茶办只有6个人。工作人员基层实践经验丰富，但专业技术力量薄弱，这让我意识到，要发展一项产业必须有人才。在我的建议下，区委、区政府从浙江大学、安徽农大、福建农林大学招聘了6名茶学硕士，开始积极布局全区茶产业发展。

12月27日，时任河南省委书记卢展工到信阳视察工作时，对信阳发展茶产业给予充分肯定和高度评价。同时指出：信阳要加大夏秋茶开发力度，增加群众收入，要尝试开发新的茶叶产品，增加群众收入，可以开发信阳红茶加工，命名为“信阳红”。我从卢书记的谈话中敏锐地意识到，创制信阳红茶已是势在必行。那时白天下乡下企业督促检查，晚上与茶办班子成员开会研究，与引进的茶叶专业硕士生探讨，要求全体干部职工对红茶研制建言献策。

当时大家说，区里有几家全国知名的茶叶企业，要钱有钱，要技术人员有技术人员。搞红茶研制，我们茶办充其量是组织协调。现在多是不干事不犯错误，何况红茶研制风险太大。我能理解同志们的担心，红茶研制风险大，咱们能看到，企业比咱更清楚，茶企业不愿出头也在情理之中。我们是带“茶”字的单位，吃的就是这一碗饭。研制红茶，提高夏秋茶利用率，做大茶产业，帮助群众致富，促进茶农增收，是我们的本职工作，也是我们的责任。

怀着执政为民的使命感，我下定研制信阳红茶一定要成功的决心，要让“信阳红”源于浉河，红遍全国。

时间已悄然迈入2010年，春天的脚步越来越近，信阳红研制任务紧迫，时不我待。

探索攻坚

卢书记的指点，市委、市政府的坚决态度及有关市领导的关心支持，让我们坚定了发展红茶的信心和决心。研发信阳红茶，已成共识。实现目标，道路只有一条，就是干。不断探索，攻克难关。

三顾茅庐邀人才

2010年1月20日，我为了引进研发信阳红茶企业和人才，第一次带队赴福建福安，登门拜访邀请福建九拓茶叶公司老总郑亦生。当提及合作研发信阳红茶时，郑总未置可否，信阳毛尖能不能生产红茶，他心里一点底也没有。

在福安的两天时间里，郑总闭口不谈红茶合作，带着我们一行看茶园，看红茶发酵、烘干工艺，看福建最大的茶叶市场，再就是进茶馆品茶。可是那时的我哪里有心思参观，人坐在那里，顶级红茶我也品不出味道来。我知道性子急喝不进热稀饭，就耐着性子，保持着客随主便的绅士风度，其间见缝插针地游说郑亦生。面对郑总的犹豫，我临回时对他说：“我不说到浉河区研制红茶千好万好，我只问你，你在商场征战多年，哪一项投资没有风险？等待有十分把握再做一件事，不是错过良机，就是一生的等待。”

五天之后，我第二次来到福安，再一次走进福建省九拓茶叶有限公司，郑总答应先来信阳市浉河区实地考察。我喜不自胜，生怕郑总夜长梦多，赶紧趁热打铁，催促郑总一同动身北上信阳。中午，我趁吃饭空隙给区领导打电话，汇报技术引进谈判进展情况，请区里做好迎接郑总考察准备，要用浉河的投资环境优势、生态茶园优势，留住郑总。

郑总到了浉河区，当时的区委书记霍勇、区长邵春杰，区委常委、组织部部长梁玉峰一起会见了他。霍书记放下手头工作，亲自陪郑总进山考察。隆冬季节，万木萧萧，唯有茶树一树独绿，漫山的茶园让寒冬的山峦依旧显露着生机。在浉河港镇白云村渡口，霍书记指着河对面的一片茶园亲切地说：“郑总，这片茶园正值高产期，长势茂盛，有山有水环境好，鲜叶质地优良，希望利用你的技术研发信阳红，实现双赢。”

在接下来的三天考察时间里，郑总和技术人员每天深入浉河茶区的各大山头，在各个不同高度、湿度、温度的地方采摘嫩芽带回宾馆作萎凋、揉捻观察分析，对信阳毛尖的生长环境和品质有了确切的了解。浉河区优良的茶叶生长环境、规模化的茶园面积给郑亦生留下了很好印象，促使他做了最后的决定，与我约定春节前双方签订合作协议。

与此同时，2月5日，区委、区政府即时决策迅速成立了高规格的红茶开发指挥部，制订了红茶研制“百日攻坚行动”计划。

为了表示合作诚意，腊月二十五，也就是2010年2月8日，我第三次踏上福建的土地，专程赶到福安迎接郑亦生。第二天，双方在浉河区签订了合作研发红茶协议。签完合同临近中午，我清楚地记得天空中飘起了雪花，区委组织部部长梁玉峰兴奋地对郑总说：“瑞雪兆丰年啊！郑总，福建少有下雪，怕没有这样的吉象之说吧？”郑总笑道：“一样的，福建与中原有着悠久的历史文化渊源。我们郑姓就是信阳历史上著名的西晋‘永嘉之乱’移民潮中，南迁入闽的八姓氏族之一。今天可说是天时地利人和占全，信阳红茶一定能够研制成功！信阳红茶想不红都不行。”

好事多磨出茶香

那年春节假期，浉河区委、区政府及区茶办都在紧锣密鼓地筹备红茶研发事宜。为了解决资金问题和研制团队问题，区委召开常委会议和红茶研发指挥部会议决定，财政再难也要挤出20万元投入红茶研发，明确区委常委、组织部部长梁玉峰主抓红茶研发，组建了一支专门从安徽农大等高校引进的茶叶专业硕士研究生和调集的精兵强将10人组成的红茶研制团队。他们是：我、余道强、魏志文、葛衡、郑亦生、郑展明、杨丽丽、张华艳、吕伟、刘畅。什么样的帅选什么样的将，什么样的将带什么样的兵。我们的研制团队平均年龄不到30岁，可谓兵强马壮，科技含量很高。我对红茶研发更充满了信心。

2010年2月18日，在市、区两级政府的共同努力下，“信阳红”红茶商标在国家工商总局正式注册，“信阳红”红茶正式成为中国红茶品牌的正式成员。

2月22日，农历正月初八，新年上班第一个工作日，郑总带着红茶高级技师郑展明和研发中心设计图纸如约回到浉河区。在人才和资金到位的情况下，开始了信阳红茶的研制历程。

经过一个月的认真选址、建设、引进设备、完善设施，当年3月22日，浉河区信阳红茶研究中心在浉河港镇白云村正式挂牌成立。万事俱备，只等茶叶开采。

3月23日，早春的信阳昼夜温差大，茶叶生长缓慢。为了尽快采摘到研制原料，研发团队一个山头一个山头地寻找，经过努力，在白云村渡口边的茶园上采摘到100斤鲜叶。鲜叶立刻送到研制中心，经过萎凋、揉捻、解块等工序，夜里9点多，开始进入发酵工序，大家激动万分，在心里默默祈祷，希望"信阳红"的研制能一炮打响。然而，发酵时间早已到了，茶叶没有一点变化。整整过了10多个小时，茶叶才有了一点红变。茶叶烘干后，我端起冲泡的茶汤，尝了一口，香气不够，茶汤偏黄，滋味涩麻，研制人员一一品尝后，都感觉效果不理想。

失败后，我带领研制人员寻找原因，重复实验，为求成功，对原料的筛选、鲜叶的萎调控制、发酵室的改进、用水的选择等，不断进行改进创新。4月初的信阳大山里，还时不时地下着冰雹，然而研制人员已经忘记了饥饿和寒冷。经过10多个昼夜对工艺进行探索攻坚，试验试验再试验，改进提高，再改进再提高……终于在4月13日，经反复改进工艺的第一批次红茶产品下线，鉴评后达到了我们的要求。

从考察学习到产品成功研制，整个研发过程仅用106天，打破了信阳不生产红茶的历史，开启了信阳茶区一段新的历史。

锋芒初现"信阳红"

4月13日，区委、区政府派专人带着刚下线的红茶飞往北京，向一直关注浉河区红茶研制的首都茶叶界知名专家报喜。当天夜晚，北京就传来捷报，浉河区产的"信阳红"红茶得到首都茶文化专家的充分认可，将其主要特点概括为：金毫显露，条索紧细，滋味醇香回甘，汤色红浓明艳。

市委、市政府主要领导在第一时间也对我们成功研制红茶给予了高度评价，并鼓励我们要继续努力，提高红茶品质。

4月26日，省委书记卢展工再来信阳视察时，品尝过"信阳红"之后，非常高兴，称赞"信阳红"品质好，发展潜力巨大，可以与国内一些著名红茶媲美。中国国际茶文化研究会名誉会长刘枫在第十八届信阳茶文化节开幕式致辞中说："'信阳红'红茶，初出茅庐，便茶香四溢，获得好评，赞誉有加。"在当年信阳茶文化节总结大会上，浉河区成功研发出信阳红茶被誉为本届茶文化节"重大成果和最主要亮点之一"。

从此，信阳红成为代表信阳茶叶的第二张名片。

奋斗思考

"信阳红"的成功开发，坚定了我们发展红茶事业的信心。为了扩大信阳红茶影响，做好宣传推介工作，我们先后组织承办了多种信阳红茶宣传推介活动。在北京、郑州、上海、武汉、广州、福州、信阳市百花园参与举办了大型"信阳红风暴"活动；组织信阳红茶参加了2010中国绿茶博览会、信阳第十八届国际茶文化节和宁波、澳门等地举办的茶事评比等各类节会活动;利用八月十五中秋节和“十一”国庆节长假在信阳中心城区举办了万人饮品信阳红茶活动。“信阳红风暴”活动的推行,进一步加快推动了“信阳红”在商标注册、质量认证、营销宣传等方面的进步,得到了社会各界人士的充分肯定和好评,使“信阳红”迅速打开了市场、占领了市场。

那年11月3日,由于我的工作出色,浉河区委、区政府对区茶办给予集体通报嘉奖并给予我记三等功一次。12月16日,作为信阳红茶创制加工工艺研究第一完成人,我又荣获信阳市科技成果一等奖。第二年6月荣获全省优秀共产党员称号。2011年9月被评为河南省农村科普宣传工作先进个人。2012年5月当选为中国茶叶流通协会名茶专业委员会第一届委员会副主任委员,任期3年。2013年2月,参与研制的丹桂信阳红茶加工工艺创制技术项目,获得信阳市科学技术进步奖一等奖。

成功研制“信阳红”,组织上给了我巨大的认可,广大茶农增收致富,再回头想想浉河区茶产业发展过程中的那些艰辛,觉得很值得。

本文由浉河区政协提供。作者张广成,男,1963年8月出生,信阳市浉河区人,大学本科学历,中共党员。1981年6月起,在浉河区游河乡姚湾村历任团支书、民兵营长、村委主任、村党支部书记。2002年5月起,在游河乡任人大副主席、主席,党委副书记。2009年8月,任区茶办主任、书记。2010年5月任区茶办主任、书记、区政府办副主任。2012年5月当选为中国茶叶流通协会名茶专业委员会第一届委员会副主任委员。2014年8月,任区茶产业发展服务局书记、局长。2019年3月至今,任区林业和茶产业局党组书记、局长。

两个茶桶闯天下

李广义

1968 年,我出生在信阳县董家河乡陈湾村一个很贫困的小村庄。村里没有公路,经常停电,下雨天出门的时候一脚下去全是泥,家里 7 口人住在 90 多平方米的草房里,点着煤油灯。那时候村里大部分人都解决不了温饱问题,我家弟兄 5 人,我排行老四,兄长们早年外出打工挣钱维持家里的开支。我白天上学,晚上回家帮父母干活,家里没柴烧的时候,我就跑到山上打柴,农忙的时候到地里干农活。就这样一直勉强读到高中,家中再无力供我读书,于是高中毕业后我便独自一人到郑州等地打工拼搏。

在郑州,我从蓝盾宾馆基层后厨干起,逐步走上管理岗位。过年回到家里,在村里的茶厂买了 2 斤茶叶,带去郑州给老师们品尝,老师们都舍不得喝,说是很名贵的茶,那时候信阳毛尖很便宜,7 元一斤的就是品质很好的茶叶。但信阳毛尖在本地没有很多销路,也没有很多店面去销售,那时候都是集体经济,也没有农民个体种茶。经过四年的在外打拼,通过辛勤劳动换来初期的资本积累,我为回报家乡的养育之恩,1991 年 5 月决定返乡创业,带领茶农种茶致富。回到信阳后,我在信阳茶叶城租赁了两间门面房,开起了茶叶店,那时候创业资金不多,只有 2 000 元钱,付完租金做好门头牌子,买了两个茶叶桶后就没钱进货了,我于是回到村里的茶厂,借了两袋茶叶,就开始了我的创业历程。每次卖完茶叶之后我就把之前的钱还上,再新进茶叶出售。到 1998 年,我经营茶叶生意有了一定的门道,生意一步步做大起来,于是我就想创立自己的品牌。没有足够的资金,我就自己拿笔描绘,设计出商标的图案,最后送到国家工商总局顺利注册成功了。慢慢地,很多消费者都知道“广义”这个品牌了,2002 年“广义”品牌就成了“信阳市知名商标”,这也给我带来了更多的客户和商机,生意越做越大。

2004 年,我成立了信阳市广义茶叶有限公司,完成了从个体户到民营企业的蜕变。2005 年时,信阳毛尖茶一直是茶农分散加工,家家户户都炒茶,但制茶技术参差不齐,茶叶质量并不稳定。茶商们都靠收购干茶,回来精选,再进行销售。

2005年我尝试在浉河港马家畈村承包了10亩地建立茶叶初制加工厂,集中收取茶农采摘的鲜叶统一炒制,是第一家到农村建立加工厂的公司,也是第一个大胆尝试新模式的公司。2006年,我又申报注册了“广义牌”信阳毛尖。现在这样的加工厂越来越多,老百姓也不再家家户户都炒茶了,而是采摘鲜叶后送到加工厂里统一炒制。

为发挥返乡创业典型的示范引领作用,2007年9月,根据信阳市有关部门的安排,我到平桥区洋河乡六庙村“农民万人大讲堂”返乡创业典型报告会作报告。市委书记王铁亲临现场指导,对大讲堂报告会给予了充分的肯定。我在报告会上为茶农传授了茶树培育、种植等知识,取得了良好的社会效益,参加大讲堂的茶农反响很好。2007年以来,我坚持每年为本地和外地茶农开展种茶、采茶、炒茶等知识讲座,8年来累计举办讲座30多场次,参加培训讲座的茶农达7 600多人次。

为了满足更多的茶农个体种茶、茶叶鲜叶的销售问题,在浉河港马家畈茶叶初制加工厂生产了4年之后,2009年,我又回到家乡董家河镇陈湾村,投资5 600万元建立了清洁化茶叶加工厂,带领茶乡人民改造茶园、种植茶树。经过几年的努力,建成了符合农业部规范的高标准有机茶种植示范园4 600多亩,并进行了信阳优质茶品种的培育改良和推广种植。经过几年的潜心研究、技术攻关和科学探索,我在浉河区董家河镇陈湾村大面积推广种植了优质茶树品种8 000多亩。随后又开展了南茶北移科技示范项目,成功地从福建、台湾、浙江等地引进推广了金观音、黄观音、台湾香茶等13个优质茶树品种,进行无性系育苗科学研究,推广种植5 000多亩,改变了信阳茶树品种的单一状况和几百年来传统的种茶方式和方法,填补了信阳无南茶种植的历史空白,实现了信阳种茶历史性的突破。

2010年,我依托浉河区董家河镇陈湾村有机茶种植示范园区,投资1600多万元大力发展茶旅游观光项目,进行茶叶采摘炒制、茶艺表演、农家乐等项目。每年接待茶旅游观光游客达2万人次以上,带动周边茶农通过茶旅游观光增加了收入。2012年成立了广义茶文化研究院,通过对茶农的培训,弘扬了信阳茶文化,形成了完整的茶产业链条。同时也成立了广义茶叶专业合作社,使周边茶农人年均增收3 000元以上,累计增收1.2亿元以上。

从一名农村的年轻人成长为信阳市广义茶叶有限公司总经理,我用实际行动获得了社会的认可。我是浉河区董家河镇陈湾信阳毛尖茶采制技艺第四代传人,在发扬壮大茶事业上我将继续前进,把企业做大做强,同时继续履行责任,造福社会,为国家的繁荣昌盛和社会进步做出更大的贡献。

本文由浉河区政协提供。作者李广义,1968年出生,浉河区董家河镇陈湾村人。现任信阳市政协委员、河南省茶叶协会副会长、信阳市茶叶协会副会长、信阳市浉河区茶叶协会副会长。先后获得首届信阳市最具魅力十大优秀青年、信阳市“五一劳动奖章”、信阳市劳动模范、河南省“五一劳动奖章”、河南省劳动模范、河南青年创业风云人物、全国农村青年创业致富带头人、全国优秀茶叶科技创新带头人等称号和荣誉。2015 年 4 月获全国劳动模范称号。

半生与茶打交道的人

卢文全 口述 蔡金保 张静月 陈俊名 采访整理

题记:中国是茶的故乡,中国人饮茶已有几千年的历史,茶文化也已深深地融入人们的生活中。随着中国经济的快速发展,人民生活水平的大幅提高,人们越来越重视生活品质,也越来越讲究生活的口味,对茶的品质要求也越来越高。信阳茶界的老茶人卢文全,半生都在与茶打交道,对茶文化深谙其道。

记者:在中国茶叶界,提起信阳市的卢氏茶叶集团,可以说是无人不晓。作为董事长,您的名字和您的企业一样声名远播,您注定与茶有不解之缘。您因茶成功,茶因您而漂洋过海,香飘万里;您因茶而富,富不忘本,在精准扶贫路上勇于扶困担当,带领一批批贫困农民告别贫困,走向富裕。您的大爱之心,大善之举,救困之措,赢得了民心,被群众传为佳话。请谈谈您的创业经历。

卢文全:我是1980年开始做茶叶生意的,当时是做茶叶小贩。那个时候是改革开放的初期,市场还没有完全放开,我从几十斤茶叶开始做起,走街串巷地零卖。1983年,市场比较成熟了,我对茶叶这一行有所了解,更重要的是改革开放程度不断深化,我在我的老家光山县南向店乡成立了一个茶叶公司,在街上开了一个门市部,收茶农的茶叶在街上卖,到外面去推销。做到1987年,我成立了光山县南向店精制茶厂,专门做出口茶叶生意。那个时候,中国茶叶出口的市场还没有放开,可以加工,可以生产,但是没有出口指标,必须卖到中国茶叶进出口总公司上海分公司,由上海对外出口。这样,我们就开始了出口茶叶的加工和经营。

1993年,信阳地区茶叶加工厂经营亏损,我应行署领导邀请,承包经营这个企业。在经营业务中,我如鱼得水,当年就使这个100多人的企业扭亏为赢。三年下来,我足额上缴承包费120多万元。1996年,我又在羊山前进乡光明村,也就是现在市委、市政府大院里边,征了一片地,建了天元保健茶厂,很快改名为河南省信阳卢氏茶叶有限公司。经营了几年后,我们的企业不断壮大。随着改革开放政策越来越宽松,2005年,由国家管理的茶叶出口业务放开了,我们加工的茶叶可以直接出口到国外去了，直接收美元。我们的企业就由过去的一个中小企业，变成一个比较大的企业，年加工量 2 万吨，年销售额最高的时候达到 3 亿多元。2006 年，由于羊山新区建设，市政府征用我的那块地，于是我又在现在这个地方买了 200 亩重新建厂。2008 年 4 月 1 日，新厂投产，当时设计能力为 3 万吨，每天 24 小时加工 80 吨茶叶，加工量是全国出口茶叶加工规模第一。我们的产品是 100% 出口，一部分是以非洲市场为主，另外是乌兹别克斯坦、土库曼斯坦、哈萨克斯坦等国家，中高档茶叶出口到非洲，低档茶叶出口到乌兹别克斯坦、土耳其等国家，出口形势一直都不错。选择这个行业，当时我考虑再三，因为信阳做信阳毛尖茶的人很多，厂家也非常多，还有加工后茶农自产自销的，竞争很激烈。做出口茶叶，河南省也好，信阳市也好，我是唯一的。经过十多年的摸爬滚打，由建厂时的 2 条生产线，几十名工人，发展为现有员工 380 人，下辖 3 个公司和 26 家粗制加工厂，出口茶叶种植基地 3730 公顷，主厂区占地面积 13 万平方米，厂房面积 6 万多平方米，拥有先进的精制加工生产线 50 条，年加工绿茶 3 万吨，是产值 5 亿多元的中国最大绿茶加工出口企业之一。

从茶园管理到鲜叶收购初制加工，再到出口茶叶加工，最高峰的时候，我们能够安排上千人就业，工资待遇还是比较高的，现在的收入每月 6 000 元，一个人上班能够全家脱贫，为脱贫致富也算做了一点贡献。我们属于出口创汇最大的企业之一，河南省出口一类企业，直接出口和供货出口，一年超过 3 000 万到 5 000 万美元，为国家创造出大量的外汇，这也算是我们办企业为国家做的一份贡献。去年我们交税 1 300 多万元，累计做了 40 年茶叶，算起来我们为国家交了很多税，为国家做了贡献。我们获得的荣誉也很多，比如全国军地两用人才先进个人称号，我是获得者，是由民政部、解放军总政治部授予的，证书是邓小平签发的。全国政协主席贾庆林到信阳来的时候，在信阳市就参观了卢氏茶叶这一家企业，从前到后看了一个多小时，给我们这个茶叶很高的评价，作为信阳茶人，我感到很自豪、很骄傲。信阳资源非常丰富，全市有 200 多万亩茶园，是一个大产业。在中国也好，世界也好，茶叶市场都是一个很大的市场，前景非常广阔，世界有几亿人口饮茶，所以我们做茶，选择茶叶市场很对路，这是一个永不落伍的朝阳产业。

我们企业做的是三大效益：第一大效益是经济效益。企业办了以后，能够增加企业的产量，原来生产 1 万吨，现在可以生产 2 万吨，产量翻番，企业规模扩大了，收入和销售产值增加了，特别是出口创汇，2020 年直接出口的可以达到 1 000 多万美元。第二大效益是社会效益。我们出口茶叶利用大众茶叶，也就是夏秋茶，占整个茶叶产量的 90% 以上，开发利用起来以后，对茶农的增收有很大的好处，他们种茶的效益大大提高，为茶农致富提供了一个保障。第三大效益是环境生态效益。生态茶园的发展有利于环境保护。我们以企业效益为主，提高茶叶的产量，增加茶叶的效益，大大增加直接出口的比例，直接把茶叶出口到非洲市场，为国家多创汇。围绕三大效益，我们大力去做好企业的生产经营和社会服务。

本文口述者卢文全，1952 年出生，光山县南向店乡人。信阳卢氏茶叶集团董事长。采访整理者蔡金保、张静月、陈俊名均为信阳广播电视台记者。本文根据信阳广播电视台《茶天下》栏目组提供的“信阳茶界老茶人——卢文全”节目内容整理。题目为编者所加。

信阳毛尖集团的前世今生

刘　畅

自1993年参加工作以来，我一直在基层踏实工作。作为土生土长的信阳人，对茶有着独特的情感。2009年调入浉河区茶办后，更是与茶分不开了。在与茶企打交道的过程中，我明白了企业经营也如茶道，茶企在经营中也会起伏不定，在发展中唯有脚踏实地，坚守本心，方得始终。信阳毛尖集团的成立结合了当时信阳茶产业整体提速的要求，是时代赋予的使命，也是信阳茶农以茶致富的呼声。

在去乡下调研的过程中，我总能听到一些老茶人讲述中华人民共和国成立后，毛主席号召茶农要在山坡上开辟茶园的往事。信阳人民听从号召，积极开挖荒山种茶，茶园面积不断扩大，茶农们也过上了平静安定的生活。茶区人为了表达对党和毛主席的感谢之情，车云山茶农特意采摘炒制了2斤最好的毛尖茶叶，于1958年5月寄给了毛主席。毛主席收到茶叶后，委托中央办公厅的同志写了回信，并随信附上茶叶钱和一些茶叶栽培技术的书籍，还给车云山人捎信说："以后不要给毛主席寄茶叶了，此类事中央已经制止，希望你们今后大力发展茶园，提高茶叶栽培、炒制技术，为支援国家建设多做贡献。"茶农种茶不易，却常怀感恩之心。

浉河区茶产业的发展，一直都有着信阳毛尖集团的影响。可以说，信阳毛尖集团的发展是浉河区茶产业20世纪80年代到21世纪初期的缩影。信阳毛尖如今能够位列中国十大名茶之一，除了茶叶品质达到要求以外，跟信阳毛尖集团的发展也是分不开的。如果没有信阳毛尖集团的包装、加工、宣传等活动，信阳毛尖当时也不会在较短的时间与西湖龙井、碧螺春等茶齐名。

适时办企业

在20世纪90年代以前，由于家庭联产承包责任制施行后的茶农分散经营，各自为政，茶叶的质量和品牌无法统一，致使许多茶农的茶叶卖不出去，守着"金饭碗”却不能脱贫。茶农急，阚贵元心里更急。阚贵元是谁呢？浉河区茶农都认识他，他就是信阳毛尖集团的创始人。

在与阚贵元交谈中，听他讲述创业故事，我了解到，他一直胸怀茶农，痴心做茶，力争改变家乡贫穷落后的面貌。阚贵元说，1979 年秋天，他年仅 18 岁，刚刚高中毕业，面对家乡的贫穷与落后，面对父老乡亲的艰难与困苦，总有一种揪心的痛，觉得自己有责任让乡亲们靠种茶致富。1984 年，他当选为集云村党支部书记。在工作中，他的足迹遍布全村山间地头，汗水洒遍全村每一处茶园。1985 年，改革开放的大潮汹涌而来，在乡亲们的支持下，他带着茶叶走出大山，走向商品经济的大潮中。北上南下，求人买茶，磨破了鞋子，找遍了关系，说尽了好话，尝尽了苦头。几年的辛苦经历不仅使他增长了见识，同时也明白了必须把分散的茶农有机地组织起来，扎木成排，列兵成阵，形成产业优势，才能更快地打开市场。萌生了这个念头后，1989 年初，他向董家河乡政府建议整合全乡茶叶资源，组建五云茶叶总场，得到了董家河乡党委的认可。

1989 年 10 月 12 日，信阳毛尖集团的前身——信阳五云茶叶总场注册成立。刚刚成立的五云茶叶总场条件非常艰苦，场部设于董家河街口，阚贵元担任总场的场长。没有资金，他拿出了全家积攒多年的 1 万多元积蓄。牌子没地方挂，就租用三间民房作为办公室兼加工车间。缺乏技术，他跑信阳农专、信阳师院、地区农科所、安徽农学院等，诚邀专家与当地有经验的种茶师傅联合组成攻关小组，从茶叶的栽培、防病、治虫、采摘、加工、包装、保鲜等环节挨个攻关。茶场同村里签合同，采购的茶叶必须是大山茶，不能以小山茶充大山茶。当时，很多企业因质量问题垮掉了，五云茶叶总场却在逐步发展。茶农跟茶叶总场一起致富，离小康越来越近了，世代种茶人第一次有了自己的“主心骨”。

创企业品牌

信阳毛尖由于分布广、品种杂、牌子多、质量不一等因素，真正意义上的名牌产品尚未形成，辐射范围极其有限。阚贵元知道，从开办那天起，企业要想永远立于不败之地，就必须创造出属于自己的牌子。五云茶叶总场从创建之初就走上了创品牌的艰辛历程。

阚贵元说，那时他最忧心的是没有技术人员，五云茶叶总场成立的时候茶农近 2 000 人，茶园近 8 000 亩，竟然连一个茶叶专业技术人员都没有。于是他决定抓培训，引人才，提高科研水平。

知行合一是阚贵元的一贯作风。五云茶叶总场开始从科研入手，成立了信阳五云茶叶科技研究所，然后聘请国家级专家、高级农艺师黄执优为技术顾问，从茶叶的品种、栽培、防病、治虫、采摘、加工、包装、保鲜8个环节分选出29个重点科研课题，组织技术人员进行攻关。

在阚贵元和总场工作人员的共同努力下，五云茶叶总场提高了产品的技术含量和质量，生产出了自己的特色产品和名优产品。

在调研中，我了解到，1993年1月，五云茶叶总场就申请下来了“五云山牌”商标。质量提升为“五云”品牌的打响打下了坚实的基础，1994年所产的“五云山牌”信阳毛尖在全国名优食品博览会上一举夺得国家金奖，同年打进了日本和东南亚的茶叶市场，实现了品牌质量和市场销售的突破性进展。

五云茶叶总场自从打出了自己的品牌后，发展更为迅速。1997年7月，五云茶叶总场被河南省政府确定为河南省57家“农业产业化龙头企业”之一。同年，“五云山牌”信阳毛尖商标被认定为河南省著名商标。对此，阚贵元说：“创建著名商标，这只是形成茶乡优势的一个方面。如何实施名牌战略，带领广大茶农依靠名牌出山门，尽快文明致富，还需要我们的不断努力。”

经过几年的实际运作，阚贵元看到了信阳毛尖茶巨大的市场潜力和广阔的发展前景，要把公司做强做大，适应市场经济的发展，必须走“公司+基地+农户”产业化一条龙的道路，使茶叶真正成为信阳市的支柱产业，让更多的茶农富起来。

曾任信阳五云茶叶集团有限公司副总经理、现任信阳市车云茶叶有限公司总经理的倪保春告诉我，1998年后，五云茶叶总场从董家河迁址到信阳市鸡公山大街289号，征了19.6亩地，兴建了茶叶销售中心。那时候的茶叶销售中心拥有年储量达30万公斤的茶叶保鲜库，引进的是日本先进设备，建立了茶叶真空保鲜生产线。当年6月19日，企业由集体改为民营，更名为河南信阳五云茶叶（集团）有限公司。同年，公司被信阳市政府定为全市10家农业产业化龙头企业之一。

整合资源做强企业

我在区畜牧局工作的时候，信阳人都谈论五云茶，认为五云将会辐射带动信阳毛尖发展。在我了解到的五云发展历程中，五云没有辜负大家的期望，这个公司在21世纪前第一个十年快速发展，品牌得到进一步提升。在2001年至2005年，公司主要提升茶叶品质和质量，做大做强品牌。2002年，公司通过ISO9001国际质量管理标准体系认证。2003年3月，公司被认定为信阳毛尖原产地域经营单位。同年，公司通过有机茶认证。2004年9月，公司被认定为河南省农业产业化重点龙头企业。2004年12月，公司被列为信阳市重点保护企业。2005年公司通过QS茶叶质量安全管理体系认证。

阚贵元对我说，在品牌资源整合里，最成功的算是整合“龙潭牌”茶叶商标。

2004 年,他审时度势,大胆决策,决定整体收购“龙潭牌”商标,这个商标 1990 年就获得了国家质量金奖,也正是有了这个金奖才有一年一届的中国信阳茶文化节。2005 年 3 月,公司终于实现了“五云山”和“龙潭”两大品牌的强强联合。这不仅为实施品牌兴茶战略创造了成功经验,更为全市茶叶的产业化发展注入了新的活力。公司拥有两块金牌闯市场,优势互补。自 2006 年起,公司连年进入“中国茶业百强企业”行列。

像诸多信阳毛尖企业一样,前期五云茶叶靠自有资本发展缓慢。五云茶叶公司最初是集体企业,2006 年由集体企业转为民营。2006 年到 2010 年,开启了资本入驻茶企的先例。

我了解到,五云茶叶公司第一次引进资本是在 2007 年。当时引入了政府资金,转由河南投资集团控股。但是,河南投资集团的主要资金投向集中于资源型、基础型和现代物流业等优势产业及基础设施、高新技术等项目,茶叶属于充分竞争行业,与民营资本相比,国有资本并不占优势。随后,河南投资集团从五云茶叶公司退出。

五云茶叶公司第二次引进资本是 2008 年 7 月。五云集团和信阳弘昌集团正式签字联合,河南弘昌集团入主五云茶叶公司,成为控股 75% 的最大股东,这是产业资本首次大举进入“信阳毛尖”茶类的案例。

我在与担任过信阳毛尖集团常务副总裁陈晓武交谈时,他说,信阳毛尖本身就有“绿茶之王”的美誉,基于企业实力和信阳毛尖在绿茶里的领导地位,再加上现在市场化的资本运作,有信心把信阳毛尖集团打造成绿茶行业的航母。在资本入驻后,弘昌集团给五云茶叶公司带来的改变也是非常明显的。在人才上,五云茶业以百万年薪引入职业经理人,员工也成倍增加,机制逐步规范。2009 年 6 月 22 日,信阳五云集团集云茶叶有限公司成立。7 月,五云集团公司又收购“陆羽”商标。“陆羽”商标在中国内地注册保护类别达 16 个,在欧盟 29 国、澳大利亚、土耳其和中国香港注册保护类别达 5 个。五云集团此次巨资购买“陆羽”商标,承载着国人更多的祝愿和期待,是五云集团实现由著名品牌向驰名品牌、行业品牌向社会品牌、国内品牌向国际品牌快速发展的一个重要步骤。至此,拥有“龙潭”“五云山”“陆羽”三大知名品牌,发展越来越好。

“信阳红”风暴来袭　公司更名大发展

2009 年我调到区茶办上班后,时任河南省委书记卢展工到信阳调研茶产业,并为开发“信阳红”红茶点题。2010 年 4 月,浉河区率先研制出“信阳红”。为将“信阳红”推向全国市场,帮助茶区发展红茶产业,同时把信阳红茶的独特魅力推介给世人，让信阳文化与“信阳红”结合，孕育信阳红精神，尽快形成信阳红文化，2010年9月起，由信阳市委、市政府主办，市茶办、浉河区委、区政府及相关茶企业承办的“信阳红风暴”活动先后在北京、郑州、武汉、上海、广州等大城市启动。五云茶叶公司在此次活动中凭借雄厚的资本优势占得先机，大手笔打造品牌形象。经过一系列宣传推广后，我和同事在2010年底到五云茶叶公司调研时了解到，“龙潭牌”信阳红销售额占到五云茶叶公司全部销售额的40%，大大提升了企业实力和品牌影响力，“信阳红”让五云茶叶公司更上一层楼。

我记得在2011年福建安溪铁观音集团与五云茶叶公司就战略合作签约时，安溪铁观音方面有人士提议，五云茶叶公司应改个名字，叫“信阳毛尖集团”，这样合作的身份才更“对等”。这一建议，得到了信阳有关方面的认同，2011年8月13日，在信阳召开了河南信阳五云茶叶（集团）有限公司更名专家论证会，我因故没能参加。据报道，论证会除了一些有关部门代表之外，还邀请了来自浙江大学、省农业厅、市农科所、信阳农专的10余位茶叶专家，五云茶叶公司的负责同志也参与了。最后达成一致意见：信阳需要，五云达标，龙头带动的方式良好，认为改名可行。

这次专家论证会迅速引起信阳多家茶企的不满。信阳市文新、九华山、蓝天三家茶企，联名向当地多个职能部门提交《关于信阳毛尖名称使用事宜的请示报告》，认为五云茶叶公司涉嫌以企业注册名称变更的方式，独占“信阳毛尖”公共品牌资源，损害经营信阳毛尖同行的利益。恳请政府站在维护业界公共利益的角度，对“信阳毛尖”公共品牌作企业名称使用再予考虑。

会后，为了“推龙头、带产业”，五云集团递交了改名的申请。紧接着，信阳市茶叶协会出台（2011）1号文件，作出同意五云茶叶集团更名为信阳毛尖集团的批复。2012年1月12日，五云茶叶集团的更名批复得到河南省工商局批准。

2012年5月18日上午，中国国际茶学院筹备启动暨信阳毛尖集团揭牌仪式在羊山新区五云茶产业园区举行。当天，茶叶飘香，嘉宾云集，彩旗飞舞，礼炮阵阵。省人大常委会副主任、省茶文化研究会会长亢崇仁，中国茶叶流通协会常务副会长王庆，省委巡视组组长马蕊，省农业厅副厅长马国明，省供销社副主任、省茶叶协会会长王勇，信阳市委副书记、代市长、组织部部长乔新江，信阳市人大常委会主任姚铁璜等四大班子领导，与全国各地知名茶企、茶商代表，信阳产茶县区人民政府以及茶企、茶农代表，《人民日报》、《中国日报》、《法治日报》、中新网、新华社、新浪网、《香港大公报》、《香港文汇报》、《河南日报》、河南电视台、河南人民广播电台等40余家主流媒体，共500余人一起见证了这一永载信阳茶史的时刻。

更名后的信阳毛尖集团快速扩张，至2013年公司下辖10个分公司，368家专卖店、会所。其中斥资2 000万元在茶山内建设龙潭会所。在全国大中城市设立

769 家合作代理商,260 家加盟专卖店。在美国纽约、英国伦敦等城市设立分公司。公司进入高投入和快速扩张的发展道路,提高了信阳茶叶生产的技术水平和创新能力,增强了信阳毛尖产品的市场竞争力,也带动更多的茶农、茶企共同致富。

本文由浉河区政协提供。作者刘畅,男,1970 年 2 月出生,信阳市平桥区人。中共党员,大专学历。1993 年起在浉河区柳林乡工作,曾在农技站任副站长主持工作。1998 年起在浉河区谭家河乡工作。2002 年起在浉河区畜牧局工作,任副主任科员。2009 年起在浉河区茶业局工作,历任纪检组长、副局长。2019 年 3 月至今,任浉河区林茶局副局长、党组成员。

车云山的当家人

——三访车云山村党支部书记席本刚

袁维龙

席本刚，是信阳千年名茶山——车云山村的党支部书记，今年61岁，他在这个岗位上已经干了30年了。他说他老了，车云山却年轻了！

车云山位于信阳市西部，在浉河区董家河镇境内，距市中心城区30公里，昂首屹立在西山的群峰之间，以产国优名茶而荣贯古今，扬名中外。我在当记者的几十年生涯中，几乎跑遍了信阳的名茶山，而去的最多的就是车云山。所以，席本刚是我的老朋友。实话实说，车云山发生的巨大变化，是他“当家”的30年间和茶农们一起干出来的。这些年我没少宣传车云山，然而专访席本刚只有3次，却给我留下了难忘的印象。

一访席本刚：阚贵元称赞“他是车云山的当家人”

春天的信阳茶山，绿得流油，绿得醉人，到处飘洒着信阳毛尖的芬芳。因1999年世博会定在中国的昆明举行，根据河南省委、省政府的指示，信阳市委、市政府要求信阳电视台抓紧摄制一部电视专题片，送世博会展播，点名由我撰稿，五云茶叶集团总经理阚贵元牵头，5月份必须完成任务，此时正是春茶开采季节。一天，阚总带着我们摄制组一起去车云山，随行的五云茶叶集团工作人员提着一大包现金去山上收购春茶。阚总告诉我，1998年6月信阳五云茶叶集团有限公司宣告成立，下辖车云茶场、集云茶场、云雾茶场、天云茶场、连云茶场、良种茶叶试验场、板栗银杏试验场、十里岗林茶场、浉河港茶场和信阳销售中心10个分支机构，拥有茶叶、板栗、银杏生产和实验基地18 000亩，吸纳了480多个农户，从业人员达800多人，固定资产1 800万元，是被河南省政府定为全省重点支持的57家农业产业化龙头企业之一。他说，我们实行“公司+农户+基地”的模式，这些茶场采制的干茶一律由五云茶叶集团统一收购，统一价格，统一销售，茶农只管种茶，公司包销,合作双赢,从而加快了茶产业的发展——这就如同多年以后土地流转的模式。

清晨7点左右,我们登上了车云山。手提着茶篮、布袋的茶农已经排着长队,等着公司收购茶叶。席本刚正在那里跑前跑后,维持秩序,忙得满头大汗。他见我们来了,赶快迎了过来,亲热地问长问短。他说去冬今春雨水好,今年的春茶鲜嫩、肥厚、香浓,质量高,阚总出的价钱也不低,茶农们心情好,情绪高,有的天没亮就来了,卖了干茶还回去采青茶。阚总和五云集团的员工立即开始验收茶叶,他们和茶农们打得火热,有说有笑,亲密得好像一家人。

席本刚约我们摄制组到他家中采访,他和周围的茶农住的都是两层农家小楼。他给我们每人沏了一杯刚炒制的车云山毛尖茶,杯中的茶芽儿,经开水冲泡,个个芽尖朝上,缓缓摇动,恰似一群美女翩翩起舞;茶汤色泽浅绿淡雅,一股熟板栗味清香馥郁,扑鼻而来,茶水入口绵爽,回味甘甜。这不仅是我一生中喝到的最好绿茶,我敢说也是世界上最好喝的绿茶。

这一回,我认真打量了席本刚。他说他是1953年的人,已有46岁了,看上去他的相貌要比他的实际年龄小得多:一米八的细挑个头,浓眉大眼,很有几分英俊和潇洒;讲话时声音浑厚,直来直去,不会拐弯抹角;举手投足,干脆利索,干起活来,风风火火,像个30来岁的小伙子,身上充满了青春的气息,给人以精明干练的印象。

席本刚当过兵,扛过枪,1973年复员,任民办教师。1985年9月经群众推选,组织决定由他担任车云山村党支部书记,那年他32岁,一干就是14年。他谦虚地说这些年只办了三件事。

第一件事是修通了6公里长的盘山公路。他讲了一个有趣的故事:1983年,信阳地区行署专员徐国梁,新中国刚成立时当过信阳县委书记,曾徒步上过车云山,这次他到董家河乡调研,想到车云山上看看。乡党委书记告诉他上山的路不通,小车上不去。徐专员叹了口气说,现在他老了,步行是上不去了。他问道:"修条上山的公路需要多少线?"乡党委书记说5万元就够了,徐专员点点头,很快5万元的修路钱就批下来了。由于多种原因,两年多过去了,路也没有修通,特别是上山的过河桥还是个半拉子工程。

要想富,先修路,席本刚心里明白,这条路对于山顶上的车云山村是何等重要。他一上任就抓修路工程,穿梭于交通部门和施工单位之间,"好话说了一火车",交通部门和施工单位的负责人被感动了,他们进行协商,只用了3个月时间,桥就架好了,一条6公里长的沙石路就修通了。村民们第一次见识了席书记的协调能力和工作效率,一片赞扬声。后来,在席本刚的努力下,车云山村争取到旅游路项目,2012年国家投资200万元,阚贵元的五云集团捐资270万元,把这条沙石路改建为宽5米的水泥路,从此,大路朝天,十里入云端,轻车直上车云山!

第二件事是办电。席本刚说,1985年车云山上还没有通电,百多户人家还靠煤油灯照明,这黑灯瞎火的日子咋过?没电咋能实现茶叶生产现代化?他要下决心办电,党支部作出决定:党员带头,自筹资金,自力更生,解决用电问题。席本刚和村干部们走东家串西家,动员乡亲们集资办电,共筹集4万元。他凭这点家底跑到县里找领导,找电业部门,人家说电业物资材料涨价,这点钱要从十几公里外接通电源是杯水车薪!眼看办电的事要泡汤,他听到一个消息:湖北省随县车云山村也要办电,因资金不足尚未动工。两个车云山村过去是一个村分开的,山水相连。席本刚想何不把两个村的钱捆绑在一起建一条线路,解决两个村的用电问题呢?他把这个主意告诉了近邻的湖北的乡村干部,双方一拍即合。于是河南、湖北两个车云山村,同架一条电线的工程启动了。席本刚带着20多位党员和村组干部,冒着三九严寒,踏着积雪在往返80里的山路上挖窑、立杆,和电业工人一起架线,苦干了20天,终于在1988年农历腊月二十九通电,千年名茶山终于迎来了光明,喜庆的鞭炮和迎新年的鞭炮响成一片,乡亲们说,那一年是他过得最亮堂、最高兴、最热闹的一年!

第三件事是种茶。茶叶是车云山的主产业、命根子、聚宝盆、摇钱树。车云山人世代种茶,种出了贡品,种出了名声,但是一直没有富起来。直到1985年,全村种茶面积满打满算只有七八百亩,人均收入不到400元,种了这么多年的茶,只能说解决了吃饭问题。席本刚意识到,车云山要想富,必须扩大种茶面积,增加产量。于是他和党支部一班人带领全村人开山种茶,多种茶,种好茶。到1999年种茶面积增加到2 000多亩,小山村开始走上了小康之路。

上午11点,结束这次采访,我们和阚总一起下山,我讲起席本刚办的三件大事,是看得见、摸得着的政绩,不像有些人搞花架子工程,劳民伤财。阚贵元对席本刚给予了公正客观的评价。他说:"席本刚是车云山村的当家人、'定盘星',现在和今后都离不开他!"

二访席本刚:袁维龙诗曰"风过车云带笑声"

信阳的五月,气和风轻,是一年中最具活力的时候。金灿灿的小麦刚刚收打入仓,泛绿的秧苗随风摇动,国优名茶之乡流绿滴翠,星罗棋布的河塘库堰碧波涟漪,鸟儿展翅啼唱,鱼儿冲浪戏水,好一派北国江南、江南北国风光。2010年5月31日,我和信阳市老年诗词研究会(我是副会长)的23位诗友应五云茶叶集团董事长阚贵元的邀请前去车云山采风,我乘机第二次专访了席本刚。他给我讲了毛主席寄茶钱的故事。他说,几十年来,一届届车云山村党支部都牢记着毛主席的嘱托，带领乡亲们多种茶，种好茶。开始富裕的车云山人没有忘记毛主席，2008 年 3 月 28 日村党支部主持召开了纪念向毛主席献茶 50 周年座谈会。会上，茶农们抚今追昔，畅谈茶乡的变迁。建议党支部代表全村人给时任河南省委书记徐光春写封信，把茶农的好消息告诉省领导。

徐光春书记于 5 月 12 日回了一封热情洋溢的信，鼓励车云山人把茶叶变成“钱袋子”，把茶山变成“金山”“银山”，把茶产业做强做大，带头建设好社会主义新农村。党的关怀是车云山人拼搏奋进力量的源泉，是他们勤劳致富的动力。

车云山村有一个坚强的党支部，席本刚和支部成员、党员都是土生土长的种茶人，是种茶的高手，他们带头种茶，帮助乡亲们种茶致富，党群关系十分融洽。他这一次接受我的采访，比 10 年前站得高、看得远了。他说：“车云山茶出名有近 2000 年的历史了，牌子绝不能砸在我们这一代人手里，要让它发扬光大！党组织和乡亲们让我当家，我就要当好这个家，我们党支部的目标是，维护名茶品牌，做大茶叶产业，建设河南第一茶村。”他带领全村人在市场经济大潮中，充分发挥品牌优势，大力推广无公害、无污染生态茶园，禁止使用有毒农药。严格把好采摘、炒制关，把传统的工艺与现代化的机械设备完美地结合起来，保持车云山信阳毛尖茶叶的独特风格。茶农们本着自愿的原则成立了车云山茶叶生产合作社，实行统一制作工艺，统一质量标准，统一施有机肥，统一经营渠道，出进一个口，严防假冒。由于货真价实的名牌效应，所以车云山出产的毛尖茶一直供不应求，而且茶农们没有卖过一两假冒茶。

席本刚说，车云山方圆 4.5 平方公里，110 多户、500 多口人，2004 年本山茶已发展到 3 000 多亩，但他嫌这个家业还是有点小，他要向外扩张，“借鸡下蛋”。2005 年春天，他又一次来到湖北省的车云山村。这个村与席本刚的车云山村地搭界，山相连，一样的天，一样的地，一样的气候，一样的风水，但不会种茶，两个车云村两种景象，河南车云村漫山绿油油都是茶园，而湖北车云村满目是荒草芜坡，村里人眼看着邻居种茶致富了，心里急了，催着村干部与河南车云村合作。正好这时席本刚来了，他找到村党支部书记周国启商量联合种茶的事，二人一拍即合，河南车云村租用湖北车云村 2 500 亩荒山。河南车云村提供茶苗和技术，帮助湖北车云村种茶，联手打造信阳毛尖茶叶基地。席本刚的车云村的茶园面积一下子扩大了 1 500 亩，总面积达 5 000 亩。湖北车云山村的农民也学会了种茶技术，全村也种了 2 500 亩茶，农民收入翻了一番还多。

车云山开始富了，家家都盖起了小洋楼，户户都用上了家用电器。过去从河南、四川、湖北、重庆、广西、贵州等地来这里采茶的 20 多位姑娘，嫁到了车云茶山。四川来的龚玲告诉我，她嫁到车云山，一家人很和睦，乡亲们对她也很好，把她当作真正的车云山人，她感到很幸福。

车云山人感受最深的是党的政策好，党支部领导得好。村党支部2007年7月被河南省委授予“五好”村党支部称号，车云山村2008年4月被省政府授予“全省新农村建设先进单位”称号。村党支部书记席本刚还应邀参加了河南省第一届“百名村官论坛”，村民们把村的荣誉当作自己的荣誉，把车云山名茶当作每一个人的形象。席本刚告诉我，正在着手把车云山村建设成为“河南茶叶第一村”。车云山自然景观和人文景观多，底蕴厚重，我们围绕“茶”字做文章，发展立体经济，不仅让村里乡亲全面实现小康，而且让车云山村和车云山茶一样在社会主义新农村建设中成为一个响当当的品牌。

这次来车云山采风的老年诗友们都诗兴大发，放歌车云，我也顺口一溜，即兴作了两首诗。这次采访我写了一篇稿子——《香透车云山》，被编成15分钟的电视专题在河南电视台和信阳电视台播出，还被评为市优秀电视节目二等奖。

三访席本刚：唐道武夸道“他在铸造名茶魂”

2014年8月30日，秋雨蒙蒙。我和信阳广播电视报原副总编唐道武、董家河镇党委原宣传委员郝运修、信阳毛尖集团向纪品一行重上车云山，看望老朋友席本刚。山还是那座山，路却不是那条路，司机小张驾驶着“别克”小轿车，冒雨前行。我还没反应过来，车已经到了车云山头了。

唐道武是我的老搭档，他的家就在八大名茶山的云雾山中，我俩合作主编和参与主编了多部信阳茶专著，被认为是信阳小有名气的茶文化专家。1982年我俩联合采写的通讯《千年名茶飘异香》，说的是改革开放初期车云山茶农发展毛尖茶的事，全文3 000多字，是我们第一次大力度地宣传车云山。这篇稿子在河南人民广播电台播出后，获当年度河南省优秀新闻作品一等奖。

今天我们故地重游，感到一切都很新鲜，拔地而起的宾馆，错落有致的茶农别墅，纵横交织的水泥路，来往穿梭的茶农私家车……高山顶上的名茶村果然日新月异，一枝独秀。

席本刚在车云山山庄和我们交谈了两个多小时，他回顾了车云山30年的发展变化，很有感慨地说：“茶叶单打一不行，我们的思路是：发展茶产业，壮大茶经济，弘扬茶文化，开展茶旅游，要让更多的人走进车云山，让他们来了有看的，有买的，有吃的，有住的，有喝的，有乐的，给我们带来永不枯竭的财源。”他重点谈了近几年车云山的茶文化建设。他掰着手指头算着拍了多少电视节目，上了多少报纸，刻录了多少光碟，印了多少画册，搞了多少文艺活动。他说，这些在宣传车云山中发挥了很重要的作用，但是挣不到钱。于是他想到了修建千佛塔，并很快大功告成。他讲得引人入胜，我们听得津津有味。唐道武说：“他在打造车云山茶文化，是在铸造名茶魂！”

古老的车云山流传着许多美丽的传说，千佛塔就很动人：远古时候，有一条恶龙在车云山一带呼风唤雨，兴风作浪，危害百姓，民不聊生。有一年，唐代女皇武则天患了病，久治不愈，用车云山的茶叶当药引才药到病除。武则天大喜，从此信阳茶便成了唐代的贡茶。武则天问茶农有何要求，地方官奏道有恶龙肆虐。武则天专拨300两黄金白银，从洛阳运来青石，在车云山上建一座千佛塔，把恶龙压在千佛塔下，以保茶农平安。恶龙压在塔下动弹不得，经常叹气，气体形成白云，状如车轮滚滚，车云山也由此得名。清乾隆年间贡生陈悌有诗云："云去青山空，云来青山白。白云只在山，常伴山中客。"唱的就是车云山。时间久了，恶龙改恶从善，化成绿色茶带，宛如条条青龙，缠绕在车云山，造福百姓。一千多年来，千佛塔保护着茶山安宁，香火兴旺。因为时间久远，加上其他因素，原塔已经不复存在，但每年都有来自各地的游客到旧址参观膜拜。

席本刚下决心重建千佛塔！他认为千佛塔是信阳茶的独特标志，是车云山的象征，记录了一段光辉的信阳茶史，流传着千百年美丽的故事，凝聚着世世代代种茶人的感情，承载着厚重的信阳茶文化。重修千佛塔无论是传承茶历史，还是弘扬茶文化都具有重要的意义，而且还可以成为旅游的一大景观，顺应天时地利人和。他向党支部提议重建千佛塔，同时征求村民意见，受到全体村民的一致拥护，党支部很快形成决议。席本刚携带着车云山村党支部的报告，到处奔走呼吁，引起了市委、市政府和区委、区政府的高度重视，得到慈善人士的大力支持。市委责成市区文化局等有关部门积极配合，浉河区政府投资20万元，民营企业万家灯火集团捐资300万元，民间捐赠80 000元，其中，席本刚到郑州茶叶大市场找茶商、茶贩募捐60 000元。

重建工程于2010年10月动工。重建的千佛塔保持了唐代建筑风格，大气、古典、庄重，并严格保护自然生态环境。整个工程历时近一年，塔高7层、29.6米，于2011年9月竣工，一座原汁原味、古色古香、巍峨壮观的千佛塔重新屹立在车云山的山巅。塔内供奉着释迦牟尼和10多尊佛像。信阳五云茶叶集团出资40万元，修了一条通往千佛塔的1.5公里的贡茶古道，使千佛塔更加蔚为壮观。每年正月十五、十六，方圆数百里的茶农和全国各地的游客纷至沓来，敬香礼拜，每天达1万多人，常年香火不断。

席本刚干出了名堂，越干越想干，越干越会干，越干越敢干。他说，弘扬茶文化要让广大人民群众参与，要让我们的茶文化和国优名茶一样生在车云山，走向大世界。2014年春节过后，他经过深思熟虑，要在车云山办一个春茶开采节。他说，这个节不是政府办的，也不是车云山村办的，是所有前来参与的人共同办的。从4月5日采茶开始，到5月5日结束，历时1个月。由车云山村提供茶园，前来参与的人采茶,村里按每斤青刁(鲜条茶叶)80 元全部收购,大家白天采茶,晚上在村文化广场联欢,临走前的最后几天,谁采的青刁炒成干茶归谁所有,每斤干茶只付加工费五六十元。席本刚在网上发布了这个消息。他说让他大吃一惊,人们成群结队拥向车云山,来参加采茶节的人有 5 万之众,整个车云山村沸腾了,家家户户客人爆满,一位茶农每天做几百盒 10 元一份的盒饭,累得不愿干了,只好转让给湖北车云山村的人做。席本刚说,我们这个采茶节没向政府要一分钱,没叫茶农摊一分钱,却办得红红火火,不仅解决了采茶时节采茶女难找的难题,给家家户户带来了可观效益,还传播了信阳毛尖采制技术,弘扬了信阳茶文化,让前来参与的人得到了数量可观的最正宗、最便宜、最实惠的车云山毛尖茶,客人、主人皆大欢喜!

三访席本刚,跨度 15 年,车云山村发生了天翻地覆的变化,但是他们的当家人似乎没有多大的变化,61 岁的席本刚依然充满着年轻人的活力,他的开拓精神没有削弱,他的信念没有动摇,他的奋斗目标没有转向,他在前进路上没有停步,他与乡亲们的感情没有疏远!他正在和车云山的乡亲们一起奋斗,努力建设河南第一茶村。我们相信这个目标很快就会实现!

本文写于 2014 年 9 月 5 日,曾在信阳老新闻工作者协会主办的《老记者视野》杂志和新华网等多家媒体发表。

我在茶办工作的日子

张广成

我是浉河人，生在茶乡，从小就对茶叶有着深厚的感情。不管是家里来客人还是出去串亲戚，总能喝到一杯热乎乎的、带着板栗香的信阳毛尖。那时的我对家后山上的这片叶子并没有太多的关注，只觉得是家里不可或缺的东西。直到 2009 年组织安排我到浉河区茶叶办公室工作，才开始了我与这片叶子的不解之缘。

初 始

当时的茶叶办公室是个名不见经传的小单位，只有 6 个人，老同志居多，连办公电脑都没有几台，很多制度也不完善。刚接手的时候，我思绪万千。可是既来之则安之，既然组织这么信任我，我就一定能把这个工作干好。第一步就是招兵买马。经向区领导请示，2009 年，我们从安徽农业大学招录了 4 名茶学专业硕士研究生，给单位注入了带科技含量的新鲜血液。第二步实地调研。我三天两头跑产茶乡镇，跟茶农聊天，掌握第一手资料。在我们当地，茶叶是个望天收的营生，当年的收成几何，全看天气。有时候一场大雪，春茶就能减产很多；一场持续高温，就能把茶叶晒得枯黄。茶园管理意识在茶农心中普遍淡薄，可是想提高茶园产量、茶叶品质，还真需要懂点茶园技术。那些日子，我经常和区领导一起到全国先进的茶叶县区调研，看看人家的先进做法。一有机会我就和信阳的茶专家一起探讨茶产业发展问题。在学习的过程中，我深深感受到加强茶技术教育、培养茶叶专业人才，才是保持茶产业持续健康发展的战略选择。

2009 年恰是浉河区茶产业发展的机遇年。这一年的年末，时任河南省委书记卢展工到信阳视察工作，对信阳的茶产业发展指出了一条新的思路：信阳要加大夏秋茶开发力度，增加群众收入，要尝试开发新的茶叶产品，可以开发信阳红茶，命名为“信阳红”。

时间紧，任务重。由我牵头组建了一支由茶叶专业硕士研究生和调集的精兵强将10人的红茶研制团队,经过106天不分白天黑夜的反复试验,终于研制出了获得知名专家肯定的信阳红,这次成功,让我深深感受到了科技的力量和素质的重要。

诞　生

2010年,信阳红研制成功的消息传遍了祖国的大江南北,"信阳红风暴"辗转各地,浉河区的茶产业有了大踏步的跨越。可是,当时茶叶从业人员素质参差不齐,尤其是信阳红研制成功后,如何让茶农尽快掌握信阳红加工技术就成了我日思夜想的事。于是,对浉河茶农组织大规模培训,整体提高全区茶农素质这件事就提上了日程。但要培训的人数庞大,苦于没有合适的培训场地。经过多方打探,也是机缘巧合,浉河区总工会大楼建成了,里面的培训教室宽敞明亮,设备齐全。幸运的是区委、区政府对茶产业培训学校的创办也高度重视,成立了专门的领导小组,抽调精兵强将,集中时间、集中精力,在很短的时间内完成了筹建工作。于是,在各方努力下,2011年4月28日,浉河区茶产业技术培训学校正式成立了,这是全市第一所茶产业技术培训学校。

在浉河区茶产业培训学校的教室里,挂着的简章中是这样介绍的:浉河区茶产业技术培训学校是区委、区政府整合涉农培训资源,依托区总工会培训基地组建的一所面向全区茶农,以培养茶叶种植、加工、营销、茶艺等茶产业技术实用人才为主体的职业技术培训学校,是面向茶产业、服务茶发展,集培训、教研为一体的教学科研服务实体。可以这样说,茶产业技术培训学校是伴随着浉河区茶产业"6316"振兴工程而生的,对促进浉河区茶产业持续健康发展,增强茶叶的竞争力,增加茶农效益,提高茶农科技文化素质具有重要意义。

是的,意义非常重大,可以说是开启了浉河区茶产业发展的新篇章。

传　承

茶产业培训学校建成后,承接了全区茶产业培训工作。在那些日子里,是繁忙而充实的。来自各个乡镇的茶农们,自告奋勇地报名参加培训班的学习。看着一张张黝黑而又求知的脸庞,那一刻,我觉得再辛苦都是值得的。

我针对当时的茶产业专业化、规模化发展趋势,为帮助茶农掌握一技之长,提出了分层次开展多项专业化技能培训的计划。有围绕生态有机茶园建设、绿色防控先进技术应用的种植技能培训,有针对规模较小、质量卫生状况较差、产品结构单一等问题开展的加工技能培训,有突出清洁化、规模化、标准化加工的茶产业标准化体系培训。我们还特设了营销技能培训,组织营销经纪人到各大茶叶市场考察,鼓励茶农、茶商开设信阳毛尖、信阳红直销店。经过几年的努力,全区茶叶经纪人在全国各地开设的直销店有1 500余家。同时，我们还整合资源进村授课，在区委、区政府的大力支持下，区人才办整合区总工会、区人社局、区林业局、区扶贫办、区农业局等培训资源，开展进村办班、订单教学。通过采取集中授课、分散培训和实践操作相结合的方式，提高了培训实效、我还组织专业技术人员总结茶叶种植、管理和加工等生产实践中积累的经验，编写了《生态有机茶园种植管理技术规范》《信阳红简介、加工工艺及冲泡方法》等培训教材，分发给茶农10万余册。与此同时，开通了专家咨询热线，方便茶农能及时有效地解决茶园种植管理中出现的问题。通过茶业实用人才培训，全区一大批茶农掌握了一技之长，加快了浉河区茶产业的发展，拓展了茶农增收渠道。

有了这些基础，我开始着手生态茶园种植管理工作，不再为缺技术能手而担心。2012年，我审时度势，根据浉河区茶产业发展情况，也为以后茶园便于管理，为机械化生产做准备，我向区里打报告申请了新建茶园栽种无性系茶苗的优惠政策，对生态有机无性系茶园实行免费提供无性系茶苗。政策执行当年，区财政就投入了1 200万元资金，调进无性系茶苗8 000万株，投入人力6 000多人次栽种茶苗，完成了14 000亩无性系茶园栽种工作。经过5年的发展，全区无性系良种茶园面积已达40万亩。我们先后从福建引进了“福鼎大白”“乌牛早”“白毫早”“金观音”“黄观音”等一批优质无性系良种，建成了农业部国家标准无性系茶叶示范园、李湾万亩无性系生态茶园、浉河港郝家冲、浉河区黄庙等30多个1 000亩以上的无性系标准茶园示范点。同时，我们也开始着手建立自己的育种基地，在浉河港郝家冲和吴家店杨河村建成2个无性系茶苗育苗基地，每年育苗近400万株。值得一提的是，优良品种“信阳10号”是河南省唯一被国家审定的优良品种，抗寒性、抗逆性、扦插繁育力都极强，优于其他群体种。祥云公司的“信阳10号”良种繁育基地，占地295亩，已成为江北茶区最大的茶树良种繁育基地，为浉河区茶园提高良种率奠定了坚实的基础。

2013年，为充分调动我区茶叶产业人才在特色区域经济建设中的积极性，我联系浉河区人才和知识分子工作领导小组，开展了浉河区茶产业领军人才推荐工作。到2015年，全区茶产业领军人才队伍总量已达到70人，其中领军茶叶企业和茶叶合作社人才25人，领军茶叶经纪人人才7人，领军茶叶种植和炒制人才18人，领军茶产业技术传播人才9人，领军茶文化传播人才11人。全区茶产业领军人才队伍不断壮大，素质不断提高，带动发展能力明显增强，呈现良好的发展势头。特别是高学历茶产业专业人才的引进和中青年领军人才的培养，为我区茶叶产业不断壮大、产量不断提高、效益不断提升、茶农持续增收做出了重要贡献。这个时候的浉河，茶行业人才辈出，个个摩拳擦掌，一比高下，跃跃欲试。

打铁要趁热，我想着是时候让大家拿出本事比试比试了。从2009年开始进行信阳毛尖炒茶大赛，以2014年最为热闹，这届报名人数最多，高手如云。犹记得这场比赛是在茶王之乡浉河港镇举行的，天气晴朗，人头攒动，选手们穿着白大褂，戴着头套和鞋套，在新建的手工炒茶车间里大展身手，获奖选手将被浉河区人才办授予“浉河区优秀特色农业（茶叶手工炒制）人才”荣誉称号。

浉河区信阳毛尖传统工艺手工炒茶大赛举办至今，已经是每年信阳茶文化节节目单上必备的节目。它不仅是一场比赛，而且承载着更多更深的内容。因炒茶大赛，我们的信阳毛尖传统炒制工艺得到传承并发扬光大；因炒茶大赛，更多人加入到保护信阳毛尖传统炒制技艺非物质文化遗产中去；因炒茶大赛，更多的年轻人成为炒茶能手，使得原汁原味的正宗信阳毛尖永世流传；因炒茶大赛，提高了大家对信阳毛尖传统炒制工艺的重视，手工制茶工艺和炒茶技术得以不断完善，巩固提高了信阳毛尖在中国十大名茶中的位次。也在无形中，提高了我区茶农的茶技知识和制茶水平，这就是炒茶大赛的魅力所在。更为欣喜的是，我区的车云顶峰茶叶科技公司伍德军、信阳市车云山茶叶有限公司倪保春、信阳文新茶叶公司陈正军入选中国制茶大师行列。

多年耕耘，终有收获。浉河区茶产业培训工作在区委、区政府的正确领导下，充分发挥了茶叶专家人才优势，广泛开展了茶叶种植、加工、营销、茶艺等环节的实用技术培训工作，让茶农有技术、有想法、有干劲，为茶农自身发展开拓了思路，为浉河区茶行业健康发展奠定了基础。浉河区已累计培训茶产业实用人才13万余人，其中茶叶种植能手2万人，营销经纪人0.5万人，制茶师、茶艺师0.5万人，熟练采茶工10万余人，带动全区30万农民从事茶产业致富奔小康。浉河区现有茶园面积60万亩，年产干茶4.8万吨，涉茶产值86亿元，全区农民人均纯收入的70%来自茶产业，真正实现了区以茶名、民以茶富，有效促进了浉河区茶产业的高质量发展。

欣 慰

今年是“十四五”规划的开局之年，也是乡村振兴规划实施的第一年，浉河区茶产业发展任重而道远。今后，加快茶叶科技创新，调整茶产品结构，大力发展夏秋茶，开发茶叶精深加工产品等或许将成为下一个工作重点，将会对茶业人才提出更高要求。吾辈生为浉河人，定不负重托，将继续在提升茶行业素质、促进茶产业更高质量发展上砥砺前行。

与茶结缘，今生足矣！

本文由浉河区政协提供。作者张广成，男，汉族，1963年8月出生，信阳市浉河区人，大学本科学历，中共党员。现任浉河区林业和茶产业局党组书记、局长，中国名茶专业委员会副主任。

首届中国十大名茶论坛亲历记

张广成

我是张广成，从2009年起，我就一直从事与茶有关的工作，首届中国十大名茶论坛在我市召开时，我任浉河区茶办主任、书记，有幸作为信阳毛尖的代表参加了那次论坛。

论坛召开背景

我们都知道，中国十大名茶传承已久，十大名茶的每一个成员都有着辉煌的历史和不朽的传奇，是历代劳动人民智慧的结晶。我们探究过龙井十八御茶树的传说，也听说过阿祥与碧螺的美好爱情；我们为祁红鼻祖胡元龙轻视功名而击节，也为正志和尚学黄山毛峰的清高而赞叹；我们缅怀过总理的六安瓜片情结，也追思过后唐明宗的君山银针幽情；我们想去武夷岩上挂红袍，也曾想再梦观音指灵草；我们想象过伟人毛泽东题名都匀毛尖的感人场面，也设想过诗人苏东坡赞誉信阳毛尖的动人情景。可以说，是祖国秀美的山河孕育了享誉中外的十大名茶，勤劳善良的各族人民赋予了十大名茶深厚的人文内涵，同时十大名茶也为各族人民的美好生活平添了一种隽永的情趣。

特别是改革开放以来，我国的十大名茶产区经过大改革、大开放、大开发，茶产业飞速发展，为当地的经济社会发展做出了卓越的贡献。

但是，近年来茶叶种类多、管理无序、标准缺失，导致了全行业无序竞争和低层次竞争，严重影响了十大名茶的品牌和声誉。为此，十大名茶原产地的业界代表一致认为，为维护中国十大名茶品牌形象，为代表中国名茶发展最高成就、获得大家广泛认可的十大名茶，提供一个展示各自风采、加强交流与合作、探索茶业发展方向和畅叙茶人友谊的有效平台，十大名茶应汇聚一堂，共商大事谋发展。

论坛召开

2010 年 4 月 27 日，我记得那是一个阳光明媚、微风轻拂的日子，信阳市浉河区政府前的豫花园宾馆里高朋满座，嘉宾如云。中国茶叶流通协会秘书长吴锡端，市领导乔新江、尹保斌、赵主明、陈民出席论坛，霍勇、邵春杰、乔林智等区领导及来自十大名茶原产地的代表西湖龙井、洞庭碧螺春、黄山毛峰、六安瓜片、祁门红茶、都匀毛尖、君山银针、武夷岩茶、安溪铁观音以及信阳毛尖参加了论坛（众所周知，十大名茶版本较多，此次论坛参会名单是根据 1959 年的版本邀请的），同展名茶风采，共商十大名茶发展大计！

这次论坛的主题是“茶，让生活更美好”。会议开始由信阳市浉河区委书记霍勇致辞，他在致辞中说，举办中国十大名茶论坛，目的是为代表中国最高成就的、获得历代劳动人民认可的十大名茶，提供一个展示各自风采、加强交流与合作、探索茶业发展方向和畅叙茶人友谊的有效平台。

接着，十大名茶原产地的代表纷纷在论坛上发言，相继介绍了十大名茶的历史和现状。

然后，信阳市领导乔新江在发言中说，我市历来高度重视茶产业发展，茶叶已成为信阳山区农民的重要收入来源，是富民强市的重要支柱产业之一，为信阳经济又好又快发展做出了卓越贡献。今后，我们要共做传承之事，共扬十大名茶大旗，加快茶叶生产基地、茶叶生产企业建设，加快茶叶产品质量认证，制订好行业准入和市场准入标准；共谋创新之举，共创十大名茶伟业，使茶产业、茶经济走上持续发展之路，以十大名茶品牌打造富民产业、健康产业；共谋和谐之举，共铸十大名茶魂魄，使茶产业和茶文化在人与社会的和谐、人与自然的和谐中持续发展。

最后代表们从主题、使命、执行及发展三个方面宣读并签署了十大名茶共同宣言，并提议成立十大名茶联谊会，确定了下一次会议地址——苏州市吴中区。

值得回忆的是，在论坛结束之际，参会代表们彼此交叉牵手，共同合影留念，给这次论坛画上圆满的句号。这张照片现在还摆在我的家里，通过这次论坛我也结识了更多的茶界好友。

共同宣言

写这篇文章时，我翻阅材料找到《共同宣言》的全文，现将全文展开，让大家和我再次共同回忆一下《共同宣言》的内容。忆往昔岁月，2010 年十大名茶代表和关注茶界发展的人士想把茶产业做大做强的决心和信心。全文如下：

我们，来自中国十大名茶之乡，上苍赋予了独特的茶产业优势。千百年来，我们的先民用智慧和勤劳孕有了中国十大名茶，传承了这一世界茶苑奇葩，始终是我们的骄傲。今天，我们相聚在春光明媚的中国茶都信阳浉河，以“茶，让生活更美好”为主题，举办了首届中国十大名茶论坛。

一、主题——茶，让生活更美好

茶为国饮，十大名茶是我国乃至世界茶苑的奇葩，文化底蕴深厚，历史源远流长。

我们认识到：

1. 十大名茶在全国茶产业中具有极其重要的地位和作用：

2. 十大名茶与各产地县（市、区）社会经济发展密切相关，茶产业的健康发展有利于经济的稳健运行；

3. 十大名茶各产区间茶产业发展交流合作日趋迫切；

4. 维护十大名茶声誉和建立保护十大名茶品牌长效机制刻不容缓；

5. 延长茶产业链条，弘扬茶文化、发展茶旅游势在必行；

6. 十大名茶要秉承传统与创新，促进人与自然、经济和社会和谐发展；

7. 生态、绿色、健康是新时期茶产业发展的主流和方向。

为此，我们十大名茶论坛以“茶，让生活更美好”为主题，推动十大名茶产区之间交流与合作，促进十大名茶各产区经济又好又快发展，社会和谐进步。

二、使命——传承与创新

中国十大名茶论坛作为全国十大名茶各产区县（市、区）交流合作的窗口，是推动全国茶产业稳健发展、交流，相互学习、取长补短的一个有效平台。

我们将：

1. 推动茶产业生产经营方式的转变，拉长茶产业经济发展链条，促进全国茶产业稳定健康有序发展；

2. 推广茶产业新技术、新工艺，促进种茶农民收入较快增长；

3. 促进十大名茶各产区县（市、区）信息、技术交流与合作，加强十大名茶各产区县（市、区）间的工作协调沟通：

4. 全而推广生态茶，制定质量标准，推动十大名茶质量监管体系的完善；

5. 加大打击假冒十大名茶力度，共同维护十大名茶声誉；

6. 促进十大名茶产业发展研究，扩大十大名茶全球影响；

7. 促进十大名茶产业政策协调，寻求国家对十大名茶产业发展的政策倾斜和资金支持；

8. 促进十大名茶产业发展导向，做好发展规划。

三、执行及发展——我们的共同追求

建立中国十大名茶论坛常设法人社团组织机构，定期召开年会。

我们将：

1. 确定每年举办一次以上中国十大名茶论坛会议，由十大名茶原产地所在县、市、区轮流举办；

2、举办研讨会、座谈会和讲座等各种会议；

3. 建立中国十大名茶的网络联系，促进合作；

4. 建立中国十大名茶研究交流中心；

5. 发布中国十大名茶重要信息；

6. 编辑出版中国十大名茶论坛文献。

我们坚信，中国十大名茶论坛将成为全国茶产业最具影响力的论坛，将为全国茶产业发展做出重要的贡献。

论坛点评

论坛的召开影响深远，我记得中国茶叶流通协会秘书长吴锡端为本次论坛作了精彩点评。他说，浉河区作为信阳毛尖核心产地，发起这次活动意义十分重大。十大名茶作为中国名优茶的代表，是名优茶发展的领军队伍，应该在做精、做细，提升产品特色上下功夫。传统名茶以绿茶为例，特征十分明显，仅从外形上就可以区分出来：龙井茶是扁的，碧螺春是卷曲的，黄山毛峰是朵形的，信阳毛尖是条形的，六安瓜片是用叶片加工成类似瓜子的形状。现在创制的名优茶很难跳出这些形状。目前，十大名茶面临的问题有相同的，比如说传统工艺的保护、原产地保护、市场推广等。但也有不同之处，有的受种植区域的限制，例如洞庭碧螺春、西湖龙井等；有的则是由于产地不断扩大，给管理带来新的考验。本次论坛作为一个交流合作的窗口，有利于推动全国名优茶稳健发展，通过论坛大家相互交流，相互学习、取长补短，必将成为全国茶产业最具影响力的论坛，为全国茶产业发展做出重要的贡献。由于历史十大名茶版本较多，下一步是否可以考虑把历史上那些曾经也列入十大名茶的产品，吸收他们一起参加论坛，扩大论坛的代表性和影响力。

让人遗憾的是，十大名茶论坛由于某些原因没有继续召开，但在信阳市浉河区召开的首届十大名茶论坛，作为探索名茶合作发展途径的一次尝试，在全国茶产业发展上留下了重要的“一缕茶香”。

本文由浉河区政协提供。

信海茶叶生物科技园创建始末

袁月胜

1979 年 3 月，我出生于信阳县吴家店公社邓楼，家里有两个哥哥、两个姐姐，在父母和哥哥姐姐的照顾下，我一路刻苦学习，坚信知识改变命运。1998 年，我大学毕业后，先在广东佛山市工作，后又凭借胆大下海经商，成立佛山市全胜投资有限公司，好在有国家扶持政策又经营有道，公司实力不断壮大。在外打拼漂泊，虽事业有成，但一颗游子之心依旧挂念家乡发展。

千里情牵　返乡创业

在广州创业的一个周末，无聊的我信步走进了佛山郊外一家农庄，优美的景色、恬静的环境、舒缓的音乐，让我感受到了一种强烈的震撼，平时紧张的情绪很快得到放松。这一场景深深触动了我，我敏锐地意识到：浉河家乡人民也需要有一个休闲娱乐的好去处，作为农业大镇的吴家店更需要有自己的农业企业。浉河区种茶历史悠久，距今已有 2000 多年的历史，属著名的淮南茶区。信阳位于河南省南部，地处淮河上游、大别山北麓，是南北气候过渡带，属亚热带向暖温带过渡区，年均气温 15.1℃，日照充足，雨量充沛，山水相依，泉明林翠，是“北国江南、江南北国”，良好的自然生态条件使信阳成为我国北方边缘茶区，是全国最大的名优绿茶生产大市之一。生长在此的信阳毛尖味幽香满，形美色翠。宋代文豪苏东坡也不禁感叹，“淮南茶，信阳第一”。我坚信茶园休闲庄园一定是家乡极具发展前景的朝阳产业！

对外人来说事业上已有所建树的我，就这样怀着对故土情怀、对信阳毛尖发展前景的信心，抱着能为信阳市浉河区茶产业做出改变的信念毅然回到了这个山光水色的故乡。2006 年，我不顾亲友劝阻，带着全部身家毅然回到家乡投资。

创业维艰　磐石不改

真正踏上这片历史厚重的茶文化土地，扑面而来的就是沁人心脾的茶香。我这才发现，近年来，大别山区这个美丽但经济落后的老城已经成为投资的热土，而“茶文化”的开拓，更让这片古老的土地青春永葆，魅力四射。尤其是信阳茶文化节举办以来，茶产业得到飞速发展，已逐渐成为富民强市的支柱产业、一张对外宣传的靓丽名片。回乡后，我决定在老家依托本地农业资源创办一个特色农业庄园。

为了筹集办园启动资金，我四处游说亲友、公司股东参与庄园建设；为编制庄园建设规划，我不断联系规划院专家，上网查阅外地庄园的资料图片，反复进行比较鉴别；为了拓展自己的知识面，工作之余我攻读企业管理硕士学位，并通过互联网学习管理知识，学习新技术、新经验，不断提升管理水平；为了承包荒山荒坡和荒水面，我用高出周边地块的租金流转才打消村民的疑虑。

创业的艰苦又怎是文字可以表达的，各种艰辛都在创业成功后开出了娇艳的花。还好我一直努力坚持，在各级政府的大力支持下，与当地农民签订合同，以50 年租期租下了 5 000 亩土地，正式注册成立了信阳市出山店生态农业开发有限公司。通过重金招纳贤才，一批茶叶生产、果树培植、渔业生产、家禽养殖等方面的人才纷至沓来。我带领着大家不断在“农”字上做文章，在特色上下功夫，在休闲上求突破，出山店生态茶果庄园茶叶基地成了吴家店镇乃至信阳市新农村建设的一大亮点和景点、试验区建设与乡村休闲旅游完美结合的示范点。

依托乡情　巧谋发展

在出山店生态茶果庄园良好发展的过程中，我一直关注着全区茶叶市场的发展，通过拜访区农业部门和实地调研，我掌握了详细的茶产业数据，发现全区每年滞销的夏、秋季中低档茶和弃采的茶叶有 2 500 吨以上，而信阳市茶叶营销总体上处于低水平粗放经营状态，交易方式也是传统交易方式占主导地位，营销组织主要以茶店、茶庄及中间贸易商为主体，与新型市场脱节。各茶企之间也相互排斥，互不友好。

我就想着利用多年来在佛山市积累的管理经验，开展设立茶叶深加工项目，更改浉河区茶产业的营销模式。我利用国际视野，联系留学时认识的同学和导师，充分比较国内外形势后，得到一个结论：茶叶深加工、多产业发展的模式是未来茶产业发展的方向。

国外多项企业的成功案例实践给了我信心，尽管我的力量有限，但是突破现状的信念是坚定的，我毫不迟疑抓住机会，决定做在浉河区茶叶深加工、茶产业化、茶产品研发道路的探索者。不断开展茶叶深加工项目实验，利用大量的低档茶及修剪的枝梢等原料提取茶多酚，一定程度上改善了浉河区茶叶滞销问题。但是，离我心中的茶叶深加工蓝图还差得太远，我还想做好做强，带领更多的茶农致富，助力浉河区茶产业发展。

招商引资　助力创新

长期以来，信阳茶产业仅限于推广一种“热饮慢啜”的品饮方式，已经不能适应现代生活的需求，茶叶人均消费增长极其缓慢。与其他农产品加工业相比，茶叶加工业无论是技术水平、生产规模、产业化程度均比较落后，茶叶深加工比例只占茶叶产量的3.5%左右。近十多年来，从世界茶叶贸易格局可看到茶饮料、茶叶提取物等茶叶深加工产品的比例越来越大，目前已占到30%的份额。但在这30%的份额中，我国的产品少，而浉河区更是空白。

意识到茶叶深加工与研发产品及规模化发展的重要性，为了填补茶叶行业深加工发展的空白，2011年浉河区政府以茶业开发作为工作要点，积极推动“茶资源综合开发利用”项目，成立了高规格的茶产业发展领导小组，切实加强对茶产业工作的领导。

浉河区政府领导经过多方调研、多方考察、多方试验，最终选择与中国人民解放军海军医学研究所建立孵化基地合作，旨在按照“发展现代茶业、延长茶产业链条、增加茶农收入”的目标，充分利用浉河区现有的生产条件和资源优势，利用海军医学研究所优越的人力、技术、科研、设备等资源，综合开发丰富茶产品，调整茶产业结构，加快科研成果尽快地转化为生产力，并通过多种形式开展战略合作。

知道这一消息后，我仿佛看到了茶叶深加工的曙光，我也想加入此项目中。我就带领公司的管理层积极与区政府和中国人民解放军海军医学研究所对接，希望获得合作机会。因与浉河区政府选择企业要求和茶产业规划理念相符，公司又具有丰富的管理能力和开拓创新意识，还有我们探索茶叶深加工研发的基础，我公司被成功选为浉河区政府招商引进的代表。本着为信阳茶产业发展踏出坚实有效步伐的宗旨，2012年10月，我和公司股东决定成立以我为法定代表人的信阳信海茶叶生物科技园有限公司，我们争分夺秒地开展了基地建设与项目运作工作，2013年我公司与浉河区政府签订海军医学研究所科技孵化基地项目工业用地协议书和商住用地协议书。协议签订后，站在即将建厂的工地上，我仿佛看到了以后茶叶生物科技带给我区的巨大变化……

基地发展　产品开拓

信阳信海茶叶生物科技园选址建在浉河区五星办事处马鞍村。规划用地420亩，园区规划建设“一所四区六厂一基地”。一所，即茶叶研究所：四区，即生活配套区、医药保健品生产区、化妆品生产区、食品饮料生产区；六厂，即茶叶生物萃取厂、GMP认证试制药厂、保健品厂、食品厂、饮料厂、化妆品生产厂；一基地，即茶叶深化培育基地。

我公司与中国人民解放军海军医学研究所合作，旨在结合现代农业与现代生物技术，利用最新分离、萃取、纯化制备技术，开展以最新分离纯化工艺（膜工程、分子筛工程和系统萃取工程）为核心的茶功能性成分系统分离制备技术，实现茶叶深加工产业化和茶叶天然活性物质的提取及利用，开发抗衰老和抗辐射的保健品、含片、化妆品、衣物等日化茶叶延伸产品。同时进一步挖掘茶叶在保健品、护肤品等方面的潜力，拉长茶产业发展链条。

根据我们合作双方签订的《信阳毛尖综合开发利用方案》，将紧紧围绕信阳毛尖综合开发，开展茶叶深加工产品研发、生产、推广，延长茶产业链，成果推广及应用等，合作开发项目。

海军医学研究所在合作之后已经成功研发出了多种军民两用的降血糖、抗氧化的保健品及防辐射药品。目前经过双方多次沟通实验，我公司已研制成功个别生产技术，并生产了相关样品，就等待工厂建成后立即投入生产。基地的发展不是一蹴而就的，研发更是艰难，但我相信，这是一条值得探索的路径。

脚踏实地　畅想未来

随着项目一期的完成和茶叶初制生产线的安装调试完毕，我们现有厂房和办公区总建筑面积1.2万平方米，主要包括研发中心、茶叶初制车间、茶叶萃取车间、GMP精制车间及仓库，产品也在试生产中。疫情的爆发，使我们从国外订购的一些设备无法按时完成安装，一定程度上影响了生产计划，但我们相信，黎明前的黑暗是最难熬的，挺过去就是光明。信海科技在区委、区政府的扶持支持下一定能迎来果实成熟的时刻，我也坚信信海有一个光明前景。我畅想的信阳信海茶叶生物科技项目未来发展有：

1. 能够促进浉河区农村经济发展。浉河区委、区政府围绕“茶”字，实施茶产业综合开发战略，建设茶产业综合改革试验区，我公司未来的发展可助力茶叶生产成为发展农村经济、促进农民增收的支柱产业。

2. 以高新技术为依托的茶叶深加工项目正在成为茶产业发展的必然趋势，正在崛起。这是适应国内外市场竞争的必然趋势和需求，增强浉河区茶叶行业竞争力的重要举措。

3. 茶叶的综合开发和利用是信阳信海茶叶生物科技园今后茶叶产业的主要发展方向，是采用高新技术改造传统茶业结构和发展现代化高效农业的必然需求。随着科学技术的发展，茶叶还能有许多“喝”法，虽然浉河区是信阳毛尖的原产地，发现和利用茶叶已有2000多年的历史，但千年不变的生产和消费模式，致使传统产品的附加值很低。以日本为例，日本年产茶叶量是我国的1/8，但茶叶产值是我国的6倍。当下以茶多酚等茶叶提取物为代表的新一代茶制品已被人们广泛接受，并已开始工业化生产和应用。

4. 茶叶已成为食品、日化用品、医药保健品的重要原料，在医药、食品、精细化工业方面的发展前景大好。信阳信海茶叶生物科技园在茶叶深加工上有大量产品可研发，可以实现茶产业多元化发展。

5. 公司将着力提高科技开发能力、市场开拓能力和带动农户能力，通过提高质量创立品牌，通过品牌宣传开拓市场，通过市场开拓带动浉河区茶产业发展。

我公司一直本着“和谐发展、协作共享、科技创新”理念，力争科技研发创新，加快科研成果转化。坚持信海“中华本草、原料天然、科技萃取、润养生命”的品牌文化，以纯天然原料（信阳毛尖），无公害配方，高科技设备与技术（依托海军医学研究所）研发日化产品、护肤品、茶食品、功能食品、文创产品进行发展，力争提升产业层次，完善茶产业链条，提升浉河区茶产业发展后劲，改善茶农生活。我们还怀揣着更大的愿景，即以茶衍生品为媒介，用科学、健康、生态的态度，给予千万家庭方方面面的体贴，创造无限美好的未来！

本文由浉河区政协提供。作者袁月胜，男，1979年3月出生，信阳市浉河区人。2002年毕业于新加坡国立大学国际经济专业。2002年5月在商务部工作；2005年10月在佛山市快保运输集团有限公司任总经理；2008年10月成立佛山市全胜投资有限公司，任总经理；2010年3月创办信阳出山店生态农业开发有限公司，任总经理。2012年10月，成立信阳信海茶叶生物科技园有限公司。

为信阳毛尖披上华衣

刘玉龙

我生在一个茶农之家，家里几代人都是茶农，很小的时候就跟着父母上山采茶，回来看父亲炒茶，稍大点就跟随家里其他长辈一起销售茶叶。从小耳濡目染，对采茶、炒茶、制茶、品鉴、冲泡等技艺都了如指掌，对信阳茶更是有着深厚的感情。

2006年我与妻子唐忠萍因茶结缘，而后开始经营茶叶包装的生意。由于我们刚接触茶包装行业，因此几乎将满腔热情都投入自己的包装公司。信阳山灵水秀，茶叶品质极高，全国十大名茶之一的名号既响亮又实至名归，但当时的信阳茶包装，品种单一，定位不明确，在茶叶销售市场上很难为信阳茶叶锦上添花，信阳茶包装急需创新。

有一次，我接待了一位来自北京的客商，他订购了大批茶叶，准备将茶叶作为礼物送给合作伙伴和亲朋好友，但在挑选包装上犯了难。众多的包装盒千篇一律，从外观上很难看出大的区别，而且几乎都是整斤规格，没有太多挑选的余地。他惋惜地说道："这么好的茶，包装跟不上真是太可惜了。"而后诸如此类的客商抱怨也时有出现。说者无心，听者有意，在这些抱怨声中我萌生了自己做茶包装设计，并且专门设计具有信阳特色茶包装的想法。可亲友们听到这样的想法，起初并不是很赞同：一是当时的包装定位不明确，没有地方特色，走大众路线既能保证公司正常收益，又能使企业发展之路更平稳；二是做茶包装设计前期需要投入大量的人力、物力、财力，未来也不能保证销量，风险系数较大。但是我的妻子唐忠萍一直坚定地支持我，对信阳茶的荣誉感和身为一名信阳茶人的责任感让我们为了信阳毛尖宁可顶着未知的严寒送那雪中之炭，也不愿安于现状做这锦上之花。

目标定下之后，我们开始一心钻研信阳毛尖的包装设计制作。我觉得，信阳毛尖好似一位高山上走下来的美丽仙女，而信阳茶包装就是专属于仙女的美丽衣裙，仅凭现有的经验很难设计出出众的毛尖华衣，于是我们除了自己考察信阳本土特色元素之外，还专程去一些茶包装做得较好的茶区学习取经，福建、浙江、江苏等产茶区都留下了我们的足迹。只有走出来,用心看,才能发现我们的差距与不足,也终于明白了这些走遍全国各地的茶商为什么说我们信阳的茶叶好但是包装跟不上的原因。断断续续用了好几年的时间,我们不仅学会了设计理念,也学会了加工技艺,争取让信阳茶包装"不掉队"的同时做出自己的特色,展示自己的本土风采。

回来以后,我们开始了信阳茶包装的设计制作。我们不需要里三层外三层的过度包装来彰显品格,也不需要烫金元素来突出华丽,而是用心将信阳山水、信阳风土打造符合毛尖风格,做出便于储存、拿取,便于冲泡的特色包装。这是我最初的想法,也是我们的设计理念。经过我们这些年的不断摸索,一套套带有信阳烙印、精致典雅又实用的茶包装诞生了:轻描淡写却生动灵秀的南湾湖水、昂首挺立的报晓峰、古朴典雅的茗阳阁等都跃然纸上,除了外观赏心悦目外,我们的新包装也特别注重实用性。经过几番试验,我们的包装能做到密封性强,便于储存,各种规格齐全,便于拿取冲泡,在完美诠释信阳风韵的同时,也保证了实用耐用。

这样的产品一经投入市场,立刻受到了各地茶商和消费者的热烈欢迎。曾经嫌我们的包装土气、单一的客商们对我们融入的新元素赞不绝口:"没想到,你们成长得这么快,不但做出了茶包装的质感,而且做出了茶包装的本土文化,今后我们的毛尖包装不用再东奔西走去寻找挑选了,在你这里可以一站式配齐了。"

我们的顺达包装发展得越来越好,成为信阳市规模最大、口碑最好的茶包装公司之一。每年到了春天,信阳各地的茶商、茶厂和茶叶店铺都会到我们顺达包装公司来订购茶包装,许多包装随着品质优秀的信阳毛尖茶漂洋过海走向全世界,顺达包装成为信阳茶叶包装市场上一张亮丽的明信片。

因为信阳茶,我们才有了大展拳脚的创业机会;因为信阳茶,我们才有了赖以生存的事业;也因为信阳茶,我们一家人的生活才过得越来越好。因此,在我们一家人的心底,对信阳茶始终饱含敬意,饱含感激。

精诚所至,金石为开。我们用坚定的信念和用心的付出,行动起来,去学习,去钻研,去实践,让顺达包装公司有了更好的发展,同时也让信阳茶产业在包装环节不掉链子。愿今后能有更多的茶乡人愿意为信阳茶产业的兴旺去付出,去奋斗,也希望信阳茶产业的未来能有更好、更大的发展。

本文由浉河区政协提供。作者刘玉龙,1976 年 10 月出生于商城县汪岗乡。1993 年在北京市威可多服装公司负责生产线管理工作。2005 年到深圳从事包装行业。2006 年开始独自创业。2009 年成立信阳顺达包装公司。

一个与茶结缘的人

余运良

我出生在信阳毛尖茶传统核心产地——车云山北麓的一个小山村。我家南坡深处有一块20平方米左右的老茶园。小时候怎么打(采)茶、炒茶、保管(贮藏)茶,什么"跑山尖"最好喝,怎样敬茶待客……这些都是爷爷经常唠叨的故事。我12岁那年冬天,第一次随本队大人一块儿背了20斤茶去南阳市卖。住干店,吃凉馍,摆地摊,卖完算账赚了13元5角钱,回家时专门给爷爷带了一瓶酒。14岁那年春天,我跟着二叔一起去湖北咸宁炒了一季茶,长了些见识。茶,这个"人间草木"对我的影响太深了。

15岁那年我辍学回家种田,山区农田少,一家五口人分了3.7亩责任田,只能解决吃饭问题。20世纪80年代末,农村小伙子纷纷外出务工。我不甘心在山中守着一成不变的两亩田,也渴望着到外面精彩的世界去闯一闯。终于在1992年,我挑着俩孩子,领着妻子,带上家里仅有的80元钱,来到明港镇落脚务工。干过建筑工,摆过鞋摊,开过小餐馆,我挣了些积蓄,买了辆旧货车,给公路工程队拉砂石、贩白灰。后来,和朋友合伙注册成立了公路建设工程公司,开始承包公路工程建设。先后在豫中、豫北干了几年,算是顺风顺水,进城买了房,安了家,买了车。2009年,听几个家乡玩伴儿说在郑州、北京等地经商卖茶叶很成功,便又唤起了我对茶叶的情结,于是投资近500万元,在老家杨河建起了一处占地50亩的标准化茶叶加工厂,注册成立信阳祥云茶业有限公司。投资120万元流转1 800多亩荒山,开始建标准茶园基地。与家乡52家农户联合,注册资金1 200万元成立祥云红茶专业合作社,年加工红茶2万多斤。2016年又成功申报了农业产业化省级龙头企业,并与浉河港两潭茶业公司联合申报市级茶产业集群。

抢占制高点　顺势而上创品牌

2010年,正是革命老区"信阳红"红茶轰动全国之际,茶厂建成后,我既要做好绿茶信阳毛尖,又要做好红茶。当时“祁红”“滇红”“闽红”等在信阳风起云涌。我下定决心,要做就做最好的红茶,要做就做最强的红茶企业。据了解,2005 年,福建武夷山正山堂茶业公司在传统正山小种红茶制作工艺的基础上,创新研发出“金骏眉”红茶,风靡全国,经久不衰。我通过多方联系,五下厦门,四进武夷山,登门拜请,用真情感动了其公司老总江元勋,答应让我们先选送几个茶青样试制,看是否可行。2010 年秋,经过精心组织,共精选 5 个样茶(每个样茶约 30 斤茶鲜叶),从信阳送武汉天河机场,飞到厦门,再转飞至武夷山市,连夜送到桐木关正山堂茶业公司,前后 23 个小时。两天后,茶样经过江总审评说,有三个样茶符合“金骏眉”系列红茶条件。2011 年春,我们开始与武夷山正山堂茶业公司正式合作,开发“正山堂信阳红”。对方公司派出 5 名制茶精英来祥云公司做茶。第一年主要是在我区境内及周围收样做茶,进一步摸清能做出“金骏眉”红茶的资源点和数量(面积、产量等)。当年,从浉河区的“五云两潭一寨”名山头到谭家河的火烧寺茶场、柳林的青石岭茶场、鸡公山的生态茶场,以及固始九华山、光山凉亭、商城金刚台茶园和安徽的大堂寨生态茶场等买茶样试制了 30 多个样本(均是名优茶产区)。茶样发到武夷山,经正山堂公司审评后,反馈都是一般,无特优样本。忙碌一阵子,眼看春茶季即将结束,必须找到更好的茶资源与其合作。怎么办?

一个偶然的机会,我听到“信阳 10 号”良种茶的品质优良,而此时“信阳 10 号”良种亲本在信阳市茶叶试验站,面积不足 1 亩,茶园几近荒芜。经联系同意我公司采样试制“信阳红”红茶,一共做了 4 斤多干茶发至正山堂公司。经品鉴后,对方喜出望外,急问这茶是哪个名山头的、面积多少、海拔多高、生态怎样等。“信阳 10 号”红茶产量非常小,只在省、市、区领导和茶界知名学者中有少量品鉴和私传,并获得一致赞誉。为使我省这唯一国优茶树良种得到快速发展,我以 10 万元的高价买断市茶叶试验站“信阳 10 号”5 年的生产经营管理权,开始对“信阳 10 号”进行提纯复壮,扦插繁育,扩大栽植面积,建立种穗园,以扩大无性育种茶苗繁育基数。其间,分管农口的副省长王铁在南阳调研时,挤时间专程来信阳考察“信阳 10 号”亲本园。王省长在地头问我这块茶树面积有多少,我随口答道:“亩把。”“亩把是多少?”“一亩左右。”王省长风趣地说:“那就叫一亩三分地吧,属于你的!”接着便发生了“信阳 10 号”红茶效应——牡丹红、丹江红、桐柏红、天中红、菊花红、羚锐正山堂养生红等红茶相继诞生,红遍了中原大地。祥云茶业有限公司也迅速研发出了“一脉情”“本山红”等系列高档红茶,正式投入市场。从“金骏眉”创始,到成为“信阳红”典范;从为全国做最好的红茶,到为世界做最好的红茶,为双方合作奠定了坚实的物质和文化基础。

夯实基础　纵横联合壮产业

2014年"信阳红风暴"过后，作为信阳毛尖名茶产业的又一新秀——"信阳红"茶叶不可能从此销声匿迹。花落谁家？大旗谁扛？祥云茶业公司已被推到风口浪尖，便义不容辞，再难也要克难，再苦也要吃苦，勇于担当，创新推进。在市、区政府的高度重视下和武夷山正山堂公司大力支持下，公司于2014年分别获得QS和ISO9001-22000国际质量标准和食品安全体系的认证。2015年，在成功获得市级龙头企业之后开始申报省级农业产业化龙头企业。当年，《"信阳10号"良种茶树繁育与推广》论文获得市级科技成果二等奖，2016年成功获批绿色食品许可证书。目前，已建成标准化"信阳10号"良种茶园基地600多亩，建种穗圃100亩，繁育苗圃50亩，年出圃标准茶苗达500万～800万株。2016年，公司生产的绿茶信阳毛尖荣获"中绿杯"金奖。与此同时，公司与信阳师院生物系合作建立了优质苗繁育基地，与信阳农林学院茶学系合作建立了教学实习基地，与安徽金寨国家级良种茶树繁育场合作建立了茶苗营养钵繁育引试，与信阳农科院茶科所合作建立国家级茶叶产业工程站资源共享。接受中茶所有机茶认证中心技术培训和指导，开始第一批600亩有机茶园转换认证，并与浉河港两潭茶叶公司及周边五家有规模的茶企业联合申报市级产业化集群。2016年，祥云茶业有限公司的所有产品正式并入武夷山正山堂茶业有限公司的宣传策划和营销网络渠道。信阳祥云茶业公司正一步一个台阶地发展壮大。

坚定方向　帮贫扶困带一方

2016年，公司成立中共支部委员会，在企业发展的过程中，发挥党员模范带头作用。加强职工的政治思想教育，努力提高全体员工的政治觉悟和政策认识水平，是我公司务必抓好抓紧抓实的一项工作。坚定"共产党领导我们事业发展，企业发展不忘党为民服务的宗旨"这一政治方向，把帮贫扶困作为企业发展的基本职责，在镇党委的支持下，公司与邻近4个村近30户贫困户签订劳务脱贫协议，参加公司育苗基地的剪穗、扦插、除草、浇水等劳务工作，并为他们做了免费体检，购买了劳动保险。祥云红茶专业合作社与邻近的农户签订采茶和茶园管理协议，带动周边农户1 000多户。公司计划为浉河港、董家河两茶乡的部分农户无偿提供优质"信阳10号"良种茶苗，并签订高于市场价20%的鲜叶回收保护价合同。发展和扩大祥云红茶专业合作社成员，不断示范、推广、普及这一良种茶树，为我区茶产业改良换种、品质提升、转型升级做出更大的贡献。

本文由浉河区政协提供。

我与一片茶叶的故事

程贵荣

那一年我 18 岁，和很多农村少女一样怀揣着梦想，想走出大山看看大城市的繁华，对郑州的亚细亚商场更是心怀向往。

1991 年，郑州亚细亚大商场可是风靡全中国，也是改革开放初期的商业传奇。当年我的一位同学在亚细亚谋得了一份站柜台的工作，在我心中那可是很了不起的。我第一次去郑州在吴家店乡车站候车时，同学的父亲与其他长辈们聊起亚细亚时脸上都洋溢着幸福，我注意到我的父亲眼里流露的也满是羡慕。那一天，我的心情如当时的天空一样晴朗，更充满着对未来的向往。我肩上背着的是我追梦的资本——信阳毛尖。就这样，怀揣着对大城市的憧憬，我正式开启了自己的梦想之旅。

摆摊两年　卖茶事业有了新突破

我的追梦之路是从摆地摊开始的。我背着家里的茶叶在郑州市金水区聂庄租了一个小房间住宿，房租是每月 40 元。在离聂庄比较近的纬四路租了一个摊位，又花了 10 元钱买了一辆旧自行车，每天早上用自行车驮着摆摊用的木匣子和茶叶筒到纬四路摆摊。

20 世纪 90 年代以前，在我的家乡很多人跟我一样以为世上只有一种茶，那就是信阳毛尖。我记得，第一次到郑州纬四路摆摊时，我的摊位旁边是一对卖茉莉香片茶水的老夫妻。我好奇世上还有跟我们不一样的茶叶，年少的我探知欲极强，很喜欢了解其他茶的滋味，除了向一些茶客请教学习外，为了提高茶叶销售盈利，也会到当时的河南省茶叶总公司进些茉莉花茶回来配着卖。那时候的郑州人更多的是喜欢茉莉花茶，了解、喜欢信阳毛尖的并不多。

创业初期，家里只有我一个人出来摆摊售卖茶叶，农闲的时候父母也会来郑州去其他市场摆摊卖茶，经过两年的沉淀，我们已经积累了不少的客户资源。终于在

1995年,我们迎来了创业初期的小成果——在郑州市金水区经四路开了第一个小店,取名为“豫信茶店”。开店第一年。我们迎来了一位重要的客户——河南中医学院的著名教授赵清理老先生,每年新茶下来时他都会买几斤新毛尖送给他的日本朋友,这也是我们自家的信阳毛尖第一次走出国门。

用心做茶　用一杯独特信阳好滋味征服茶客

中国有很多好喝的绿茶,记得一位四川做茉莉花茶的同行老板拿来一泡西湖龙井茶给我们尝,龙井茶清爽的滋味,我们一家人至今难忘。中国名茶众多,于我们来说更希望伴随我们祖祖辈辈生活的信阳毛尖优于其他名茶。为了这个目标,我们有了更多的动力做好祖祖辈辈传承至今的信阳毛尖。

改革开放初期,像我一样从农村走向城市的追梦青年很多。信阳的山水养育着我们,也促使我们想把信阳毛尖这份独特的礼物带到更远的地方。信阳毛尖在提高他人生活品质的同时,也给我们在城市谋得了立足的根基!越来越多的家乡伙伴,带着各自的好毛尖向城里人分享着信阳茶人的幸福!省会郑州也是我们吴家店镇茶人最集中的地方。慢慢地,信阳茶人的脚步遍布了郑州的各个角落,喜欢喝信阳毛尖的郑州人慢慢多了起来。郑州也因交通发达,引得商界精英逐鹿中原。我们这些背着山里清风进城的茶人,把竹篓里的芬芳和来自茶乡人民最深情的问候装进杯子里,送给大都市里的人。

郑州有30多个茶叶市场,每个茶叶市场有三分之一的商户是信阳人,每个信阳茶人都以其独有的方式诠释着信阳毛尖的清雅芬芳。我们一家人也是众多信阳茶人中的一家。我们信念坚定,不为市场所困,那就是捧出好喝的信阳茶。此时的郑州茶叶市场已经发展得空前繁盛,我们意识到必须让客户更深入更全面地了解信阳茶,才能对信阳茶产生更深厚的信任。

我和父亲每年都会安排时间到几个名山头深入了解,随着研究的深入,我们也渐渐心有所得,发现每个山头的地貌不同,植被有别,山头微气候和土壤特性也都有各自的特点,甚至茶树叶子的大小与厚薄也有区别。经过多年的反复实践与研究,我们在制作茶叶时,会根据每个山头茶叶的特性,在制茶的晾青与杀青两个环节做一些相应的调整,因此我们制作的每款茶,因为山头的不同,滋味也都有所不同,而这些都是通过大量的实践和琢磨才获得的。

通过走访学习,我们与集云、连云、六盘沟、三角山、白马山等特色山头有了深度的交流与合作。这也为我们自家茶叶品质的把控奠定了基础。

探茶不易,父亲的脚步每年都会在中意的山头辗转,深入了解每片叶子的特性,以期塑造更好的山头茶叶品质。也许是我们的赤诚之心感动了上苍,让我们一家人更多了解信阳茶的灵性，对每一片叶子的呵护更加到位，所以我们捧出的茶也因汤色鲜活、清香幽雅而更受茶友喜爱。

也许，在其他人眼中，我们做的可能仅仅是一杯好喝的信阳茶，但它是我们一家人每天都在与这片清香的叶子深情对话的产物。每做出一款茶，我们一家人都会反复试喝找出优劣点，成功之后还反复邀请同行品鉴指导，就连已年逾七旬的老父亲也时常在睡梦中琢磨制茶技艺。山的灵气、地的厚重，滋养的不仅仅是信阳这片带着灵气的仙叶，还有与茶树相伴的淳朴的我们。我们深信北纬32°的信阳茶山，孕育的是不同寻常的清雅与甘醇。一直以来，对好茶品质的坚定与执着，才使我们程氏茶人做出来的茶，感染每一位茶友。一旦喝过程氏茶，再不喝其他茶。有些茶友亲口对我说，程氏茶有个“毛病”，喝过程氏茶再也喝不了其他茶。其实，我们只是尽己所能把信阳茶的优秀品质表现出来。程氏信阳毛尖被茶友总结为“含在口中的春天”。这种高品质的评价，是对我们家人长期以来苦苦钻研茶叶制作技艺的最好认可。

陪伴我成长的茶叶　也使我拥有人生最美好的回忆

一杯信阳毛尖开启一天的幸福生活。父母每天早上洗漱之后，都会泡上一杯信阳毛尖。清晨的这杯毛尖茶，比早餐还重要。洗漱之后，空腹品饮信阳毛尖滋味更爽醇，也许是清晨身心都得到了修整处于空灵状态的缘故。我们的生活无茶不欢，从清晨起床的第一杯茶，到饭后一杯茶，再到睡前一杯茶，贯穿于我们生活的每个重要时刻，茶在我们的生活里总是那么妥帖。蚊虫叮咬了，用茶水搽搽，及时止痒消肿；出门预防水土不服，喝点茶也基本没有问题。不识字的母亲每每向人描述清晨的第一杯茶，脸上总是溢满无法言表的幸福。

一片鲜嫩的叶子，在我们的手心里是一个幸福的音符，如何用心与手的温柔读懂每一片叶子的低语，我们需要用心感知天地的柔情，让每一片叶子都能在沸水中复活。一杯醇香的茶，不是刻意求取的，而是顺应了自然，读懂了此山此茶的特性。

喜爱我们程氏茶的一位茶友，曾写给我们一首诗：“程氏出五云，古法传神韵。不由持一碗，寄于爱茶人。”这首诗是对于我们家选用的车云山茶叶的极高赞美。信阳车云毛尖叶子比其他山头的厚实，叶形稍显肥圆，叶色碧绿显秀，制出的干茶香气馥郁，滋味醇柔。也许是因为车云山茶世代的滋养，我们一出生都带有对这份清香独有的记忆。清雅的幽香是车云山茶独有的符号，哪怕你制茶技艺有瑕疵，三泡之后它依然优雅地显现清幽的淡雅，不苦不涩，绵润清爽。

每年清明节前，都是顶级信阳毛尖采摘加工制作的季节。茶季到来的时候，父亲都要把当天采摘的鲜叶炒制完成，由于工作量较大，因此基本都是通宵炒制。这片叶子的清香，是像我一样生活在此的少年茶人特殊的陪伴，是睡梦中父亲炒茶时手掌与铁锅的摩擦声陪伴我们到天亮，这陪伴我们成长的清香也随着父亲辛苦的劳作刻进我们的骨子里！

信阳毛尖是我们这些侍茶族万能的“救心丸”，不管遇到什么难题都能在一杯醇香的信阳毛尖里求解。

茶叶兴盛时代大背景下　自主研创红茶荣获大奖

自1992年第一届信阳茶文化节开始，这颗豫南明珠再次冉冉升起，随着信阳茶文化节越办越盛大，引来全世界爱茶人士的瞩目。绿茶之王信阳毛尖以一片小小叶子的清雅幽香带给河南人无与伦比的幸福，这幸福凝聚着信阳人的勤劳与智慧。

茶文化在河南迅猛发展起来，省会郑州也是展现信阳毛尖的重要窗口。为了更好地在郑州生存和发展，不能只喜爱自己的茶，还要不断学习专业知识，提升专业能力。茶文化盛行，交流学习的机会更多了。六大茶类竞相绽放，郑州有大大小小的茶叶市场30多个，市场竞争激烈，每一个茶品类都需要独放异彩。信阳毛尖作为本土盟主，捍卫盟主地位是所有信阳茶人共同的目标。

2004年至2010年，我时常在中午没人的时候在店里泡上几杯不同的毛尖，闭上眼睛盲品每一款茶的基本特色，然后再睁开眼睛判断这一轮的审评是否正确。那时候我们店在建业，客户也都是附近小区里的居民。中午没人来店里聊天喝茶，我就一个人静心与茶交流。

因为喜爱，因为执着，我们相信信阳的茶树鲜叶不管做什么茶，都会以其醇厚的内涵物质取胜。我们不仅仅是用心呵护信阳毛尖的清雅醇爽，也不断创新丰富信阳茶品类。

功夫不负苦心人。正是这份对茶叶的坚守和热爱，2016年我们自主研创的信阳红茶在第十四届国际茶文化节“斗茶”大赛中荣获金奖。同时，我们还创新研制了信阳白茶，以其独特的“甜”受到福建茶人的喜爱。这是信阳四季分明、冬季较长的气候酿就的优秀品质。

制茶的匠心与坚守　让程氏茶走得更远

恒久的坚持，清晰的特色，程氏信阳茶自2014年进入凤凰茶城，很快就成为凤凰茶城第一批优质商户。凤凰茶城致力于打造专业茶城的目标给了我一个更广阔的发展舞台，经过几年的沉淀与成长，我们逐步发展成为信阳茶的标杆店铺。

2019年年底,凤凰茶城董事长携程氏信阳毛尖参加郑州市金水区人大代表新经济组织第一次会议,并向与会人员推荐程氏信阳毛尖,这份信任更是给了我们莫大的鼓舞,激励我们更好地研制茶叶。

经过十几年的打拼,我们已经沉淀出了足够优秀的茶叶品质,并打造了自家的特色茶品——信阳毛尖、信阳红茶、信阳白茶。这些都是我们潜心研制的专属于程氏茶人的招牌产品。随着经营的扩大,我们的店铺生意也有了飞跃式的发展。

有积淀就会有成长,同时也会收获更多的机遇和平台的青睐。2018年4月,在凤凰茶城的邀请下,我们有幸作为信阳绿茶的代表,参加了在郑州国际机场举办的第四届中国(郑州)国际茶文化节之"春暖茶飘香"活动。这场活动,我格外重视,带上了我们家的招牌产品,一经展出便受到大家的喜欢,更有人夸赞:这个毛尖喝着真地道。2019年4月,我们又受邀参加了第五届中国(郑州)国际茶文化节之"炒醒春天、茗约万达"活动。参加活动的目的已经不单单是宣传自家的茶叶,更多的是想让信阳毛尖的文化传播出去。活动现场,我带了很多信阳毛尖的炒制工具,现场展示,并亲自演示,旨在让更多的人了解信阳毛尖,知道我们河南本土也有很好的茶叶。我的这一举措得到了举办方的大力支持,同时也得到了现场观众的积极反馈和互动。

荀子曾说:"不积跬步,无以至千里。"在宣传中国茶文化、宣传信阳毛尖的道路上,虽然既辛苦又曲折,但我仍旧会坚持做下去。

先苦后甜　收获满满的荣誉

好的产品、好的机遇、好的平台,让我的茶人之路走得更加精彩。在凤凰茶城的这些年,也是我收到赞美和荣誉最多的几年。从2017年至今,凤凰茶城每年都会举办优秀商户评选活动。我也非常荣幸,每年都能获得殊荣,这不但是同行业的茶人对我的认可,也是社会对我家茶产品的认可。除此之外,我们还先后接受过《河南商报》、《河南日报》以及河南电视台都市频道等多家新闻媒体的采访报道。

一分耕耘,一分收获。几十年的坚守,几代人的艰苦付出,用心制作的信阳毛尖终于得到了市场和茶人茶友的肯定。在信阳市各级政府及社会各界人士的支持和帮助下,2017年"程氏信阳毛尖茶制作技艺"被授予信阳市浉河区非物质文化遗产荣誉称号,2020年升级为信阳市非物质文化遗产。随后,父亲和我又先后被授予信阳毛尖浉河区重要传承人称号。

民以食为天。茶不是一日三餐必备,却是中国人素简朴实的精神信仰,品茶享受的是茶汤活力缔造的精神愉悦,好多茶友时不时地会发给我享受喝茶的图片及视频。程氏茶已成为茶友心中幸福的符号,这是对我们几代人为茶事业艰苦付出的最佳褒奖。

茶文化是中国民族文化的根,茶文化融汇儒释道,中国茶人在一杯清香甘爽的茶里把中华民族传统品格“温、良、恭、俭、让”体现得淋漓尽致。茶性温和,滋味清爽,中国人内敛谦恭的处世之道不正是一杯清茶的真实写照吗?

一叶清香描绘信阳的碧水蓝天,一味甘醇酿就信阳人的幸福安康。手捧圣叶,心筑和谐且茶语飘香世界大同。靠名茶搭台,传中原美名,让信阳茶再度走进千家万户。这不仅是我的追求,更是千千万万信阳茶人的追求。为了这个崇高的目标,我和我的家人一定不会辜负一路相伴喜爱程氏茶人的茶友们,未来,我还要继续依靠信阳茶闯出一番更广阔的新天地。

本文由浉河区政协提供。作者程贵荣,出生于20世纪70年代,自幼生长在信阳茶山,对茶产生了浓厚的兴趣。2016年在父亲的指导下制作的信阳红,荣获第十四届国际茶文化节建业杯金奖,同年还创新研制信阳白茶。2017年成功注册“程氏茶人”商标。2019年创新研制信阳生茶。自2017年至2020年,连续四年被凤凰茶城授予“优秀商户”荣誉称号。2019年被河南商报授予“最美女老板”荣誉称号。2020年获信阳市浉河区信阳毛尖非物质文化遗产程氏信阳毛尖茶制作技艺代表性传承人称号。

我的茶叶经营之路

邱德军

1968 年,我出生在信阳县浉河港,是个地道的茶乡人。生于斯,长于斯,一辈子倾心做茶,用“德”与“诚”在这片茶山相连、风生水起的地方,演绎着茶如人生的故事。

荒坡之上植仙叶

浉河港镇是信阳毛尖的原产地和主产区之一,茶叶的种植规模、产量、产值、质量均居信阳乃至全国乡镇首位,是著名的“茶王之乡”。凭着在供销社积累的经营管理经验,我敏锐地捕捉到茶产业发展的先机,1997 年底,看准了黑龙潭村大片高岭荒山,果断买下 500 亩,披荆斩棘,劈山开路,种植绿茶茶苗,成为当时浉河港乡大手笔买山种茶的人。

那时候,一些朋友不太理解我的想法,也不支持我买山,他们认为投资风险太大,劝我慎重考虑,有的则干脆直接说我是冒险蛮干。创业之初,我深感压力巨大,但是既然决定要做,就要坚持做下去,而且要做好。为早点开发荒山,我找朋友,借亲戚,不知跑了多少路,才筹集到开园资金。开山种茶期间,我吃住都在山上,一干就是几个月。当时我年轻,创业劲头也很足,请的人在山上挖山,我就在山脚下砌护坡,亲手砌了一排挡土石墙,20 多年过去,石墙依旧坚固如初,守护着我的茶园。记得有一回除草烧山,因为风太大,火苗反卷而来,把我的衣服和头发都烧着了,现在想来还心有余悸。也庆幸当时我坚守住了初心,才有了后来无悔的人生。

历经一番寒彻骨,换得茶园扑鼻香。在坚持不懈的努力和苦心经营下,早期开发的 500 亩有机生态茶园已进入盛产期,投入终于有了回报。随着茶叶产量的提高,扩大销售渠道成了当务之急。2002 年,我走出浉河港镇,在信阳火车站附近开了一家茶叶店,店很小,只有 20 多平方米,就是为了卖茶叶。小店为我积累了客户，开辟了销路。随着茶园面积的逐步扩大和业务的拓展，我就想创立属于自己的品牌，做好自己的茶产业。2004 年 8 月，“德茗”商标注册成功。2005 年 11 月，信阳市德茗茶叶有限公司正式挂牌成立，我的茶叶经营之路又翻开了新的一页。

坚持发展传技艺

随着信阳毛尖知名度不断提升，市、区对茶产业发展扶持力度不断加大，我就认准了一辈子做茶这条路。2005 年，根据公司业务发展需要，经过多番实地考察，我又在浉河港镇进行投资，征得浉河港镇环湖路马家畈村 20 余亩土地，投资 200 多万元，次年建成德茗茶文化休闲中心，成了当地第一个征地投资茶产业的实干家。

为适应绿色生态农业的市场需求，我一手抓建设，一手抓管理，严格按照有机茶园的管理标准，修剪、精耕、除杂，不使用任何肥料，不打农药，让茶叶在自然环境中生长，在源头上确保茶叶品质更佳。在茶叶炒制上，继承和发扬传统制茶工艺，炒制的茶叶外形匀整，冲泡后汤清叶绿，叶底完整，茶香浓郁，回味甘甜。

2009 年 9 月 23 日，“龙潭”杯首届浉河区信阳毛尖手工炒茶大赛在董家河乡开赛。德茗茶叶公司的周家银从该区 8 个主要产茶乡镇及 4 家茶企业的 49 名选手中脱颖而出，喜获金奖。这是对我们一贯坚持信阳毛尖传统炒制工艺、弘扬信阳毛尖茶文化的有力肯定。同时，德茗文化休闲中心被确定为非物质文化遗产信阳毛尖手工制茶传承基地。

茶山之间筑品质

一人富了不算富，共同致富才是富。随着公司规模的扩大，看到一些茶农的茶叶卖不上价格，我就想可以由区供销社作为引领人，联合茶农成立联合区合作社，大家共同发展。2009 年 5 月，在我的发起下成立了以 28 家茶叶种植大户为骨干的联农茶业专业合作社，注册资金 800 万元。合作社成立后，我们按照统一管理、统一标准、统一加工、统一品牌、统一销售的“五统一”原则，不仅解决了茶农分散经营、茶叶品质参差不齐的问题，也增强了市场竞争力，增加了社员收入，实现了分散经营小农户与农产品大市场的有序对接。目前，随着社员的不断增多，合作社覆盖周边 3 个乡镇，带动茶园面积 10 万余亩，受益茶农 10 000 余户，形成了茶叶生产加工、销售、仓储、电商、物流、测土配方等支农服务功能。

在合作社茶叶种植管理上，我们特聘信阳农林学院茶叶研究所所长郭桂义教授和“信阳红”创始人郑展明为合作社科技顾问，为茶农在科学种茶制茶、品种改良和市场信息等方面，提供技术指导和服务。

在茶叶生产期间，合作社发挥自身优势，合理布置收购网点，设有固定和流动的收购网点，按照分工合作的原则，集中收购社员鲜叶，统一开具合作社茶叶收购发票。我们这样做，既减少了茶农的往返时间，又降低了劳动强度，极大地提高了劳动生产率，深受茶农称赞。

在茶叶生产加工上，指导合作社成员按照德茗茶叶质量体系标准统一炒制，解决茶农以往分散经营、品质参差不一的难题，实现了分散经营小农户与农副产品大市场的对接，既提高了茶叶品质，增强了市场竞争力，也增加了茶农的经济收入。

在茶叶营销上，合作社通过宣传，提升品牌知名度，推进市场营销体系的建设，设立"德茗"品牌直销门店，采取合作经营形式，不断扩大、增强茶叶的销售范围。

在年终分红上，依据社员交纳鲜叶的多少，按一定的比例返还茶叶专用肥，目前是我市唯一实现二次分红的茶叶专业合作社。这对茶园土壤改良、增强茶园抵抗病虫害能力、提高茶叶品质、保护南湾水资源有着重要的作用。截至 2020 年，联农合作社共为茶农兑现分红奖励茶叶专用微生物有机肥料 2 500 多吨，市场价值 300 多万元，深受茶农的欢迎和好评，在全市起到了引领和示范带动作用。

"十四五"期间，合作社将顺应经济新常态，创新农业经营新思路，促进农业可持续发展和农民持续增收，发挥扶贫带动作用，着力打造德茗茶文化产业园，融合一、二、三产业协调发展，以茶带游，以游促茶，推进乡村振兴建设，实现经济效益、社会效益和生态效益三者的有机统一，朝着更辉煌的方向发展。

脱贫攻坚在路上

合作社自成立以来，一直根植于"三农"的热土之中，与"三农"发展同行，不忘党恩，不忘民恩，扎实回报社会，在茶产业扶贫的道路上默默先行。

2016 年，合作社出资近百万元为马家畈村窑冲组修路 3.2 公里，修建了董峰寺组小桥 3 座，结束了"下雨一身泥、天晴不通车"的局面，极大地方便了村民的生产生活出行，改善了农村生产生活条件。

2017 年，联农合作社又依托德茗茶叶有限公司建设茶产业扶贫"多彩田园"示范工程，采用"政府+龙头企业+基地+合作社+贫困户"模式，打造支农服务中心、生态茶叶种植园、绿色茶叶加工园、茶旅游休闲园、德茗茶文化园、电商体验园等综合型产业园区，辐射周边 3 个乡镇，约 1 万户茶农受益。

2018 年，我们与浉河港镇 204 户建档立卡贫困户签订《浉河区产业带贫协议》，每户每年给予 3 000 元金融帮扶，连续帮扶 3 年，至 2020 年累计帮扶资金达

183.6 万元。

合作社还进行就业帮贫，对有生产劳动能力、有技术的，请到企业做产业工人；对身体条件不好的，安排其在企业打零工，按天支付费用，当天结算；对贫困户在自己茶园里采摘的鲜叶，合作社按高于市场价格的10%收购，年底还进行分红，根据鲜叶的收购量进行兑换，一斤鲜叶兑换一斤生物菌肥；对贫困户家中有在校大学生的，每年给予教育资金补助，本科生每年补助 3 000 元，专科生每年补助 2 000 元，解决贫困户子女上不起大学的实际困难。同时，每年拿出 2 万元现金走访慰问困难群众，给他们送去米、面、油和慰问金。

小小茶叶也有大文化，小小茶叶也能暖人心，看到现在贫困户的精神面貌比以前好多了，看到贫困户现在脱贫了，我感到很欣慰，就如同茶香入口，苦尽甘来，回味无穷。

本文由浉河区政协提供。作者邱德军，1968 年出生，信阳市浉河区浉河港镇人，原浉河港供销社职工。2002 年创办信阳市德茗茶叶有限公司，2009 年 8 月成立浉河区联农茶叶合作社。系信阳市浉河区第四届人大代表。曾获得“河南省优秀农村实用人才”“信阳市农村优秀实用人才”“浉河区引领农村改革发展综合试验区建设‘百优’优秀人才”等荣誉称号。

用生命演绎茶香人生

钱晓玲

缘　起

回首我所经历的前半生,有过辉煌,也遭受过挫折,其过程一波三折,但我始终初心不改。我站过柜台,跑过业务,办过制衣厂。制衣厂红火时,我一次性为罗山县贫困学生捐赠校服3 000套,修筑乡村道路数公里。我最终选择做茶叶,是缘于我办制衣厂时得了急性胰腺炎,在医院昏迷抢救十多天,反反复复,几经生死,几创奇迹,3年内与死神4次擦肩,最终顽强地闯过了鬼门关。命是保住了,但前期创业的所有积蓄花了个精光,出院结算时的3万元还是制衣厂的工人和父老乡亲你三百、我两百凑出来的。从医院回家,工厂已不复存在,精神也到了崩溃的边缘,人生一下子跌入了谷底。

但是,制衣厂的工人和父老乡亲对我寄予希望,大家对我的身体状况牵肠挂肚,各级组织、左邻右舍的乡亲们不时地前来看望慰问,希望我早日康复、东山再起,再次带领大家摆脱贫困。望着乡亲们期盼的目光,我不服输的劲头又上来了,正逢信阳一年一度的茶文化节,经过多日的思考,我决定以茶叶为抓手,二次创业!

二次创业

那段时间,第九届中国信阳茶文化节即将于2000年5月18日隆重开幕,广播、电视、报纸等各家新闻媒体每天都在大张旗鼓地营造舆论氛围。信阳毛尖茶也潇洒地穿越2000多年的历史时空,进行着动人心魄的经典回放:

——唐代茶圣陆羽所著《茶经》把淮南列为全国八大产茶区之一;

——相传武则天因饮用信阳茶治好了肠胃病,特赐在茶产地建千佛塔一座,以彰茶功；

——宋代大文学家苏轼尝遍各地名茶后挥毫赞道：淮南茶，信阳第一；

——信阳茶抗菌、消毒、清心等功效与作用在电视屏幕来回滚动，闪耀在报纸杂志……

更令人叫绝的是独具匠心的编导们，不仅将信阳市政府有关茶产业发展的大政方略阐释得引人入胜，鼓动得人们信心满满，还将一个个因茶先富的茶农们请上演播厅现场说法。有理有据的宣传让我茅塞顿开、豁然开朗：这真是众里寻他千百度，茶叶背后是商机啊！我要以小小的茶叶为抓手，重新扬起二次创业的风帆！

目标锁定后，我说干就干。在当地党委、政府的大力支持下，于 2001 年 3 月成立罗山县灵山茶业有限责任公司。

借“灵山”之灵　传“灵山”之名

公司为何以“灵山”命名？闻名遐迩的灵山位于罗山县董寨国家级自然保护区内，山体连绵，层峦叠嶂，潭瀑高悬，云雾缭绕，动植物种类繁多，是国家级自然保护区、国家级生态示范区、国家鸟类保护区，雨热同季，气候湿润，非常适合茶叶生长。该区域所产灵山云雾茶，为全国十大名茶之一信阳毛尖中的精品。然而，由于长期以来茶农分散经营，茶叶优势没能充分体现出来，以致不少茶农守着“金山”没钱花，端着“金碗”没饭吃。我爱茶懂茶，领悟到这座“金山”背后的无限商机后，我要借助灵山之名气让我的公司先声夺人，我要借灵山之灵气使公司旗开得胜，我要让父老乡亲跟着我向“荒山开战、向荒坡要钱”！经过再三思考，我决定借“灵山”之名注册茶业公司。

从那时起，我就做好了冲锋的准备。当年 4 月份，我想方设法筹措资金买断了周党镇杨柳村 6 000 亩荒山 70 年的使用权。当时山上悬崖峭壁、乱石横生，要在荆棘丛里种茶树，困难可想而知。

我的这个举措，在当时，许多人想都不敢想，那些关心爱护我的人将心提到嗓子眼。这是一座什么山啊？日月不知经历了多少个轮回，祖祖辈辈也没在这山上蹚出一条羊肠小道，如今要在荆棘丛里种茶树，无异于让石头发芽。但我就不信这个邪，偏偏要迎难而上——我只认一个信条：路是人走出来的，奇迹是人创造的。

为尽快整理出茶园，我拄着棍子和专家们一起登山爬坡、实地探察；和员工们一样披星戴月、吃住在工地。连日的繁重劳动，使我的双脚肿得变了形，平时 37 码的鞋子尤嫌大，如今 42 码的拖鞋还套不上脚，我就先用毛巾把脚包裹起来，再用绳子将脚绑在拖鞋上；腿肿得裤子脱不下来，母亲只好帮我把裤腿剪开。当母亲看到我那肿得透亮、一按一个坑的双腿时，心疼得抱着我边哭边数落：“人家都说大难不死必有后福,闺女啊,你的福在哪儿啊?听娘的话,消停消停,别再玩命了。”一向孝顺的我这次没听娘的话,依然死心塌地干着我认准的事业。

人各有志,梦想也有别。正如英国天文学家阿·安·普罗克特然所说,“梦想一旦付诸行动,就会变得神圣”。

以质量求生存,凭良心做无公害好茶,一直是我种茶、制茶的经营准则。在茶园建设上,我坚持高起点、高标准规划建设机械化采摘有机大茶园。为了达到茶园的设计要求和抢种时间,在开发茶园的过程中,我基本吃住都在荒山上,严格要求,亲自把关。在茶园管理上,一直坚持生物防控,不打农药,不施化肥。苦心人,天不负。经过 1 400 多个日日夜夜的拼搏、等待与期盼,6 000 亩的茶园建成并试种成功;“仙灵牌”信阳毛尖因货真价实而一炮打响,公司品牌和效益得到大幅提升。

为实现茶产品的安全生态化,公司自 2012 年起便进入了茶叶改良换种的新时代。同时,公司还引进高端人才并培养了一大批优秀的职业农民,为实现“以人为本,发现、任用、留住关键人才”的战略目标而不断创新理念,提升整体素质,打造人才高地,积极履行企业人的社会责任。

助力茶农脱贫致富

我在精心做大自己茶产业的同时,看到许多外出打工、缺少劳力、土地撂荒的乡亲还没脱贫,就想为乡亲们谋一份工作,带着他们共同致富,于是我格外关注国家的农业农村政策走向,尤其是强农惠农政策的出台情况。2002 年,国家颁布了《农村土地承包法》,2005 年,农业部制定了《农村土地承包经营权流转管理办法》。这两个文件在农村无异于一石激起千层浪,为许多因外出打工、缺少劳力造成土地撂荒的农民找到了出路,同时也膨胀了我将公司扩张的雄心。在不改变家庭承包经营基本制度的基础上,建立以土地为主要内容的农村股份合作制,把农民承包的土地从实物形态变为价值形态,让一部分农民获得股权后安心从事二、三产业,另一部分农民可以扩大土地经营规模,实现农业生产由传统向现代化转型。我多次到有关部门请教咨询,在理解了文件的精神实质后,牵头成立了罗山县灵山茶叶生产合作社和周党镇茶叶协会。

在我的创导下,灵山茶业公司构建了“公司+农户+基地+协会+专业合作社+科研院所”的产业模式,形成环环相扣、互惠互利、坚固而又灵活的产业链条。同时,这个链条还是一个众志成城的利益联合体,将茶农们的心紧紧地捆绑在一起,使大家心往一处想、劲往一处使,使之始终保持昂扬向上、生机勃勃的发展态势。公司免费举办茶叶种植、采摘技术培训班,赠送茶农茶具和茶叶书刊,邀请科技特派员到茶园地头现场指导。通过疏通农业技术推广渠道,使农业科技知识普及更加方便快捷,普及对象更加精准,成效事半功倍。对茶农常年实行统一规划、统一供种、统一指挥、统一收购服务,让茶农一加入灵山茶业合作组织就不再为种茶难和卖茶难而苦恼发愁,并依靠科学种茶实现收入连年递增。

新模式正式运转后,合作农户以茶园入股、参与分红,合作社负责经营管理。公司每年能为当地提供种茶、采茶、制茶、管理、运输、销售等20多种工作3 000余个就业岗位,优先雇用贫困户,并根据年龄、技能、身体状况打造多元化的就业岗位,按照80~150元每天支付劳务薪酬,使他们在家门口就有稳定的收入保障。对不想种植、不擅种植茶叶的贫困户的茶园优先现金收购,对只会种植、不会炒茶或者缺少炒制设备的贫困户的茶叶鲜叶优先现金收购,保证茶资源及时变现。

邻居张现有自营18亩茶园,由于管理落后,加工粗糙,又不善推销,致使茶叶卖不出去,一年到头也挣不了几个钱,日子过得紧巴巴的。一气之下,茶园荒芜了两年。自加入灵山茶产业链后,每年能有十多万元的收入,日子越过越红火。茶农陈国汉,因老两口年纪较大,无能力管理茶园,2亩多茶园基本处于望天收状态,生活一直靠政府救济。现在,老两口每年能数上呼啦啦的票子近2万元,喜得合不拢嘴,见人就夸:“党的政策好,晓玲好!”茶农们看到加入灵山茶叶链有钱可赚,十里八乡来要求入社的人络绎不绝。

经过10余年的苦心经营,企业、社会、农户三者共赢的理念不仅使灵山茶业公司蒸蒸日上,还让合作农户走上了致富之路。到目前,公司与2 000多个农户签订了合作协议,流转山地5万余亩。

推陈出新

千百年来,信阳绿茶虽名贯古今,但茶农们只重视春茶的采摘,产量极其有限,加工链条也短。年复一年,茶农的腰包依然是瘪瘪的。公司持续扩张到一定规模后,我明白,要真正把联合体做强做大,必须让合作农户实现利益最大化,必须让农户走上健康富裕之路。然而,土地的产出是有限的,仅靠有限的土地产出肯定不能满足茶农获取最大利益的愿望。怎样才能提高茶叶的利用率呢?

2009年底,时任河南省委书记卢展工在信阳调研时,指出了信阳要充分利用丰富的夏、秋茶资源,尝试开发信阳红茶,以增加群众收入。卢书记的指示如醍醐灌顶,让信阳的广大干群柳暗花明,也使我找到了出路。

为研制信阳红茶,在短短的两个月时间里,我几乎跑遍了全国红茶尤其是名优红茶的产地。往往是还没来得及拂去上浙江、下云南学习的征尘,又马不停蹄地奔福建、赴四川考察。当我了解到安徽祁门红茶产区自然环境和信阳极为相近时,便数叩祁门、虔心拜师，并斥资30多万元，将收集到的多种红茶样品，认真比对，结合本地实际，去粗取精；我曾在一个月内12次当天往返于信阳与杭州之间，往往是上午在信阳挂点滴，晚上已在浙江大学与茶学专家探讨茶多酚提取中的难题，这样令常人难以想象的颠簸劳顿使我腰椎病压迫得腿都抬不起来，严重不足的睡眠使我患上了严重的失眠。更为惊险的一次是，由于大雨路滑，我的车子差点栽进河里。专家们被我的拼命精神深深感动，纷纷伸出援手帮我解决了科研中的一个又一个难题。

在浙江大学教授、博士生导师、中华医学会自由基预防医学专业委员会常务理事、农业部茶叶化学工程实验室主任委员杨贤强教授的指导下，我们成立了河南省茶叶集成创新与发展工程技术研究中心，并相继创新研发出"仙灵"系列茶产品，诸如茶多酚、茶微粉、茶饮料、茶点心等七大系列80多个品种。特别是茶多酚提取的成功投产，不仅解决了几百人的就业问题，而且每年新增收入4 000余万元；80多个品种的茶产品极大地提高了茶叶的附加值和利用率，有效地增加了茶农的收入。

2012年11月，"仙灵"系列再添新品仙灵红牌红茶酒。红茶酒是以信阳红茶和纯高粱酒为原料精酿而成。该酒酒体清澈红亮、茶香优雅、滋味醇厚、回味悠长，适量饮用可提神暖胃。这种将茶与酒有机结合、既以柔克刚又以刚促柔的酒中新品，将是注重健康的人群的不二选择，也是馈赠亲友的上佳礼品。该酒的出炉是有重要意义的科技创新，是挖掘和拉伸茶产业内涵与外延的积极探索，是促进传统产业与现代科技结合的有益尝试。

品质为魂诚信是金

自2005年起，灵山茶业公司一个又一个无公害有机茶园陆续开采，"仙灵牌"茶叶坚持品质至上、诚信经营，让购买后的客户情有独钟。几位广州的游客来灵山旅游观光，适逢"仙灵"茶在山脚下做茶艺表演。只见参加表演的姑娘们着旗袍、绽微笑、凝香波，轻柔地伸出如笋般的兰花指，拿钳、提勺、扣杯，随着《高山流水》的袅袅余音，客人面前汤清色绿的茶碗里，泛起淡淡的氤氲茶香；她们又恰到好处地娓娓讲述着"仙灵"之名的由来，真个是令人心旷神怡，流连忘返。当时，几位游人就毫不犹豫地买了几大包。以茶为媒，这一行游人中，一位朱先生不仅成了我的朋友，还成了"仙灵牌"信阳毛尖在广州的经销总代理。

2008年新茶即将上市时，一位山西的客商，提前预订"仙灵"茶1 000公斤，并一次性交清货款，同时留下一句话：按时发货，只要"仙灵"。可这年春天由于天气原因，茶叶采不出来，眼看就到发货日，还差300多公斤没着落，我急得嗓子冒烟。

一位员工提示:“钱总,咱到市场上买点掺进去算了,他们看不出来。”一向温文尔雅的我勃然大怒:“做生意讲究的就是诚实守信,欺骗别人就等于欺骗自己,尊重别人就是尊重自己。钱不赚,也不能把良心丢了,把‘仙灵’的牌子砸了!”其结果,公司只发去860公斤,其中还有10公斤是免费送给客户的道歉茶,剩余的货款及时退了回去。山西客商感动不已,赞我是至真至诚的商界楷模,并表示愿与我长期合作,互利双赢。

有耕耘,就有收获。2011年8月,我突然接到一个陌生电话,通过交流才知道原委。5年前,我在云南丽江开拓市场,结识了不少朋友。今天打电话的这位藏族女商人,就是从网上看到灵山茶业公司又推出新品仙灵信阳红毛尖,很想品尝一下。我接到电话,非常激动,当日,一大箱“仙灵红茶”便寄给等待中的藏族姐妹。2012年8月,这位藏族姐妹一行十几人,应我之邀,万里迢迢来公司做客。她们一行随我来到潘新镇九龙村国家级农村科普示范基地,看到在绿色海洋里,零星地点缀着几株碗口粗细的乔木和叫不出名字的植物时,豪迈的藏族客商们异口同声地发出了“扎西德勒、扎西德勒”的赞叹!她们参观了公司先进的绿茶制作生产线,心情特别兴奋。在包装车间,她们看到以中国红为底色的外包装袋上,正中画面,那袅袅的祥云轻轻地飘浮在金色的太阳下边。“喝红茶,走鸿运”的广告词恰到好处地依附在画面右下角,同左上角河南省著名商标“仙灵红”遥相呼应,整个画面主题鲜明、松紧适度,充盈着浓浓的文化品位,配上金色的流苏手提绳,一款携带方便、美观大方的茶提便温暖在客人手中了。藏族客商们临行时与灵山茶业公司签订了每年500万元的“仙灵”系列茶品的经销合同。2013年3月,又追加了100万元的仙灵红茶酒的经销份额。直到此时,员工们才真正理解了我时常讲的:公司的发展,最终取决于市场竞争,说白了,就是公司生产的茶是否卖得出去,能否卖得更多。而要做到这一点,必须进一步提升品质,诚信经营,进一步打造和唱响“仙灵牌”。

付出终有回报

仲春三月,杂花生树。历经十余载的奋力拼搏,在各级党委、政府的大力支持和周边父老乡亲的真心帮助下,在茶都信阳市,以罗山县周党镇为中心,辐射潘新、莽张、定远、彭新、灵山等6个乡镇的5万余亩“国家级标准化茶园建设示范区”“国家级巾帼现代农业科技示范基地”,满目青翠、生机盎然。茶香和着野花的芬芳,沁人心脾。采茶姑娘们腰系精致的竹篓,灵巧的双手在茶丛间上下翻飞,似要激活这片片绿叶美妙的音符,奏响这座座茶山壮美的律动。身临其境,使人如痴如醉、如仙如幻。我为这里出产的茶叶起名叫“仙灵”。如今,随着“仙灵牌”毛尖的声名鹊起,“喝仙灵绿茶,得神仙灵气”的广告词已日益深入人心,走进千家万户。

如今,灵山茶产业链条越拉越长,路子越走越宽,但现有的生产线不能满足生产需求,少数茶农仍沿用传统的铁锅小灶手工炒茶。为适应日新月异的发展形势,我加压驱动,再筹资金,投资 2 000 万元新上了一条当时国内最先进的绿茶制作生产线,可年产茶叶 40 万公斤,生产流程严格按照分级、放、杀青、揉捻、理条、提香等一系列流程操作。机制加工出来的茶叶,不仅保证了信阳毛尖“细、圆、紧、直”的特色,而且茶叶形状美观大方,冲泡的汤更亮、色更绿、味更浓、香更高,不仅茶叶的质量有保证,炒制茶叶成品效率也明显提高。为缩短鲜叶的运输时间,在杨柳村茶基地,修建了一个现代化的小型茶叶加工基地,与之相呼应的还有古香古色的茶艺馆、茶叶博览室等茶文化韵味十足的配套设施。相信在不久的将来,我们精心打造的山泉潺潺、鸟鸣蜂吟、绿浪袭人、茶香四溢的种植加工基地,一定会成为冲出钢筋水泥丛林的城里人旅游观光、修身养性的胜地。

灵山茶业公司也成长为一家集茶叶种植、生产、深加工、销售于一体的股份制民营企业。在行业中率先取得食品生产许可证、ISO9001 质量体系认证、ISO14000 环境体系认证、ISO18000 职业健康体系认证、有机茶认证、质量奖、原产地保护产品认证等。公司已发展成为全国“守合同重信用”企业、全国青年文明号、中国茶叶行业综合实力百强企业、全国科普惠农兴村先进单位、河南省农业产业化重点龙头企业、河南省林业产业化重点企业、河南省文明诚信企业、河南省质量诚信 AA 级企业、河南省青年文明集体、河南省十佳科技创新企业等。自 2004 年第十二届中国信阳茶文化节以来,公司茶产品参展的历届茶节名茶评比均获得最高奖项:2007 年、2008 年、2011 年在中国(郑州)国际茶叶博览会上先后获得红、绿茶王的桂冠。2014 年在北京国际茶业展上夺得“领航泰迪”杯金奖。2016 年公司生产的绿茶、红茶被农业部选入全国名特优新农产品名录。2017 年红茶获得“全省名优茶评比金奖”,信阳毛尖在第二十届农洽会获得“金质产品”殊荣。

我本人也是喜事连连。近年来,相继当选全国妇女代表大会代表、河南省茶文化研究会副会长;先后荣获全国十佳农民、五一巾帼标兵、三八红旗手、百强农产品经纪人,河南省扶贫功勋人物、优秀政协委员企业家、十佳科技创新人才、五一劳动奖章、茶文化传播先进个人、十佳茶人等多项殊荣。

赠人玫瑰手留余香

灵山茶业公司的发展壮大离不开各级领导、父老乡亲、山乡茶农和社会各界的关怀支持。要不是大家的帮助与鼓励,恐怕我当年大病之后,虽生犹死,何谈东山再起?今日我用感恩的心回报社会、回报乡亲是义不容辞的责任。

公司特别重视对贫困家庭孩子的关注，目前出资帮助21名贫困失学儿童圆了求学梦，每年为他们购买新书包、学习用品和新衣服，鼓励他们努力学习，用知识改变命运。此外，公司投资30多万元建立了一所花儿朵朵幼儿园，优先帮助贫困家庭的孩子和失学儿童。每年端午、中秋节日，公司组成慰问组，对结对帮扶的贫困户一一慰问，送上慰问品，让他们感受到真情和关怀。

公司的一位贫困炒茶师傅黄义超，家有80多岁的老母，妻子得了癌症，尚有一位上学的孩子，一度对脱贫致富灰心丧气。在我的多次说服下，他最终提振精神，通过公司帮助，外出接受炒茶技术培训，苦练技能，最终获评浙大的高级炒茶师职称。历经多番历练，他现已炒得一手好茶，在2017年信阳手工茶炒制大赛上荣获二等奖，年收入6万余元。杨寨村的徐玲，家有75岁的公公、患40年精神疾病的婆婆、痴呆大伯和两个年幼的孩子，对未来一片迷茫。我得知后介绍其到花儿朵朵幼儿园做幼师，资助其孩子上学，在不断的感召、鼓励下，终于激发了她脱贫致富的信心。吊桥村贫困户刘明建外出务工时，被砸伤瘫痪在床，有3个未成年孩子，妻子在家种地，生活非常艰辛。我带领公司员工前去探望，送去轮椅、油、面条、衣服等，并且三番五次给予他心理疏导和创业指导。考虑到他不能从事体力劳动，我找专人教他学习电脑、电子商务，最终可以靠自己的双手取得一份工作，为家庭分忧解难。朱楼村贫困户丁福康，一家四口，妻、儿重度精神疾病，住危房。我了解情况后，很快为其建了新房，始终关照其日常生活，定期慰问，补给生活用品，还组织人员帮助秋收……

真心换来福报，接受援助的乡亲们的生活不同程度地得到改善提升，他们都记在心上，每每有人问起生活变化，他们都交口称赞，甚至有人戏称我为灵山脚下观世音。

我资助的十几位家境困难的青少年学生，已有多位成为品学兼优的在校大学生，其中一位大学毕业生顺利走上工作岗位，并在竞争激烈的IT行业中崭露头角。

十多年来，公司出资帮助160多名失学儿童圆了求学梦。同时，帮扶残疾人、救助孤寡老人、向灾区捐款、修路架桥捐款达1 400多万元。先后出资500余万元为当地修建40余口水库、坑塘等水利设施，为当地田地抗旱除涝发挥了重要作用。

2020年初，湖北武汉新冠肺炎疫情短时间内呈现蔓延爆发之势，信阳市作为河南省的南大门，是河南疫情最为严重的地区之一。在受疫情影响企业经营十分困难的情况下，我多方筹措资金、物资，向团省委，市、县工商联，市妇联妇女儿童基金会，罗山县人民医院，周党镇政府以及茶基地所在的多个乡镇、行政村街捐款1.45万元，捐赠抗击疫情所需的消毒液10大桶、消毒湿巾3 600片，总计价值43.65万元。在抗击疫情的非常时期，信阳迎来鼠年的第一场大雪，周党镇各村疫情防控站点人员在天寒地冻的环境下守护着每一个路口，着实让人于心不忍。我紧急安排公司财务人员千方百计筹集资金，快速采购一批取暖用木炭和火盆，带领公司抗疫志愿者冒风雪第一时间送到20多个村的抗击疫情防控站点，为打赢疫情防控阻击战贡献一份力量，传递一份温暖。

公司不忘初心，致富思源，依托茶产业发展，大力巩固脱贫成果。现带动16 000余农户就业增收，其中结对帮扶建档立卡贫困户（现均已成为脱贫户）1 068户，带动群众每人每年增收3 000元以上。公司通过让脱贫户等到“四金”、五个帮扶模式巩固脱贫成果，目前已组建了一个巧媳妇营销团队，以产业巩固脱贫成效、巧媳妇撑起半边天为核心，致力带领农民村嫂脱贫致富，把公司产品带出罗山，走出河南，冲出国门。

作为一名省政协常委，我之前曾多次在省政协会议上向时任河南省委书记谢伏瞻作专题汇报。2016年12月23日，谢书记又亲临我们茶园，现场调研指导，谢书记对我们公司发展茶产业、带动妇女就业、助力脱贫攻坚给予了高度的肯定和赞赏。

上级领导的关怀和激励，周边父老乡亲的鼓励与期盼，给了我极大的信心和勇气，我将终其一生演绎自己的茶香人生。

本文由罗山县政协提供。作者钱晓玲，女，汉族，1966年5月出生，罗山县周党镇人，无党派人士。现任全国妇女代表大会代表、河南省政协常委、河南省茶文化研究会副会长；先后荣获全国十佳农民、全国五一巾帼标兵、全国三八红旗手、全国百强农产品经纪人、河南省扶贫功勋人物、河南省优秀政协委员企业家、河南省十佳科技创新人才、河南省五一劳动奖章、河南省茶文化传播先进个人、河南省十佳茶人等多项荣誉称号。

我与薮北茶的峥嵘岁月

潘万勇　口述　马　健　整理

1957 年，我出生于罗山县一个贫苦乡村，父母早逝。15 岁开始跟着当地的一个泥瓦匠师傅做学徒，1990 年成立了建筑公司，直到 2004 年，抓住一个契机转行做起了茶叶产业。

信阳毛尖是全国十大名茶之一，因质佳味浓，久负盛名，驰名中外。地处大别山北麓的罗山县潘新镇，多系浅山、丘陵垄岗地貌，处亚热带湿润区的北部边缘，具有典型的过渡性气候特点，四季交替分明，冷热差异明显，气候温暖，雨量充沛，日照充足，无霜期长，特别适合种茶。

1998 年，日本友人慕名而来，在罗山县潘新镇成立了日本丰林茶叶公司。2000 年与罗山县人民政府合资创建了河南申林茶业开发有限公司，成了县里响当当的企业。

改行抉择

2004 年，河南申林茶业开发有限公司由于种种原因濒临破产，企业职工纷纷下岗。返回家乡时，看到乡亲们在政府号召下信心满满种植的薮北茶即将失去依托，我深感痛心，同时也在心里暗暗掂量自己能否担起这份责任。为挽救一个企业、拉活一个产业、帮扶一批员工，关键时刻我做了一个风险极大、在别人看来近乎疯狂的决定，那就是趁企业全面改制之际，买下公司的全部股份。

买下公司的股份花掉了近 300 万元，是我做建筑半辈子所赚的钱，也是当时我所有的家当。那年我已 47 岁，原本富裕的家庭也因此变得一穷二白。我的决定遭到了家庭及亲戚朋友的一致反对，老婆一个多月都没和我说话。但我是个倔脾气，认定的事就一根筋，或许和我的名字有关吧，万勇不辞！

一入农门深似海

自公司成立那一刻起,我就做好了全力以赴的准备。但我也深刻地意识到,发展企业光靠我的一片善心和责任心是远远不够的,跨界新领域,我需要专业的知识与专业的团队。于是我四处招兵买马,聘请专家,对企业进行了充分的论证。综合国内国际茶产业发展现状,并结合薮北茶的生长特性,迅速制定了企业远期发展蓝图和近期奋斗目标。

一入农门深似海。这段历程,回忆起来,困难重重,感悟多多。为了寻找最适合薮北茶生长的环境,将薮北茶的优势充分展现出来,我和信阳农林学院的专家开始了没日没夜的实地勘察。罗山南部多山,悬崖峭壁,荆棘丛生,稍有不慎就会滑倒,手上、脸上经常伤痕累累。有时候走累了,就拄着一根棍子,既能探路,防止虫蛇叮咬,又可以缓解疲劳。经过三个多月的实地考察论证,最终选定在潘新镇与彭新镇、山店乡、周党镇的接合部开发种茶。该区域地处北纬 31.9°附近,平均海拔 150 米,境内以浅山、丘陵为主,土质肥沃,最适合薮北茶生长。

为了筹措资金流转荒山,我东奔西走,踏破各大银行的门槛,受尽了白眼,亲戚朋友也被借了个遍。妻子看我这么辛苦,心疼我,但也经常调侃我说:“你这是何必呢?当初你干房地产时已经是百万富翁了,现在不仅成了穷光蛋,还要背一屁股债,关键是还要没日没夜地辛苦操劳。”我扪心自问,的确百感交集!可是开弓哪有回头箭呢?

然而最让我绝望的是,荒山有了,却没有茶苗!巧妇难为无米之炊,我再次陷入了困境。薮北茶是 1994 年从日本引进的优良茶树品种,当时引种面积仅 60 亩,由于薮北茶品种的特殊性,种子繁育会破坏它的特性,但那时的薮北茶无性系繁育技术的存活率还不到 20%。从 2004 年到 2007 年我带领公司的技术人员做了大量的繁育实验,耗费了大量时间和财力。

很多专家学者都劝我改种信阳毛尖茶,但是我依然初心不改,因为我知道薮北茶是个好东西。薮北茶属国际茶树良种,在日本占其茶园栽种总面积的 75% 以上。该茶树品种产量高,品种纯,品质好,抗性强。制作的产品条索紧直,形似松针,色泽明亮,滋味浓厚鲜爽,回味甘甜。我坚信品种就是企业的优势,也是将来树立的品牌。

柳暗花明又一村

直到 2007 年,我从安徽农大请来了退休的杨维时老教授,薮北茶无性系繁育技术才取得突破性进展。在他的指导下,经过多次的对比试验,最终形成了以腐殖土做苗床营养土,用高锰酸钾等对扦枝进行消毒处理,并采用大棚内套小拱棚的方法,达到冬季保温、夏季控温、平时保湿的效果,将薮北茶幼苗存活率提高到90%以上,并打破了一年一次的无性繁育传统,开创了每年夏、秋两季都能进行无性繁育的新局面,大大提高了薮北茶的繁育速度。

功夫不负有心人,经过十几年的发展,公司现已建成薮北茶生态示范园3万亩,辐射带动周边5个行政村近2 000多户农户从事薮北茶生产,成了当地的富民产业。

公司生产的薮北茶连续五届获得中国信阳茶文化节名茶类金奖。2021年被农业部认定为"名特优新"农产品。公司先后被授予河南省十强茶企业、中国茶叶行业百强企业等荣誉称号,被河南省政府和省林业厅授予河南省农业产业化重点龙头企业和河南省林业产业化重点龙头企业称号。2019年以公司主导的农业特色产业(茶叶)园,因园区产业协同发展,解决劳动就业,带贫能力突出,被认定为河南省农民工返乡创业示范园区,带动当地2 000多户农民从事茶业生产,着力打造集产、供、销于一体的产业化生产链,为促进地方的经济发展做出了积极贡献。

致富不忘乡梓

一人富不算富,大家富才是真的富。秉承这一理念,我不断创新公司生产经营模式。2016年以来,积极响应"千企帮千村、脱贫奔小康"精准扶贫行动号召,充分发挥市场主体作用,以茶叶、油茶主导产业为依托,采取土地流转、股份帮扶、产业带动、技术指导、教育捐赠等多种形式,与潘新镇、山店乡、彭新镇、周党镇四个乡镇共计1 120户贫困户签订了五方协议,带动贫困户年均脱贫增收5 000元以上。

通过这么多年助力扶贫事业,我深深认识到,授之以鱼不如授之以渔。扶贫必须先扶志,只有使贫困农户掌握了技术才能实现永久脱贫。熊永平是潘新镇肖庄村贫困农户,家庭人口4人(夫妻二人及儿子、女儿),因妻子患有脑瘤,多次开颅手术却未能治愈,目前仍在治疗当中,造成家庭深度贫困。家庭有劳动能力的只有熊永平一人,因家有病人及孩子未能外出务工,只能靠田地微薄收入。我在了解情况后积极鼓励熊永平学习标准茶园管理技术,通过一个月技能培训及现场指导,熊永平已熟练掌握了标准茶园管理技术。目前熊永平接管公司茶园50亩,年收入10 000元以上,家庭的贫困危机得到极大缓解。通过熊永平的带动,越来越多的贫困农户参与公司茶园管理。徐大为是潘新镇肖庄村贫困农户,家庭人口5人,妻子和儿子长年有病,家中还有两个不满5岁的幼儿,家庭重担全落在他一个人身上。我知道后特意安排他到公司学习炒茶技术,通过近半年的技术培训,徐大为已熟练掌握炒茶技术，现在已经是公司的固定员工，2020 年收益达 15000 元以上。

回忆过往，这么多年扎根于农村，从事茶业生产，艰苦创业，开拓创新，是我对家乡的热爱激励着我，让我在茶产业路上不知疲倦，勇往直前。虽然已步入花甲之年，但在茶产业发展的道路上，我仍将初心不改，砥砺前行。

本文由罗山县政协提供。口述者潘万勇，男，1957 年 3 月出生，河南省罗山县人，现任信阳申林茶业开发有限公司董事长。整理者马健，男，1979 年 8 月出生，河南省罗山县人，中共党员。现任信阳申林茶业开发有限公司副总经理。

朱堂乡的茶故事

侯正权

朱堂原是豫南一个小集镇,位于信阳之东,罗山西南,紧邻灵山风景名胜区。朱堂因建乡而兴,因茶而名,一步步走到今天,已经成为信阳的一个明星乡镇。

1991 年 10 月,原涩港乡一分为二,东为涩港乡,西是朱堂乡。我有幸被分到朱堂乡工作,见证了朱堂乡那充满传奇的兴盛之路。截至 2021 年底,朱堂乡发展 30 年,历经 11 任乡党委书记和 11 任乡长。这 22 位乡党政主官任任交接、手手相传,无一不是把朱堂茶叶作为第一优势传承并发展。他们在朱堂乡留下了一道道深沉的脚印,留下了一个个美丽的故事。我知道,他们离开朱堂乡后,无论走多远,都会心系朱堂、情怀茶乡,他们在闲暇时会品一杯朱堂芳茗,细数朱堂茶乡发展。

朱堂茶叶历史悠久,早在魏晋南北朝时期,朱堂就有茶叶种植。当时的僧侣在涩港和朱堂交界处的灵山寺、莲塘寺以及朱堂境内的白云寺、观音寺等寺庙旁种植茶叶,品茶参禅。后又有避世者在朱堂老寨、保安寨等结寨垦荒,种植茶树出售,用以维持生计。有现存老寨山所收录无名散诗内容为证:老寨马口双峰间,昔人高筑老寨圈。也许避世为战乱,也许逃荒到豫南。民间至今仍传诵着杨八姐老寨山守寨种茶的美丽传说。

据考证,朱堂乡是信阳毛尖原产地之一。1915 年,信阳毛尖在巴拿马万国博览会上一举夺得金奖。之后,罗山县的涩港乡(包含现朱堂乡)、青山乡和原信阳县首次被人们公认为信阳毛尖原产地。朱堂区域茶叶也再次得到栽种区域和面积上的发展,传播到白云寺、雨云寺、雾云寺、观音寺、白马寺等寺庙和老寨、保安寨、双寨、长安寨、平行寨等山寨,10 余处 100 多亩。直到现在,民间还流传着红二十五军徐海东平行寨品茗退敌兵的故事。

新中国成立后,特别是 1973 年,毕家德任涩港公社党委书记,大力发展茶林业,在老寨山开发建设茶林场,征地 6000 余亩,种植杉树 3000 余亩、茶叶 200 余亩(杨洼 100 亩、跑马岗 50 亩、老寨圈 30 亩、场部 20 亩);朱堂区域的天桥、肖畈、保安、昌湾、刘湾、万河、马河、白马、朱堂、刘楼等10个大队都建有集体茶园，面积近千亩。该10个大队下辖204个小队之中，有近半数发展有集体茶园，面积500余亩。此时朱堂区域茶叶面积达到1700余亩。后来国家实行责任山和自留山制度，农户也陆续发展自己的小茶园。

1987年，我毕业分配到涩港乡工作。因所学专业是茶叶，乡领导安排我与乡供销社退休的老同志李开盛一起到各村组集体茶场指导茶叶生产，发现了不少民间茶叶技术能手。如保安寨茶场的业务骨干张立伟（后来成为1990年新命名的省级名茶“灵山剑峰”创制组的主要成员）、杨长义、张均新（朱堂村西头组群众，当时他把本组的1.5亩茶园当作责任田来经营，我感觉其所产茶叶品质堪比极品高山茶叶）。1991年成立朱堂乡时，朱堂区域茶叶面积已经超过3000亩。1991年11月4日，朱堂乡政府挂牌成立，朱堂茶叶发展站在了新起点。朱堂乡首任乡党委书记安春明（后任江淮学院党委书记）高度重视茶叶生产，将茶叶作为朱堂乡六大支柱产业（茶叶、板栗、杉树、食用菌、畜牧、萤石）之首优先发展。乡政府成立林茶办，我任乡林业助理兼乡林茶办主任，强力推进茶叶发展，同步提出每年新增茶园2000亩的目标。

1991年冬，乡政府组织全乡各部门干部职工义务劳动，在朱堂刘湾组高标准建设5亩茶叶示范园。1992年春，邀请信阳农专讲师庞晓丽（现西南农业大学教授）、县茶办及专技人员李书胜、易扬等作为评委，举办了首届朱堂乡茶叶评审会。大会制订可操作性强的评审方案，对参评的10个村13个茶样进行了认真评审。评审会结束后，乡政府专门印发文件对老寨山、保安寨、雾云寺、白云寺等前6名茶场的茶叶分别给予了表彰和奖励；肖畈猫眼洞茶样被评为乡级名茶猫眼春。尤为难得的是，乡政府文件还明确规定，凡在国家、省、市、县茶叶评比获奖的茶场，乡政府再同等配发一份奖励。这些政策极大地激发了茶叶生产单位和广大茶农的热情，朱堂乡茶叶得到蓬勃发展。

1992年5月，首届信阳茶文化节评比会上，朱堂茶叶参评单位勇夺三个“兴申杯”大奖（老寨、保安寨和马河雾云寺各1个）。需要说明的是，首届茶文化节共设8个奖杯，罗山县（含五一农场茶叶总场）荣获了7个。信阳震撼，罗山骄傲，更是朱堂荣耀！在罗山县首届茶叶评审会和之后历次信阳、罗山评审会上，朱堂茶叶屡屡获得殊荣。朱堂茶叶可以说是名声大振，风生水起，享誉豫南大地。说起朱堂茶叶品质的好，早年间一直传说着保安寨滴水崖毕书记凉水泡茶（灵山剑峰）的故事，可见一斑。

茶叶名气的提升为茶农带来了更多的经济收入，也进一步提振了发展茶产业的士气，朱堂茶园面积迅速扩大。1993年，以马河雾云寺为中心，乡政府组织马河、白马、肖畈三村集中连片建成千亩茶园示范基地，万河、肖畈、天桥等村甚至提出“人平百棵树，户均一亩茶”的口号。1994年，县茶办在朱堂乡保安寨茶场举办全县茶叶技术培训班，邀请信阳农专讲师司辉清（现西南农业大学教授）现场授课，参训者达40余人。我清楚地记得，当天中午我还特意为学员们购买了当地特产——朱堂猪油馍。到1995年底，全乡茶叶面积发展到1万余亩，年产量达到20多万公斤。

1996年后，由于茶叶生产属于劳动密集型产业，加上特产税增高，因此茶叶生产成本逐渐加大。为改善这一状况，人们逐渐在茶叶地里套种板栗，产茶乡镇包括朱堂乡逐步进入茶栗共生时期。20世纪末，随着市场经济进程加快，农村劳动力不断外出，农民负担日益加重，朱堂乡茶叶生产迎来了寒冬，不少茶农甚至砍掉茶树改种板栗，茶园面积呈现萎缩趋势；夏秋茶基本停采，春茶生产也要求更加精制才能适应市场需求。

2003年，乡党委书记毕庆向赋诗题字，想方设法，带头宣传朱堂茶叶，拓展朱堂茶叶销路。老寨山茶场在李成余场长的坚持下终于迎来了春天，创造了老寨茶叶30年一枝独秀的神话。2006年以后，外出创业成功人士陆续返乡流转山场，承包茶园，朱堂茶叶生产再次进入巅峰态势。涌现出袁波、吴自同、尹璐、刘诗星、吴扬名、韩彰学、李成余、梁其亮、李书旺、吴自永等十大茶产业大户。到2017年，全乡茶叶面积翻一番，达到近2万亩。在2018年信阳茶文化节上，乡党委书记孙明术积极争取朱堂乡设立独立展厅，朱堂乡十大茶场参展，多个茶样参评，老寨山和金林茶叶专业合作社领衔再次荣获2金2银的骄人成绩。2020年，受新冠疫情影响，朱堂的茶叶一度滞销，直接影响到广大茶农的收入，罗山县委副书记张长斌和朱堂乡党委书记孙明术一起走进直播间，化身“主播网红”，同河南电视台主持人王佳音一道，“上抖音”、搞直播，在线推介罗山生态茶，在网上与天南地北的网友互动，取得了很好的宣传效果。

山水茶乡，活力朱堂。展望未来，朱堂乡已经进入深度文旅融合和茶旅融合发展时期。朱堂乡老茶园正在更新改造，政府积极引导调整产业结构，融入油茶发展，促进茶叶加工现代化和手工传承精细化相互融合优化，茶乡人的综合收入得以稳步提升。朱堂因山而生茶，因水而育茶，因茶而美丽，因茶而聚人。作为一名在此工作了一辈子的朱堂人，我期待，朱堂乡的明天会更加出彩，茶乡故事会更加精彩。

本文由罗山县政协提供。作者侯正权，1987年8月被分配到罗山县涩港乡工作。1991年10月起至今在朱堂乡工作，现任乡纪委副书记。

制好茶　做好人

李书广

我的家乡位于山清水秀、风光秀丽的罗山县灵山镇灵山村莲塘组，这里不仅山水秀丽、风景迷人，更为独特的是这里还有盛极一时的龙牙寺遗址。

龙牙寺，又名莲塘寺（因寺门前有两口荷塘之故），又名龙牙禅寺，位于莲塘盆地的北部，背山面南。该寺始建时间，据文物部门推测，比灵山大寺还早，师宗“临济”，至民国元年，已传 53 代。史书记载，唐天宝元年（744）曾大修。明嘉靖年间扩而广之，更名慧光。清咸丰四年（1854），奉札兼理方丈事，再修寺院置产，大振禅林，塑像装金，为龙牙寺之最盛时期。光绪年间遭抽产之厄，遂衰。民国 10 年（1921）再修禅院，香火始繁。中华人民共和国成立后，殿宇被改建成民房，至“文革”时期全部被毁，散布各处的石雕碑刻极富史料价值。

莲塘地处董寨国家级鸟类自然保护区，是一个以山区森林珍稀鸟类及其栖息地为主要保护对象的野生动物类型的自然保护区，是中国白冠长尾雉之乡和“东方宝石”朱鹮重要的人工繁殖及野外栖息地，被誉为“鸟类天堂”；鸟的种类占河南省的 80%，占全国的 23%。该区域气候温暖湿润，森林生态系统良好，生物多样性丰富，是重要的珍稀物种资源储存库。

莲塘是董寨国家级鸟类自然保护区的核心区，四面环山，中间一片盆地，平均海拔 500 米，山势险峻，四季云雾缭绕，非常适宜毛尖茶生长。

受地域文化影响，我自小对信阳毛尖茶情有独钟，但因家境贫寒，品茶也就成为一种奢望。待到成年后，受国家好政策带动，主动承包了本组的 400 多亩山场种植茶叶，开始了我与茶相伴的一生。

莲塘的山多为石头山，表面浅浅的一层砂石土，下面全是质地坚硬的石头，在此地种茶的难度可想而知。在缺乏大型机械、况且也禁止机械进山的情况下，我和我的妻子，再加上村庄内的几个邻居，择土掘穴，挑土培苗，日出而作，日落而归，历经数百个日夜，终于在家对面的山坡上整理出了一片茶园。个中滋味，冷暖自知。

原生态的山林，肥沃的腐殖土，再加上我们一家人的倾心培育，三五年茶树始长成。茶芽因光照、昼夜温差所限,生长周期长,芽尖肥壮,嫩叶质厚。不施肥,不打药、人工除草,人工采摘炒制。每年夏、秋两个周期拔草、松土,这样既保证了茶叶生长所需养分,还能有效控制害虫的侵害。这里海拔较高,茶树品种非常独特,是历经数百年的本地早茶,树种较为珍稀。对于茶农而言,茶树的种植与呵护如同哺育孩子,耗费了我们莫大的心血。

据了解,信阳毛尖因从杭州引种龙井茶而诞生,曾被称为“车云龙井”,是信阳茶叶的第一个品牌,后在信阳地区广泛种植。信阳毛尖始终以其独特的口感,被大家公认为毛尖极品,这无疑与其独有的种植环境和精细的制茶工艺密不可分。信阳毛尖炒制过程是:采摘→青叶入生锅→熟锅→初烘→摊晾→复烘→揉拣→再复烘,其制作工艺要求严格,对烘焙火候的要求极为苛刻。怎样做好纯手工打造、口感绝佳的莲塘茶,得到品茶人的认可,是我始终的追求。为此不管多苦多累,都丝毫不会动摇我的信念。

这个时期我从一名什么都不懂的毛头小子,成长为一名熟练的炒茶工,逐渐掌握了制茶技术。其间我不断走访请教,经多方学习和自我探究,终于不负初衷,学有所成。我对茶叶有了新的认知,对茶叶的整个生产工艺有了自己独特的见解,对茶文化的博大精深也开始有所领悟。

幸运的是,经过我们的不懈努力和研究,在 2010 年河南省名优茶评选活动中,莲塘茶以其出众的成色和口感被大家认可,一致给予好评,最终在该次名优茶评选活动中获得银奖,并颁发了证书。

在拿到证书的那一刻,我激动得手有些哆嗦。这不仅是开心,更是欣慰,是感激。回想几十年的付出和探索没有白费,我们的茶叶得到了这么多茶友的认可和好评,也是对自己劳动成果的肯定,更让我看到了希望——我还可以做到更好。这也给我在未来茶叶制作之路上增添了万分信心和无限动力。

我始终相信,不论做哪一行,信誉才是为人之道,是做人的根本。我不太懂营销,但是我把每一个买我家毛尖茶的朋友都当作自己的兄弟姐妹。一杯地道好茶能够让我和很多天南海北的人成为朋友,所以我更加注重品质的保证与提升,时刻不忘初心,不能让不好的东西砸了招牌,坏了大家的情谊。

每年的清明节前后,我就会接到很多新老顾客的电话,咨询或预订我们的新茶。我不厌其烦地给朋友们讲解今年茶叶的生长状况,邀请他们过来做客、看茶、品茶。我经常在朋友上山后,带他们去参观我的茶园和茶叶制作过程,让他们不仅知道茶树的长势,也了解茶叶的制作工艺,乃至每一芽鲜叶是如何成型的。

朋友们来品茶时,我都会安排我的妻子做上一桌可口的家常菜,让他们也顺便品尝山里人的农家地锅饭。一盆简简单单的野板栗炖土鸡,一盘自家菜园种的小青菜,一盘地道的豆腐菜,一份我妻子亲手腌制的咸鱼块……通过地锅烹饪格外香甜可口,再加上一份焦香脆口的地锅锅巴,朋友们吃完之后都夸我们的饭菜虽不比星级酒店的高档,却有三碗都吃不饱的食欲。环境不比都市繁华却干净卫生,菜不名贵却格外可口。酒足饭饱之余,品一杯莲塘香茶,漫步于莲塘的山水美景之中,更是惬意。我认为人的心态,决定生活的苦与乐。禅茶自古一味。在我看来,人生如喝过的茶,少了苦涩,多了平和;淡了青春的气息,浓了成熟的味道。

在大多数人眼里,种茶、采茶、制茶,都是辛苦且烦琐的。每当我看到新老朋友喝了莲塘茶之后露出满意的笑容,就全然忘却了制茶的苦。我夫妻二人辛勤种茶40年,其中的苦与乐只有自己能体会。过去山上不通路,交通不便,都是客户自己上山买茶;如今交通发达,但上山道路还是不太宽阔,客户仍多是自己上山买茶,也有部分老客户要求快递发过去。我觉得,生活过的是心情,要的是质量。我的人生,早已与茶紧密相连,我愿与茶相伴,穷尽一生制好茶!我希望越来越多的人,走进我们灵山莲塘这个美丽的小山村,来了解莲塘,了解莲塘毛尖深厚的文化底蕴。

本文由罗山县政协提供。作者李书广,男,1962 年 11 月出生,罗山县灵山镇灵山村人,自 1981 年起经营茶叶至今。

我的小茶叶大民生

李明水

回顾我的种茶历史，既有亲历坎坷的艰辛和无奈，也有收获成功的喜悦和幸福，更多的则是怀着感恩的心，感谢各级领导及行业主管部门和父老乡亲的一路引导扶持、携手共进，使我的企业不断发展壮大。经过历练，我本人也收获多多，感触多多。

1980 年我从涩港高中毕业后，在董桥学校当民办教师，教授初中一年级数学、英语。第二年初中合并后，只剩下小学 1 ~ 5 年级，我又改教小学数学。南部乡镇属于大别山区，山场、林业资源丰富，乡、村两级基本上都创建了茶场，每家每户都种有茶叶，尽管收入不高，但满足家人饮用、变现一些油盐钱还是可以的。每年春季，学校都组织学生开展勤工俭学，到附近茶场或农户家帮助采摘茶叶。那时每个学生采摘半天能挣 2 元钱左右，可以有效地弥补学校办公经费不足的问题。从这时起，我就与茶叶结下了不解之缘，开始接触茶叶、了解种茶，直到经营茶叶。

1994 年，董桥村办茶场由于承包人经营不善，亏损严重，导致 200 余亩茶园荒芜。乡村两级领导可能觉得我多上了几年学，稍稍懂得一点茶叶种植知识，多次做我的思想工作，让我到茶场当场长，带领群众种茶致富。恰逢那时基层教师的工资偏低，还经常拖欠，经过反复思考、权衡利弊，我脚一蹬心一横，辞去民办教师，于 1994 年 3 月到董桥茶场任职。

当时茶场有危房 9 间，院子里长满了杂草，到处是一片破败相。生产生活条件非常艰苦，制茶全靠手工。我深感责任重大，既要解决职工的吃饭问题，又要改造老茶园，拿出像样的业绩以改变落后被动局面。看着身边几位多年管护茶园的乡亲那期待的目光，我坚定信心，立志要让即将荒芜的茶园换新颜、茶场有新貌。

接下来的日子里，我以身作则，吃住在场里，与工人同吃同住同劳动。白天带领工人干活，夜晚给员工培训茶叶知识，当年就整修坑塘一口，修筑生产道路 1200 米，翻改老茶园 150 亩，改造危房 6 间，增加茶叶产量 500 公斤。工人每月工资从 150 元增加到 220 元，场区面貌焕然一新，从此慢慢步入正轨。

董桥茶场地处灵山省级风景名胜区内,毗邻董寨国家级鸟类自然保护区的核心地带,生态优越,交通便利,是正宗的灵山云雾茶主产区。茶树生长在海拔600米左右的高山密林之中,这里植被丰富,土壤肥沃,昼夜温差大,具备高山云雾出好茶的自然环境和生态条件。然而,由于茶农分散经营,因此茶叶优势没能充分体现出来。

经过调查研究,在董桥茶场的基础上,我按照"市场+合作社+基地+农户"的模式,坚持名优茶生产、加工、营销一体化的产业化发展思路,于2007年8月成立了全县首家茶叶专业合作社——罗山县灵鼎峰天然茶叶专业合作社,依靠土地流转和专业合作的方式不断发展壮大。通过开展技术培训、购销、信息等服务,开展生产的前、中、后期配套服务,统一培训、统一上饼肥、统一制作工艺,既保证了茶叶的原有品质,也确保了当地茶农的增收致富。

我们灵鼎峰合作社的茶园位置独特,生态环境优美,茶叶品质超群,企业管理规范,引起广泛关注。我二十年如一日地精心做茶、诚信做人、热心做事,得到了各界认可。在有关部门的大力支持下,合作社生态茶园被打造成了现代农业茶产业标准园创建基地、全国农技推广农业科技试验示范基地、河南省农科院"院县合作共建"有机茶生产基地和信阳农林学院茶学系教学实习基地。在中日合作"人与朱鹮和谐共存的地区环境建设"及联合国开发计划署组织实施的"淮河源生物多样性保护与可持续利用"项目中,将合作社生态有机茶园及周边环境保护列为示范点建设,旨在加强生物多样性及生态环境保护的前提下,发展生态茶叶、有机茶叶。

经过连续多年的滚动发展,我们合作社已拥有名优茶生产基地1.2万亩,初制加工点6个,精制加工厂1个。公司现有员工28人,其中高、中级技术人员12人,专业品茶师、制茶师8人,有一支专业从事生产、加工、销售"灵鼎峰牌"信阳毛尖的技术队伍,有成套的精良加工设备和质量检测仪器,茶叶产品规格齐全。年生产干茶1万多公斤,产值1000余万元。公司带动合作社稳扎稳打,现已成为农业产业化市级重点龙头企业和国家级示范合作社。

历经多年的摸爬滚打,我深知品牌和质量的极端重要性。在我的坚持和努力下,合作社秉持"生态有机、质量第一、安全保健、顾客至上"的生产经营理念,全面推广茶树生态栽培技术,采用传统工艺和现代技术相结合的方式,生产"灵鼎峰牌"信阳毛尖、信阳红茶、灵山剑峰、灵山云雾等系列。以其生态、有机、健康的绿色特质,在众多茶品牌中脱颖而出,成为备受广大消费者喜爱的品牌,在信阳国际茶文化节和郑州国际茶博会上连续5年蝉联金奖。

"灵鼎峰牌"系列名茶,从采摘、炒制、烘干到保存,都已形成了自己独特成熟的工艺。纯手工采摘,机械筛选、杀青、揉捻,手工理条、烘干提香,精选加工后再次复烘,最后真空包装,冷藏保鲜,容不得半点异味污染,真正让"灵鼎峰牌"名茶成为天然茶、生态茶和保健茶。我们合作社的茶园一律采用杀虫灯、诱虫板防治虫害,利用粪液沼渣有机肥施入茶园,不用化肥、不喷农药,完全按照有机茶标准生产加工,从而实现无公害茶向有机茶的转换。

20多年的做茶经历让我感悟到,诚信乃做茶之根本。我始终坚持做老百姓喝得起的好茶,做的茶始终保持着信阳毛尖的原有品质,不追求"小、浑、淡",努力还原茶叶的"汤清色绿、香高味醇"。不断弘扬光大灵山历史悠久的茶文化,积极引进国内先进茶叶生产机械,大胆创新加工工艺,生产的"灵鼎峰牌"信阳毛尖系列茶叶有灵山云雾、灵山剑峰和信阳红茶等,实现了茶叶由传统手工作坊生产向标准化、机械化、规模化的转变,大大提升了灵山茶叶的品质。

作为一名共产党员,我特别注重对困难群众的经济帮扶。对茶园基地覆盖到的贫困户,优先流转租赁其土地用于茶叶种植,定期支付租金。合作社每年能为当地提供种茶、采茶、制茶、管理、运输、销售等10多种工作200余个就业岗位,优先雇用贫困户,并根据年龄、技能、身体状况打造多元化的就业岗位,按80~100元/天支付劳务薪酬。2019年以来,在合作社务工的贫困户有32人,人均获得劳务薪酬3000元以上,使他们在家门口就有稳定的收入。授人以鱼不如授人以渔。对只会种植、不会炒制茶叶或者缺少炒制设备的贫困户,免费开展实用技术培训,先后组织茶叶生产、农作物种植等各类农业技术培训20余期,聘请专家、教授、农艺师20余人次,发放各种技术和科普书籍4200余册,累计培训群众2000余人次。贫困户自我发展能力、自我脱贫致富能力不断增强,由此也带来了生活条件的日趋改善。

近年来,我紧跟国家政策走向,带领合作社大力发展茶旅融合,先后筹资建设了茶叶采摘体验园、手工制茶中心、品茶休闲区和观鸟区。目前已建成精品民宿30余间,设立豪华木屋、套房、单人间、双人间,配套空调、电视、网络等设施,让城里人来这里既不会感到拘束,又能体验到家的感觉。给我印象最深的是来自浙江的两对中年夫妇,他们既是朋友又是观鸟爱好者,每到夏秋季节,他们都会相约自驾来到我这里,一住就是一个月左右,白天爬爬山、观观鸟儿,晚上散散步,兴致来了还会自己动手做饭,连续三年都是如此。他曾经对我说,你们这里空气好,安静,有小时候的家乡味儿。

本文由罗山县政协提供。作者李明水,1964年7月出生,罗山县灵山镇人,中共党员。先后在本镇担任过民师、村茶场场长,现任罗山县灵鼎峰天然茶叶专业合作社理事长。

一个复员军人的茶业人生

袁　波

我曾经和村里的同龄人一样,从小就有个梦想:早日走出打柴、放牛的小山村,告别祖祖辈辈沿袭下来的穷苦生活。

1993 年 12 月,我应征入伍,在中国人民解放军 64 军某团服役,成为一名野战侦察兵。四年的军旅生涯不仅磨砺了我的筋骨,还锤炼了我刚毅、自信、敢闯、担当的意志,为日后创业奠定了坚实的基础。

1997 年,我从部队退役,开始了自己的创业之路。我干过苦力,摆过地摊,还曾经因为找不到工作,在北京的立交桥下睡了一个多月。胸有追求不怕苦,我以军人特有的坚韧作风,不断实现自己的人生目标。

1998 年,在我人生最困难的时候,一个偶然的机遇让我淘得人生的"第一桶金",就是在各大酒店做特色餐饮——八宝茶艺,并把北京和长春作为主要经营城市。同时,利用资源优势和价格优势将信阳毛尖逐渐推广到各大酒店。2000 年,我在北京马连道茶城开了一家信阳毛尖茶批发部。2001 年信阳毛尖茶入驻长春市东北景泰茶城。这时,信阳毛尖才真正大批量进入北京市场和东北市场,逐渐被北方人认可。

我在外忙着经商挣钱的时候,家乡的小山村也悄然发生变化。党的惠民政策好,老百姓也富裕起来了,一座座小楼拔地而起,村村都通公路。2005 年,我再次回到老家。这次,我用投资者的目光重新审视自己的家乡,我发现这里很美,山清水秀,风景如画,土地肥沃。用老家人的话讲,插根扁担在地上,都能长出叶子来。难道这么好的地方就不能干出点事业吗?我决定试一试。

我的老家朱堂乡肖畈村位于董寨国家级鸟类自然保护区内,这里山势起伏,溪流纵横,植被丰富,土壤肥沃,云雾弥漫,昼夜温差大,茶树大多生长在海拔 600 米左右的高山密林之中,具备"高山云雾出好茶"的自然环境和生态条件。独特的地理环境和稀有的生态优势,造就了朱堂乡成为全国十大生态产茶大县——罗山县的核心主产地。2006 年 3 月,我以竞标方式取得了朱堂乡马鞍石林场 35 年土地承包及经营权。该林场面积为2460亩,原属集体所有,因长期乱砍滥伐,成材林已然不多,到处是灌木丛生。为了顺应农业产业发展的需求,我于2007年注册成立信阳普华农林开发有限责任公司。在聘请相关专家对林场的气候、土壤、水文等因素进行综合分析后,我决定以茶叶、杉树为主,划片开发,梯带种植,建设人工生态林茶园。

有付出就有收获。2008年,公司被评为信阳市农业产业化市级龙头企业;2009年,公司生产的"鑫沐元牌"信阳毛尖深受当地消费者及北京、武汉、郑州等外地消费者的青睐,同年6月取得国家食品安全生产许可证,2019年在"华茗杯"绿茶推选活动中荣获特别金奖,2020年在全国绿茶评比中荣获特别金奖。

经过十几年的不懈努力,公司现有员工86人、临时职工180多人、茶叶技术研发人员8人,厂房3处(计5200平方米),装配一套包括杀青机、筛选机、揉捻机、理条机、烘干机、色选机、包装机在内的绿茶生产流水线。

通过一番拼搏,公司步入良性发展轨道,茶叶销售渠道愈加稳固宽广,我个人的腰包也日见丰满,但我始终铭记做人不能忘本,更何况我曾是一名军人!我从小家里很穷,没少得到乡里乡亲的帮助,现在条件改善了,我有责任带着乡亲们一起发展。我于2010年8月注册了罗山县鑫沐元茶叶专业合作社,积极带动当地茶农入社,吸收乡亲们参与茶园管理。

合作社位于朱堂乡肖畈村,属于罗山县名优茶核心产区,距京港澳高速灵山站出口5公里,距信阳市区26公里,区域优势明显,交通条件便利。合作社生态茶园位于灵山风景名胜区境内,紧邻董寨国家级鸟类自然保护区的核心区,生态环境十分优越,是正宗的灵山云雾茶主产区。目前合作社会员达362人,拥有茶基地1.2万亩,可采摘的茶园面积达8000亩。2020年,公司和合作社带动茶叶种植户600多户,解决了1600多个剩余劳动力的就业问题。通过"公司+合作社+农户"的模式,取得了小群体、大规模的区域发展态势,实现了行业规范化和发展规模化。

随着人民生活水平不断提高,消费理念越来越趋向于绿色、环保型。公司高度重视食品质量安全,从产品源头把关,全程跟踪检验,确保把健康的食品投放到市场,因此产品推出以来深受消费者青睐。2020年,罗山县鑫沐元茶叶专业合作社被评为国家级示范合作社,并在同行业中率先取得国家食品安全SC许可证和国家绿色食品认证。已初步试行使用农产品"三品一标",并参与罗山县茶产业园建设项目和罗山县茶旅融合建设项目。2019年4月,与中国免税品(集团)有限责任公司签订直营战略合作协议,目前已在中免集团346家直营店面向全国乃至世界销售产品,并得到广大消费者的认可。

企业的发展壮大离不开党组织的引领。为了顺应市县两级党委推进"严乡强村育新计划"和实施乡村振兴战略的要求,2018年朱堂乡成立茶叶协会并设立党支部，乡党委任命我为党支部书记。

有幸成为一名党支部书记，我认为这既是一份政治荣誉，更是一份沉甸甸的责任。为不负组织所托，我积极学习党的建设系列知识，南下北上奋力开拓销售渠道，倾心推介朱堂生态名茶品牌。功夫不负有心人，茶叶协会党支部最终实现了多活动、勤交流、争效益、促脱贫等目标。通过多活动，发挥党员示范、奉献精神，改善各茶企茶农之间一盘散沙的局面，增强了茶企、茶农的凝聚力。通过勤交流，借助协会这个平台，加强茶企、茶农间的相互了解，实现了资源、信息共享。争效益，效益从哪里来？只有扩大茶叶生产，提高茶叶品质，争创茶叶品牌，实现产业利益最大化。促脱贫，如何脱贫？只有提高生产力，通过实现机械化、标准化、规模化、产业集约化经营带动本区域内的茶农和贫困户走上现代化的高产、高质、高效农业生产道路，提高当地农民的产业化发展水平。目前，朱堂乡已充分开发本地茶叶资源，把农业生产和生态旅游结合起来，与美丽乡村建设有机衔接，有效带动了农村可持续发展。

我认为，自己能有今天的业绩得益于党的好政策，得益于各级党委、政府的关怀和扶持。因此，我不忘回报社会，把为乡亲们排忧解难、为一方群众造福当作自己义不容辞的责任。

脱贫进入攻坚期以来，我公司和合作社累计带贫 362 户，我对每个贫困户的家庭状况都了如指掌。两年来我利用空闲时间和节假日深入每个贫困户家庭摸底查找问题，根据每个贫困户不同的致贫原因制订不同的脱贫方案，合作社对有劳动能力的贫困户实行“基地引领+劳务聘用”的模式，确保每户每年收入达到 11000 元以上。对无劳动能力的贫困户实行“入股分红”的模式，确保每户每年收入达到 4000 元以上。另外引导贫困户自主创业，自力更生促脱贫，有近 30 个贫困农户掌握了必备的就业技能，实现稳定就业。在发挥企业优势、产业优势的同时，我更热心于公益活动。2017 年 12 月的一场特大暴风雪中，我联合信阳日报社、信阳市第三人民医院为 20 多户特困贫困户送去他们急需的过节用品和现金。在 2020 年的新冠疫情和 2021 年的郑州严重自然灾害发生后，我都在第一时间捐款，奉献自己的一份心意。

本文由罗山县政协提供。作者袁波，1976 年 2 月出生，罗山县朱堂乡人，中共党员。罗山县第十届政协委员，罗山县慈善总会常务理事。曾在部队服役，1998 年成立北京食为先饮食推广部，任总经理。2006 年返乡种茶，现任信阳普华农林开发有限责任公司总经理。2017 年被评为河南省科技示范“三创一带”先进个人、河南省返乡创业示范先进个人，2020 年 5 月被评为信阳市劳动模范。

拼搏一生只为茶

张修金

儿时所谓的“喝茶”，是春夏交接时，爸爸用山上摘的山楂叶子炒制而成的。抓一撮儿茶，投入大白瓷壶中，注入新鲜开水冲泡即成，这种山楂叶的味道到现在依然记忆犹新。在我的记忆中，每次炒茶时，爸爸将做饭的铁锅细细地洗刷干净，锅烧到一定温度，抓几把山楂叶子投入锅中，快速翻炒一段时间，炒得熟而不焦，最后把炒好的山楂叶拢在一起小火烘干，待叶条凉后放在干净的陶瓷罐里密封储藏，这就是我家一年的“茶叶”储备。

我7岁的时候，家乡开始种茶了。1970年，我所在的青山公社响应毛主席“绿化祖国”的号召，计划用3~5年时间完成万亩杉树林、营造万亩茶乡，每个大队营造千亩以上的杉树林场、500亩以上茶园，每个小队营造50~100亩的茶园，每个学校要营造50~100亩的茶园，发展集体经济，为中小学生提供勤工俭学基地。

学生时的茶技传承

转瞬间到了1974年，我上小学三年级。按规定每周五下午劳动课，春夏时节到学校门前茶园种茶，没想到上小学时就能学到一门谋生技术。我记得很清楚，当时有茶叶技术员现场为我们授课：种茶籽时，行距1.5米、株距0.6米，在地上划拉一个圆，直径20厘米以上，用铁锹在圆圈内取土备用，茶坑深度不少于10厘米，黏土不超过8厘米，把16颗籽粒饱满的茶籽合理排在茶坑底部，然后将取出的土回填满，上面铺盖一薄层稻草，压上土块防止被风吹走。回填土不能踩实，要保持土质松软，方便茶苗生长。待插完秧时，正值初夏，茶苗已长出3~4厘米。此时需要掀掉盖草，折来松枝或其他树枝，插在四周为它遮阴，防止茶苗被阳光晒死。这段时间不拔草（保持遮阴），到了秋末，再来清理树枝，锄草、拔草，让茶苗适应环境，这叫“练苗”，能够增加抗寒能力，预防冬季冻伤。

茶苗长到第三年，重点任务仍是锄草、拔草。茶苗长到40~50厘米，初夏间苗，把长得稍高的茶苗掐一点，保持与其他茶苗高度一致，让幼茶枝整体呈球状发展，达到形状一致美观。幼苗期浅锄草，多拔草，禁止使用除草剂。

在我刚上初中一年级那年，茶叶已有四五年的树龄，劳动课依然开展得如火如荼，还是以茶园管理为主。校长请来技术员，重点讲授采茶技术。技术员现场对我们说，采茶的标准为一芽两叶：小采茶就是采高不摘矮，采春不摘秋；春天小采，提高发权率，保持整体形状。幼苗秋季不宜采，让幼苗长好棵（幼茶秋采后重新生长嫩苗，入冬后容易冻伤，影响春茶次年正常生长）。农谚云："春茶甜，夏茶苦，秋茶好喝不许采。"

茶苗长到第六七年时，要加强茶园精细化管理，保持不草荒，控制一定高度，多发枝。茶枝保持高 60 ~ 70 厘米、宽 50 ~ 60 厘米为宜，这样采茶不弯腰，人不累。如果茶枝超高或超宽，以豫南地区为例，在每年夏季中上旬集中修剪后，能为来年茶园亩产提高 15%。茶树生长到十年以上就进入盛采期。根据土壤板结度，每年 7 月至 10 月深翻土壤，立春前 15 ~ 20 天完成施肥。这套程序完成好了，茶叶第二年可生长出高品质的鲜叶，含水量充足，炒出的茶叶品质更高。

改革开放的春风吹遍大江南北时，我仍在初中就读。星期日，生产队长同意我们这个年龄段的学生参加集体劳动，每天记工分 2 分。我们生产队 16 ~ 18 周岁的半大孩子有 27 人。上午是采茶时间。吃罢早饭后，到小队茶园采茶的人达 70 多人，在山间排成一条长龙，场景很壮观。茶园建在山上，梯田布局，一层双行。在山坡特别陡的地方是单行，放眼望去，像"青龙绕山转"，很美，很震撼。茶园有 100 多亩，生产队安排两名茶园管理员，专门负责锄草、治虫、采茶技术指导。到达茶园后，他们手把手教我们怎样采茶，还给我们讲道理：要留好余叶，为啥呢？一芽二叶有充分的时间接受阳光照射，植物达到饱和成熟，含水量充分。禁止采小芽，为啥呢？一芽没有充足时间进行光合作用，鲜芽没有完全成熟，含水量较低，在炒制过程中不适应炒茶温度，只能用低温炒制，造成臭茶碱无法排出，所炒制的茶叶味道不香、吸水性差。开水冲泡后，不能很快沉入杯底，而是长时间漂浮在水面上，冲泡两次以后才能沉底。这种芽尖茶很多人喝了都不适应，喝后多有鼓胀感。

下午天快黑时，队长抽选 6 名体质强壮的学生炒茶，炒茶半天记工分 1.5 分。我和另外几个小青年被抽中了，心里很高兴，又能为家庭挣一份收入了。我们自觉围到炒锅边，仔细观摩炒茶流程。技术员先示范炒制几锅让我们看，他一边炒一边讲：第一道程序是杀青。每锅取鲜叶 1.2 斤，即成人用手抓一大把加一小把的重量。为把握重量，先用秤称 1.2 斤鲜叶，试验手抓多次后，就再也不用秤称了。茶锅温度控制在 160 ~ 180 摄氏度为宜，先凭眼睛看，锅底有 10 厘米左右的红圆圈时，说明温度就够了。然后听，把鲜叶放在锅里轻轻按一下，鲜叶会有"啪、啪"的炸响声。底火不宜烧得太大，火太大鲜叶会焦边，揉不住条；火太小鲜叶会变黑不鲜绿。适宜的温度,适宜的鲜叶量,炒茶时速度前期慢,中后期逐渐加快,炒茶力量由轻力到重力最后微重力,通过不断散把,把茶叶打散再重新揉捻,不断地重复,春茶大致7~9分钟可以完成杀青。高质量的杀青茶条形均匀、色泽青秀、水分适中、味道芳香。炒茶的窍门是七分杀青,三分做条。

我很用心地炒了几锅后,自我感觉良好。技术员也予以肯定:“有进步,学好了杀青才能学做条。”队长表扬说:“下次回来专门炒茶叶,每天给你记4分。”

能够为家庭挣更多的工分,我感到很兴奋,觉得自己已经长大了,可以帮家里分担一些任务了。就这样我连续炒了8个星期天,一次比一次炒得好。第8个星期天,我主动对技术员说:“能让我学做条吗?”他说:“完全可以。”虽然做条耗费体力轻一点,但确实得掌握技术要领。炒锅的温度要控制在160摄氏度以下,将凉了的茶条再次投入锅中加热,根据水分含量,由轻揉到重揉再到轻揉,整个环节是60~80圈打把一次,反复几次,3分钟后可以进入下一道程序——甩条。甩条由轻到重最后再轻甩,甩得开,抓得紧,摔得响,按照顺序,准备起锅的茶叶,控制标准为不成团、不焦边、不细沫,基本没有水分,条形均匀挺直,色泽深绿,白毫显露。

最后一道程序是炕茶。主要作用是固定外形,继续蒸发水分,达到干燥的目的,防止品质劣变,充分发挥其色、香、味的特质。多采用三锅半一炕,一炕一斤茶叶左右,微火慢炕。

在即将返校上课时,技术员语重心长地对我说:“炒茶是一门技术活儿,要想炒好茶,不仅理论要掌握,还必须用心炒制几年,经过数百锅茶的历练才能炒出心得,茶叶品质才能达到上乘。”

受益不忘挖井人

1980年,父亲已去世8个年头。家庭无经济来源,我无法继续读书,只得与别人合办食用菌厂。因为我读了几年书,对种植技术学习理解得更透彻一些,加上个人的辛勤努力,几年来收获了人生的“第一桶金”,虽然不是很多,但总算给家庭带来了幸福感,给自己增添了创业的信心。机缘巧合下,1990年7月,我被任命为青山乡青年林场场长,时年27岁。我以书面报告呈报青山乡人民政府,建议把青年林场原来的“三八”竹片区挖掉(因竹子价格低,创造不了多少价值),发展100亩茶园,壮大林场经济,以茶养林。乡政府派人实地考察后采纳了我的建议。当年完成冬季造林100亩,同步挖好深80厘米、宽80厘米的茶沟,第二年种茶前土回填,标准化的造林整地,在沿用原有的种茶经验的同时,引入现代化的管护技术,茶叶几年后长势喜人。

1992年,我接手了皇城山岳山茶场500亩茶园承包经营权,开始了茶叶经营之路。记得每年采茶期间,从高店、尤店、东铺、子路、潘新等乡镇,以及驻马店地区正阳、汝南等县接来采茶女工300多人,再加上本乡采茶工200多人、学校开展勤工俭学的学生100多人,高峰期有600多人上山采茶,漫山遍野洒满了红衣女子,场景蔚为壮观。那时候,采茶分为两类:一类为一芽一叶,二类为一芽两叶。20名专业炒茶师傅24小时连轴转,每天可炒一芽一叶的干茶50多斤,市场售价100元一斤;一芽两叶的干茶200多斤,市场售价20~30元一斤。

1992年信阳地区举办首届茶文化节,整个信阳掀起新一轮的种茶热潮。说实在的,当时我们还没有品牌意识,把事情想得很简单:我的茶叶在全县全地区都不出名,只要能把茶炒好,卖到三五十元一斤就行,多多少少能够赚一些钱。随后信阳连续5年举办茶文化节,通过政府宣传,通过历次评展,这时的普通茶叶比5年前翻了五六倍以上。这时我们才真正尝到了种茶的甜头,深刻认识到发展茶产业的路子是完全可行的。

应该说1975年到1990年,信阳茶叶外贸出口的数字是惊人的,这15年正是茶叶的盛采期,也是茶叶发展的高峰期。茶产业带动了其他相关产业的发展,逐步解决了信阳人吃饱吃好的问题,同时也帮助我实现原始积累,这里不仅要感谢信阳市历届领导为信阳支柱产业所做的贡献,也要感谢20世纪70年代初,为发展信阳茶产业而引进的湖南省常德农学院茶叶专业的8名青年学生。为了帮助信阳茶农学习茶叶栽培、茶园管理、茶叶炒制和加工储藏等知识,他们走遍了信阳的山山水水,培养了几代信阳种茶人。50年的光阴转瞬即逝,虽然已叫不出他们的名字,但他们有一个共同的名字——信阳人民永远都会记住——湖南常德茶叶专家。信阳的茶叶原种来源于湖南常德地区,是他们给我们带来了先进的种茶制茶技术,是他们给我们带来了良好的绿茶茶种。我先后聆听过他们讲课数十次,后来运用到实践中,给我带来了珍贵的人生财富,让我终身受益。

青山地方名茶创制由来

1995年起,各地开始发展地方特色名茶,罗山县农办主任任家学和林科长等3人经常来青山调研指导。每次到青山乡青年林场,都会和青山乡分管林业的副乡长刘务中、林业助理杨长玉商讨青山乡怎样创制地方名茶。我清楚地记得,刘乡长当时讲:"孙岗村茶场地处九龙岗,石山口水库北侧,依山傍水,可创地方名茶'九龙玉针';青山茶场地处老青山街南边,石山口水库北侧,山水相连,山清水秀,可创地方名茶'青山银梭'。"刘乡长接着说:"杨助理,剩下两个茶场你思考一下取什么名称作地方名茶?"杨助理思考片刻,说:"岳山茶场地处皇城山南坡,皇城山有许多古老美丽的传说,该茶场可以创地方名茶'皇城贡芽';双桥村茶场地处皇城山东北坡，主峰东北坡有一个天然天池，面积不足100平方米，水深1米，池水清澈见底，池里生长着黑色娃娃鱼，千百年来从没断过水，依然是细水长流，该茶场可以创地方名茶‘娃池云峰’。”任主任说：“好，这四个地方名茶，名字好，有故事，今后一定会给青山茶叶带来品牌效益。”

一代代的领导为了革命老区茶叶生产，为了茶乡发展，为了茶乡人民，由一头青丝到两鬓斑白，直至光荣退休，可他们的足迹依然印刻在茶乡的山山水水，他们的汗水挥洒在美丽的茶园里，融入泥土，散发芬芳。他们虽然渐渐老去，但茶乡人民依然记得他们。他们的名字像茶树一样四季常青。青山镇四大“地方名茶”连续10年获得信阳市地方名茶优秀奖，这些成果的获得，得益于信阳市委、市政府的智慧决策，得益于各级领导的关心、支持，得益于茶产业工人的辛勤劳动。

近30年来，青山镇四大“地方名茶”每市斤可卖到800～2000元，普通茶叶每市斤可卖到350～700元，是30年前茶叶价格的12～30倍。大户能做大做强，带动产业拉动行业，帮带贫困户；小户能做好做精，带动农户活跃市场。30年来，茶乡发生了天翻地覆的变化，茶山修通了水泥路，茶园整修了永久性排水沟，老茶园进行重新改造，茶产业充满生机。

2021年，茶乡人民在各级党委、政府的关心支持下，政策扶持种植大户，增加小户种茶奖补，进一步坚定了种茶农户的信心和决心。作为一名普通种茶人，是茶叶给我带来了财富，是茶叶给我带来了希望。儿时的奢侈品今天成为种茶人的家常便饭。每当端起一杯浓香的茶水，常常想起已故的亲人们。绿茶的味道远比山楂叶的味道好喝百倍千倍。虽然我没有经历轰轰烈烈的场面，也没有获得国家、省里的大奖，但我可以自豪地说，我给社会带来了经济效益，带动了十里八乡的2000多人，资助过困难学生12人，帮扶贫困户49户，带动562户从事茶叶生产、加工、经营活动。我种茶、制茶、卖茶，甘做茶一样的绿叶，做得默默，做得芬芳，做得高雅，没给国家、社会带来一丝一毫的负面影响，这就是一名普通种茶人的情怀。

本文由罗山县政协提供。作者张修金，1963年出生，罗山县青山镇人，中共党员，中专文化，农艺师。先后在青山镇文化中心、城乡建设和生态环境保护中心任主任。

点燃大山深处的希望

陈从胜

我的家乡位于河南与湖北两省的接壤处——罗山县铁铺镇北安村，是全国林业绿化千佳村。村内的北安山原始森林参天蔽日，飞瀑白龙潭深不见底，自然风光秀丽旖旎，可谓一步一画，步步皆景。空气中负氧离子含量丰富，是都市人向往的天然氧吧。这里深山与丘陵错落，得到了大自然的厚爱。我的家乡山多田少，有限的田地用于种植水稻，主要经济作物花生、茶叶、油菜、芝麻、银杏、板栗等。良好的自然环境孕育出生态好茶，我也有幸成为一名生态有机茶的传承者、推介者。

20 世纪 80 年代，迎着改革开放的大潮，22 岁的我率先走出了落后的小山村，一头扎进铁路建设和建筑业中。初入这个行业，我什么也不懂，只能跟着师傅学习操作，在这里默默付出，头顶烈日挥洒汗水，青春在不知不觉中流逝。作为铁路工，一年四季没几个团圆日，一年吃不了几次团圆饭，但是年轻气盛的我凭借一身力气在这一行坚持了下来。在不知道多少个日日夜夜之后，通过自己的努力一步一步向上走，有幸抓住几次难得机遇，终于有所成就。我先后供职于彭新建筑公司、罗山县永兴建安公司，带领一大批农村富余劳动力，承揽中铁十二局、中铁十局、中铁建电气化局等多家单位的铁路建设项目，积累了一些资金。

那时我没有满足现状，而是积极探寻未来的发展之路。因为城市忙忙碌碌、浑浑噩噩的生活让我感觉不到成功的喜悦，我的家人都生活在大山里，他们不想离开大山，那是世世代代生活的地方。痛定思痛，我放弃了在大城市打拼并安家的想法，2008 年辞掉工作踏上了返乡之路。

回到家乡我又能做点什么呢？老一辈人过去都种茶，但茶园老化、产量低，手工制茶，品质难把握。茶农汗没少流，收入却不高，很多人干脆扔下茶园进城打工，那样挣钱来得更快些。

我想要不就走这条“茶”道吧。这条老路可不好走，即便我们家有这个基础，但老的经营方式已面临淘汰，而且销路问题也难以解决。

我父亲坚决反对我回乡创业,但我依然坚持自己的想法。茶叶是我们罗山南部重要的农业支柱产业,也是信阳的特色产业。人们饮茶风气日益盛行,也将对茶产业发展起到助推作用。我虽非成竹在胸,但也不缺自信:熟悉这里的一草一木,明白城市的茶叶市场;下有乡亲帮助,上有政策支持,在茶叶上创业,想不成功都难。

下定决心之后,我四处拜访制茶、售茶的乡亲朋友,详细了解发展茶产业面临的问题。得到的结果是,经济落后地区的茶叶产业化水平较低,规模小,抗市场风险能力不强;茶园管理粗放,茶叶质量不高,更不要说精深加工了。再者,上级财政对茶产业的投入有限,要想发展得全靠自己。

经过深思熟虑,我决定从三个方面着手:一是建好茶基地,从源头保证茶叶生态安全,实现茶叶好口感、好品质:二是创建茶品牌,提高茶叶的附加值,把北安绿茶做成河南省名牌产品;三是创新融合发展,延伸茶产业发展链,向精深加工、茶旅融合等方面发展。

我们当地茶园的亩产在30~40斤,处于中等水平,但是品质领先于其他许多茶园。遗憾的是,由于缺乏自己的加工链,因此茶叶只能以低廉的价格卖出。

思路一出天地宽。我回到北安,筹资1000万元建设了一个占地约800平方米的茶叶加工厂,主要生产信阳毛尖。据我了解,自20世纪70年代以来,老一辈种茶人付出了艰辛的努力,改变了粮茶间作的种植方式,示范园实现了"一年种,二年采,三年亩产超千块,四年五年创高产,亩产突破八千关"的目标。但95%以上的生产园达不到这个标准,主要原因是幼苗期不重视,即幼苗期没能专心种茶,始终惦记着传统观念上的保命老米。在茶园未投采以前还赶种一茬庄稼,这就导致引害入园,把盛夏大量消耗水分的玉米当成遮阴之宝,让茶苗死得不明不白。所以,我坚持专心种茶,一切影响茶苗生长的高秆作物坚决退出,一切影响茶苗生长的矮秆作物茎叶坚决剪掉。

还有很重要的一点就是培育新品种。据史料记载,信阳种茶始于东周,名于唐,兴于宋,盛于清,历史悠久,茶文化源远流长,至今已有2300多年的历史,是古代著名的淮南茶区。但是历代发展下来,我们原有的茶叶种植不够严谨专业,已经有所偏差了。基于此,我拜访了市、县农林部门多位农艺师,寻找改良之法,通过优化种子、改善种植方法和炒茶手法来进一步提升茶叶的口感。

在第一年的茶叶种植中我就遇到了难题:茶叶生虫,产量下降,茶叶口感变差。我心里焦急万分,多方找寻问题产生的原因和解决方法。连续跑了几个种植区后,我发现在低山茶区问题比较严重,危害期多在5—6月及9—10月;高山茶区该虫年发生8~9代,危害期在7—9月。成虫在茶树、豆科植物及杂草上越冬,多产卵于新梢第二、三叶间嫩茎内。对于这些问题,我在农艺师那里请教了科学的解决方法,但由于经验不足,实施起来还是有些不放心。

我的合伙人看着大家愁眉不展,联系了他的一位老朋友。他跟我说:“王师傅以前是咱们村的茶农,之前是学农业的,他肯定知道怎么弄,正好他待在村里呢。”

“那咱快去请王师傅给咱的茶园好好瞧瞧,看看怎么弄。”大家一起来到王师傅家中,只见他正在品茶。两人一番寒暄后,直接进入主题。王师傅也是个颇有些故事的老人,同我们说话很随意。或许是大家都在为家乡这点茶犯愁吧!

我问他为什么没有继续种茶,他说:“我当时作为茶农,是供应环节的主体,是茶叶销售链的起点,茶叶生产的任务繁重而复杂。看着很风光,其实地位低得很,特别弱势。”我听了也表示理解,说:“当时你们自己生产自己卖,就是一个很简单的流程,没有其他收入吧?”王师傅听了摆摆手,很无奈地说:“我们没有什么社会关系,只能以较低的价格卖出去。要是行情不好的话,连卖都卖不出去,真的很被动啊!关于市场行情这个东西,我们茶农哪里懂?再加上种植不够科学,辛辛苦苦种出来的茶,收益却不能保证,不如去做点其他的喽!后来我去做运输生意,跑多少就挣多少,肯定比干这个强!”

“年轻人,我听说你们正在建设现代化茶园,别的我不敢保证,但种茶技术过去了这么多年我还是很有把握的。”王师傅继续说着,与我们分享了他当年种茶的经验,还答应亲自指导除虫害的核心技术。

总结了农艺师与老茶农的技术和经验,我制订了一套加强农业栽培技术、重视生物防治的方案来应对这次的虫害,更得益于茶农们的不懈努力,问题得到有效解决。之后的几年,虫害再也没有大规模爆发。

现在回想面临问题的那段日子还是很辛苦的,眼看着付出的心血还没见效就要毁于一旦,我焦急得整晚睡不着,这可比我在大城市工作的时候累多了,但我没有后悔。

趁着市农科院茶叶研究所下乡进行茶叶“三减三增”健康栽培与加工技术推广的有利时期,我立即组织技术人员和茶农参与培训学习,解决种植技术上的问题,实现茶产业“减肥、减药、减工,增产、增质、增收”。记得有一天,我邀请了专业的炒茶师傅来合作社培训炒茶技术,年轻的炒茶师傅正在演示炒茶手法时,一位老茶农背着手对此感到不屑。我心里明白是怎么回事,就走过去对他说:“老杨,您年轻的时候学习炒茶那么认真,怎么如今不愿意学了?”“炒了这么多年了,我还要跟小辈学习,师傅不师傅、徒弟不徒弟的。”老杨终于把憋在心里的话说了出来。我很尊敬老杨,他二十多年来一直是村里的炒茶“一把手”,为我们村的茶叶生产做了大半辈子的贡献。让年长的炒茶师傅来学习确实会有些为难,但是现在的生产流程已经信息化技术化了,那些传统的东西是需要改一改的。我连忙把他请到一边,用手机演示授课师傅在炒茶行业取得的成绩和炒茶质量的提升效果。一番交流下来，他能理解当今的科学技术在突飞猛进，也不甘于故步自封，对我的工作表示配合。

只有实施品牌战略，提高品牌竞争力才能使信阳茶叶在众多名茶品牌之中脱颖而出，抢占茶叶市场的一席之地。我以树立茶产业品牌为出发点，加强对北安茶品牌的宣传与营销力度，提高公众对我们茶叶的品牌认可度。

2010 年，我引进一条年产干茶 200 吨的生产线，采用西湖龙井茶工艺，主要生产地方特色绿茶。2012 年 3 月，在镇党委、政府的关心支持下，我带头成立了北安绿茶专业合作社，通过“合作社+基地+茶农”的运作模式，将一些散户茶农的茶叶收购起来，统一生产加工，统一包装销售，有效地解决了茶农的销售问题，实现了合作社和茶农的双赢。目前，合作社茶叶基地 3000 多亩，丰产茶园 1600 亩，社员 100 多户，年产干茶 3 万公斤，年产值 2000 多万元。2014 年，我注册了“北庵山”商标。北安绿茶叶片扁平挺直，色绿光润有白毫，汤色青翠明澈，芽头如蓓蕾初开，兰花味香浓持久，入口清甜，在河南、湖北等地享有盛名。2017 年 4 月，在“华茗杯”全国名优茶产品质量评选中荣获绿茶类优秀奖第一名。为了继续延长产业链，增加附加值，2015 年我在罗山县城创办了百安绿茶馆，营业面积 210 平方米。绿茶馆的产品、装潢和设计理念得到了县城居民的高度认可，也让茶艺在百姓生活的普及性得到提升，丰富了茶文化的内涵。

一次偶然的机会，我参观学习了邻县的观光农业，给了我很大的触动。我发现，现代农业不仅具有生产性功能，还具有改善生态环境质量，为人们提供观光、休闲、度假的生活性功能。我何不将我们美丽生态的茶园打造成旅游景区呢?

1934 年 11 月 16 日，红二十五军高举“中国工农红军北上抗日第二先遣队”的旗帜，在罗山县何家冲集结出发，经过艰苦卓绝的斗争，于 1935 年 9 月 15 日到达陕甘宁苏区，成为第一支到达陕北的红军长征部队，在红军长征史上写下光辉的篇章。我们作为何家冲的近邻，深受长征精神的感染，更应该将长征精神融入我们的景区规划中，让游客不仅观赏到优美的自然风光，更应该感悟革命先辈英勇无畏的长征精神。

有了想法，我立马付诸行动。茶品牌做起来之后，我们的北安山也有了一些名气，我想我们可以开发一部分茶园，配套建设基础设施，设计观光的品类和方案、规划经营管理等。这可是一个大的体系建设，中间的过程可想而知有多么繁杂和艰难。在最紧张的那一段时间，我甚至有些力不从心。于是请了专业的人员，充实到我们合作社，再加上政府的支持，观光茶园才慢慢建了起来。现在每到周末，络绎不绝的车辆奔驰在山间林荫大道上，三五成群的游人徜徉在红花绿叶间，茶园小径不时传来欢声笑语。往日的穷乡僻壤，现如今成了香饽饽，我对我从事的茶叶行业越来越看好，我们的大山已经承载了乡亲们的致富希望!

本文由罗山县政协提供。作者陈从胜，男，1958 年 3 月出生，罗山县铁铺镇人。先后供职于彭新建筑公司、罗山县永兴建安公司。2010 年创办大悟百安绿茶有限公司，在整合多家资源的基础上成立了铁铺乡北安绿茶专业合作社。曾当选为罗山县政协委员。

心香一瓣为茶香
——我与灵山“八姐贡芽”的一世茶缘

李尚林

提起“八姐贡芽”，就不能不说灵山。灵山古称霸山，因山顶每云必雨，验之信然，由此而得名。“金顶云岫”为灵山主峰神奇的自然景观，云雾缥缈，恍如仙境。在那片云岫笼罩的下方，簇生着一丛丛高山老茶，沐四时之灵气，得日月之精华，苍翠欲滴，芳香四溢，延伸开来，漫山遍野，绿意盎然。这就是我的心神寄托家园，也是几十年来精心打造的信阳毛尖知名品牌——“八姐贡芽”的主产区。谈起与茶结缘的历程，真是让人感慨万千。

作为家中的长子，每天看到母亲忙碌的身影和一群嗷嗷待哺的弟妹，父亲却在几十里外的林场上班，根本顾不上家里，我就觉得身上的责任沉甸甸的。于是，不到 20 岁的我，便踏上了四处学艺谋生的道路。咱山里的孩子，学些什么好呢？一次偶然的机会，我到李家寨当谷山的高峰寺茶场帮忙打短工，看着碧绿的叶片经过师傅们的悉心加工变成热气腾腾的香茗，倍感奇妙，并产生了浓厚的兴趣。从而了解了采摘、清拣、杀青、甩条、搓条、烘焙等程序，也认识到每道程序均有严格的要求，于是便悉心学艺，将每个程序的要点都记在心上，虚心向老茶工请教。心想，指不定什么时候能用上呢！那时，茶叶已在我心中留下了朦朦胧胧的印迹。

1988 年，我在罗山董寨林场参加工作了。从基层护林员干起，中间又转换了几个林区，既有北部的丘陵垄岗，又有南部的高山深沟，广泛接触各种环境的茶园管理和各地的茶叶炒制技术。工作之余，自己亲手采摘一些茶叶试着炒制，品鉴对比之中，我对茶叶的感触更深入了。

1995 年，刚过而立之年的我迎来人生有重大意义的转折机会。当时董寨林场灵山林区的中档茶场因交通条件恶劣、经营不善，管理员辞职了，需要在场内重新找人承包。本来对茶叶就情有独钟，又有干事创业激情冲动的我便毛遂自荐、主动请缨，表示愿意上山承包。正愁着无人接手茶场的林场领导欣然答应，于是，作为新上任的中档茶场“场长”，我立即进入状态。

真可谓初生牛犊不畏虎。当我一走进中茶场，不觉暗暗叫苦："草率了，草率了！"当时的状况至今记忆犹新：几间房屋东倒西歪，断壁残垣，四处漏风；山上茶叶黄皮寡瘦，稀稀疏疏；周边群众散放在山里的牛群把这儿作为"竞技场"和"游乐园"。一簇簇的茶树被踩踏在土里，有的还成了挠痒的工具，荒凉破败，不堪入目。

开弓没有回头箭，临阵退缩不是男儿本色！我在心里给自己打气，精神鼓舞固然重要，但更重要的是谋划好以后的路怎么走。首先，我"花言巧语"地动员妻子上山，开辟菜园，操持家务，把稳固的后方建设好：再着手修补院墙，检修房屋，遮蔽风雨。历经一番安营扎寨，就此完成。

只要有人常住，再荒凉的地方也会有烟火气。没膝的杂草清除了，茶园的道路平整了，满屋的灰尘扫除了，鸡犬之声相闻了……几个月过去了，林场领导来检查时讶然不已：映入眼帘的景象整洁有序，炊烟袅袅，茶垄交错有致，茶叶葱茏翠绿……他拍着我的肩膀赞扬道："可以呀，李尚林！这还是原来的那个茶场吗？变化太大了！"

灵山中档茶场，位于主峰金顶下面，海拔六七百米，常年云雾缭绕，历史悠久，沐浴着灵山寺的晨钟暮鼓生生息息，人迹罕至，只有僧人偶尔前来采摘山野茶，聊为饮品。董寨林场成立后，从经营管理出发，把多年散生的茶树归拢，移稠补疏，稍具规模，但基本上还是自然状态，总面积就在四五十亩，人为培育的痕迹不明显。

经过仔细考察后，我向林场领导建议，扩大茶场现有规模，把在高山不适应的低产残次林改造成适宜的茶树，聘请专人管护；同时加强对山下放"野"牛群众的劝导和疏通工作，奖罚并行，从根本上杜绝了对现有茶园的破坏。随着不断努力，几年下来，中档茶场面积已达五六百亩。

与此同时，茶叶品质的改造升级也在逐步推进。原先中档茶场的茶叶与灵山其他区域的茶叶都叫灵山老茶或灵山云雾茶，既无产地标识，亦无技术标准。山上海拔高、温度低，茶叶片厚、出芽晚、茶条长，费时费工，根本没有雨前茶。采摘的时候叶片修得长、修得老，只管照着新叶薅，捎带着老叶是经常的事，做工也不讲究；好的茶叶搓搓揉揉，加工出来黑黑圆圆的，像羊屎蛋一样；揉不住的散片大叶顺其自然，就做大片茶，有"一块钱一木锨"之说。包装用的就是普通的油毡纸，团成个圆柱状，没名头也卖不上什么高价，一斤十来块就不错了，只落了个"味浓、耐冲泡"的喝彩。

怎样才能使中档茶提升档次、提升价值呢？我思索再三，还是砸下重金，遍访名师。我利用以前的关系，把方圆百里有名的炒茶高手礼聘过来，别人一天六十，我出一百，每天好烟好酒备着，宁愿自己吃萝卜白菜，也得让师傅不缺鱼肉。人心都是肉长的，炒茶师傅非常感动，铆着劲要炒好茶、出好茶，直到现在仍和我一起合作的炒茶师傅还有十几位。

接下来就是狠抓名茶的产生过程。首先,要在品质上严要求。摒弃以前胡子眉毛一把抓的普采模式,实行逐次推进、精细采摘,把向阳的最早冒出来的嫩芽采出来,不怕数量少、费工费时,精心炒制出特级纯芽头,个个挺拔饱满,清香扑鼻:第二茬一芽一叶的采摘在谷雨前后,汁水逐渐浓郁,茶香味更重了。茶叶越采得勤,新芽越冒得快,产量就上去了。一举打破了中档茶叶无雨前茶、更无芽头的历史。其次,在做工上讲究精益求精。火候的大小、揉搓的力度、时间的长短,我都做了成百上千次的试验,摸索出最能体现好内涵、好口感的炒制技术,形成严谨的技术标准,再严格遵照执行。最后,就是在包装上下功夫。此前用的油毡纸防潮效果不太好,包装袋体量大,都是一斤装,甚至是两斤装的。那时候冰箱少,一袋茶叶打开一时半会儿喝不完,很快就受潮结块,质量大打折扣。针对这些情况,我仔细琢磨,想到了应对之策:实行塑料袋密封,使用半斤或二两的小包装,喝一袋拿一袋,质量有保证,方便又实用。那时没有封口机,只能将包装袋的袋口缠在小钢锯条上,靠近蜡烛火心上燎,时间长了,鼻孔、眼睛都熏得黑红黑红的。想想当时真是够辛苦的!

灵山寺为中原四大古寺之一,每年农历三月初一是传统庙会,善男信女接踵而至,游人如织,人头攒动。有许多有心人或访道或游览或健身,直接向灵山主峰金顶进军,中档茶场为其必经之路,原本安静的地方变得热闹起来。这个时节正是谷雨前后,新茶陆续上市。地处偏僻的中档茶叶只能在路边设个茶亭,沾沾佛气和仙气,供游人品尝,先尝后买。高山攀爬,干渴难耐,略做小憩,品茶论道;蓝天白云、松涛流水,岂不快哉!于是乎,灵山金顶下面中挡茶叶,醇厚香甜之名,借游人之口,口口相传,传向四方。原本名不见经传的"羊屎蛋"茶叶成为炙手可热的抢手货,价格由十几元一斤扶摇直上,稳定在200元左右一斤,相当于工薪阶层一个月的收入,也算体现出精品好茶、物有所值了。

名气打响以后,带来的不仅是诱人的利润,也有不尽的烦恼。虽然附近很多茶叶沾了灵山的光,但不管怎么做,都达不到中档茶叶的味道。偏偏很多人非中档茶叶不要,价格不是问题。于是一些"心眼灵活"的人便找我商量:在你的茶叶里掺一些我们的,数量增加,大家都发财。更有甚者,把南方提前上市的春茶带过来冒充本地茶,价格能翻上好几倍。这种以劣充优、违背道义和良心的事怎能做呢?我斩钉截铁地说:"我就是不卖茶叶,也不干这种损人利己的缺德事!人家对我的信任,是多少金钱也买不来的。"我是这样说的,也是这样做的。不管斤两还是品质,坚决做到童叟无欺,公开公道。你现场购买的这样,远程邮寄的同样如此。秉承"诚信做茶、真心对人"的宗旨,中档茶叶的口碑渐渐树立了起来。

随着时代进步,专利产品、知识产权等意识逐渐兴起,我也与时俱进,认真思考下一步的茶叶经营。周边大大小小的茶园几十家,品质良莠不齐,但都叫灵山云雾茶，确实在灵山脚下，你还不能说人家叫错了，中档茶叶淹没其中，泯然众人矣！如何能突出中档茶叶韵味悠久、领袖群伦的品牌优势，又具备灵山的人杰地灵的文化内涵，必须有一个叫得响的独有标识。苦思冥想之际，我踏访文人耆宿，探索灵山文化。经过深度挖掘，结果大有收获。原来灵山茶叶历史悠久，始于唐，兴于宋明，灵山茶种由僧人到古天竺国取经时带回播种繁殖，融灵山独特的地理气候和人文环境于一体，经历数代人辛勤培育，方成佳品，名闻天下。与灵山茶有关的民间传说和名人逸事更是比比皆是。北宋大文豪苏轼有“淮南茶信阳第一”之说。1620 年，文人李日华在《紫桃轩杂缀》中写道：“灵山寺庙后岭茶，精者芬芳，亦回甘。”更为传奇的是杨八姐的故事：北宋初年，皇上降旨杨家将镇守九里关。阳春三月，风和日丽，戎马倥偬之余，杨八姐踏青游春，自灵山寺后逶迤而上，过九龙潭，沿山间道路蜿蜒登高，看参天大树，赏鸟语花香。步入中档地带，一阵奇特清香扑面而来，寻觅过去，只见一片茶园，簇簇古茶，新叶绽放，鲜翠欲滴。杨八姐一时兴起，采摘嫩叶以山涧溪水煮沸泡之，闻之沁人心脾，心旷神怡；饮之心清气爽，征尘顿消。杨家世代忠良，遂将这难得的茶叶精品上贡皇帝品鉴。宋皇饮后，果然不同凡响，龙颜大悦，赞为人间极品，于是灵山中档茶叶便成为进贡朝廷的皇家贡品，古代贡茶由地方驿站快马送至都城，于是有了“万人争啖春山摧，驿骑鞭声表流电”的佳话。综合种种，我想，灵山中档茶叶由爱国将领杨八姐发现并上贡朝廷成为皇家御用饮品，民间流传甚广，就以“八姐贡芽”作为品牌，既朗朗上口又符合历史传奇，还有广泛的群众基础，很容易让人接受。

“八姐贡芽”的主产区海拔 720 米，山间层峦叠嶂，溪流纵横，云雾多，日照短，土壤有机质丰富，富含对人体有益的矿物质和微量元素，是优秀品质茶叶生长的理想场所。我通过 20 多年的精心经营，茶叶面积已达上千亩，坚持采用传统手工工艺制作加工茶叶，用竹篮、竹筐采茶、装茶，上等木炭烘焙，坚决不施农药、化肥，真正做到纯天然、无公害、无污染。同时加强与信阳师范学院、信阳农林学院的技术合作，融入现代科技含量，不断提升茶叶炒制水平，竭力发掘中档茶叶的特有内涵。主打品牌“八姐贡芽”外形细秀匀直，峰芽明显，色泽翠绿，白毫满披；汤色嫩绿、鲜亮，香气馥郁，回味甘甜，醇厚爽口，绵软悠长，荣获 2019 年“华茗杯”全国绿茶类优秀奖，也是信阳毛尖的知名品牌。

时间长了，“八姐贡芽”就像是我的亲生孩子一样，有感情了。有幸在佛门圣地灵山寺旁做茶，与佛结缘，我心存敬畏，真挚虔诚；做茶如做人，一丝不苟、细致认真。年轻时的初心，已近花甲仍未改变。佛说心香一瓣为专注，为执念，我这辈子，就是专心做茶，做好茶。心香一瓣为茶香，终生无悔无憾！

本文由罗山县政协提供。作者李尚林,1964 年 7 月出生,中共党员。董寨国家级鸟类自然保护区工作人员,罗山县尚林家庭农场负责人,自 1995 年起承包经营灵山中档茶园至今。

光大光州茶　飘香海内外

刘祥国　口述　刘爱莉　整理

唐代陆羽所著《茶经》中记载:"淮南茶,光州上。"也就是说,唐代八大茶区之一的淮南茶区,光州所产的茶最好。古时淮南茶区包括七个州郡,即光州、义阳郡、舒州、寿州、蕲州、黄州、扬州。光州当时的州府就设在今天的潢川。

现在,潢川所产茶大多是绿茶,主要产信阳毛尖,而信阳毛尖作为全国十大名茶之一,早已享誉海内外。熟谙茶叶历史之后,我立志要振兴淮南光州茶,2002 年把生产加工的茶叶注册为"光州牌"信阳毛尖,成为信阳茶叶原产地保护品牌,入选《中国茶叶品牌指南》一书,并多次通过 IS09001 质量管理体系认证和 QS 认证。

我出生于 1947 年,家住河南省潢川县仁和镇,父亲是医生,母亲是远近闻名的贤妻良母。1966 年,我毕业于潢川高中。1968 年 11 月,被安排到潢川县桃林公社当知青。知青生涯历经 5 年,直到 1972 年 4 月,我和其他 20 位知青,被招工到平顶山西部青草岭山高煤矿,从此开始了长达 8 年之久的井下工作。10 年后,我被调回家乡凌集茶场工作,开始了漫长的茶业人生。靠着自己不懈的努力,带着自己多彩的梦想,走上了艰难曲折的创业之路。

改革开放初期依然是计划经济,所有的茶叶都由土产公司统购统销。到 20 世纪 80 年代初期市场放开后,茶叶大部分都是自己推销。经过几年的请教、学习、钻研、摸索、实践、总结,我基本上掌握了种茶、采茶、加工、销售的一套流程。在当时茶场效益不太好的情况下,我果断决定承包了部分茶园,接着又毅然在潢川县城繁华地段租下门面开茶叶店,并以茶圣陆羽之名命名为"陆羽茶叶店"。

1981 年 1 月至 2007 年退休,我一直在国营潢川县凌集茶场工作,担任过机电维修安装工、机械副业制茶队队长、销售厂长、工会主席等。1990 年开始,负责凌集茶场茶叶销售工作,陆续把本厂生产的散装信阳毛尖,推进京、津、沪、鲁、冀等大中城市 20 多家老字号茶叶经销公司。1994 年,以潢川县凌集茶场为龙头,联合潢川及周边几个县的 20 多个乡村茶场,组建了潢川光州名茶精制加工厂,2011 年改制为潢川县光州茶业有限责任公司。

1996 年年底，为了方便给京、津、冀"老字号"茶商供货，我决定在北京茶叶第一街——马连道开一家茶叶店。1997 年 5 月 1 日，在当年马连道成立的"信益祥"茶叶副食批发市场，租了一间面积 20 多平方米的商铺，于是开始在北京落脚，销售自己生产的信阳毛尖。这个商铺也是我们信阳地区第一个在北京设立的信阳毛尖直销处。2000 年更名为"北京刘祥国茶庄"。

1997 年至 1999 年，因"信益祥"综合市场经营不善，导致茶庄店址两次搬迁。1999 年春，迁到对面的一家东北人的烟酒商店里，因门头招牌命名一事，和店主余霞发生争执。后来，我想了一个在当时北京乃至中国都是第一次被当作招牌使用的名字——"名烟名酒名茶"，以此化解了和店主的矛盾纠纷。一年后，房租到期，又重新租了个门店，就是现在的"祥国茶庄"，直到今天。

2000 年，我承包了凌集茶场 300 多亩茶园的种植，还承包了凌集茶场 500 亩茶园生产茶叶的全部销售。之前茶叶滞销的情况有所好转，渐渐地茶叶供不应求。于是，我联合了周边的茶场，帮助周边的茶农销售茶叶。

这么多年来，也遇到过不少困难。因为当年北京人主要爱喝茉莉花茶，所以，到 1999 年年底，光州茶业有限公司的年总销售额还不到 100 万元。不过，自 2000 年以后，我一直奉行"诚信为本仁义经商，先做人后做生意"的经营理念，年销售额发展到现在，已突破 750 万元。其中，公司长期供货的北京张一元、正兴德等老字号茶叶公司，销售额占公司总销售额的 70% 左右。

在退休前，我一直肩负着凌集茶场自产茶叶的销售任务，总是以销售信阳毛尖为主，没想过做适应北京饮茶人需求的其他茶叶，特别是茉莉花茶。2003 年，因信阳茶产区夏、秋茶难卖，我才开始研制茉莉信阳毛尖，没想到制作的花茶一上市就备受欢迎。

做任何事，首先要对得起自己的良心和良知。有一件事，我认为是我一生中做得最正确的事情。考虑到发货途中，茶叶会碎掉一部分，决定在发出的每一箱茶叶里，另外多放半斤茶叶，以减少茶商的损失。这一做，就坚持了十几年，得到了北京茶业协会及不少茶行同仁们的认可，先后获得了很多荣誉，从而让光州茶业市场占有率不断扩大，在茶叶市场普遍不景气的情况下，公司茶叶销售额不减反增。

30 多年来，我始终坚持做老百姓喝得起的好茶，做的茶始终保持着信阳毛尖的原有品质，不追求"小、浑、淡"，追求茶叶的"汤清色绿、香高味醇"。为了弘扬和光大光州历史悠久的茶文化，积极引进国内先进茶叶生产机械，大胆创新加工工艺，生产的"光州"牌信阳毛尖系列茶叶有光州雪芽、信阳红茶、金桂信阳红茶等，实现了茶叶由传统手工作坊生产向标准化、机械化、规模化方向的转变，大大提升了光州茶叶的品质。

为了带动当地老百姓一起增收致富，按照"市场+公司+基地+农户"和名优茶生产、加工、营销一体化的产业化发展思路，我于2005年成立了涵盖鄂豫皖三省九市的信阳市光州茶业专业合作社，其中包括安徽的金寨、六安和湖北的龟山。合作社通过开展技术培训、购销、信息等服务，开展生产的前、中、后期的配套服务，统一培训、统一上饼肥、统一制作工艺，以确保茶叶的原有品质，也确保了当地茶农的增收致富。

通过多年的艰苦打拼和不懈努力，我拥有了很多个"第一"：第一个将散装信阳毛尖打入京津沪等20多家老字号茶商；第一个在北京马连道设立信阳毛尖专营直销处；第一个把信阳茶叶打入欧美市场，进驻巴黎、纽约市场的"中国茶"专卖店：第一个研制加工茉莉信阳毛尖茶，在北京独家经营，真正做到了让光州茶叶畅销全国，走出国门，飘香海内外，成为人们心目中光州茶业的带头人，光州茶业的传奇人物。

目前，光州茶业有限公司已拥有初制加工分厂40多个，精制加工厂3个，名优茶生产基地1.2万亩。公司现有员工138人，有一支专业从事生产、加工、销售信阳毛尖的技术队伍。有高、中级技术人员19人，专业品茶师、制茶师12人，有成套精良的加工设备和质量检测仪器，技术精湛，茶叶产品规格齐全。年生产干茶3万多公斤，产值1000余万元。

2015年11月，中央文明办在云南昆明举办全国道德模范与身边好人现场交流活动，发布"中国好人榜"。34年坚持"做百姓茶、带百姓富"的我光荣上榜，入选"诚实守信好人"。第二年，入选好人365封面人物。新华网郑州2017年3月28日报道，我被中国茶叶协会授予奉献奖。2017年年底，光州牌茶叶被河南省商务厅评定为河南老字号。2018年5月，我的名字被收录进北京马连道30年30人30事采访名单。5月底，又被吸纳为河南省老字号企业联盟理事成员。

"光州"牌系列信阳毛尖连续11年在北京茶业协会主办的绿茶节上，被评为质量合格、质价相符产品，先后荣获河南省名牌产品、河南省十大茶叶品牌、中国国际郑州茶叶博览会金奖、中原畅销品牌、河南省著名商标、河南标准化产品、第五批河南老字号等称号。公司先后被评为河南省茶叶生产先进单位、河南省质量管理先进单位、河南省质量信用A级企业、河南省十大知名茶厂、河南省十佳诚信单位等。我先后被评为河南百名优秀农村科技致富带头人、省级农民致富能手、河南省十大诚信茶商、新中国60周年茶事功勋人物、中国诚实守信好人。

茶道是茶文化的核心，是茶人通过品饮而悟道，是具体的茶事实践过程，同时也是茶人自我完善、自我认知的过程。多年做茶，让我感悟到，诚信乃做茶之根本，要想发扬我国的茶文化，必须先从诚信做人开始。

近年来，在脱贫攻坚、乡村振兴实践中，公司积极响应县委、县政府的号召，以实际行动投身脱贫攻坚和乡村振兴工作中。如今，我已经年过七旬，身体欠佳，身患多种疾病，妻子多年来也一直重病缠身。每逢摘茶、制茶季节，夫妻俩都忘我地坚守在第一线。压力最大的还是缺乏流动资金，经常要贷款应急。但是，想到自己能够带动鄂豫皖三省九县区近 40 家茶场的经济发展，解决他们卖茶难的问题，还能够带动至少 260 户贫困户走上脱贫之路，我感到很欣慰，也很自豪。

今后，我还要继续学习杨水才“小车不倒只管推”的精神，学习焦裕禄心里装着全体兰考人民、唯独没有他自己的全心全意为人民服务的精神，坚持不懈地努力去做对国家对人民有意义的事。就像我自述中写的：“老刘年逾七十春，还领光州众茶民。虽晓前方荆棘路，不做佳茗枉为人。”

本文由潢川县政协提供。口述者刘祥国，1947 年出生，1966 年毕业于潢川高中。1972 年 4 月至 1980 年年底，在平顶山市山高煤矿当工人，先后任矿灯维修工、电工、机电安装工、机电大班班长。1980 年 1 月后在国营潢川县凌集茶场工作，2007 年退休。整理者刘爱莉为河南省作家协会会员、市政协文史资料撰稿员、潢川《花乡》杂志编辑。

南方有嘉木　名曰“杜甫春”

王太鸿　口述　刘　艳　记录整理

1971 年,我出生在潢川县江家集镇黄楼茶场。茶场 80 亩绿茶的清香,伴随着我从童年到少年再到青年,儿时记忆里少不了采茶、炒茶的热闹场景,脑海深处不仅有青翠欲滴的一排排茶树,还有茶场工人的忙碌身影和欢声笑语,这些都陪伴着我一路成长。

根据《信阳市国民经济和社会发展第十一个五年规划纲要》和市委、市政府《关于做大做强茶产业的意见》,制定了我市“十一五”茶产业发展规划纲要,将信阳毛尖优势区域确定为浉河区、平桥区、罗山县、新县、光山县、潢川县、商城县、固始县等所辖区域内的 83 个产茶乡镇及重点茶场,其中就包括我的家乡——潢川县江家集镇。而立之年的我赶上了好时候、好政策。

遍身罗绮者　不是种茶人

2007 年,我幸运地领到了政府免费分发的有性系茶的茶种——福鼎大白,凭借在林管站工作积累的经验,当年种下的 300 亩茶树,次年就开始修剪整形,控制茶树的高度,剪下来的鲜嫩茶芽,遵循当地传统工艺精心炒制,自己种的茶第一次呈现在眼前。它的外观细、光、圆、直,可谓形美;它的口感清、香、雅、韵,可谓味醇。一年的辛劳都消融在这盏甘甜的清茶中了。

据传,唐天宝年间诗圣杜甫外出郊游路过光州(现潢川)四里棚,古时此处位于光州至殷城和阜阳至汉口两条古道交叉口,原为无名小店,但平常人来人往,也很热闹。时值仲夏中午,杜甫游历到此感觉头昏目眩,似有中暑之感,举目前望,路口处有一草亭,一老翁正在此设摊卖茶,杜甫连忙上前,对老翁言道:“老人家可有解暑良药?”老翁笑道:“我这春茶就是解暑良方,喝了我这春茶保准你神清气爽,暑气全消。”杜甫连喝了三碗热茶,顿觉心旷神怡,疲劳尽散。他诗兴大发,取出笔墨在草亭墙上提笔写道:“天下名茶何处寻?四里棚里品春茗。”后来当地百姓为了纪念诗圣杜甫,就把此处所产茶叶叫作“杜甫春”。

经典的民间传说给了我灵感,我的茶叶注册商标即为“杜甫春”。

有了第一年种植的经验和收获的乐趣,第二年我增加了杜甫春的种植面积,朝着标准化、规模化、品牌化的方向而努力。

培育一个品牌并不容易,养护更是小心翼翼,一天也懈怠不得。我把多半的时间都花在了茶园里,粗糙的双手上散发着茶香味,黝黑的皮肤上沾满了泥土气。从播种、扦插到采摘入篓,每一株茶树都凝结了太多辛勤的汗水,谁知杯中茶,片片皆辛苦。一杯好茶,是山和水的相逢,也是云与雾的交融,浓缩着一方水土的精华。江家集镇杜营村位于大别山北麓由山区向平原的过渡区,系浅山丘陵,属亚热带向暖温带过渡的季风气候,降水充沛、雨热同季、四季分明的特点非常适合茶树生长,素有“宁可食无肉,不可饮无茶”的习俗。

我充分利用地形与气候优势,因地制宜,科学规划。远离了热闹的酬酢,在茶园深耕细作,翻垦深度达60厘米:也忘却了城市的纷繁,在茶园精心管护,夏天蓄水防旱,冬天培土施肥。一场春雨一场暖,春分前后,天气渐渐回暖,雨水也慢慢多了起来,蛰伏了一个冬天的茶树在春风雨露的滋润下冉冉吐出喜人的嫩芽。千亩茶园的茶树枝芽快速生长,正是杜甫春采摘、制作两旺的高峰期。此时的杜甫春积蓄了夏秋冬三个季节的精华,其口感、品相、香气皆呈上品。我采取茶树为主、花木为辅的种植模式,桂花、香樟、紫薇……与茶树合理间作,防止大面积单一种植,保持了丰富的自然植被,不仅减少了病虫大发生的概率,而且创造了良好的茶园生态环境。人勤春来早,花繁叶茂的茶园中,几十个采茶工不停穿梭,她们腰挎竹篓,双手在茶垄上翻飞,手指娴熟地捻下枝头嫩芽放入篓中。茶树中种的桃树、梨树等果树,开出一簇簇粉红、雪白的花朵,宛如一幅多彩的田园画卷。

采摘既是收获过程,又是管理措施,也是制茶工艺的开端。合理采摘是实现茶叶高产优质的重要措施,采摘不当会直接影响到茶叶的产量、质量和树势。春茶贵如金,万物生长都有它的定律,俗话说:春茶,早采三天是宝,晚采三天是草。我不仅亲手示范,还反复跟采茶工们交代,不仅要早采勤采,还要应采尽采,避免芽叶粗老,影响下一轮茶芽的萌发。切忌“老嫩一把抓”的掠夺性采摘,那样不仅成茶品质低劣,而且使茶树遭受损伤。

三年见产,五年丰产。采摘的鲜叶如果不能及时炒制,等待时间长了,鲜叶就变色了。每每回忆起往事,我都多有感慨。2012年,我建起了自己的茶叶加工厂,从此,我不仅是一位种茶人,也是一名炒茶人了。炒茶是门技术活,杀青、揉捻、理条、烘干,每一步都需要精准地掌握火候与手法。成功没有捷径,靠的是不懈的坚持与努力。在我的带领下,经过日复一日、年复一年的摸索与实践,加上炒茶老师傅手把手的传授,加工厂的炒茶技艺逐渐小有名气,受到许多茶商的青睐。我常跟工人们说,技法是灵活多变的,需要根据鲜叶大小、老嫩程度和锅中茶坯的成型状态不断调整。茶,也是有生命的。在我看来,须达到"人茶合一"的境界,方能制出好茶。

勿嫌新茗贵　汗水可曾量

开门七件事:柴米油盐酱醋茶。茶,小小的两片叶子,也是神奇的两片叶子。口干时饮茶解渴,滞食时饮茶去腻,疲劳时饮茶提神,空闲时品茶悟道,烦闷时品茶静心。茶,已然成为国人生活的重要组成部分。

初期种植的有性系茶产量低、采摘时间晚,已远远跟不上市场需求。扦插的无性系茶产量高、品质好,成为茶农们的佳选。享有政府补贴的浙江品种、安徽品种、湖南品种等优质苗株源源不断地经过专业运输远道而来,随同而至的老师负责讲解种法及基肥施撒,助力茶园管理的技术指导。

看着这些正好赶上栽种季节的健壮茶苗,我心里别提有多高兴。在我的不懈努力下,杜甫春进入了发展的高光时刻——2016 年被河南省工商行政管理局认定为河南省著名商标;2017 年在全省名优茶评比中荣获金奖;同年在"华茗杯"全国名优茶产品质量评选中荣获特别金奖;2018 年通过 SC 质量体系认证;2021 年"华茗杯"全国绿茶产品质量评比中荣获亚军,并被中国茶叶流通协会授予特别金奖……之后,不管是省级还是国家级,杜甫春一直稳居金奖与特别金奖,从未让顶级大奖旁落别家。这些年,杜甫春参加比赛赢回的证书挂满了两面墙壁,这对我来说,既是见证,更是激励。

我看重的不是大奖和名次,而是把每一场比赛都当成一次宝贵的学习机会。在赛场,我用心聆听茶艺师们如何评判好茶,虚心请教其他参赛者。每个品牌的风格都不一样,但也有一些共同的标准。我录音、拍摄,收集了大量的资料信息回来反复听、反复看,从中汲取有关茶叶品种、茶园管理和炒茶技艺等方面的知识。每一次比赛,我收获的不仅是桂冠和荣誉,还有知名度、美誉度和更加广阔的市场。

无由持一碗　寄予爱茶人

随着客户群体的慢慢壮大,隽永的袅袅茶香已伴随我走过了十几个春秋。绿茶已被我做到极致,我又将茶叶与金桂结合在一起,研发了金桂红茶。那是金桂飘香的时节,我一门心思钻研金桂红茶,在哪个环节添加金桂,茶与桂的比例多少,都需要一次又一次孜孜摸索、反复试验。加入金桂的红茶口感更加丰富,随着沸水冲泡,柔和独特的金桂香气馥郁悠长,茶汤红艳明亮,入口醇润,回味甘甜,具有舒张血管、养胃暖胃的功效。潢川是金桂之乡,娇嫩细小的金桂与其貌不扬的红茶完美结合,碰撞出微妙的火花,赋予彼此第二次生命。应运而生的金桂红茶既合理利用了自家园圃的金桂资源,又符合当下人们对健康养生的消费需求。

茶是我县的支柱产业之一,杜甫春代表着潢川品牌、潢川形象。目前,杜甫春不仅在京东商城线上销售,还为更多的爱茶人所知所喜,每次异地展销,杜甫春都一销而空,连展品都卖完了。

生态茶园远离污染源,空气质量特别好,我又尝试打造茶旅融合,通过完善最美茶园特色景观、建设毛尖制作工坊、茶文化展示馆、开发特色餐饮、茶乡特色民宿、茶韵体验馆等,多渠道、多形式推广茶文化,形成"以茶促旅,以旅促茶"的茶旅融合发展新经济、新局面,提升杜甫春的品牌影响力和知名度,分享为茶而停驻的时光故事。农村的沉睡资产不断被唤醒、盘活,越来越多像杜甫春一样的信阳茶正在潢川的乡野田间茁壮生长。

本文由罗山县政协提供。口述人王太鸿,1971 年出生,中共党员,大专学历。1988 年参加工作。2011 年成立潢川县绿缘种植专业合作社,任理事长。2017 年成立潢川县杜甫春茶业有限公司,任董事长。2015 年被潢川县委授予"双强"党员称号,2018 年被河南省诚信兴商活动组委会授予"诚实守信企业家"称号。整理人刘艳,女,教育工作者,河南省作家协会会员,河南省散文学会会员,信阳市政协文史委撰稿员,先后在中外报刊发表诗歌、散文、报告文学等作品,著有文集《弹指老》。

我种茶叶献北京

王万荣 口述 付玉琼 王 有 整理

我叫王万荣,今年90岁了。回首这一辈子,难忘1957年到北京参加外贸部召开的多种经营会议期间,受到朱德、刘少奇、陈云三位国家领导人接见的时刻。

柳林是典型的低山丘陵地区,自古出产绿茶。我是土生土长的山里人,对种茶、采茶、制茶不陌生。柳林群众大多都有家传制茶技艺。担任星火初级社社长期间,我带领群众种茶、制茶。

当时初级社有300亩茶园,我们天天精心伺候。茶叶种植要整理好茶地,及时清理茶园内的树根、石块等杂物。茶畦地面修整以外高内低、外埂内沟、同级梯地各段等高、梯梯接路、路路相通、沟沟相连为标准,利于保墒排水。施肥环节必不可少,必须做到每隔1~2年施一次肥。秋季封园后开始施肥措施,一般采取开沟施肥,施入农家有机肥,肥土混合后覆土整平地面。使用基本无害化防虫方法,放置诱虫的纱笼。种茶功夫到家了,茶叶大丰收就好比煮熟的鸭子飞不了。

那时,我们生产手工小把茶,传统制茶工序如下:

首先筛选鲜叶。人工采茶很难达到千篇一律,我们对大家摘下来的鲜叶进行筛选,挑出一芽一叶用来制作顶级小把茶。另外,不同天气,鲜叶质量也有差别,因此鲜叶筛选至关重要。

接着摊晾。选好鲜叶以后,放到透风透气的室内进行摊晾。鲜叶放在专用的竹制大簸箕里均匀散开,不能堆放,要保持透气性。摊晾时室温不能过高,同时还要避光,每隔2小时翻动一次。室内切勿存放其他有气味的物品,避免破坏茶香。紧接着就是炒茶。茶叶摊晾完成以后收集起来,放到专用的炒茶铁锅中进行翻炒,炒制时间在15分钟左右。炒好以后,茶叶中的水分降低。

炒制后续步骤是烘干。这时用竹子编的茶烘子进行烘制,烘制选用无烟的木炭,烘制期间要翻动几次,时间在20分钟左右,烘好以后取出降温,然后进行复烘。

最后就是去除杂质。把经过烘制以后的毛茶摊放在工作台上,将其中的黄片、老茶枝梗及非茶类夹杂物剔出,再重新烘制10分钟,在烘制过程中会有浓郁的香味散发出来，取出后晾凉，放到密封的竹制、木制或铁制容器中贮藏。

那时国家非常重视茶产业，相关部门经常组织茶行业学习交流。1956 年，我坐飞机到福建厦门学习茶知识，记得厦门生产红茶、砖茶、粉茶，还栽种日本品种茶，让我大开眼界。

1957 年，星火初级社柳林茶园出产的茶叶，亩产鲜叶量和干茶量都高过其他社，我被评为全国劳动模范。不久接到去北京开会的通知，动身赶往北京已经 11 月份了。我身穿新做的蓝思令布褂子，胸前挂着大红花，走过欢送队伍时，锣鼓喧天，社员们手举红花，高喊向劳模学习、向劳模致敬！县里和潢川专区都组织了相同的欢送仪式。

有个细节特别难忘，县里负责送行的领导一边和我握手祝贺，一边对我的着装提出建议，他说："万荣同志，你应该穿劳动布褂子去北京。"我当时臊得满脸通红，满头大汗。但最终还是没有实现穿着劳动布褂子进京这个目标。

当年，我带着柳林茶去北京，先从段集步行到固始，接着由固始步行到潢川，再由潢川坐汽车到信阳，最后由信阳坐火车到北京。当时全国共有 64 人参加会议，河南省有一位农业学大寨模范支部书记和我获此殊荣。

进京后我们一行住在北京前门招待所，每星期到人民大会堂开一次会，休会期间组织讨论。会议由朱德、刘少奇、陈云等国家领导人主持召开，毛泽东主席当时出访外国，没有出席这次会议。会上传达了国家大力发展粮、油、棉、麻，茶、林、果、蔬等农业经济作物的精神。会下各位代表交流座谈，取长补短。比如：一位畜牧方面的代表总结经验——紧走田埂，慢走山岭。大致是说，放牧时，走到粮田埂上要快速通过，以免牲口吃掉庄稼；走到山岭，要放慢速度，以便牛羊吃草吃饱。我总结种茶的堆肥经验——高堆低用。就是说，把肥料放在高地，遇雨时肥水顺流而下，这样茶地均沾肥料，不至于流水冲走了造成浪费。

那次会期共持续 40 天时间，至今还记得，会上朱德同志给我们每人发了一支烟，纸烟有一根筷子长。我一次吸几小口掐灭，下次再吸，这根烟我抽了整整一个星期。我没有接受过教育，识字很少，会议上做不了笔记，就把上级精神全储存在大脑里。1957 年底，临近过大年了，会议结束。我回到固始，县委书记、县长第一时间听取了我带回的中央精神。接着县领导安排我到每个社巡回作报告，传达北京声音。

柳林茶进了北京城，给固始茶带来蝴蝶效应。1957 年 11 月，省供销系统建立河南省第一个示范茶场——固始杨山茶场。杨山茶场建立之初，县里派我担任生产股长。北京之行后，作为柳林社员，我们的干劲更足了。1972 年柳林茶园面积扩展至 800 亩。

回想当年，朱德、刘少奇、陈云等国家领导人穿着朴素，和蔼可亲，平易近人，和我们一群“泥腿子”共聚一堂，共商农事，充分体现了共产党秉持“从群众中来，到群众中去”的民本思想，开创了今天的盛世伟业。

本文由固始县政协提供。口述人王万荣，1931年8月出生，固始县段集乡柳林村北营居民组人，小学文化程度，中共党员。整理人付玉琼，现任固始县政协教科卫体和文化文史委副主任。王有，现任固始县段集镇柳林村支部书记。

仰天雪绿诞生记

祝学艺　口述　付玉琼　整理

1974 年,固始县相关部门批准设立仰天洼茶场,归属公社集体所有。茶园选址在祖师公社刘楼与羁马村交界的山区,最高处海拔 700 米。记得当年祖师公社组成以党委书记冯德礼为指挥长的发展茶叶指挥部,他亲率下辖各个大队共计 1000 多名民工,在羁马和奶奶庙殿周围垦荒 800 亩,扩大茶园面积。随后,国家拨款建初制厂、配置机械化制茶设备,仰天洼茶场五脏俱全,产业渐入佳境。那时,仰天洼茶场和固始其他茶场一样出产小把茶,没有打造独立自主品牌。

我是 1949 年生人,祖祖辈辈务农。家乡柳树乡柳营村地处平原,不产茶叶,所以我小时候对于茶是陌生的。此生能和茶结缘,还要从我上大学说起。

我是家中长子,父亲秉承耕读传家的理念,促使我上完小学、初中、高中,顺利读到 1964 年参加高考。高考结束后由校方推荐保送至广东茶叶专科学校深造。

记得校领导带着录取通知书来家里征求父母意见,询问能否承受儿行千里担忧之苦。意料之中,父母十分乐意服从组织上的安排,他们默默东拼西凑来路费,然后放手让我独自一人乘坐一天一夜火车报到上学了。学校位于广东英德红茶生产基地,前两年的大学生活秩序井然,第三年全国大串联,同学们一起拥到北京天安门摄影留念。

1968 年,我从广东茶叶专科学校毕业,拿到大专文凭回到固始。县委组织部门按专业对口原则,安排我到杨山茶场工作。从上岗那天开始,我便推广茶叶生产技术,兴建茶叶初制厂,改传统手工烘青为机制炒青绿茶,提高茶叶品质,降低生产成本。为茶言好事,为茶保平安,成了我一生的使命。

当年有种说法,河南茶叶在信阳,信阳茶叶在固始。所以,能在固始茶业界工作,自我感觉比较“高大上”。1970 年,我调到县农业局任经济作物股股长。20 世纪 70 年代,茶是固始经济作物的主打品牌,我自然而然地要涉足茶山的岭岭坡坡。

仰天洼得名于山坡上一块台地,传说古代樵夫上奶奶庙山途经此处,仰望前路仍然高峻,总要歇息片刻再继续攀山打柴,遂有此名。又见旧志记载:仰天洼下有溪涧,上有深洞,为藏兵之地。历史上所产茶叶素有盛名。

仰天洼茶场位于海拔近千米的高山上,土质深厚,富含腐殖质,昼夜温差大,小气候调节,对茶叶有机物质的形成极为有利,是种茶的风水宝地。痴迷于这方水土的钟灵毓秀,我总想为它做些什么,这个愿望终于在20世纪80年代得以实现。

1980年3月,中国农学会给河南省农业厅发函,大致内容是:国家分给河南省一个公派去日本研学茶业的名额。随后,省农业厅直接指定我前往日本研学。收到这个消息,我一边欣喜,一边感到责任重大。赴日本前,经过严格的政审和基本的日语口语测试。足足准备了一个月,我终于踏上异国研学路,先从信阳坐火车到郑州,再从郑州坐火车抵达北京。

记得当年的赴日团共46人,均是来自全国各地的涉农专业人员。大家集体住在农业部招待所,在京期间相关部门对我们进行了外交礼仪和其他注意事项培训。国家拿钱给出国的同志每人定制一套西装和一套中山装。

万事皆备了,我们从北京国际机场乘坐飞机,降落在日本长崎。长崎佐贺农业大学宫岛教授负责接待一应事项。

初次相见,日本茶人介绍了日本国茶源于“遣唐使”。所到之处,我切身感受到青出于蓝而胜于蓝,所言非虚。

20世纪80年代初,日本茶业已经实现了机械化和自动化生产。再有就是“敬畏”两个字处处体现,敬畏每一寸土地、每一片茶叶、每一颗零件、每秒时间、每位顾客……喜野茶场的电工工装服上有许多大大小小的口袋,放置着各种工具,需用时伸手可得,不必翻找。

在日本两年的学习内容由理论课和实践课组成。一是平时在大学课堂和日本学生一起学习理论知识。教授们全日语教学,刚开始,我听不明白。好在学校每周有两晚日语学习课,我渐渐地听懂些了。二是每月安排有两次实践活动,在喜野茶业实验场进行。

1982年研学结束,我回到了自己的工作岗位,开始重新思考家乡的茶业。众所周知,固始县茶叶生产历史悠久,古时为淮南茶区之一。历史上产金针、雀舌,清代奉为贡品。中华人民共和国成立后,固始茶区产品统称小把茶,不像左邻右舍的安徽六安瓜片和信阳毛尖名气大。80年代,改革开放带来万象更新,固始茶迎来了又一春。

1982年,为了提高茶叶生产经济效益,繁荣茶叶市场,满足消费者需求,相关部门作出开展恢复历史名茶、创新名茶生产的指示,抓住贯彻落实上级名茶精神,我把创制“仰天雪绿”茶的方案摆上了案头。

创制工作得到农业局领导的大力支持,研发课题在仰天洼茶场宣布时,却引来一片反对声。原因有二:一方面是方案里提到的精采、精制理念,与传统惜茶观点不符;另一方面是当时茶叶全国统一收购价 5～8 元一斤,价格固定,精茶卖不上价。成茶产量下降,导致茶企效益下滑。一把钥匙开一把锁,农业局领导允诺每年给仰天洼茶场拨付一笔研制经费,化解了问题。紧接着,我选用了几位传统制茶高手组成团队,踏上了研制新茶的漫漫征途。

难忘 1982 年的春天,我以仰天洼茶场为家,奋战 100 多个日日夜夜,最终盼来不一样的固始茶诞生,我为其取名“仰天雪绿”。

仰天雪绿外形平伏,色泽翠绿。借鉴日本煎茶的制作工艺,采用毛尖以及龙井的抖、带、抓、压的手法。仰天雪绿形似煎茶,又有龙井、毛尖的特色。汤色嫩绿,清澈明亮,香气持久,滋味鲜爽甘厚,耐冲泡,其色、香、味、形俱美。

仰天雪绿鲜叶采摘时间一般在清明至谷雨时节。鲜叶采摘标准为一芽一叶和一芽二叶初展。制作工艺如下:

1. 晾青。鲜叶放置在阴凉通风的室内进行,鲜叶摊放在竹席上 8～10 小时,散失水分减少鲜叶含水量,鲜叶失去光泽变软,失去青草气味,透发茶香。

2. 杀青。利用高温杀青破坏鲜叶酶的发酵活性阻止发酵,散失鲜叶水分便于做形。方法:用口径 84 厘米铸铁锅斜度 30 度安装,锅温 180 摄氏度,每锅投叶量 1 市斤左右,鲜叶下锅后用双手抓起茶叶,然后翻转手掌手心,向上均匀地将茶叶沿锅壁撒下。要求叶子捞得净、撒得匀,直至杀匀杀透。

3. 做形。用口径 84 厘米铸铁锅斜度 30 度安装,锅温 120 摄氏度,继续散失水分后用双手搓条,茶叶揉捻成形,双手将茶叶合抱手中,一手向前一手向后朝一个方向揉搓,待叶子成条后改为单手理条,右手四指并拢,沿锅壁将叶子压住带至锅沿抓起茶叶,再将手中茶叶由虎口甩出。压条和理条交替进行,直至茶叶挺直成形后出锅。

4. 烘焙。茶叶经过数小时摊凉后烘焙,分毛火、足火两次进行,足干后存放数日后再进行一次复火,复火后的干茶含水量 6% 左右。

1985 年 5 月,经信阳地区茶业专家组黄道培、杨杭生、杨重云、黄执优 4 人集体评鉴,授予仰天雪绿名茶证书,同时获得信阳地区科技进步三等奖。1986 年 5 月,在河南省名茶鉴评会上,经国内著名茶叶专家钱远昭等鉴定,认证仰天雪绿为河南省地方名茶,并获得河南省科技进步三等奖。茶界纷纷置评,仰天雪绿是历史名茶信阳毛尖之后的名茶新秀。

当年,科普也是我们茶人的不懈追求。1984 年,国内著名茶专家钱远昭和薛跃主编了《饮茶与种茶》一书,我负责编写第十二章“初制茶厂的设计与机械安装”。这本书给茶农及农业干部、教学、科研人员提供了参考,为茶的增产优质提供了有效途径,在 1985 年度北方 10 省市优秀科技图书评选中获得二等奖。

最后,还是回到仰天雪绿话题。仰天雪绿几十年来积淀颇丰,1992 年荣获首届中国信阳茶文化节“兴申杯”奖，并在随后的历届茶节名茶评审中均有斩获；2007 年 11 月荣获世界绿茶评比最高奖；2014 年 9 月荣获世界茶联合会第十届国际名茶评比金奖等。

声名置身外，茶人素爱种茶和饮茶，我唯愿——园中皆好茶，天下皆好茶。

本文由固始县政协提供。口述人祝学艺，男，1949 年出生，固始县柳树乡柳营村人，大专学历，固始县农业局高级农艺师，固始县茶叶学会会长，河南省茶叶学会第二届理事会理事。在河南省茶类改制技术示范推广项目中获得河南省科技进步三等奖。1988 年在应用推广国外先进农业技术工作中取得了一定成绩，受到河南省农学会表彰。2005 年被河南省茶叶学会授予“中原著名茶人”称号。现为固始县农业局退休干部。

茶入寻常百姓家

冯志亚 口述 付玉琼 刘 清 整理

我于 1965 年在驻马店农业机械化学校学习结业后，恰逢杨山茶场场长于绪安准备购买山地拖拉机耕作茶园，因为懂得拖拉机使用维修技术，我被分到茶场，与茶结下一生之缘。

杨山茶用于还国债、保边疆

1965 年春，记得那是最美人间四月天，县供销社的王志春主任带着我搭乘杨山煤矿返程的运煤车，去往离固始县城 120 里外的茶场报到上班。这一年我 23 岁，从此结束了之前没见过茶、没听过茶、没喝过茶的人生。

茶场距离煤矿 3 里路左右，不通车，需要徒步。我们到煤矿下车开始爬山，场址毛草坪位于海拔 655 米的山顶上，路途崎岖，沟壑纵横，漫山遍野的槐树、黄栗树、桐树……满目苍翠。走着走着，不知名的鸟儿扑棱棱飞起，还遇上茶园里的采茶姑娘。

进入茶场立即开始工作，通过对山地茶园坡比计算和周边环境观察，我觉得山地拖拉机耕作计划没有可行性，于绪安场长采纳了我的建议。接着我被分到炒茶车间工作。我逐渐了解到杨山是块宝地，一座山孕育了 2 座煤矿和杨山茶场。

茶场前身属于杨山寺庙的庙产，原址面积 2.5 亩。1957 年划归国有后扩大面积至 36 亩，成为固始县第一家国营茶企，归口供销社。1962 年，为方便出口，划给外贸局管理。我参加工作时，单位有干部职工 33 人，财务、人事、仓库、车间、医疗室五脏俱全。我的工资是每月 26.5 元，普通工人每月 25 元，场长每月 85 元。

20 世纪 60 年代杨山茶场属于河南省外贸系统第一家国营茶场，身份尊贵。当时，中苏关系正处于特殊时期，急需土特产清偿国际债务，我们茶场肩负着河南茶走出国门、不辱使命的重任。同时也要满足西部兄弟省份对茶的迫切需求，用“有茶便是娘”形容当时形势甚为贴切。

面对供不应求的现实，急需扩大茶园面积、提高产量、保证质量、加快制作成品茶速度，这些任务迫在眉睫。茶场先后在云雾山、大茶地、二花园、毛草坪、韩坡岭和哈利石场，炸石开山，垒成百余亩梯田。由于缺少茶苗繁育技术，茶场几十人便上山寻找野茶苗。秋季白露以后茶生长期停止，是挖茶苗移栽的最佳时机，野茶和人工种植茶长相相同，我们选用一尺高左右的当年生茶苗。走过森林，腐殖层枯枝败叶嘎吱作响，土质疏松，茶苗轻轻一抓就起来了，采挖过程不太费力气。经过三四年时间，共搜罗到几万株野茶树苗。直到引进了无性系短穗扦插技术，我们自己成功培育出茶苗，移栽野茶行动才告一段落。

我们精心打理茶园。"七挖金、八挖银"，又称伏挖，高温天锄掉的草、挖出的虫统统见光死，清理效果立竿见影。茶树营养必须跟上，常规肥料有农家肥、豆饼、花生饼和尿素等。10 月份把茶园垄行间下挖一尺多深，从县屠宰厂拉回肠衣、羊耳朵等下脚料埋入茶树根脚附近增强肥力。没想到血腥味引来狼群、豹子等野生动物，夜晚偷袭茶园，刨出埋下的杂碎充饥，争抢咆哮声不绝于耳。我们吓得不敢入睡，生怕它们冲进场里咬人。

1963 年以前杨山茶场出产纯手工茶，缺陷是产量低、质量参差不齐。为打开局面，1964 年河南省外贸茶叶土产进出口公司茶叶科科长宋加堂一行 4 人的工作组驻场指导生产，4 位专家通过调研评估，觉得杨山茶大有潜力可挖。宋科长向上级申报机械化生产和手工茶齐头并进方案，得到省领导支持。当时毛草坪场用柴油发电机供电，电力不能满足机器运作。宋科长重新选址在电源覆盖区岭东煤矿附近建场，从杭州引进炒茶机并请来姓金的师傅调试生产。当年产出炒青 5000 多斤，提高产能 10 倍左右，初战告捷。第二年，毛草坪场接通了电源，省公司重新拨款加盖了厂房、仓库、机房、晾青房共 20 间。第三年，日本 265 型揉茶机落户杨山，省公司决定撤回岭东场人员、设备，并入毛草坪场。连续三年的升级换代，打造出固始茶的现代化生产模式，也使杨山茶场一步步成长为河南省茶叶示范场点。1966 年度被评为河南省外贸系统先进单位，并夺得"自力更生发展茶叶生产"锦旗。第二年，我的同事胡华义、程远志分赴三门峡卢氏县和南阳桐柏县普及茶系列技术。1970 年底，茶场面积发展到 500 亩，年产干茶 3 万公斤，亩产 60 公斤，位居全省第一。

那时我们把每一片茶叶都上交给了国家，茶场用炒茶时掉下的渣子泡一大壶水给大伙解渴，连县委书记、县长都没喝过精品杨山茶。唯一的例外，茶场会给县里 9 位老红军优先供应茶叶，每年手工制精茶 10 多斤，交由我负责一家一家送上门。老红军们收到茶叶感谢有加，以茶为媒，我和他们结下了深情厚谊。

现在说起来开门七件事"柴米油盐酱醋茶"伸手可得，但在 20 世纪 90 年代以前茶属于奢侈品，大多数家庭难得一见。

天天向上　努力做革命接班人

杨山茶场场长于绪安是河北人,老革命身份,带过兵打过仗。当年他的住室陈设简陋,里面有一张桌子一张床,锄头、铁锹、扁担等劳动工具挤满不大的空间。耕作茶园时于场长身先士卒,锄头、铁锨在他手上天天和泥土打交道,磨得铮亮。于老以身作则,教育我做合格接班人。

茶场人力有限,茶叶"清明采不得,谷雨采不彻",每到采摘春茶时节需要大量用工,只好雇用临时工救急。招工由县城各街道办主任具体操办。那时劳动力过剩,很多家庭托亲告友找门路,希望自己的女儿到杨山茶场采茶,一方面赚了钱,另一方面也能给家里省下些营生。我负责过几次招工,感觉很轻松。茶场方面确定好用工数量通知居委会,街道干部会按时在县城煤炭公司附近集结人员,等候运煤卡车返程杨山,顺便把招聘来的工人拉回山上。采茶工按劳计酬,一斤鲜叶 8 分至 1 角,日清月结。场里包食宿,并提供培训学习机会。早在 1958 年茶场已经开办了红专学校,场长任校长兼政治理论教导员,日常教学政治理论、生产管理、茶叶技术、财务管理等科目。一般大家白天劳动,晚上学习。学员以采茶工人为主体,茶场职工全部参与。

1968 年,河南省对外贸易局派马军、赵杰、寇瑞珍等 8 位知青到茶场下放劳动。印象中他们参加茶园劳动基本上出于自愿,茶场职工对他们持平和态度。赵杰到茶场时已身怀六甲,她生娃可把茶场人难坏了,山路陡峭,我和几个工友拉着架子车运送她到煤矿,又央求煤矿卡车帮助拉进县城医院。孩子降生后,外贸单位领导给她在县城借了房子住,并派工友侍候月子,总算母子平安。

杨山茶场是所大学,我读了 15 年,实践了 15 年。记得第一次操作杀青机,铁锅烧得通红,温度高达 100 多摄氏度,鲜叶的绿和炒锅的红搭配出昙花一现,看到师傅凭借噼噼啪啪声响判断出炉的最佳时刻,感觉他真伟大。有样学样,我慢慢听出了门道。机器炒茶效率高,缺点是炒不出精品,像谷雨前的茶尖,只适合手工炒制。艺多不压身,我拜周效贤为师苦练传统制茶技艺,学到了成茶在胸的本领。

1972 年,场里派我参加一个全县范围的工作会议,会上县委副书记张桂远讲话时说:固始县茶场使用化肥,却没有买我们本地化肥厂的产品,钱让别人赚,肥水流了外人田。我当场给出答案,因为固始化肥厂生产的是碳铵,容易造成土地板结,茶场施用复合肥、尿素才有利于茶叶质量和产量。会后我向场领导汇报情况,场长替我捏把汗说:"冯志亚胆真大!"结果,我的实事求是的言行入了张书记的法眼,我俩成了莫逆之交。

实行机械化初期,茶机都是齿轮传动,当时人们安全意识欠缺,发生了好几起女工头发绞进机器里的事故。1973年我和曹云龙参加七机部举办的茶机会战，学习日本60型滚筒杀青机结构及其工作原理。会上了解到涡轮传动，并把这项技术带回场用于改进茶机，基本杜绝了机器伤人事件。

高中毕业在茶场算是高学历，领导让我负责财务工作。具体落实过程中，像派活伏挖茶地，要按劳计酬，牵涉分工、派活、投料、计酬等琐事，要提前做好人员、面积、方位三定三清，利于管理，于是我把茶场所有园块名称、面积、地貌、形状绘制成图，标注等级。年复一年，杨山茶场的角角落落都像刻在了我的脑海里，不拿地图也依然能轻松完成分工，于是大家送我绰号“活地图”。

茶业是县域支柱产业

1980年，我被调到固始县土产公司茶叶地产股工作，离开杨山茶场，全面接触固始茶事。这时全县先后建有初制厂10个，茶场123家，其中杨山茶场属于国营，另外122家属于乡镇或者大队集体所有。茶业逐步成长为固始县的支柱产业。

斗转星移，大浪淘沙。不知不觉全县茶苗改良、茶叶初制机械的安装维修、茶叶初制厂的规划布局和茶叶集中收购、验质、调拨等工作纷至沓来。

九华山初制厂是我的第一个规划作品。1980年按国家补偿贸易政策，河南省土产公司给固始县专项资金10万元用于建茶厂和修路，县里选定在九华山建厂，并派我负责具体实施。接到任务我背上黄绿色军用挎包，搭乘班车到陈淋子乡街道下车，又攀爬30多里山路到达九华山茶场。这是一家规模较大的乡镇企业，茶园面积1500亩。我到达时正值春茶采摘季节，担心场里人工炒茶耽误茶期，我号召职工就地取材，毛竹作屋笆、树木作框架、霸王草盖房顶、泥巴糊墙，搭建临时厂房3间，把省里无偿配备的茶机安装到位，实行机器、手工两套生产线，加快成茶速度。

当时采茶高峰期，一天采摘鲜叶1700多斤，炒茶工作时不我待。一天，茶机从下午5点一直运转到次日早上7点，铁烟囱长时间通过高温烟火熏得通红，最终引燃了房顶的霸王草。一时间，职工、采茶工一拥而上泼水救火。火灭了，我赶紧检查机器状况，谢天谢地，它们安然无恙。同时，火灾情况报告到乡里，乡党委书记常国振赶来现场，了解到人员、机器无损伤，他立即安排继续生产事宜，并在两天内重建起3间简易厂房，这次换成石棉瓦盖顶，提高了防火能力。

九华山茶场位于深山老林，茶场从安徽六安聘请一位姜姓炒茶师傅。姜师傅精通手工炒茶，他只允许男同志炒茶，觉得女同志炒茶不吉利。我偏不信邪，自作主张选拔8位采茶女工，组织教授她们炒茶技艺，取名花木兰小组。姜师傅带领的男子组和花木兰组炒茶打擂台，最终花木兰组胜出。

边炒茶,边建厂房。规划布局初制厂遵从趋利避害原则。县里早期建成的祖师仰天洼、陈淋子土门岭初制厂选址不科学,遭遇山洪袭击被淹倒塌。吸取经验教训,我选址总是把看风避水排在第一位。1981 年,九华山初制厂竣工投产,茶厂往返山脚的 6 里长公路也修成通车。

建设完善九华山茶厂共历时 3 年,我大多时间在山上和茶厂的同志同吃同住同劳动。修路期间,晚上就近住宿在工地附近的妙高寺里面,那时妙高寺仅存房舍 8 间,青砖灰瓦,雕梁画栋,残破不失庄严,庙内几尊泥菩萨慈眉善目。菩萨脚边供案下方,在地面铺垫一层稻草,算作我休息的床。我在菩萨眼皮底下打地铺也是快意人生。

建茶厂很受当地老百姓欢迎,他们出工建厂房、修路,可得到每天一斤统销粮报酬。我负责施工,群众都相熟。有时往返县城和茶厂途中遇上大雨,群众邀我到家中避雨、食宿,他们款待我吃竹笋炒肉,滋味鲜美。

截至 1990 年,全县共有初制厂 22 家,其中杨山、段集柳林、方集许店是 1966 年建厂,其余 18 个厂的建设我都有参与,像九华山、十八盘、刘中权、五岭、南井等茶叶初制厂的规划布局,杨集、汪棚、张老埠等 7 个初制厂的配套完善,另有 6 个新初制厂的建设报告等。我建茶厂讲“风水”,固始茶界又送雅号——“地理仙”。

计划经济时代,制茶机器均由国家配备、公家维修、免费使用。每逢收茶季节,我带着两个徒弟逐个厂查看,便于预防问题、发现问题、处理问题。当时冯技术员哪里需要哪里搬,成为业界公认的模范。一次,武庙十八盘茶叶初制厂召开投产现场会,莅临的市、县领导正等着品尝第一锅新茶,结果绿茶炒出了红汤。百思不得其解,十八盘茶厂厂长立即派车到赵岗茶厂请我出手相救。我通过观察觉得火候没把握好是罪魁祸首,就亲自示范炒了一锅茶,香满绿浓。自然而然我被赵岗茶厂挽留助阵。我倾囊相授,直到几位师傅熟练全部环节才离开。

负责全县供销社茶叶收购验收调拨工作,让我磨炼出一夫当关万夫莫开般意志。记得一个茶贩子,手中茶叶质量不合格,他带了一辆永久牌自行车夜晚送到我家,求我收购他的茶叶,结果让茶贩子失望了。1980 年到 1984 年,每年我验收调拨的二三十万斤炒青茶叶,从未出现降级降价现象。调往河南省茶叶采购供应站和福建福清东阁华侨茶厂的炒青毛茶基本免检。合作单位都说:固始茶有冯志亚检验信得过。

印象中建茶厂资金也被地方领导惦记过。一次,有关领导把我叫到县委商量,准备挪用建茶厂资金修县乡公路,我一口回绝。

久而久之,固始茶和固始冯志亚都有点抢手“货”的意思。1988 年福建福清东阁华侨茶厂以每月 300 元的高薪聘请我负责该厂在全国采购验收毛茶工作,

1989年信阳地区茶叶专家杨重云推荐我去信阳地区茶叶加工厂工作，1990年省农牧厅茶专家钱远昭点名要我到省厅茶叶开发公司工作，委以重任、许诺重金，但我不为所动，一心只想守护固始茶。

固始茶转型信阳毛尖

1984年，茶由二类国家管控物资降为三类自由流通物资。随着市场开放搞活，土地联产承包政策落地，茶农家庭手工作坊、村镇集体茶厂一哄而上。固始茶当时分炒青（机器炒茶）和烘青（手工炒小把茶）两类，没有取名字，没有打造品牌，也没有注册商标，市场竞争力弱，导致卖茶出现短暂困难。

信阳毛尖是中国十大名茶之一，具有品牌拉动市场能力。为长久计，信阳地区苏区办1986年在全区开展开发名优茶信阳毛尖活动，固始茶由此步入中国名茶圈。

当时豫南农专和震雷山茶场派出10人专家组，加上豫南农专茶叶系34位毕业班实习生，共44位技术人员，到固始教授毛尖茶炒制工艺，县里安排我具体负责这次固始茶转型工作。我带领团队每天徒步几十里，翻山越岭，到南山5个乡镇21个毛尖培训点现身说法，演示炒作，比如炒锅安装讲究通风、利火，好出烟；茶把使用轻拢、慢捻、抹复挑；柴炭码放遵循火心虚、人心实；信阳毛尖外观细、圆、紧、直，色绿汤香等知识。用了一年时间，我们培训毛尖炒制初级技师千余人。固始茶从这时起定名归类为信阳毛尖。1992年在首届中国信阳茶文化节上，固始九华山毛尖获信阳毛尖类评比一等奖。

1995年，九华山茶场实行体制改革，舒学昌（已故）以86000元年承包费中标，开启茶企业承包经营先河。随后，除杨山茶场外，固始其他茶场都实行个体化经营，并陆续培育出九华山、仰天洼、十八盘、青峰、曹家寨、皇姑山、五岭等知名信阳毛尖品牌，产生了“一斤茶叶一头牛、十斤茶叶一座楼”的轰动效应。

茶入寻常百姓家

1992年，在筹备参加首届中国信阳茶文化节报送茶的各类资料过程中，需要罗列固始茶的历史信息，结果令人大跌眼镜，除了清代嘉庆年间《固始县志》上提到“茶课”二字，其他遍寻无踪影。固始茶难道是无本之木？从此，编纂《固始茶叶志》计划摆上了我的案头。

退休后，在老书记张桂远的支持下，我开始探究固始茶的前世今生。通过查阅《固始县志》《河南省土产杂品公司志》《固始县供销社志》《固始县外贸志》《段集供销社志》，走访老茶农和茶区工作过的同志，参考茶叶专业人士工作笔记和实地考证，耗时近10年，手写完成20多万字初稿。2014年，《固始县茶叶志》付梓出版，书中收集数据显示，时年固始县茶园总面积已达8.4万亩。

几万亩茶园，一代茶人的心血。难忘过去固始非茶区平原乡村群众钱袋子不富裕，没钱买茶叶喝，他们用锅巴煮的水代替茶水，起名“锅巴茶”。直到改革开放初期也没改观。那时很多群众为了能喝口茶，呼吁在平原发展茶叶种植。县领导很重视，派我到往流、杨集这两个淮河岸边的公社考察开辟茶园。记得和往流公社唐集大队支书第一次见面，他紧握我的手再三央告：“冯技术员，你帮俺们这地方栽上茶叶，老百姓请你客！”最终因为国家的基本农田保护政策，平原茶场没有生存长久。

如今，国力强盛，人民群众生活水平普遍提高，茶余饭后、田间地头，茶早已进入寻常百姓家。最后借小诗《人生箴言》结束：

一生操茶事，回首白鬓霜。
道业频频浅，愧登茗师榜。

本文由固始县政协提供。口述人冯志亚，1942年出生，河南省镇平县人。曾任政协固始县第六、第七届委员，中国科协自然学会会员。1991年在大别山、桐柏山茶叶系列开发模式研究与利用科研活动中，获河南省农牧业科学技术改进二等奖，1984年获河南省供销系统茶叶先进工作者称号，现为固始县供销社退休职工。整理者付玉琼，现任固始县政协教科卫体和文化文史委副主任。刘清，现任固始县环保局党组成员。本文参考《固始县茶叶志》。

我的岳父舒学昌和九华山茶

朱　超

我的岳父舒学昌出生于1965年，是九华山茶业的创始人。说起九华山茶业的来历，还要从九华山茶场说起。

固始县位于豫皖两省交界处，北临淮河水，南依大别山，九华山茶业就位于固始县南部山区陈淋子镇的九华山。这里山清水秀，鸟语花香，茶竹禅一体，一、二、三产业融合发展。俗话说："靠山吃山。"当地很多农民发挥山区优势，因地制宜，大力发展茶叶生产。

九华山茶场始建于1975年，当年为实现全县发展茶园5万亩、产量5万担、打造外贸基地县的目标，陈淋子公社在县茶叶发展领导小组的领导下，成立了由公社党委书记彭光轩任指挥长、副书记张学富任副指挥长的领导班子，组织公社各大队社员1000多人，在汪岭村岭东队开挖荒山1800亩，建起了茶场。

建场初期，茶场仅有7间土坯茅草房，18匹柴油发电机一台。1979年开始打顶采茶，生产第一批把子茶。茶叶生产就在7间土坯茅草房内进行。1981年县土产公司根据陈淋子供销社建议，投资扶持资金6371.50元，引进炒茶机，建临时炒茶车间。当年春季生产炒青绿茶2000多公斤。

1982年，茶场与河南省茶叶采购供应站签订了10万元发展生产补偿贸易合同，其中6万元用于建厂房、安装茶机、购复合肥，4万元用于修通后冲至九华山简易公路。合同要求生产茶叶上交省公司。为保证合同要求，简易公路和厂房的按时完成，省公司要求县土产公司派技术干部冯志亚驻场指导。陈淋子乡党委书记常国振，副书记王春华、张学富等坐镇指挥，保证了公路按时通车、厂房按时建成和制茶设备准时安装投产。但茶场后来依然由于长期管理、经营不善，濒临倒闭的边缘，成为当地政府的负担。

我的岳父舒学昌1985年进入国营茶场，潜心钻研制茶技术，经营茶叶生意。

1987年初春，茶场主管单位公开招标对外承包。舒学昌经过考察和对茶叶经营前景的分析，出于改变命运的决心，也出于改变家乡落后面貌的赤子之心，毅然决然地签订了承包合同,取得了九华山茶场50年的承包经营权。当时九华山茶场茶园面积只有455亩,年产干茶8500公斤左右,且质次价低,勉强维持生存。

刚进入九华山茶场时,由于集体企业落后的管理模式,茶树严重退化,加之制作粗糙,茶叶品质低下,同时破旧的厂房和企业原有工人的生活安置以及资金的短缺等诸多问题,比舒学昌想象的要难得多。为此,他首先从解决人的问题入手,留住人才,妥善解决老工人的生活问题。在陈淋子镇党委书记彭中强的帮助下,圆满解决了前期承包改制引起的职工思想波动问题;其次是多方筹措资金,对茶园进行科学管理,改良茶树品种,改善茶树生长条件,向周边老茶农求教,向从日本回国的茶叶专家学习,不断钻研,提高制茶工艺水平。

舒学昌紧紧抓住茶产业是我县扶贫开发支柱产业的机遇,在固始县农业局茶叶特产技术开发公司的支持下,解放思想,实现三引进:一是与浙江农大、安徽农大、豫南农专等高等院校合作,引进人才。利用农专茶叶专业毕业生实习的机会,聘请信阳毛尖、六安瓜片炒制能手在茶场培训信阳毛尖、六安瓜片炒制技术人员40多人,建立培养了一支素质过硬的种茶、制茶专业技术队伍,为此后生产名优茶奠定了坚实的基础。二是引进良种。1993年九华山茶场引进乌牛早、安吉白茶、龙井43号、福大白、舒茶早等高产优质无性良种茶苗3万株,发展无性系良种茶园15亩,作为繁育无性茶苗母本园,因成活率高,受到地区表彰。三是坚持走科技兴茶之路,引进先进设备,改炒干为烘干,提高茶叶品质,实现了信阳毛尖由传统手工炒制向机械化、标准化、工厂化生产的飞跃,填补了国内的空白。

舒学昌建立了从茶树种植、茶园管理到芽叶采摘、加工制作、包装贮存的一整套质量管理体系,制订了“九华山牌”信阳毛尖的生产技术标准,使企业走上了标准化、规范化、科学化管理的轨道。

1996年,舒学昌利用九华山作为国际国内著名的佛教圣地和旅游胜地的知名度,抢先申请注册了“九华山”商标。

为了拓宽茶叶销售渠道,舒学昌发扬吃苦耐劳的奋斗精神,常年奔波在全国各地,其间几次遭遇意外,但他没有胆怯退缩,仍然一边自购市场营销书籍,深入学习营销攻关、谈判技巧等知识,一边向有经验的销售人员请教,不断总结市场规律,敢于寻求潜在市场,与客户建立真诚合作的供销关系,为开辟新的市场做努力。

舒学昌也是一个授人以渔的好老师。在工作中,他乐于帮助身边的新员工,带领他们迅速成长。不管是制茶还是销售,山区农民和青年工人专业知识、经验水平薄弱,为了提高工人工作的整体水平,他不遗余力,坚持以超前思维积极探索,以导师带徒的形式,甘于奉献,全身心投入,舍小家,顾大家,常常凌晨忙完回家,清晨就又出门上班,小孩幼小,家里的事没时间管,但无论茶厂哪里需要他,他都会赶到哪里,妥善解决存在的问题。

1999 年 4 月,信阳召开茶文化节展会,浙江绿峰机械有限公司王雪洪作为茶机生产商销售代表,活跃在市场的各个展位前,和各茶企老板或制茶师傅们交流学习。

当时,王雪洪认为如果用自己公司生产的理条机制作信阳毛尖,应该在条形上会更加漂亮,而且机械代替手工可保证茶叶的品质统一,还可节约劳动力,提高经济效益。但几天下来,展会上没有一个老板对理条机感兴趣,都说这个机器已经买过和用过,但是做的茶叶品质不行,买回来等于一堆废铁。

舒学昌最初也像其他人一样认为,九华山茶叶是不可能用机械做好的,只有自己的传统手工制作才行。但通过几天的交流接触,他看到王雪洪的恳切与诚意,两人初步定了烘干机、理条机一共 2 万多元的货。并答应王雪洪可以先把设备拉到九华山茶场试一下,但前提条件是,如果能行就付钱,如果不行连运费也不用付,叫王雪洪自己再拉回去。

当王雪洪的设备到达后,花了一天一夜时间安装完,马上开始生产。舒学昌大胆暂停所有传统手工作业,全部用机器加工。而车子就在边上等着,如果不行就直接把设备拉回去。

当第一锅茶叶成形出锅时,舒学昌高兴地说“成了”,当时就直接付款,引进浙江上洋茶机厂炒毛尖机。在以后设备使用的过程中,他和弟弟经常与王雪洪沟通,切合实际探讨设备的进一步改进方案,通过设备的优化以及配合使用辅助设备,使信阳毛尖真正实现了机械化制作。

1998 年九华山茶场首家在红苏路成立固始九华山茶艺馆,集茶艺表演、品茶于一体,宣传固始茶叶,推介九华山茶。通过茶场和技术人员王雪洪三年的刻苦攻关,1998 年九华山茶场研制半自动化炒毛尖机成功,经过在半自动基础上的改进,在 2000 年实现毛尖炒制全套机械化。又引进微波杀青工艺,全面提升了茶叶的品质,至此固始县全部结束由手工炒毛尖的历史。

此后随着生产工艺的不断进步、各类专业人才的充实、内外各种关系逐步理顺,九华山茶场的生产稳步发展,无论是加工产量、产值、销售收入、效益、职工收入均有了较大的提高。由于长期以来注重产品质量,重信誉,讲诚信,逐步形成了自己产品的特色,在广大消费者中已形成专门购买九华山茶场产品的消费群体,“九华山”品牌在市场中有了一定的口碑,因此呈现产销两旺的好势头。

经过几年全方位、多层次的开发,茶场在茶叶生产、经营及综合实力上实现了跨越式发展。2003 年,引进了第一台微波杀青机,至 2006 年已由单一的生产场组建起了河南九华山茶业有限公司,公司拥有茶园基地 1.6 万亩(包括联营场区),拥有标准化车间 2000 平方米,拥有清洁化生产线 3 条,先进制茶设备 30 多台套,年加工能力达到 500 吨,拥有自己的茶叶评审检验室,拥有具备各类专业知识的专业管理人才,拥有多品种、多规格的茶叶系列包装和包装车间。

2008 年 11 月 14 日下午，由中国茶叶流通协会组织共 15 个省市行业组织推荐的代表组成评审团，在武夷山举办的第四届中国茶叶经济年会前夕，经总评最终揭晓了 2008 中国茶叶行业年度经济人物。

按协会文件规定，经济人物每年从申报的人数中评选出十名，同一企业有当选者原则上三年内不再参评。同时，为了增强经济人物评选的公平、公正和权威性，2008 年新增网络投票，经评审团现场以无记名投票和参考网络投票得出最终结果，舒学昌荣登 2008 年经济人物。

获选的十名经济人物在 2008 年 11 月 15 日举行的第四届中国茶叶经济年会上，由中国茶叶流通协会副会长沈璇代表协会宣布，中华全国供销合作总社监事会主任、中国茶叶流通协会刘环祥会长，福建省人大常委会常务副主任、海峡茶业交流协会张家坤会长，中国茶叶流通协会王庆常务副会长，南平市人大常委会副主任郑明洋、南平市副市长陈美琼等领导为获选经济人物颁发证书。

舒学昌当选中国茶四届十大年度经济人物，把一个举步维艰的小茶场做成了带动全县、辐射全市、闻名全省的中国茶叶百强企业，为当地茶产业发展做出了重要贡献。

我岳父将大半辈子都献给了茶，2018 年他因病去世后，我辞去原先稳定的工作，继承岳父遗愿，将信阳毛尖古技传承并发扬下去。作为茶二代，我很自豪。父辈们为了一杯干净、健康的好茶，坚守了几十年，能延续父辈们的匠人精神，继续守护环境，传播中国茶文化，是我的幸运。2018 年 8 月，我成为河南九华山茶业有限公司总经理，正式掌管九华山茶业。

岳父是我最敬佩的人，他的见识和阅历，也是我无形的压力与动力，让我时刻不忘提高自己的知识、能力和胆识。

不忘初心，方得始终。在企业未来的发展中，我将以一颗匠心，好好经营岳父这份事业。不断地去完善自己，科学创新，努力学习专业知识，不断提升经营管理能力。当下，网络经济如火如荼，产品定位、品牌营销、外形包装的影响更为直接。九华山茶业努力抓住当下的“大众创业，万众创新”的大环境，不断拓展新型渠道，建立了通畅的产销体系。

多年来，九华山茶业以产业为依托，以经济为纽带，勇担社会责任，把固始南部山区 3000 多农户 1 万多人就地转化为茶产业工人，为茶产业发展、农户脱贫增收和乡村振兴发展做出了重要贡献。

山区茶农的收入一直是我岳父舒学昌办茶场特别关心的问题，公司每年都会稳质保价收购茶农的茶叶，从不拖欠茶农一分钱。茶农辛辛苦苦一年，盼的就是收获的季节，父亲说，要让他们钱袋子鼓来，心窝子暖起来。

岳父以前常告诫我，“树高千尺不忘根”。茶企一头连着茶农，一头连着市场销售，没有茶农的参与和付出，茶企将成为无源之水、无本之木。在茶产业发展中,农户获得了多重收益。第一,公司流转农户的土地发展茶园,按年支付土地租金;第二,公司聘请农户从事茶园的修枝、除草、伏耕等日常管理活动,据实支付劳动报酬;第三,农户参与茶叶采摘,公司按斤重和等级支付采摘费;第四,农户的茶园由农民合作社统一管理,茶叶由公司统一加工和销售,农户获得了合作社的经营效益分红。公司与茶农已经结成长期的利益共同体。与此同时,公司积极开展"技术帮扶",手把手向村民传授茶树种植、茶叶采摘、杀青等先进技术,安排技术人员开展授课活动,讲授制茶技艺,邀请专家培训,现场帮助茶农破解技术难题;不定期对当地贫困户进行走访慰问,关注乡村教育问题,向固始县百名寒门学子捐赠学习用品和爱心物资。

经过40余年不懈发展,公司现已成为河南省农业产业化重点龙头企业、河南省林业产业化重点龙头企业、河南省农产品加工示范企业、河南省重点上市后备企业,连续13年被评为中国茶叶行业百强企业。"九华山"商标为"中国驰名商标",现已完成马德里商标国际注册,国家权威机构评估商标价值为4.51亿元。"九华山茶厂"现为全国休闲农业与乡村旅游示范点、河南省三品一标示范基地、河南省一、二、三产业融合发展示范基地。"九华山绿茶"被国家质量检验检疫总局批准为国家生态原产地保护产品,2016年荣获中国绿色食品博览会金奖。固始县九华山茶叶农业产业化联合体被认定为河南省省级农业产业化联合体。2018年公司被河南省科技厅批准为河南省茶叶产业化发展工程技术研究中心。2019年公司被河南省农业厅评为河南省知名农业品牌企业,被河南省文化旅游厅认定为河南省旅游扶贫示范户。2020年被河南省绿色食品发展中心授予河南省最美绿色食品企业荣誉称号。

我们回顾历史是为了缅怀前人的功绩,以史为鉴,时刻保持清醒的头脑,牢记自己的责任。今天的九华山茶人常怀感恩之心,牢记父辈们几十年来的艰苦创业精神,牢记广大消费者和合作商家及社会各界一路走来所给予的关爱和支持,以安全健康的产品、全心全意的服务,着力打造适合广大消费群体的方便、快捷、价值、安全的茶产品,回馈社会、报答各界。

未来我也将继续带领九华山茶人践行"抱朴守拙,行稳致远"的大象精神,传承豫派茶道,颂扬豫茶文化,不忘初心,不失本真,致力于将豫派好茶做强做优。

本文由固始县政协提供。作者朱超,男,1990年9月出生,中共党员,毕业于河南财经政法大学,本科学历。现任河南九华山茶业有限公司总经理,固始县茶叶协会会长,固始县陈淋子镇商会会长,固始县青年企业家协会副会长,中国茶叶流通协会常务理事,共青团信阳市第四届委员会委员。荣获2018年度六安市五一劳动奖章,固始县2019年度优秀人才,2020年新时代河南向上向善(扶贫助困)青年。

秋茶梦
——“秋老白”系列茶开发记

张海峰　口述　付玉琼　整理

2008 年，在父母的支持下，我注册 300 多万元资金，成立河南大红堂茶业有限公司。2009 年，公司抓住河南农村改革发展综合试验区建设的发展机遇，联合武庙集镇黄岭村的村民组建了固始县黄岭茶叶专业合作社，把闲置的 5000 多亩荒山，改造成无性系良种茶园。茶园田间管理，施用有机肥，杜绝化学肥料以及农药；聘请专家指导采摘技艺，现场演示从哪儿掐取合适，今天该采摘的不等明天，该明天采摘的不能信手拈来，枝片大的不和小的放在一起，叶片完整的不与碎的掺杂在一起；加工制作机械化生产率达 100%；产品包装力求生态环保、美观大方、设计新颖、贴近大众。生产设备使用蒸气杀青机、干茶冷藏库等高科技产品。

摸爬滚打几年下来，大红堂茶业公司取得 QS 质量认证，并拥有自主品牌，被市政府授予全市农业产业化重点龙头企业称号。进军茶界小试牛刀大获全胜，这时秋茶梦在我心底慢慢泛起。

“好喝还是秋老白，只怕东家舍不得”，这是在大别山区广为流传的民谚，表明秋老白秋茶可望而不可求的处境。小时候对茶叶不陌生，我父亲是国家干部，母亲是改革开放后第一批私营业主，家里经济条件称得上优越。记得堂屋上边条案一角摆有白铁皮茶叶罐，装满喝不完的神奇树叶。那时茶叶罐一定程度上显示这个家庭的经济实力和文化品位。印象中家里亲朋往来，“茶，香茶，上香茶”，这套接待仪式一成不变。

秋老白是优质秋茶，我年少时耳濡目染它的美好。因为父亲很喜爱饮用这款茶，每每谈起如数家珍。他说：秋老白绝在一个“白”字上，白指的是白露。白露是二十四节气之一。每年公历的 9 月 7 日前后是白露节气，这时温度降低，天气转凉，水汽附着在地面或近地物体上凝结成白色状物，古人起名曰白露。“白露白迷迷，秋分稻秀齐”，意思是说，白露节气前后露水现身，可保证晚稻品质好，收成好。白露前后也是茶树沉淀酝酿养分的良辰吉日，此时白露茶饱含“秋水、秋香、秋色”

属应季时鲜。它不像春茶那样鲜嫩,也不像夏茶那样干涩味苦,而是独具另类醇香滋味,资深茶客最懂它。

难忘“露从今夜白”,父亲会沏上白露茶,品“月是故乡明”。可惜许多年来,市场上“秋老白”断货,一度被“老飞膀”这种粗次茶取代,秋茶只留下回眸一笑。

翻阅固始茶志可以了解,自20世纪90年代国营茶企纷纷改制后,秋茶淡出了公众视野,一晃眼秋茶在固始茶界缺席30多年。究其原因,一是秋茶生产成本过高,采摘环节人工费用尾大不掉;二是生产工艺上不去,秋茶产量低,经济效益萎靡不振;三是外地市场茶叶的竞争,扯细了利益链条。“自古逢秋悲寂寥”,秋茶真的没有出路了吗?

记得向朋友们宣告重振秋茶产业想法时,泼冷水的几乎百分之百,茶界前辈纷纷说:秋茶利润比纸薄,弄不好还赔本。“我言秋日胜春朝”,我下定决心把秋茶这块鸡肋变成香饽饽。

通过实地走访、调查、科学鉴定后传来喜讯:一是秋茶占有70%的茶青资源,科学鉴定秋季有利于茶树芳香物质的合成,秋茶香气出众,其芽叶炒制后形样特别,风味不俗,可迎合不同茶客的口味。可用作红茶、砖茶、溶茶等优质茶品的原材料。二是科技“三改”措施可以降低秋茶成本。比如改进生产工艺,引进采茶机械设备,部分取代人工采摘;改良茶种和土壤结构,使茶叶优产、高产;改革夏秋茶生产思路,从制作大众茶转变到制作名优茶,提升利润空间。三是把握市场脉搏按时按需供给。国内市场随着绿茶消费高速增长,春茶产量只能供应春夏两季的消费需求,部分茶企业出现不同程度的短缺,到春节就面临断货,秋茶能满足秋冬两季至仲春以前的市场购买力;国外市场方面,外国人饮茶习惯和国内有差异,他们几乎把茶等同于咖啡、可乐等大众饮料,一般不讲究茶道。像国际上有名的英国立顿茶,就是各种茶叶拼配出来的产品。外国人习惯喝调配茶,这种需求给秋茶添加了售卖渠道。据从事茶叶出口贸易的企业提供的资料,我国每年出口的茶叶在数百万吨左右,实际上春茶远远不能满足其出口订单,出口企业每年仍然需要大量夏秋茶填补近70%的外贸缺口。四是科学实践证实,白露前后,采摘“秋老白”有利于茶树越冬,也有利于茶质的优化。五是以武庙集镇为例测算,它是固始山区面积最大的乡镇之一,全镇茶园面积达4万多亩。这个镇开展秋茶生产能够为茶农提供2000多万元的收入。具体到黄岭村有茶园近万亩,把夏、秋季的茶叶资源利用起来,全体村民现金收入可增加300万元左右,人均可增收2000多元。茶农增收企业有利,项目双赢,总动员开始。

如果遵循老习惯,春茶加工接近尾声,各茶叶生产厂家生产自然就会偃旗息鼓。余下大量新叶没销路,无人采摘,茶农眼睁睁看着银子化成水。闻听大红堂茶业有限公司开发秋茶,老百姓一片叫好。武庙集镇党委、镇政府和固始县特产局大力支持发展秋茶。县特产局派来了茶业技术专家现场进行技术指导，武庙集镇政府则全力以赴协调茶叶生产环节出现的各种问题。俺大红堂茶业有限公司披挂上阵。

投入专项技改资金，扩建2000多平方米生产车间，采用先进生产制作技术。同时，开辟手工制作茶车间，抢救性恢复了传统手工制茶工艺。秋老白制作工艺2013年被收入固始县县级非物质文化遗产名录。

公司摒弃过去落后的生产工艺和经营理念，实行精细化生产。用优质的鲜叶材料和先进的生产设备，要求产品必须符合精茶、细茶、条茶、尖茶标准。

经过两年多的摸索和实践，2012年大红堂家固始秋茶呱呱坠地。观其形，白毫显露，可与毛尖媲美；嗅其香，郁馥扑鼻；观其色，清新淡雅；尝其味，绵甜爽口。饮量虽不多，但能齿颊留香，喉底回甘。经鉴定，富含各种维生素、氨基酸、蛋白质等营养物质，具有降脂、降压，促进血液循环、抗癌、抗衰老、增强免疫力等功效，影响睡眠质量的咖啡碱等成分弱，长期饮用有益于身心健康。

固始秋茶一度被束之高阁，与其老天飞、老飞膀等名称有关，这些叫法强加于它粗、陋、土、俗面孔。名牌效应不容忽视，起名字有大学问，几番深度挖掘，我为秋茶定名"秋老白"，并注册商标。

父亲对大红堂出产的秋老白爱不释手。2012年，我们公司累计生产"秋老白"20000多斤，价格一路攀升逼近春茶。由于"秋老白"品质好，广为客商接受，远销到郑州、湖南、湖北、四川等地。曾经备受冷落的固始秋茶走俏开来。

又是秋天，大红堂茶业公司茶叶生产车间里一片机声隆隆，工人们忙碌着，笑脸张扬。茶农将一挑挑、一篓篓秋茶鲜叶运送到车间络绎不绝。秋老白重出江湖，给黄岭山村人的生活带来实质性的变化。40年来，老茶农刘当贵第一次在处理完春茶后留在家里。以前，他总是在春茶上市期间在家待一两个月，然后背起行囊外出干活。在一个农家房舍里，60多岁的刘当贵说："秋茶卖得不错，茶叶的总收入比过去差不多增加了三成。"秋老白使武庙集镇的茶叶秋季市场活了起来。

实践证明，通过提高管理水平和夏秋茶资源利用率，可以让农民获得更多的经济收入，武庙集镇茶农自愿依托我们公司种茶、卖茶，2015年高峰期全镇茶园面积达到了5万亩，产值达1.5亿元。

当年在大别山绿色农产品展销会上，大红堂茶叶公司展厅里摆放的秋茶，吸引了中共信阳市委常委、固始县委书记焦豫汝的目光。焦书记会见我时勉励我放开手脚发展夏秋茶，抓住秋老白开发成功的影响力，带动固始夏秋茶产业做大做强，形成独具特色的茶产业体系。

那时我算了一笔大账，固始全县可采茶园面积有9万亩，仅秋老白一项，就可以每亩增加300元纯收入，全县茶农、茶企可以增收2700万元以上。

理想很丰满，现实很骨感。“秋老白”遍地开花路途漫漫，拦路虎颇有几只：一是茶产业投资高、见效慢、周期长，资金回笼慢，企业压力大。二是茶叶长在山高水远的地方，一些地方路、电、水等基础设施不容乐观。因为没有路，群众盖房子，一块砖头运上山，要价 2 块钱。企业生产成本同样隐性增加。三是在一些老板眼里，秋茶依然没有什么价值可言，开发秋茶畏首畏尾者居多。目前，进一步整合茶场，优化区域布局，把全县秋茶统一到秋老白这个品牌上来，使效益达到最大化，任重道远。

访问结束时，已是小雪节气。极目四望，黄岭茶园滋润在薄薄云雾下，冬天里仍然焕发层层叠叠绿意。

本文由固始县政协提供。口述者张海峰，1975 年出生，固始县往流集人，中共党员，大专文化。十一届固始县政协委员。现任大红堂开发有限公司董事长。整理者付玉琼，现任固始县政协教科卫体和文化文史委副主任。

茶酒趁年华

熊登卫　口述　付玉琼　整理

我出生于1967年，我家祖祖辈辈生活在固始县段集乡青峰岭村。青峰岭村坐落在大小青峰岭山北麓，山南麓属安徽金寨地界，古有双脚探出的山间崎岖小路，今有水泥公路连接的两省通途。大小青峰岭最高峰海拔均在400米左右，两座山中间隔有一座天堂山。发源于青峰岭的青峰河由南向北穿境而过。地形以浅山丘陵为主，气候处于亚热带向暖温带过渡的季风气候区，四季分明，冷暖适中。青峰对峙，绿树滴翠。抬头青峰遮天，脚下清流潺潺，怪石卧波。鱼米之乡、茶乡、酒乡，山水田园是我的家乡。靠山吃山，靠水吃水，俺青峰人几乎家家都有两手功夫——炒茶和酿酒。

小时候种茶，没有扦插、育种技术，群众漫山遍坡寻挖野茶苗，然后集中栽种。收获的茶叶，除去上交国家任务，略有盈余部分用来分红。年底集体算账时，群众家家户户都能分得一小捧茶或一大捧茶。

1975年，青峰大队集体选址在本地蚂蚁山上，开辟出近300亩茶场，组织副业组专门种茶。那时栽的是野茶苗，炒制的是小把茶，属于原生态环境和传统手工艺相结合产品。

1986年，村委会筹资建初制厂。2000年，茶场转为个人承包经营后，打造出知名茶品牌——青峰云雾。青峰云雾茶采用传统工艺与机械制茶技术相结合精制加工，外形细紧圆直，白毫显露，色泽翠绿，香高持久，品质优异。其汤绿明亮、香高持久、味醇甘甜的独特品质，具有高山云雾茶的天然特色。

正所谓天生丽质难自弃。2001年，青峰云雾茶参加第三届国际名茶评比荣获金奖。2005年，青峰云雾荣获全国名特优农产品奖。2006年，"蓝天玉叶杯"绿茶评比特级青峰云雾荣获金奖。同年11月，青峰云雾茶叶被认定为无公害农产品。2007年，荣获世界绿茶评比最高奖。2010年，河南名优茶评比青峰云雾茶被评为金奖。

近年来，青峰茶场采用"公司+农户"经营模式，带动群众致富。我家承包了茶园，购买了全套制茶机械，承接来料加工，每年可以加工几千斤鲜叶。目前，在青峰村类似的现代化制茶作坊有二三十家。

有茶不能无酒，青峰岭还出产青峰小曲酒。青峰小曲酒始酿于宋代，青峰河得天独厚的水资源使小曲酒与众不同，有“酒醉青峰岭，饭饱田家冲”之说。青峰人自古习惯用辣蓼花制酒母。蓼花在固始人生活中作用很大，一是制成酒母，二是制作蓼蓝染料。巧的是，固始县夏商时为蓼国地，都城在今固始县东北的寥城岗。蓼国、蓼城都作了土，蓼花依然开得明艳，酿的酒依旧飘香。

我不仅种茶，还是青峰小曲的非物质文化遗产传承人。茶酒飘香青峰岭，不知不觉给这块土地演化出仙风道骨般神韵。在我的记忆中，少茶缺酒的日子仿佛还在昨天，如今乡里乡亲们争当老板，个人出资成立茶加工企业和酒加工企业。俺青峰人左手青峰云雾茶，右手青峰小曲酒，过着寻常百姓日子，咂摸出茶酒趁年华的诗意悠长。

本文由固始县政协提供。口述人熊登卫，男，1967年出生，中共党员，初中文化，段集镇青峰岭村外榜组人。现任中共固始县段集镇青峰岭村支部书记。整理人付玉琼，女，现任固始县政协教科卫体和文化文史委副主任。

茶香飘四季　脱贫奔小康

韩忠学

我的老家光山县白雀园镇在106国道边上，镇上20世纪90年代初就建有大别山茶叶批发市场。白雀园镇素有“小武汉”之称，每天都有发往武汉、洛阳、震泽、杭州等地的班车，交通便利。20世纪90年代初就有很多人背着一编织袋茶叶，坐上班车辗转到全国各地售卖。我父亲也是在1990年用编织袋背着茶叶带着我弟弟辗转到太原，在太原的国营常青菜市场租了两节柜台卖茶叶。我1994年大学毕业后在郑州一家国企工作，1995年我到太原和家人一起过春节。其间我到父亲租赁的常青菜市场茶叶柜台帮忙卖茶叶。当时正值春节，一天能卖几千块钱，利润也很高。心里就想，靠上班工资什么时候才能买得起房子？不如也去卖茶叶。当我把想法告诉父亲时，父亲说：“家里世世代代都是农民，就供出来你一个大学生。”父亲还是希望我好好上班。回想上学时经常一罐子咸菜（学生自己带菜）吃一个星期的苦日子，激发了我对“跳农门”、谋脱贫的梦想。如今在大城市上班的我，随着视野的开阔，更是激发了我奔小康、谋富足的梦想。于是，我不顾父亲的反对和工作单位的挽留，毅然辞职，到了太原开始琢磨卖茶叶的事。

因茶叶的品种多，需要认知茶叶，我就从常青菜市场茶叶柜台帮忙卖茶叶开始，经过近11个月当售货员的锻炼和到产茶区的实践学习，基本熟识了信阳毛尖、西湖龙井、铁观音、白茶、大红袍、红茶等中国名茶的制作工艺、收购价格、贮存保鲜、质量识别等方法和基本技能后，我便向父亲提出单干，因我弟和我父亲在一起卖茶叶，按照老家人的观念习俗，父母一般和小儿子在一起生活。太原的生意都是我弟在打理，如果我在太原卖茶叶，就意味着要分我弟的店，我弟只上了小学三年级，我心里也不愿意来分割他的生意。在这种情况下，我决定不在太原卖茶叶，决心自己开辟新的市场。因为我大学学的是国际贸易，对做生意有一些自己的思考，当时考虑太原往南是郑州，河南人卖茶叶的多。往西是银川，又太远。往东是石家庄，信阳人在那卖茶叶的多。于是就自然想往北发展，往北是内蒙古呼和浩特，到太原和北京的距离相近。

1996年10月25日,我带着父亲给的4200元钱和10箱各种茶叶,带着怀有6个月身孕的媳妇来到呼和浩特。就农村来讲,这算是分家,自立门户了,自己要养活自己了。这里我没有一个亲戚,没有一个同学,没有一个熟人,真是人生地不熟!在呼和浩特郊区巧报乡租了两间平房住下来,交了房租后身上的钱不多了,更没钱买床,就把从太原带来的一张旧床垫放在地上,直接睡在上面。呼和浩特的冬天来得早,那年11月上旬就开始下雪。冬天零下十几摄氏度,刚开始也不会烧炭取暖,夜晚经常把炉子烧灭了,睡到半夜经常被冻醒。我的房东是一个心地善良的蒙古族人,看到我没钱舍不得买床,睡在地上几个月,说:“小韩,你媳妇快生了,睡在地上会影响孩子健康。”就借给我500元钱买了张旧床,并且教会我怎么烧炉子,也算是冻不着了。然后我花了65元钱买了一辆旧自行车,后面带着三箱茶叶——正式开始吆喝卖茶叶。我每天早上8点多出门,中午不吃饭,那时年轻也没感觉到饿,就这样把呼和浩特的大街小巷都一一跑遍。凡是有卖茶的茶庄、店铺和商场,我用固定电话和BP机相互留下联系方式。生意有时几天不开张,有时也能卖二三百元。这样维持了两个多月,我发现我是第一个到内蒙古卖茶叶的河南人。

年关越来越近,天气越来越冷,每天外出冻得实在受不了,我就在地摊上花110元钱买了两件太空棉做的羽绒服,我穿一件蓝色的,媳妇穿一件黄色的。虽然身上暖和了很多,但在室外,冷风一吹,后背还是冰凉。那时候,媳妇上街买菜,把一毛、五毛的零钱都带上。有一次,她挺着大肚子去买菜,想吃点鱼,在鱼摊上选了半天也没舍得买。卖鱼的不耐烦,厌烦地随口说一句:“看你就像买不起鱼的!”这次她捡了一堆白菜叶子回来,一分钱也没花。那天下午我回到家,她终于控制不住情绪,在我面前泪流满面,说她被一个卖鱼的骂了一顿。当时我心里特别难受,但强忍眼泪,强颜欢笑安慰媳妇说:“将来咱们买大龙虾。”我知道媳妇心里是怎么想的,她心里有许多委屈许多怨气。当时没钱开店,也交不起店铺租金,日子过得越来越艰难,感到前途渺茫。眼看还有两个来月就要过春节,这样下去把本钱吃完也不会有好前景。怎么办?心急如焚!我待在家里三天没出门,静下心来,拷问自己。想想自己上了这么多年的学,现在工作也没了,生意还没做起来,自己也开始怀疑自己了,但我骨子里有一股不服输的劲头,我不能白上了十几年的学,我一定要千方百计做出与众不同的业绩!

静下心来,我分析了呼和浩特市的茶叶市场现状、行情及未来市场走势,发现所有茶庄和商场卖茶叶几乎都是一样的模式:散茶装在玻璃罐子里,顾客来买用牛皮纸包装,送人就装在铁桶里。当时除了15家开茶庄的,整个呼和浩特市有4家国营商场经营茶叶。这十五家开茶庄的,都有自己的进货渠道,进我的茶叶的少。我要想打开市场,就必须打进这四家国营商场。但我一个人也不认识,也没有业务费用,想进这四家商场就像是癞蛤蟆想吃天鹅肉。但这事还必须干,还必须干成功，否则就没有立足之地。经过全面的市场调查分析，我认为要想进这四家国营商场，必须靠产品吸引他们，靠产品品质“打”进去。

我调查发现，整个呼和浩特市场，市民喜爱买茶叶送礼，但当时都是买散茶装茶桶，用塑料袋装着送人，也就是说，整个市场上没有礼品茶。虽说礼品茶是一个顾客喜爱且急需的商品，但又是一个空缺的产品，于是我决定从礼品茶入手打入商场。经多种途径打听，了解到当时全国只有杭州一个叫方丽丽的人印刷茶叶空礼盒卖，其实也就是能折叠的印刷纸盒。我急忙坐硬座火车到了杭州，当时一个纸盒也就5元多到10元左右。我买了10个品种共300个空纸盒子，连夜赶回内蒙古。第二天装了10个品种共100个礼盒茶，然后在4家国营商场中先选一家不是最大的，紧邻呼和浩特卷烟厂和内蒙古电力总公司的内蒙古满都拉商厦作为突破口推销。

我了解到这个商场消费能力强，高档烟酒茶卖得快，属高档商圈。通过打听，早上商场食品部李总经理要给员工开晨会，我把准备好的十个不同茶叶名称的礼盒茶装进一个箱子。商场9点一开门，我就直奔茶叶柜台，找到食品部李总经理，自我介绍说是自己茶厂的茶，话还没说完，她就摆手说：“我们这什么茶都有，不需要。”在她摆手的时候，我已拿出一个中国红颜色的礼品盒茶叶，双手展示给李总看。她眼睛一亮，说：“这个礼品挺好看。”接着我又展示了剩下的九个礼品盒茶叶，礼品盒一个比一个好看，看得她爱不释手。她对茶叶柜台组朱组长说：“马上要过年了，感觉这个礼盒茶应该销量可以。”- 因为他们从未见过礼品盒茶。茶叶柜台的售货员也一致认为这礼品茶肯定销量很好，因为经常有人要买礼品茶。李总接着就问我：“这礼品茶代销不？”我说：“李总，你们这么大的国营商场，我不怕，就是我的茶刚到呼市，货不多。”我越说货不多，她就越想多要货。我说最多一样能给1箱，每箱10盒。就这样，当天下午我把10箱礼盒茶共100盒茶叶送到了商场柜台。现在还清楚记得商场给我打的收货单金额是56000元，回家算了一下成本不到8000元。但我心里清楚，这只是一张收据，卖了才是钱，我也没过多惊喜，把剩下的空盒子全装成礼品茶在家静候消息。

没过三天，奇迹出现了，商场通知我送货，每样又是10盒，并结了上次的账。第二批货送到的第三天，商场又通知我去结账，并让我准备好货源，春节期间销量预计更大。后来我了解到，这家商场有时两天一个礼盒茶不卖，但经常在快下班的时候，有顾客急乎乎一下买10盒或几十盒礼盒茶搭配烟酒送人。大客户多，这也证明了我当时第一个选择这家商场的正确性。拿到钱后，我立马赶到杭州买空盒子，又到太原、福建找茶老板进货，进了5万元茶叶，只给了2万，剩下的约定下次进货再付。回来后又以同样的方式打进其他3家国营商场，终于在春节前一个月打进了这4家国营商场茶叶专柜。我这只癞蛤蟆吃到了天鹅肉，有了立足之地。

其余小的商场只供两三个品种，每个品种只供2盒。

1997年春节，礼品茶成了呼和浩特时尚高档的礼品，十分畅销。春节期间，我每天忙完后就到商场茶叶柜台观察顾客买礼品茶所关心的问题，包括顾客喜欢的礼盒颜色、礼盒大小、茶叶品种、价位如何等信息。通过调查发现大部分顾客喜欢中国红、金黄、烫金色，办重要业务的喜欢买高价位礼品茶并配高档烟酒送人，送亲朋好友的喜欢中间价位实惠的礼品茶，这为我以后选礼盒颜色和定价提供了重要依据。就这样在忙碌中迎来了到内蒙古的第一个春节，更幸福的是媳妇在1997年2月2日给我生了个大胖小子，因在呼和浩特生的就取名叫浩浩，学名韩浩。

春节假期后，我又想出一个更加大胆的想法：承包四大国营商场的茶叶专柜。这回还从满都拉商场开始，春节后一上班，就找李总说想承包茶叶专柜。她说："你承包得起？上午班3个售货员，下午班3个售货员，还有一个小组长，共7个人的工资，租金要5000元，以前也有人想租，一问就不敢租了。"我说我敢租。李总说："这样的话，我先问问其他几个老厂家租不？他们要租就租给他们，因为他们是老厂家。"我说好。过了几天，李总说："他们算了，谁干谁赔钱，都不租，你要租就租给你。"我答应了商场所有的条件，其他厂家把货都撤了，我把货上满。这时商场让我交一年租金，因总是在铺货手上没钱，又不能说。困窘中我又想出一个办法，找到李总说："李总，内蒙古的天气太冷了，冻得不敢出门，每天晚上来商场收钱，外面治安又不好，每天收现金又不安全，想请商场帮我收钱，每个月扣除租金和工资，剩下的再返给我。"李总一听，心想：货在她手上，钱也在她手上，我又跑不了，很高兴地答应了我的请求。

就这样我没花一分钱租金就把国营商场的茶叶专柜变成了我个人的茶庄，一家经营，还有7个人帮我卖货，售货员都听我指挥，销量也增加了不少。我承包的第二家商场叫民族商场，炒股票的朋友可能知道，民族集团是上市企业，是内蒙古最大的国营商场，春节期间礼品茶也卖得很好。谈租金时，商场要的太高，一年48万，前提还是一次性交齐，还要负担6个人的工资，因国企要解决就业。当时民族商场各个商品部还排名比较，看谁的效益高，业绩好。上市公司比较霸气，条件苛刻，风险比较大，再说我也拿不出几十万交租金。我就又想出一个办法，对食品部乔总经理说："满都拉商场确定了租金，现在卖得好，他们都后悔了，认为租金要少了，不信可以问问他们。我们不谈租金，要高了我出不起，要低了怕商场后悔。"我提出一个新方案：按销售额30%扣点给商场，我承担人员工资，并且保底年销售达到商场预期销售额，如达不到预期效益，我们签合同从货款中补交扣齐。民族商场算了一下账，测算出他们的收入远远超过往年收入，于是最终达成协议。就这样没花一分钱租金又拿下了内蒙古最大的国营上市商场的茶叶专柜。没想到这个商场发购物卡消费多，年销售额远超过预期40%。

当年商场茶叶专柜收入惊动了集团总裁，号召各个商品部向食品部茶叶组学习营销经验。之后，另两家国营商场的茶叶专柜也都顺利租来。其他的小商场都主动找我进货，这时整个内蒙古茶叶界都知道了我的名字。我因为经营有方，人缘好，圈内的朋友也越来越多。拿下国营商场茶叶专柜，这算是我创业的第一阶段。

创业的第二阶段从1998年6月开始，这时经济上有了点积累，就想开店，于是就在呼和浩特市唯一的步行街人民路的黄金位置租了一家8平方米的小房子开茶庄。当时也不知道取什么名字好，本地的一个朋友随口说："叫四季茶庄吧。"我就加了一个香字，店名偶然叫上了"四季香"这个名字。当时工商局规定一个月之内去办营业执照不会罚款，我也就没有及时去办。店开业以后，店后院每天都有一位车接车送的人到我店里看茶、品茶。我店里的茶叶，他基本上都品尝过了，并时不时还给他带一小袋不同的茶叶回家喝。有一天他突然问我："小韩，怎么不去办营业执照?"我说："领导，刚开业，还没来得及去办呢!"结果他说："你明天一上班到新华广场的自治区工商局，我给你办。"我去了才知道他是局长，就这样在内蒙古自治区工商局办了一个营业执照。

在北方，有规定每年夏季单位必须发降暑商品，有专项经费，包括白糖、绿豆、茶叶，于是通过局长的介绍，每年的降温防暑茶也增加了不少销量。这是第二次快速发展时期。后来通过深入交往，才知道这位局长是厅级干部，与时任河南省委书记陈奎元是同班上下铺同学，我和局长一起到郑州向陈书记介绍光山是革命老区，如何如何贫困等一些情况。陈书记还亲自到光山考察，最终认定光山为国家级贫困县。当时的光山县委书记叫李军，这事县里很多领导都知道。一个偶然机会给老家办了一件好事。这个小店开了两年，也就是到了2000年，我就想，我得把"四季香"三个字注册了，万一将来做大了，被人抢注就麻烦了。于是在2000年我向国家工商总局申请注册了"四季香"商标。虽然小店生意还可以，但是地方太小，没有喝茶的地方，茶叶圈找我的朋友多，我当时想，我不能天天待在店里，我必须打开市场，将来我的店就是批发配送、接待品茶的地方。于是我决定换位置开店。经过考虑，我把店址选在呼和浩特火车站和汽车站出口的斜对面，目标就是下面旗县和地级市来呼市的人，都能看到我的店名，想批发茶叶和想开茶庄的人能找到我进货，这个店至今还开着，你可以不买，但不能不看。

四季香茶庄的牌子和位置，给我带来了大量客户，几个地级市都有加盟店。地级市的国营商场看了呼和浩特市大型商场的茶叶专柜，纷纷主动找上门来进货。一时间，我的生意好得不得了。各地方的茶厂纷纷找到我，让我做代理商，包括大印象减肥茶、国际品牌立顿红茶我都代理过，并由此结识了中国著名茶企的大批企业家，四季香茶业又前进了一大步！

四季香火车站店的开业，又逼着我加快前进步伐——每天都有人问我是否有小袋包装、小桶包装，适合在小卖部、代销点卖的小包装茶叶。我感到这又是一个巨大商机，于是我就印包装袋，第一次印了5个品种：信阳毛尖、茉莉花茶、红茶、龙井、铁观音，投放市场很受欢迎。接着我又开发了桶装、小盒装等几十个小包装茶，又走到同行前列，也实现了我当初的定位——以批发配送为主营业务。现在，我在不在店里销量一样，其实走的就是品牌化道路。我本人也当选为呼和浩特市茶叶流通协会会长、内蒙古河南商会副会长。

也就是在2000年这一年，北京华联超市来呼和浩特开店，这是呼和浩特第一家超市，一种全新的商业业态出现了。在超市自选购物成为首选。因有几家大型商场茶叶专柜支撑，又做有几十个小包装茶，加上礼品茶，四季香茶庄成为内蒙古唯一进入华联超市的茶叶供应商。接着，全国的大型超市相继来内蒙古开店，四季香就紧跟着超市发展到西北地区，如今遍布呼和浩特、包头、集宁、通辽、临河、二连浩特、鄂尔多斯、银川、西宁，四季香茶业成为西北地区最大的商超茶叶供应厂家。

超市业态出现后，每个超市都要砖茶，而且必须供货，一打听才知道砖茶像烟草、食盐一样，实行国家专卖，内蒙古自治区供销合作社是独家经营单位，我们必须去那里批发回来，再供给超市。因业务关系认识了供销合作社领导，也成了他们的大客户，并且可以欠账，可能是看到我的店多生意好，对我放心。砖茶厂家主要在湖北、湖南、四川省，因我是大客户，厂家开年会时，内蒙古供销社茶叶公司有时就带上我，看了南方的砖茶厂后，觉得做砖茶很简单。我们信阳有200多万亩茶园，砖茶用的夏秋茶原料无人收购加工。我看到商机，决心找机会回去办砖茶厂，正好2008年信阳茶文化节邀请我参加，又实地考察了信阳茶园，并最终通过光山县政府招商回老家创办了信阳市四季香茶业有限公司。我注重整合资源，向有基地的茶农、茶厂定购夏秋茶，发动从大别山茶叶批发市场走出去的分布在全国各地的老乡帮我卖茶，很快把砖茶销往西北边疆地区，产品基本没有库存。其间我参加了内蒙古大学总裁班学习，参加了中国茶叶商学院的学习，结识了中国仅有的两位茶学工程院院士，研制出信阳茯茶，富含金花益生菌即冠突散囊菌，能够降“三高”。公司积极参加广交会、中蒙俄贸易洽谈会，成功打入“一带一路”沿线国家，每年出口近3000吨砖茶，成为河南省唯一出口“一带一路”国家砖茶的茶企。

绿茶界闯出一匹黑马，我也被业界同仁誉为“西北茶王”。

25年弹指间就过去了，近几年国内茶叶市场的销售行情又有很大的变化：商超的茶叶销量普遍下滑，营销费用上涨，电商平台、抖音、自媒体宣传已是企业的标配，不管你做得好不好，都必须干。如今老一套的营销方式和产品已经落后，不能创造很好的销售业绩，必须开发适合年轻人口味的时尚茶产品。幸福的是，当年到内蒙古过第一个春节出生的儿子韩浩已长大成人，完成国内外的学业后开始了韩家第三代茶人的打拼。现在公司的总体布局是，我夫人带领一团队在呼和浩特负责西北地区传统商超和火车站老店的批发业务，目前有近 200 家店。韩浩负责在郑州总店电商和郑州丹尼斯等商超业务，开发河南新客户和新产品。我负责光山四季香厂区加工生产和出口业务，并亲自负责最近两年出现的一种新型商超现金低价直采合作模式，目前已陆续和国内外大型超市开始新模式的合作。可喜的是韩浩今年刚开始自立就取得了理想的业绩，尤其是电商销售呈越来越好趋势。今年他自己挣钱买了一辆特斯拉，代表茶三代与高科技时代同步前进，茶业打拼赓续传承，期待能超越我。

信阳市四季香茶叶有限公司位于光山县白雀园镇枣岗村大枣岗村民组、106 国道东侧，占地 110 亩，建筑面积 12000 平方米，是一家集茶叶种植、青砖茶、茯砖茶生产销售、茶文化传播于一体的具有出口创汇能力的独资民营企业。企业先带动本村和双轮村 238 户贫困户走上脱贫道路。企业虽然距现代高科技茶企仍有距离，但我仍心怀脱贫攻坚奔小康梦想，思考着信阳茶产业发展的未来出路。

信阳要在做特色产业上、特色农产品上着力。信阳茶在全国应该走到更高的位置，应该有更大的企业，应该有更强的影响力。我们只卖春茶，夏秋茶大多还没采制。夏秋茶可以开发出多种多样的产品，比如茶粉、茶叶提取物等高科技产品，未来向有机方向发展，是非常有益的，所以说我们有非常大的产量空间没有挖掘。这也是目前大家对信阳茶的共同认知。我也认为，未来河南茶业，乃至中国茶业，必须走工业化路线，才能做大做强，区域品牌、山头小农意识做不大。茶叶提取物等深加工产品有着广阔的市场，全国、全球都需求。蒙牛、伊利每年都需要大量的茶粉，向我公司要货。未来谁先走上工业化、科技化之路，做大做强，谁就会成为未来茶业界的茶王。

“穷则独善其身，达则兼济天下”是自古以来中国读书人的理想胸襟。回顾自己一个贫困的农家子弟怀揣脱贫梦想上大学参加工作，怀揣致富梦想闯市场兴办企业，携手乡亲脱贫攻坚奔小康。一路走来，感慨万千。“路漫漫其修远兮，吾将上下而求索”，未来的日子里，我会“宜将剩勇追穷寇”，同乡亲们一道巩固脱贫攻坚成果，奔向共同富裕。这就是我的脱贫小康梦，一个普通中国人的中国梦。

本文由光山县政协提供。作者韩忠学，光山县白雀园镇枣岗村人，1972 年 12 月出生，大专学历，中共党员。1995 年 10 月自谋职业，后到内蒙古呼和浩特市从事茶叶经销活动。2008 年回报家乡，创办信阳市四季香茶叶有限公司，任总经理。现为信阳市、县两级人大代表。

我的油茶梦

陈世法　口述　陈召安　整理

1968 年 1 月，我出生在光山县一个贫困的小山村。打记事时起，一家 11 口人在父母的操劳下艰难度日，粮食不够吃，时常饿肚子。

艰难的日子，艰辛的劳作，压得父母喘不过气。由于家境窘困，我初中尚未毕业就辍了学。为了分担家庭的压力，下学后我先后到过江西靖安县周坊乡烧木炭，到过江西靖安县高湖乡伐木材，也装过车，贩卖过木料、中药材，还只身到大连做东北大饼卖。经过近十年的拼搏，在积淀了人生经验的同时，也积攒了些资金。1991 年我决定回家乡创业，贷款几万元干起了酿酒生意，很快成为全乡最早的“万元户”之一。然而这一年的冬天，当我又贷款几万元，想赶在年节之前再酿出一批好酒时，突遇寒流，我赔得一塌糊涂。为了还债，我不得不又外出打工，先后到过广州、杭州、温州、上海，经过三年的艰苦打拼，终于把酿酒所欠的债务全部甩掉，手上还有了十几万元的积攒。

1998 年，30 岁的我在老家做起了水泥电线杆预制的行当。2003 年，35 岁的我“打的”到北京，加入拆迁的行列。之后，我又带着一支施工队，参与了中尼（中国至尼泊尔）公路的修建。

从农村中来　回农村中去

时间到了 2008 年，40 岁的我手里有了一定的资金，我常想，我个人虽然富了，可大多数父老乡亲仍然常年在外打工，我应该为他们做点什么，也让他们像我一样，过上富裕的日子。这个梦想，一直以来就萦绕在心头。我们老家有大片的山岭、土地都撂荒了，我们世代都是农民，我们在外赚钱，命都搭上了，那赚来的钱又有什么意义？等回去，我一定要把乡亲们撂荒的山都承包过来，全部种上树，栽上经济作物，让后代不再出来打工。带着这个梦想，我带着妻子再次回到光山，开启了漫漫返乡创业路。

回到家乡后,我看到,作为家乡的光山,真的与其名字一样,随处可见的都是被撂荒的“光山”,毫无半点生机。怎样才能让这些沉睡多年的资源焕发生机,怎样才能让父老乡亲靠山致富,不再出去打工,成了我日思暮想的问题。

为了解决这个问题,我自费到湖南、浙江、福建多地考察,看人家在山上发展什么,结果让人眼界大开。我决心将这些荒山承包下来发展产业,用产业带领乡亲致富。这时,身边的朋友一拨一拨地来找我,动员我合股投资房地产或到外地去炒房,我都没有为之所动,因为我觉得:“钱赚多少才叫多呢?都走了,光山就真的成永远的‘光山’了,光山的后代永远也逃不脱外出打工的命运啊!”说干就干,在离光山县城南十余里的槐店乡,有连片的山岗榜畈,我把它承包了下来。

承包了大片荒山之后,我却一直没有想好要在山上种什么。这时,光山人也有很多承包荒山荒坡的,但大都种的是苗木花卉。我觉得苗木花卉太普遍,市场太容易饱和。再说,种苗木花卉,几年就卖光了,卖光之后,依然是荒山。此举并不能为光山子孙后代留下永远的财富。种茶倒是个长远之路,可自己承包的荒山是真正的荒山,大部分不是太陡,就是坡度不够,且过于贫瘠,很难成活。究竟种什么,一时成了我难以抉择的困惑。

正犹豫间,我听说县林业局长王淮正在“鼓捣”油茶。而油茶,我在杭州做早点时就见过。听人不时说起,茶油,真是好东西,一般的食用油,在锅里温度不到100摄氏度就冒烟了,而茶油在高温240摄氏度的条件下都不冒烟。一般芝麻油、花生油到夏天就会裂解变质,而茶油在常温下放两年都不会变味儿,我那时就想,啥时能用上茶油就好了。做餐饮的人都说最大的健康杀手是厨房油烟,全球一大半妇女老了之后出现健康问题的起因也是厨房油烟。此时又从中央文件上得知,我国目前65%的食用油全靠进口,全国茶油的年产量也才有20多万吨,我们这些农村人根本消费不起,也买不到。

我从来就没有想过,在光山,竟然还有种植油茶的可能。一个偶然的机会,听说王淮局长正为油茶如何在光山落地绞尽脑汁时,我怦然心动!正是这样的怦然心动,让我选择了此生只做好油茶这件事。正是这件事,改变了我和我的家庭乃至众多父老乡亲的命运。

余心之所善　九死犹未悔

从江南返回光山途中,我就酝酿着成立一个油茶公司。车到光山,公司的名字就想好了——河南省联兴油茶产业开发有限公司。寓意是“联百企,兴万家”。2009年3月,有5个股东的联兴公司正式挂牌,注册资金1000万元。

荒山承包了,公司成立了,种植油茶方向选定了,种什么品种的油茶,成了必须敲定的问题。“橘生淮南则为橘,生于淮北则为枳”,这是古人总结出来的智慧。现时,国家对油茶也有“四定三清楚”的要求,即定点育苗、定点采穗、定点生产、定向供应,对其品种、种源、销售去向要做到三清楚。时下赣系、贵系、湘系的油茶有近千个品种,如果引进的品种在光山只长枝干不结果,或只结果不出油,那又该怎么办?

为了确保万无一失,我和股东们在江南的所有油茶主产区来来回回、进进出出,共驱车 8 万多公里,进行考察论证,买回一批 7 年龄的油茶树试种。时隔一年,这些油茶品种立分高下,有的只长苗不结果,有的果实干瘪。唯“长林系列”花盛叶茂,果实累累,直觉告诉我:这次,成功了!

为了进一步从科学上论证“长林系列”适合在光山落户,我请来了中国林科院亚林所全国油茶首席专家姚小华博士和湖南林科院的陈永忠博士,经鉴定,专家给出的结论明确且一致:光山地处油茶分布的北缘线上,但“长林系列”在这里生长态势和结果能力,不亚于江南主产区,某些品种还超过江南主产区。

此时,县委、县政府也迅速捕捉到了在我县发展油茶产业的价值,迅即成立了光山县油茶产业开发领导小组,并与中国林科院亚林所、湖南省林科院分别签订了油茶科技合作协议,聘请姚小华为光山县油茶产业发展首席专家,聘请国家林业局经济林科院中心研究员杜红岩和河南省林科院院长朱延林、研究员李良厚为光山县油茶产业发展专家。

有了科技支撑和县委、政府的支持,我发展油茶的信心更足了,决定扩大面积。在以槐店乡晏岗村为中心向四周辐射的 5 个村,承包荒山荒坡 4000 多亩,根据“四定三清楚”的要求,油茶苗的培育补供必须定向。我只好一趟一趟地跑江南,谁知很多定向培育出的油茶苗根本出不了省,我以每株 4.5 元的高价购买,也才买到 4.5 万株,只够 400 多亩,剩余的无苗可栽。这样的尴尬使我意识到,靠购买苗子发展油茶,不可能使光山茶油很快步入发展的快车道,怎样才能突破这个瓶颈?

为了解决苗子紧缺和品种的纯正,我不得不赌一把:砸下 400 万元,决心培育出适宜在光山种植的本土油茶苗。

我向姚小华博士提出,要一次性采穗 350 万株,拿回来自己嫁接。姚小华一下子被吓住了,说:“这育苗技术我们研究了 20 年时间,推广还不到两年,到目前我们总共才搞了几百万株,你们怎么可能一下子就搞这么多?”但看准了的事,我还是要执着地做下去。每天安排 600 人嫁接,又专门买了一辆运送接穗的专车,在姚小华博士推荐的采穗苗圃园与光山之间每天一个来回,硬是跑了一个多月。4 个月后,姚小华来到光山,看到我们培育出的油茶苗,简直不敢相信自己的眼睛,惊呆地直呼:“陈世法,胆子真是太大了! 你这是啥速度呀?”

光山陈世法育苗成功了! 那一年,在湖南召开的全国油茶现场大会上,光山县长文宗锋上台介绍经验后,国家林科院和各省、市油茶专家一致惊赞:起步晚、起点高、效果好!

育苗成功的案例,在颠覆专家认知的同时,也彻底地感动了专家。2011 年,姚小华博士将 15 个油茶科研课题放在了光山,司马光油茶园 C 区成了油茶种植科技示范区。在姚小华等专家的宣传推介下,全国各地的油茶专家纷纷前来考察。7 月,国家"十一五"林业科技支持计划的油茶可持续丰产栽培关键技术研讨会、全国北部边缘油茶良种应用集成示范项目验收会议先后在光山召开。9 月,国家林业局授予光山"全国油茶科技示范基地"称号。12 月,国家级科技示范林项目落户光山。国家林业局授予光山首批创建全国农林业专业合作社示范县称号。至此,光山作为中国油茶种植最强的北缘县地位已被确立。这一年,我被评为全国林业劳动模范。

十余年艰辛　一朝得回报

产业培育过程本身就是一个历经磨难、九死一生的过程。

在获得全国林业劳动模范称号的同时,我已感到越来越大的压力,尽管自己早有预料,但当一切像设计好了的一样如期而至时,还是感到有些猝不及防、措手不及。

面对连年的不间断投入和不见效益,加之连续三年干旱,管理困难,有一个股东无力再跟着我一起走下去,提出了撤股。让我始料未及的是其他三位合伙人也相继提出退出。无法携手同行的同伴由此分道扬镳。虽然倍感心酸,有苦难言,但是也只能接受现实。没有了股东的投资,我的资金链也出现了问题。这时,亲朋好友纷纷相劝:"别搞了,早点收场,说不定还能少赔点。"但我却坚定地认为,当初发展油茶是为了圆不让父老乡亲外出打工这个梦,得到了县委、政府和乡亲们的信任,大家把这么大的事交给我,乐意把土地流转给我,现在却要半途而废,咋个交代? 再难,也要咬牙坚持下去!

无奈之下,我又干起了工程,把工程挣的钱源源不断地投资到山上。随着栽种面积的不断扩大,砸进油茶园的资金也越来越多。每年的固定投入都在 1000 万元以上,仅农民工工资就得好几百万元。到了 2014 年,我的油茶园发展已超万亩,总投资已达 5000 多万元。按当时的政策,油茶园不能算固定资产,无法在银行贷款,资金周转不及时,我只得从民间借贷,利息高达 1 分以上。

油茶产业周期长,前期投入大。新造一亩油茶林,当年就需投入 2000 元以上(租地 100 元、整地 700 元、苗木 300 元、栽植 200 元、抚育管理 300 元、基础设施 300 元、技术服务及其支出 100 元),5 年后才能有少量挂果,8 ~ 10 年才能进入盛产期。造林后每亩每年至少需要几百元的管护费,而国家每亩一次性补贴只有

300 元,资金缺口太大,压得我喘不过气来。

面对巨大的艰难,也有一些领导和专家对我的做法给予了质疑和担心:“陈总,在你们河南,就没有听说过有种油茶的,你虽然走南闯北有胆识,但毕竟没经过专业培训,像你这样的,在一条道上失败的人多了。这事儿,光靠激情不行啊!”

爱人也成天埋怨我,白白地让用血汗挣来的钱打了水漂!唯有我自己心里清楚:种油茶不能就这样半途而废。要坚持,要振作,要为之一搏!为此,我每天都要在外面谈生意、找工程,像抚育心爱的儿子一样,拼命赚钱来养这个让我苦、让我乐的油茶产业!

只要思想不滑坡,办法总比困难多。为了解决油茶的资金缺口,我结合以往在外打拼的经验探索出:用短、平、快的项目赚钱,以短养长。经过考察,我发现位于斛山与潢川交界处,有一处当年的知青点,约有 5000 亩耕地,属于岗岭干旱区,当地人称其为“北大荒”,已撂荒多年,黄棕土壤,适宜栽种苗木花卉,出售时,很容易打土球,这样就能提高成活率。而此地又毗邻京九铁路潢川站,与“中国花木之乡”卜塔集镇一河之隔。于是,我毫不犹豫地将这 5000 亩土地全部流转,用于种植黑松、白蜡、法桐、枫树等各种苗木花卉。由于我在外承包绿化工程销售的苗木花卉品种优、成本低、成活率高、信誉好,因而市场越做越大。紧接着又在斛山、砖桥流转土地 1 万亩,引进培育各类名贵花木 200 多万株。每年苗木外销,都有资金回笼。除此,我还在全国各地修路、架桥、搞工程。外加每年还销售自己培育的油茶苗 200 多万株,这既为当地和周边县油茶农解决发展油茶购苗难和品种不纯的问题,又解决了自己发展油茶资金短缺问题。至此,发展油茶这盘棋,渐渐走活了!

打造油茶“产业航母”　建立健全产业体系

2014 年,油茶产业带着希望也带着困惑伴随脱贫攻坚的鼓点,一起进入了新时代。这一年,因我在发展油茶产业上所做出的巨大贡献,组织上批准我光荣地加入了中国共产党。

2016 年 4 月,习近平总书记在安徽考察脱贫时提出:要脱贫,也要致富,产业扶贫至关重要,产业要适应发展需要,因地制宜、创新突破。同年 7 月,习近平总书记在宁夏考察时又再次强调:发展产业是实现脱贫的根本之策。此时,把发展产业作为脱贫攻坚的根本出路。

从中央到地方,各级领导都已深刻认识到发展产业是实现脱贫的根本之策。光山县委、县政府出台了“两个并举”,即坚持开发式扶贫与保障式扶贫并举,扶志气、扶智慧与扶产业并举。明确规定:把整合的 8.93 亿元涉农资金的 60% 用于支持产业发展,并将此举作为坚决打赢脱贫攻坚战的关键一招。

我顿感一阵清爽。困扰自己多年的油茶产业发展难题，似乎在自己最感到艰难的时刻被破解了！

2016年10月，万亩油茶园已大面积挂果。雪白的油茶花抱着古铜色的油茶果漫山遍野绽放。棵棵油茶树花果同期，片片油茶林郁郁葱葱，成为大别山秋冬时节一道独特的风景。就在此时，光山县产业扶贫开发工作现场会暨油茶果采摘仪式在我悉心抚育了八年的万亩油茶园举行。这万亩油茶园也由此更名为“司马光油茶园”。

就这样，联兴公司自2009年挂牌成立至今，一路风雨兼程，在曲折中不断发展。先后流转了8个乡镇、15个行政村的荒山荒坡3万余亩，其中种植油茶2万亩，种植苗木花卉、茶叶、中药材1万余亩。下辖4个农业合作社、两个家庭农场，常年解决3000多个农户在家门口就业，帮扶带动390个贫困户脱贫摘帽。引领带动光山油茶迅速发展到25.5万亩。光山也因此成为国家级生态功能区、天然氧吧县、绿水青山就是金山银山的示范基地。公司已有9000多亩油茶林挂果，其中一半进入小丰产期。年产油茶果500余吨，产值800余万元。油茶产业让越来越多的农民得到了实惠，我的初心梦想正一步步变成现实。

12年来，公司秉持“绿色发展、开放共享、油茶带动、长效富民”的发展理念，用心探索“公司+基地+合作社+农户”的经营模式，大力发展扎根产业，极大地彰显出生态、社会、经济、健康等综合效益。公司2010年获得河南省林业、农业双龙头企业称号；2018年被评为河南省农业产业化重点龙头企业；2020年荣获全国“万企帮万村”精准扶贫行动先进民营企业、十面红旗单位称号，入选中国油茶产业百强企业，被中国食品安全报社增补为中国食品安全报社理事会副理事长单位，产品进入2020年第二批全国名特优新农产品名录；2019—2020年获中国食品安全诚信单位、第十八届中国食品安全大会社会责任领军企业、河南省扶贫龙头企业等多项殊荣。司马光油茶园2016年被评为河南省油茶科普示范基地。2020年，全国油茶现场会在光山召开。

作为公司法人代表，我当选为信阳市第四、五届人大代表，2016年被表彰为全国科普惠农兴村带头人，2018年获评全国农村专业技术协会先进工作者，2019年获评省级返乡创业之星及河南省十大新经济领军人物，2020年获全国优秀农民工、河南省劳模助力脱贫攻坚十大领军人物、出彩河南人——乡村振兴十大人物等殊荣。当选为光山县油茶联盟主席、河南省油茶协会副会长、光山县第九批振兴人才。

当“油”老板　更要当脱贫致富领头雁

公司成立十多年来，我想问题，办事情，总是把山区人民的利益放在首位。我认为,一个人富了不算什么,把公司周边的人都带动起来,让大家都在家门口挣钱,不再东奔西跑着打工才是正理。于是,为了早日改变山区农民的居住和生活条件,公司在承包开挖荒山的同时,为山区农民修路 26 条,总长 60 余公里;整修坑塘 30 余口,渠坝 2 处。公司的油茶苗栽种,油茶园除草、施肥,油茶果的采摘等,我都会让一些六七十岁的"留守老人"来这里干活。与其让他们闲着没事儿,与其让他们坐在大树下打着牌等着脱贫,不如让他们在这儿通过劳动挣钱。油茶果采摘期,最多时用附近的老人 1000 多人,工资一天一结。仅 2020 年,公司全年用工人数达 1780 人,发放工资 712 万元。

今年 70 岁的槐店乡陈洼村民郑建友,从公司成立到现在,一直在这里工作。早年,郑建友因左腿受伤留下了后遗症,不能从事重体力劳动,家里的日子一直过得比较拮据。开始时,他在公司打零工维持生计,到 2014 年进入公司成为长期工,2015 年正式甩掉贫困户的帽子。他逢人便高兴地说:"现在,像我们这样留守山里的人在家门口都能挣到钱,生活越来越有奔头啦。"李续升现年 58 岁,家住罗陈乡檀树岗村,家庭 8 口人,靠种田维持生计,收入微薄。2009 年来公司接触油茶种植,因人诚实,不怕吃苦,在专家指导与田间地头的反复实践中,渐渐掌握了油茶育苗技术。目前负责油茶良种繁育工作,常年管理 100 亩苗圃地,年增收 4 万余元,并组织 300 多农户依托油茶务工增收,从老李变成了"李队长"。2019 年 9 月 17 日,李续升在司马光油茶园向习近平总书记汇报了个人依托油茶产业增收情况,他激动地说:"感谢党和国家的好政策,感谢联兴公司让我掌握了油茶种植技术。现在条件好了,生活好了,日子就像这油茶苗,一年一个样,越来越有奔头。"

在帮助山区贫困户脱贫的过程中,我非常注重扶贫扶志,帮扶帮本。槐店乡晏岗村贫困户晏慎炳,家庭 3 口人。妻子患类风湿关节炎,发展为肌肉萎缩,生活不能自理,身边需要有人随时照看。女儿在漯河读大学,属于因病致贫,全家依靠几亩薄田维持生计,入不敷出。公司知悉情况后,于 2016 年 12 月向其捐赠 4 头小山羊和 1 台价值 4 万元的旋耕机,培训其掌握旋耕技术,帮助他在农忙时节除了减轻自家耕种负担,还有能力通过帮助周边村镇村民整地获得劳务收入。旋耕一亩可得到 90 元,除去油费、人工等固定成本,一亩可净收入 65 元。农闲时节养殖山羊,出栏后可以出售羊肉补贴家用。目前,已通过旋耕服务附近村民,年增收 1.2 万元,做到了既照顾家庭,又增收致富。

我见不得"五保户""贫困户"吃苦受穷,也见不得贫困孩子没学上。自 2004 年起,我每年都拿出一部分资金来帮助五保老人、困难户和学生,至今没有间断。多年来,为教育、卫生、残疾人等社会公益事业捐款近百万元。2015 年以来,公司采取依托产业优势,以就近就业、技术扶贫、免费赠送油茶苗及小羊、高价回收贫困户油茶果等方式，精准帮扶390户贫困户脱贫，每年可帮助3000余户农民就近就业，社会效益愈发明显。2016年9月20日，在光山县举行的“倾真情、献爱心慈善公益联合行动月”动员会上，我率先认捐5万元，当天下午还号召公司30多名中层管理人员开展了“慈善一日捐”。2020年疫情期间组织公司捐款共计24万元整，因此我荣获“信阳市抗击疫情特别贡献奖”。2020年新冠疫情期间，累计捐款及物资14.6万元，并在落实防疫措施的基础上，加快组织企业复工复产，做到防疫和复工复产两不误。

把油茶产业做大做强，真正探索出一条长久发展的好路子，让山区农民永远过上好日子，这才是我入党的初心、建公司的初衷。乡村振兴不是空话，需要产业振兴、人才振兴的支撑，需要国家政策的支持，更需要乡村里父老乡亲的参与，什么时候把油茶产业探索出一条长久发展的生态路、富民路，我在大家面前说话才有底气。我坚定地认为，油茶既绿化荒山，还推动了美丽乡村建设，生态效益和社会效益远远大于经济效益，希望更多的有志青年和成功人士返乡创业，把钱“存”在山上，给世世代代耕作在这里的乡亲们建一座“绿色银行”。

总书记殷殷嘱托　油茶有奔头

2019年9月17日，中共中央总书记、国家主席习近平同志亲临司马光油茶园考察，看到这漫山遍野、一望无际的油茶树正在开花结果，非常高兴，他指出：“种油茶绿色环保，一亩油茶百斤油，这是促进经济发展、农民增收致富、绿色发展的一个好路子。要通过‘公司+农户’的方式，朝着市场化、规模化的方向发展，使公司和农民彼此受益。”并嘱托：“路子找到了，就要大胆去做！”总书记的话语像春风，滋润了山区油茶人的心田；是航标，指明了公司油茶产业化发展的路子，让联兴人信心百倍，干劲十足！

我对各级领导和联兴员工说得最多的还是联兴未来的发展。我是农村孩子，自己富了，还要让更多农民富裕。我坚定地认为，我们光山是智慧之乡，我们现在做的是智慧产业。因此，我给公司的定位是：做造福产业，打造百年品牌；给自己的定位是：终生只做好油茶这件事。第一个10年，搞育苗、搞种植；第二个10年，搞深加工，做产业链延伸；第三个10年，以优质生态为支撑，搞康养，开发养老产业。以后的70年，全力提升油茶产业品质，打造油茶产业品牌，把联兴做成驰名中外的百年老企。按我现在的年龄，还可以干20年，20年，应该还能搞出些名堂。到那时，我对父老乡亲、对光山、对社会，也对自己都有个交代了！

本文由光山县政协提供。口述者陈世法,1968 年 1 月出生,光山县殷棚乡人,初中学历,现为河南省联兴油茶产业开发有限公司董事长。2010 年被授予信阳市农村优秀实用人才称号,2011 年被评为全国林业劳动模范,2012 年当选为信阳市人大代表。整理者陈召安,光山县政协教科卫体和文化文史委主任。

王代合的制茶人生

王代合　口述　张绍金　整理

可以这么说，在商城县茶业系统，没有人不知道我王代合的。许多制茶人都会自豪地说，王代合是我师傅。

从年轻时起，可能是日子苦吧，我生就这么一副清瘦高挑的身板，如今已69岁，走起路来习惯不紧不慢，身子骨还算健壮，或许是常年的山间劳作，背已经有点驼。我不善言语，对自己走过来的这几十年人生似乎有些健忘，唯有茶事，只要你起个头，我的兴致就来了，总能如数家珍，滔滔不绝。

我出生并成长在商城县苏仙石乡秦河村，那里原叫流河，即“流泪河”，后并入秦河村。14岁时我就到大队茶场做活，打小就很要强，生怕大人们说我干活不行，所以就特别卖力。穷人家的孩子懂事早，我从小就知道为家里分担责任，父母亲很辛苦，小男子汉就要多挣工分多分粮，让弟妹们能多吃上一口饭。从到大队茶场第一天开始，我就细心照看茶园，除草施肥，总是干个不停，还会找活干，眼明手快，大人们都挺喜欢我这个毛头小伙子，我也自此养成了勤劳的习惯。那时生产队送来茶山的都是农家肥，还有就是用山上的树枝杂草沤的肥料，茶树长得特肥壮。春茶开采时，我就主动跟着大人学炒茶。我这个人对茶山是“一见钟情”，那时候村茶场叫群力茶场。年轻时的我长得也算是眉清目秀，眼睛头贼亮，干什么都有使不完的劲，从不偷懒，大人们做什么都很喜欢叫我一起做，年龄虽小，却也是大人的工分。当兵前我已在大队当了三年民兵营长和三年大队保管员，不太识字的我做事特认真仔细，临走时交账才错了一毛钱，自己掏钱补上。那时全县只有秦河村（那时叫生产大队）一个茶场，每年做出来的新茶总是销售一空，每年仅茶叶一项，大队就能收入2万多元，那时最好的一等一级炒青，一斤才卖到2.84元。那时候的茶叶炒制等级分得很细很严格，时令要求严格，什么时候采摘的茶叶炒制出来什么价位，丁是丁卯是卯，一等分几级，二等分几级，三等分几级，价格都有差别。有一年年末，村里分来了一个劳动改造的“右派”，就是我的老师李明义，是信阳地区农业系统懂得制茶的技术干部，会炒茶。第二年春，他在茶场挑选了5个年轻小伙儿做徒弟，教我们炒茶，把传统的工艺和现代的新技术结合起来，炒制新茶，使茶的味道更好。最后他只带出来我一个，热爱茶业的我全部掌握了师傅口传手教的炒茶基本功和各种品牌的茶品炒制技术，从此便一生与茶为伍，如今算是商城县茶产业的行家吧。

我这个人一辈子就吃没文化的亏，从小家里穷，姊妹多，没进过学堂门，大字不识一个。勤能补拙，我在劳动中养成了一个好习惯，遇事就用心用脑去硬记，以补自己没文化的短缺。自己这一生最大的特长就是记性好，能过目不忘、过耳不忘。在生产队，为了得到工分，别人念一遍老三篇。我听清楚了就能背下来，这可不是自夸。

记得是1972年冬，我实现了自己最大的人生梦想，应征入伍参了军，那一年我21岁，如愿以偿走入军营，部队是驻扎在焦作市的54军，中国军队中的王牌。我是炮兵，并且是一号炮手。当三年兵，我年年都被纳入提干考核对象，但三年提干都是因没有文化卡住了，最后的一关考核都没能通过，这就是吃了没文化的亏啊。到部队不到一年，1973年夏天，我就立了个人三等功，并入了党。那时团部在野外作业烧砖建团部用，我是农村人，多少懂得一些烧砖瓦的活儿。连长是北方人，没见过，一点不懂得烧窑，刚烧成的砖温度还很高，他就推着架子车走了进去，我连忙跟他一起进去，不料火红发烫的砖堆子倒了，我手疾眼快急忙推开连长，自己钻到车底下，救了连长一命也救了自己，立了功。三年后退伍，我被分配到金刚台林场当了林业工人。本是山里人，做一个守山护林人，有份稳定的工作，我是很知足的，我要像在部队一样，尽职尽责守护好山林，让领导放心。

改革开放不久，记不得是哪一年了，商城县土产公司结合当地资源发展特色产业，确定发展商城山区的茶叶产业，于是去地区农业局请懂得茶、会制茶的师傅，想要请的人正好是我的老师李明义。李老师说他不用去的，你们商城县就有一个年轻的制茶能手，叫王代合，是得到了我真传的徒弟。李老师自豪地向县里推荐了我，于是我就被调到了当时的县经联社，负责全县各公社经联社茶叶生产和炒制方面的工作。从此，热爱茶业的我跑遍了县东南部的山山水水，调查了解到全县茶叶生产的基本情况，寻找选择适合茶叶生长的山林，帮助指导乡村建立茶基地。当时，全县只有我一个人会制作炒青、龙井等炒茶新技术，我又肩负着普及炒制信阳毛尖的任务，我是走到哪就教到哪，毫不保留地教人炒茶。为了进一步推广茶产业，我自己还承租了伏山乡一个茶场做试验基地，做成全县茶产业发展的标本示范茶园。过去，商城山区的茶农，都还停留在传统的炒茶土方法上，炒制出来的茶叶外形粗细不均，条不成型，扁不光滑，没有美感。其实我们的茶质不比外地差，只是炒制技术有待提高。在李明义老师耐心指导下，对茶叶炒制特有悟性的我，虚心求教，不断摸索改进人工炒茶技术和炒制新法，已经视茶如命。我刻苦钻研制茶工艺，改进土法制作工艺，琢磨新技法，新老结合，不断推陈出新，创制茶叶新品种。在师傅的传授下，在长期的实践中，我已经摸索掌握了一系列自己的炒制新茶的绝妙新技法,成为商城县第一个采用传统工艺和新技术相结合、并不断创制新品种的制茶工艺带头人。在我的带动下,商城县的茶产业不断发展壮大,茶品质不断提升,炒制技术不断出新,商城茶已成为信阳茶的重要组成部分。

1981 年,我被调到土产公司。从 1982 年开始,每年的春天,我就开始研制各个茶场茶叶新品种,使每一处茶园都有自己拿得出手的品牌。我总能轻车熟路地结合当地名山名寺名树名景,给新创的茶品起一个合适的新名。商城名茶大都是我试制并命名的,有仙洞云雾、南岩翠毫、龙潭春、天堂春芽,还有峡口的鹰山秀茗、长竹园的白云香茗(白云寺)和吴河的莲花雾毫。如果把几十种茶品各泡一杯,让我一一品尝,我都能准确说出是产自哪里的茶叶。

说到当年创制新品种,我至今记忆犹新:杨杭生和我商量说,商城县茶品质这么好,却没有个响亮的名字,我们一起来炒制一种新茶,茶园在金刚台,把山的特色和茶的品味结合起来,使新茶具有商城文化含量。想法有了,我们一起再在传统制作工艺基础上研制新炒法。随后,我独自挑选产地,炒制出伏山石冲村飞石岭茶场的新茶品,场长王必华是我手把手教出来的徒弟,很支持我的工作。在商城县,生产和炒制茶叶,技术指导都是杨杭生,作为茶专业的大学生,杨杭生结合商城县茶山的气候环境等特点,发展茶业生产,摸索出了一套独自的种茶制茶理论,而作为商城县传统炒茶能手又喜欢研制新技术的我,是他得力的助手,我们两个人配合默契,相得益彰,一步步引领商城县茶产业做大做强,把商城县茶叶炒制水平逐步提升,茶质茶味受到更多人的喜爱。茶香飘万里,杨杭生是商城县茶产业功不可没的人。我二人各取所长,形成一股合力,并带动商城县茶产业不断发展,使商城县茶产业有了自己的特色,成为信阳茶的一个重要支系。

有一回,省里负责茶叶工作的钱远昭来商城县考察,对我的制茶技术非常肯定,于是我成为县茶技站的业务骨干,肩上的责任更重了。信阳主办第五届茶文化节时,评选省级炒茶能手,我被评为十佳省级炒茶能手第一人。退休后,许多茶业公司都纷纷伸出橄榄枝,抢着请我当顾问,我都谢绝了,至今还有四本聘任书在家里放着。我喜欢徒弟们每年请我去巡视、去做技术指导,而不是去某一个公司服务,为某一个人做事。我走到哪儿,都细心选择一个对茶叶悟性好的年轻人,悉心加以指导,传授炒茶技能,使商城县茶产业后继有人,传承并不断创新。俗语说"十艺九尖",师傅都怕被徒弟抢了饭碗,许多师傅教徒弟都喜欢留一手,但我不这样做,我是随问随答,喜欢徒弟刨根问底,我是毫不保留,竹筒倒豆子,生怕徒弟听不懂,还不厌其烦:一是鲜叶摊放必须 6 至 8 个小时,深山的要 6 至 10 个小时。然后,茶叶是软的,杆子折不断了才开始下锅。什么茶一般得 160 到 180 摄氏度的锅温,什么茶得 180 到 200 摄氏度,我只用手试温度,从不用温度计。苏仙石的周其鹏和伏山的黄真友得到了真传。周其鹏是家传钞茶人,黄真友是 16 岁就开始从师学艺的。今年春天，商城县举办炒茶比赛，9 个获奖者中有 6 个人都是我的徒弟。徒弟们都超过师傅，是我最欣慰的事，只有青出于蓝而胜于蓝，社会才能进步。

有人说我是商城茶产业发展的功臣，是信阳茶产业的功臣，我真的不敢当。回首当年，我是取得了一点成绩，制茶技术曾排名全国第三、综合第五，为商城县、为信阳市都争得了荣誉。但是“好汉不提当年勇”啊。

本文由商城县政协提供。口述者王代合，1953 年出生，商城县苏仙石乡琉璃河人。14 岁开始学习制茶，19 岁在焦作当陆军炮兵，曾立三等功。复员后先后在县林业局金刚台林场、县土产公司当茶叶技术员。曾参与研制金刚碧绿、仙洞云雾、南岩翠豪等茶叶，整理者张绍金，男，1963 年 1 月出生，中共党员，教师。河南省作家协会会员，河南省散文诗学会理事，信阳市散文学会、诗歌学会理事，商城县政协文史撰稿员。

周其鹏和他的其鹏有机茗茶场

周其鹏　口述　蔡金保　张静月　陈俊名　采访整理

题记：周其鹏出生于大别山茶乡商城县，父亲周发禄曾是生产队队长，掌握着信阳毛尖焙火的核心技术。兄弟姐妹7人，唯有周其鹏传承着茶产业，现为商城其鹏有机茗茶场场长，24岁那年开始跟着父亲种茶制茶，正是在父辈的严苛教导下，苦练内功，逐渐成长为一代制茶工匠，2010年被评为河南省劳动模范。

记者：河南省商城县是大别山下的革命红城，也是国家级贫困县，其气候条件得天独厚，盛产名茶，历史悠久，是信阳毛尖的原产地之一。商城县其鹏有机茗茶场是信阳毛尖的代表企业之一，作为创始人，您是周氏第四代制茶人。请谈谈您的创业经历。

周其鹏：做茶叶，在经历上讲，我今年(2020年)已经62岁了，肝上出现了一点问题，做了一次手术，是因为做茶制茶爱茶，积劳成疾。做茶叶，得艰苦奋斗，发扬老黄牛卖劲的精神，服务于社会。就我的经历来讲，酸甜苦辣都有，从1982年开始，我就跟随父亲，那时候还是大集体，从做炒青茶和烘青茶开始学起，我父亲在我爷爷面前，我爷爷在我曾祖父面前学的，我现在是第四代做茶的传人，成为信阳毛尖的传承人之一。

1995年，信阳各地争创名茶的活动方兴未艾，我带着茶样参加信阳茶叶评比获奖，一举成名；1997年更是夺得国际金奖，实现了商城县国际名茶零的突破。于是，商城县政府特聘我为苏仙石乡茶技站站长，从事茶产业技术推广工作。这是政府对我的重托，也是乡亲们对我的期望。我明白自己身上的责任和分量，要把茶做好，更要带动一方乡亲致富。于是，我创立了其鹏有机茗茶场，并以我的名字“其鹏”作为产品的商标，现在已成为河南省著名商标。

从1982年做炒青、烘青时开始，我们都学到怎么把茶叶做好。那时候没有机械，从炒锅发展到机械化炒青，这个历程是很艰苦的。很大的一个飞跃。在1989年，周湾实行生产责任制以后，茶场就被我家承包过来了。我坚持怎么能把茶叶做好，发扬光大，把我们周家的技术传下去，挣钱养家糊口只是一方面。

那时我的奋斗目标就是怎么通过茶叶把社会效益做起来。从20世纪80年代开始到90年代,我感觉到信阳毛尖的潜力很大。我们苏仙石乡也是名茶之乡,早在1915年苏仙石有一种雀舌送到美国旧金山的博览会上,获得好评。我们种茶的历史悠久,名气由来已久,在清末成为贡品,苏仙石有一种茶叫贡茶。90年代的时候,我感觉我们应该和信阳毛尖强强联手。要想把信阳毛尖这个茶叶品牌做好,首先认识到,先天性方面是所处的茶园基地的海拔和经纬度,后天性方面是茶树种和茶园管理。从1990年开始,我就重视茶树种和茶园的发展。整个创业历程,是从无到有,从小到大,从大到精,发展到今天。说实话,也感谢过去栽培我的大学老师和茶科所的各位专家、研究员,还有政府领导和职能部门对我的支持和关注。

由一名制茶的师傅到技术人员,再到企业人的成长过程中,我深刻地认识到信阳毛尖的浓、醇、鲜、爽的特点,源于传统毛尖的手工制茶技艺,是信阳毛尖永葆名气的关键。如果不重视对传统工艺的传承,就可能陷入产品单一化,与其他绿茶同质化的境地,除去色、香、味、形的特色,价值削减,知名度下降的危机意识促使我不断探索有机茶园的管理方法,模拟传统手工制茶技艺,在祖传技艺的基础上,又创制出其鹏碧云、其鹏雀舌、其鹏商城高山茶等地方名茶。23年来,其鹏茶场带动茶农3.6万人,让茶农的人均收入翻了10倍,其鹏茶产品获国际、国内特等奖和金奖共216个。因为对茶产业的贡献,我被授予全国劳动模范、中国制茶大师、信阳市茶叶专业拔尖人才、信阳市茶叶炒制十大能手等荣誉称号,并多次获得省市科技成果一、二等奖。

我从小作坊到今天的发展,整个厂区规模跟过去相比,发生了翻天覆地的变化。1983年,苏仙石乡党委很重视,乡党委书记陈进国、豫南农专茶叶专业毕业分配到我们乡的徐旭、乡党委秘书代浩组成一个很强的团队,请信阳师傅和他们一起进行授课,教本地的"二传手"。这个时候我们家用带倾斜度的茶叶锅,生锅、熟锅两个锅炒茶叶,吃了晚饭炒,一直炒到第二天的太阳升多高了。炒了两三年,发展成3个锅——生锅、揉捻锅、熟锅,再从3个锅发展到机械化。现在,我的机械已经达到了每小时干茶200斤生产能力,过去每小时只能生产三斤干茶,过去跟现在没法比。我现在的茶园面积,自己独有的只有一两百亩,我走的是"公司+基地+农户"的办法,有紧密型、半紧密型和松散型的结合方式,与茶农户结合,与时俱进,就是合作社的模式。我们现在基地已经达到2万多亩,生产量比较大,但是我们收紧密型、半紧密型和松散型的这些茶农户的鲜叶,有保护价、市场价,以质论价,产前产中还有免费服务。茶园管理上,我们还提供饼肥、修剪机械和免费的图书,就是为了保证鲜叶的质量,保证我们的品牌标准和在市场上的占有率,保证通过茶叶让茶农尝到甜头,看到希望。我们现在做的茶叶,就是本着一个原则,也就是品牌的宗旨,让产品自己找市场,让市场选择我的产品。让产品从土地到茶杯,一线穿珠式地把茶叶做出精品,做出好产品,做出让消费者看得到、想喝的、买得起的、很高兴接受的产品，这就是我们的宗旨、目的和出发点。

刚入行那几年，我悉心研究每个山头茶叶的品质区别，反复研究不同时间段生长的鲜叶如何炒制，以及生产中每道工序对味道的影响。随后几年，我访遍各大名茶产区，经过对23个品种的试种，最终找到最合适的品种——薮北，并以此为原料参赛，一举夺得北京国际茶文化节金奖，这个品种通过了国家有机茶研究与发展中心的检测鉴定，成为全国首个信阳毛尖有机茶。我本人也获得了社会的赞誉，2006年被推举为信阳市人大代表，2010年被评为河南省劳动模范。

本文口述者周其鹏，1964年出生，商城县苏仙石乡人。商城县其鹏有机茗茶场场长。浙江大学茶学研究生毕业，首批中国制茶大师、河南省非物质文化遗产制茶世家第四代传人。2020年被授予全国劳动模范称号。采访整理者蔡金保、张静月、陈俊名均为信阳广播电视台记者。本文根据信阳广播电视台《茶天下》栏目组提供的“信阳茶界老茶人——周其鹏”节目整理。题目为编者所加。

鹏程万里　祥瑞茶香

——周氏父子两代人的茶事业

周正祥　口述　张绍金　整理

题记：2020年4月21日，习近平总书记在陕西省平利县女娲凤凰茶业现代示范园区考察调研时指示："因茶致富，因茶兴业，把茶叶这个产业做好。"2021年3月，习近平总书记视察福建武夷山茶园时提出："过去茶产业是脱贫攻坚的支柱产业，今后要成为乡村振兴的支柱产业。"为积极践行习近平总书记指示，不断提升绿水青山的颜值，提高金山银山的价值，周其鹏、周正祥父子有信心让茶产业在实现"两个更好"奋斗目标中做出更大贡献，引领商城县茶产业不断做大做强。

父子同心，其利断金。父亲周其鹏和我联手打擂台赛，同心合力传承和发展家乡茶事业，立志要把家传茶艺铺满西河，把商城高山茶推向中原大市场、中国大市场。其鹏茶弘扬的不仅是周氏家族的茶产业，弘扬的更是商城，乃至信阳的茶产业。其鹏茶已在商城县茶产业中有着举足轻重的示范地位，我们愿做商城县茶叶行业的领头羊。

中国是茶的故乡，是世界茶文化的发源地。"茶之为饮，发乎神农"，从古至今，中国人对茶的情愫，上至帝王将相、诸子百家，下至平民百姓，无不以茶为好。

一千多年前，唐人陆羽就撰写了世界第一部茶学专著《茶经》，这部划时代的茶学百科全书，在中国和世界文化的星空中一直闪耀着素雅高洁的光辉，陆羽因之被尊为"茶圣"。1915年，在距今百余年的巴拿马万国博览会上，信阳毛尖闪亮登场，与贵州茅台同获金奖。1990年，信阳毛尖品牌参加国家评比，取得绿茶综合品质第一名，被誉为"绿茶之王"。信阳毛尖系列中独树一帜的商城茶叶，经中国茶叶流通协会审批，于2020年12月1日颁布实施了商城高山茶团体标准。单说2020年，"其鹏牌"信阳毛尖就先后获得了全国名优绿茶特等奖、国际绿茶金奖，其鹏信阳红茶也达到了中国四星级名茶标准。其鹏茶是中国有机茶被认证的国家级第二家茶叶品牌，也是省级龙头企业品牌、河南省老字号品牌、河南省著名商标。其鹏茶国家卫生标准实现了从土地到茶杯全程封闭管理。

商城县是大别山著名的红色历史发源地，早在1929年5月6日，著名的商城起义就发生在这片热土上,《八月桂花遍地开》就是从这里唱响全国各个苏区的著名革命歌曲,红 11 军 32 师、红 4 军等就诞生在这片沃土,我们苏仙石乡东河的豹子岩是红 25 军、红 28 军会师地。金刚台就是大别山 28 年红旗不倒的中心地带。可以说,红色染绿了商城的高山大川,滋养了高山茶。如今,山脚下的苏仙石、金刚台、伏山一带,又成为商城高山茶的重要产区,传承着红色基因,其鹏有机茗茶厂就坐落在苏仙石乡东河对面的西河这片清泉白石、修竹薄雾的山坳上。因其地处大别山北坡,气候、地理等条件得天独厚,盛产高山茶,且产茶历史悠久,成为信阳毛尖茶的重要原产地之一,商城县其鹏有机茗茶场成为信阳毛尖茶的重要企业之一。

高山云雾出好茶。身为全国制茶大师、商城县其鹏茶场董事长,我父亲倾其毕生精力研究商城高山茶,倾其一生与茶结下不解之缘。为了茶事业,他到浙江大学深造,是茶学研究毕业生,是首批中国制茶大师、河南省非物质文化遗产制茶世家第四代传人。40 多年来,他情系高山茶园,倾情发展高山茶产业,几十年如一日,不断探索和改进高山茶的生产和制作工艺,在传统炒制茶叶的基础上,结合外地种茶新技术,不断创新家乡高端茶品,是商城高山茶的一部“活字典”。更为欣慰的是,2020 年 11 月,他被授予“全国劳动模范”荣誉称号,为家乡商城县争得了荣誉,为商城县茶业争得了荣誉,成为商城高山茶的代言人。

出生于茶叶世家,打小就在茶山长大,我父亲熟悉茶场的每一处茶山。金刚台脚下,山峦起伏,山势峻拔,涧溪如织,云雾缭绕,适宜高山茶种植,生长缓慢,茶质独具特色,茶味绝无仅有。海拔高、植被丰富、昼夜温差大,有利于茶叶有机物的孕育和积贮,高山峻岭上生态环境好、无污染、病虫害少,山顶云雾能够减少紫外线的照射,产生的漫射光更有利于茶多酚、叶绿素和香气的形成,高山云雾的浸润,造就了商城高山茶独特的口感与内质,让人喝下后余香不绝神清气爽。

作为苏仙石乡周氏第四代制茶人,15 岁起,我父亲就跟随我爷爷上山种茶,管护茶园,学习制茶家传工艺。小时候,我爷爷带他打理茶树,融融春日里,小茶树冒出的嫩芽片片向上,如簇簇绿色的火苗,在太阳的朗照下散发阵阵清香,小小年纪蹙着鼻子一阵猛吸,茶香便直透肺腑;我爷爷采茶、制茶,更是满手、满身、满屋子的茶香;拈起几根炒好的茶叶,开水冲泡一碗,茶叶在白白的瓷碗里浮沉、舒展,茶水宛如一汪晃动的翡翠,碗面上丝丝轻雾袅起,缕缕馨香入鼻,忍不住轻抿一口,淡淡的苦味里带着软糯、清甜和回甘,喉咙里,唇齿间,香气不绝。在他年幼的心里,有关茶的一切都充满着魔力,他一边上学一边跟随我爷爷学习种茶、制茶,日子快乐却又充满着艰辛。在学制茶上我爷爷对他要求很严格,要求他做茶不能含糊,从最苦的大茶把子工具杀青开始,由生锅和熟锅连续作业,炒制时要用上腕力、臂力、腰力、眼力、嗅力,耐受住高火温的灼热力等。一天要干 16 个小时左右,连续几天下来,胳膊都肿了,人熬得吃不下饭,走不稳路。老祖宗传下来的技术都是经过千万次实践积累然后顿悟总结出来的，万丈高楼平地起，再苦再累都得从基础干起。正是在我爷爷严厉苛刻的教导下，他才能吃苦好学，执着苦练，精益求精，不断创新，逐步成长为一代制茶工匠的。

最辛苦的还是炒茶。过去人们用双手揉搓杀青，他是用大茶扫把子杀青，炒制时要用上腕力、臂力、腰力，还要有精准的眼力、嗅力以及对高火温的耐受力，生锅、熟锅连续作业，一干就是十几个小时不停，这是炒茶人必须过的关口。平时，他细心研究东西河每座山头茶叶的品质区别，反复琢磨不同时间段生长的鲜叶如何炒制以及炒制中每道工序对味道的影响，严把火的功夫和失水的过程。凭着对茶的一片痴迷，加上我爷爷的严苛教导和他自己的勤学苦练，少年时他对制茶技艺就有很高的悟性。1995 年，信阳各地争创名茶的运动方兴未艾，他乘势带着自己炒制的茶样参加信阳茶叶评比获大奖，一举成名。1997 年其鹏茶叶夺得国际金奖，实现了新中国成立以来商城县国际名茶零的突破。商城县政府特聘他为苏仙石乡茶技站站长，从事茶产业技术推广，这是县政府对他的重托，更是乡亲们对他的期望，他明白自己肩上的责任——不仅自己要把茶文章做好，还要带动一方乡亲们致富，于是创办了商城县其鹏有机茗茶场，并以他的名字作为产品商标，现如今，“其鹏茶”已成为河南省著名商标。

由一名从小就爱茶到制茶的师傅，到炒茶技术人员，再到茶企业掌舵人，一路走来，成长过程的艰辛，不仅没有使我父亲退缩，反而更坚定了他的目标。他深刻地认识到：信阳毛尖系列商城高山茶“浓、醇、鲜、爽”的特点源于传统手工制茶技艺，是其永葆名气的关键。如果不重视对传统工艺的传承，就可能陷入产品单一化、与其他绿茶同质化的境地，失去其特有色、香、味、形的特色，价值削减，不仅知名度下降，而且让那些热爱商城高山茶的人失望，那将是多么的得不偿失啊！他一直有这种危机意识，于无声处不断探索有机茶园的管理方法，磨砺传统手工制茶技艺，在祖传工艺的基础上又创制出了其鹏碧云、其鹏雀舌，其鹏商城高山茶等地方新名茶品种，茶味不断出新，但茶质不变，制茶人的精气神不变。

有关茶的品种选择、种植、采摘和茶叶的加工，每一个环节都有精细的学问。十几年如一日的执着，千万次理论和实践的探索、积累，反复琢磨，精益求精，当我父亲终于熟练掌握“浴火失水”的方法（即以“火气”去水气，以“火气”去青气，以“火气”粹香气），制作出梦寐以求的“蒸青玉露”“幽灵馨香”并以“其鹏碧云”品牌“三香”（干茶馨香、泡茶栗香、回味花香）而美名远播时，大家都说：周其鹏成功了。其实，他知道，这又是新的开始。制茶最讲究的是火候，和火打交道久了，便琢磨出了火工要点。以往炒制信阳毛尖，主要靠手工制茶理论，纯粹依靠制茶经验来掌握火候，有时产品出来质量不稳定，因人的精力总有疲劳的时候，同一批鲜叶同一个人在不同的时间炒制出的产品都有区别，有时不仅产量低、效率低而且人力消耗很大,结果成本高,品质还不一致。为了改变这一局面,经过无数次的实验,无数次的失败,无数次向杭州中茶所教授请教,终于总结出了手工是基础,机械是方向,用数据化标准来掌控温度的新方法,与制茶机械生产厂方联合研制出一套节能化、智能化、人性化,故障率低、便于维修又好操作的名优茶制作机械,结束了纯手工制茶的时代。现在的其鹏茶场制茶车间宽阔通透,窗明几净,制茶工艺流程人机结合,分段流水线,既提高了干茶品质,又提高了工作效率,降低了劳动强度,制茶人的工作环境也得到了极大的改善,为全县、全市乃至全省树立了样板,引来了全市茶人茶场和外省茶场前来参观学习。每到生产高峰期,他全天有 20 个小时"泡"在生产车间,他认为茶叶的加工时间是以分分秒秒来计算的,当工人吃饭时,他就一个人顶上,因为人能停下,机器不能停下。有一年 4 月上旬正是春茶生产高峰期,因过度劳累,积劳成疾,正在输液的他不顾家人和师傅的劝阻,一只手用竹竿子高举着吊瓶在车间里不停查看炒茶进展和把质量关,以铁人精神来征服自己和工人,获得了社会的广泛赞誉和茶农的由衷赞赏。

庄子的《逍遥游》开篇就给出了一个很阔大的境界:北冥有鱼,其名为鲲。鲲之大,不知其几千里也;化而为鸟,其名为鹏。寄寓着家族和家乡的希望,我父亲始终有一种使命感,要做这样一只鲲鹏,要不辱使命成为这样一只鲲鹏。他没有去从政、去经商,而是牢记自己是一个农民的儿子,一心扑在爱茶、制茶上,把祖传技术与时代科技融为一体,使茶产业不断做大做强,勇当茶乡带头人,撑好第一把伞。为了放眼世界奔向未来,他倡议成立了商城县茶叶专业技术协会并任会长,现在是商城县茶叶协会会长、中国茶叶协会会员、中国茶叶流通协会会员、河南省茶叶协会理事。有机茶认证是全国第二家、河南首家和信阳毛尖有机茶第一家。

谁解茶中味,唯有爱茶人。40 年来,我父亲用青春染绿茶山,用心血雕琢梦想,茶已融入了他的血液,成为生命中的一部分。未来,他还会将信阳毛尖传统工艺一代一代传承下去并发扬光大。贤者的境界是:穷则独善其身,达则兼济天下。格致诚正、修齐治平的文化濡养,茶香的熏陶,使他更趋于中庸平和、低调内敛,远离喧嚣而潜心研究茶事,积极参与国际国内茶事宣传活动,对传统的制茶工艺进行宣传推广。2009 年至 2010 年,他分别受到了全国政协贾庆林主席和卢展工副主席的亲切接见和慰问,2015 年被认定为河南省"非遗"传承人。2018 年 11 月 2 日,在央视"产业扶贫在行动"大型公益活动中,他与县长周哲一起展示了"非遗"项目——信阳毛尖手工制茶技艺,向全国人民推介信阳毛尖。

一花引来百花艳。远近爱茶人慕名而来,我父亲总是把自己几十年来探索积累的知识技艺、经验方法,毫无保留地分享出去。有人问:"同行是冤家,你自己赌青春、赌健康,辛辛苦苦换来的成果,凭啥让别人得利?"他说:"中国茶业造福社会的历史那么久,我们应该让茶的价值最大化,惠及更多的人,让中国的茶文化走向世界，造福世界。”23 年来，其鹏茶场带动周边茶农 3.6 万人就业，使茶农的人均收入翻了 10 倍！他以传承传统制茶工艺、培养后继人才为已任，对热爱信阳毛尖传统手工制茶技艺的职业人员进行培训，重视理论与实践相结合，做到了倾囊相授。每年培训 600～1 100 人次，系统传承人员已发展到 36 人，建有培训教室、图书室、样板园地，系统传授商城高山茶传统制茶技艺、茶园管理、品种选育、病虫害防治等，有几千名茶农受益，不但脱贫而且走上了致富路。他全力以赴以发展商城县茶产业为已任，担负着 500 多户脱贫攻坚任务，弘扬大别山精神，助推乡村振兴，促进小茶叶大名声、小茶叶人文章的健康发展。在公益事业上，在自身还较困难的情况下，多次捐赠济困、就医助学，已达 30 多万元（包括物品）。2020 年新冠肺炎疫情防控时期又捐赠了 3 000 余元急需物资。正是有着这种博大胸怀和对茶产业的贡献，2020 年 11 月，他获得了“全国劳动模范”的荣誉称号，在北京人民大会堂，身披大红绶带接受表彰，受到国家主席习近平的亲切接见。载誉归来，他不改初衷，依然淡然平和，依旧俯首茶事，“寒夜客来茶当酒，竹炉汤沸火初红”。松月下，花鸟间，一盏清茶，丰富了人间烟火，诗化了峥嵘岁月。其鹏茶产品荣获的国际、国内特等奖和各类金奖多达 216 个，我父亲获得中国制茶大师、信阳市茶叶专业拔尖人才和信阳市茶叶炒制十大能手等一系列荣誉称号，并多次获得省、市科技成果一、二等奖。尤其是近十几年来在各种评茶竞赛活动中斩获国际、国家、省级以上特等奖 2 个，大奖、金奖 10 个，以及银奖等 126 个。1992 年信阳首届茶文化节在市文化中心举行，各县都扎了彩车，商城县的彩车上挂有铁锅、缫丝、茶叶等地方特色产品，茶节真正达到了“茶叶搭台，经贸唱戏”的效果。从首届信阳茶文化节获奖后，其鹏茶届届都获大奖，成为家喻户晓的获奖专业户。可以说，是信阳茶文化节成就了我父亲，成就了其鹏茶。

“平常心态越万千世界，一杯好茶品人生沉浮。”这是我父亲自创自书的一副对联，张贴在公司大门两边，表达心迹。他花甲之年，荣誉的光环多起来、大起来，但对于执着的行者来说，走着便是永恒的姿态。“修心修德修来生，做人做事做良心，不贪不占，积德行善。”父辈的教诲，他始终铭记在心。

杨杭生是商城茶产业的领路人，也是我父亲的恩师，更是商城县制茶人的恩师。20 世纪 80 年代初，他从美丽的杭州来到大别山下的贫困老区商城县，几十载如一日，把自己的青春和汗水洒在了商城县大大小小的茶山上，把自己的一腔心血洒在了一片片茶树林里，洒在了一棵棵茶树上。他是中国优秀的茶叶学者，典型的基层科技工作者，无私的师长，慈祥的长辈。他对茶叶的热爱，感染着我们；他对茶的执着，激励着我们。杨老一生的奉献精神，让我们感动。理解所谓传承，是技艺上的保留，更是精神层面上的一代代薪火相传。这是我的肺腑之言，充满着对杨老的敬佩和赞扬，也是陈述了自己的心愿。

习近平总书记说:“青年时光非常可贵,要用来干事创业、辛勤耕耘。”这句话鼓舞了我,大学毕业后,我义无反顾回乡创业,如今已 13 载了。秉承父亲的教导,秉承着大别山人固有的不怕吃苦、不断拼搏奋斗的精气神,接过家族茶业接力棒,我要不负众望,用自己的行动践行习近平总书记的嘱托,为商城县茶产业的发展壮大竭心尽力。

勇敢追梦,立志多吃苦。要做习近平总书记提倡的会“自找苦吃”那样的年轻人,到最基层的地方磨炼自己。实践证明,想要做出好茶,就一定要根植于土地,回归到乡野中去。大学毕业,我就下定了回到农村创业的决心,想要回到农村,首先要打通自己的思想关,鞭策自己,保持初生牛犊不怕虎、越是艰险越向前的刚健勇毅,不贪图安逸,不惧怕困难,不怨天尤人,依靠勤劳和汗水不断奋斗。初回农村,我就把自己的身份定位为一名特聘农技员,首先要做的就是服务好茶农。茶园大部分都在偏远的山区,不通车的地方,只能靠摩托车代步。2012 年,我骑着摩托车为农户指导病虫害防治技术,在山路中摔断了右手,由于没有充分休养就再次投入工作,致使右胳膊从此不能完全伸直。许多人不解地问我,一个大学生回农村这样付出值不值得?“当然值得。让双脚沾满泥土,让双手擦满茶锈,让茶农的收入更高一些,让老区的茶产业更好一些,让家乡人民生活得更好一些这是值得为之付出一生的事业啊!”我说得底气十足,说得自信又自豪。

永葆茶心,传承好技艺。习近平总书记说:两个巴掌做出来的东西,有些科技是无法取代的,说的就是手工制茶。回乡后,我创办商城县其鹏茶叶专业合作社,成为制茶世家第五代传承人、省级“非遗”传承人。我一双手上布满灼烫的痕迹有斑斑的锈迹,这是长期手工制茶,手与 260 摄氏度的铁锅不断接触的结果,过去父辈们用双手在铁锅里书写艰难,现在的我双手接过父辈的希望,依然挥舞在铁锅里。我知道,我年年炒制的不仅是新茶,还是在传承这一种国家非物质文化遗产——信阳毛尖制茶技艺。我对自己的要求是:青出于蓝而胜于蓝。我深感重任在肩,始终带着使命感在做茶文化的传承,要把祖辈传下来的技艺更加发扬光大。经过反复的实践摸索,我在父辈的基础上,将信阳毛尖的生锅熟锅工艺拆分成 24 道工序,引进了小型杀青机、理条机,升级第六代绿茶生产线,生产效率提升了 24 倍,实现了商城高山茶标准化、现代化生产。经过多年的努力,其鹏合作社被评为“国家级示范合作社”,我炒制出的茶叶新品第一次获得金奖,自己荣获了省五一劳动奖章、市五四青年奖章等荣誉,这些荣誉都是自己汗水的结晶,荣誉让我更加坚定在茶行业里“成大才”的念头。茶场车间的墙上、柱子上,各种醒目的标语抬眼可见:“雀舌要扁、平、光滑”“毛尖要圆、直、光滑”“诚信是企业生命之根”等。

带头致富,不忘众乡亲。习近平总书记说:小康不小康,关键看老乡。自己一个人种好茶制好茶之后,像父亲一样,我一开始创业就思考如何拉动老区人民一起脱贫致富、助力乡村振兴。首先，要坚持科技兴农的路子，让乡亲们学会新技术，把茶都种好。计划用5年时间，建立100亩商城高山茶示范基地，引进5 200余万株国家级茶叶良种，提供给茶农试种，将乡亲们已经老化、产量低的茶园进行改造翻建，提升茶叶原料的质量和产量。随后，根据经验和实践，我编制了《商城高山茶种植规程》，每年进行5期推广培训，让乡亲们都能做到制茶有标准、做茶有依据。针对茶叶种植和加工中容易出现的问题，我经常利用新媒体手段，录制视频教程发到微信群、视频号，广泛传播、线上答疑，真正做到线上线下同步结合，把技术送到家，受到茶农一致好评，实现茶园每亩纯收益4 000元。目前，我以“合作社+基地+农户”模式带动了38户贫困户脱贫增收，茶厂常年留有100余劳动力就业。此外，通过茶旅融合，带动茶场附近开办20余户农家乐，并通过“三次就业”的模式，辐射带动周边6个产茶乡镇的农户就地转化为产业工人，实现增收。

征途漫漫，唯有奋斗。作为与新时代同向同行、共同前进的一代，生逢盛世，大有可为。我常跟茶农们说，党中央一直在说中国梦，那啥是中国梦？对于咱们茶农来说，把茶种得更好一些，收入再提高一些，让老区的茶农过上更好的生活，那就是咱茶农的中国梦！我父亲干了一辈子茶叶，摸爬滚打几十年了，仍然是个安静的茶农，仍然像往常一样事必躬亲，配合我做一些辅助工作，整个春季，我父亲都亲自在车间查看机械数据，配合炒茶进展，严把质量关，直到春茶炒制任务顺利完成。

如今，我父亲不再是独善其身的周先生，而是梦想以茶济世的“茶人周”了。几十年辛苦，如今已50多岁，身体大不如前，但仍不顾病弱之身，在努力经营茶产业，在家乡以茶扶贫的道路上奔忙不停。乐善好施，扶危济困，助医助学，是他不改的初衷。至今，已直接捐赠钱物30多万元，2016—2020年，他还肩负全乡285个贫困户的帮扶脱贫工作。扶贫必扶智，他出资出力，通过兴建茶产业培训室、图书室、样板园地和兼任成人教育学校老师等方式，系统传授信阳毛尖茶的品种选育、茶园管理、病虫害防治和茶叶采摘、制作等知识技能，开展免费培训800多次，先后使几千名茶农受益。

在创立品牌、打造名牌高端茶的同时，我们父子也一直坚持生产加工老百姓爱喝的、喝得起的平价茶，让信阳毛尖的馨香传遍千家万户。

如今公司正践行着习近平总书记的指示精神，我们父子携手，采取公司加基地、联农户、联合作社模式，日常辅以视频教程和微信群交流等方式，零距离向茶农推广茶技，现在仅其鹏茶场所在地东河村采制的茶叶就已销往全国20多个省份和地区，一位县领导自豪地说：“其鹏茶产业为老百姓送金钱、送茶香、送健康，是我县乡村振兴的主力军。”如今，我父亲正逐步把接力棒交到我手里。我于2020年获得河南省五一劳动奖章，已成长为制茶世家的中坚和骨干。传承，不仅是茶艺，更是茶业的担当。

我作为其鹏茶第五代传人，为了保证商城高山茶的品质，要求采茶人员采摘前必须用草木灰洗手，装茶用具都是竹篮子、竹篓子等竹制品，严禁使用塑料产品。此外，女性采制茶时不准使用化妆品和护肤品之类的东西，男性不准在采制茶的时候抽烟。我爷爷一生视新茶如婴儿，父亲自诩与茶是最亲的老朋友，而我则认为嫩绿的茶尖如小姑娘的手指。初春，那漫山遍野的嫩茶尖，可不就是小女初长成的模样？俊俏得纯真烂漫，青涩得无忧无虑，银铃般的笑声回荡在山坡、石缝、林间，把十足的山野之灵气凝聚成貌若天仙的姑娘，清香四溢，摇曳着采茶人、制茶人、品茶人的心池，使商城高山茶充满着希望，充满着活力。

在商城县西河其鹏茶场观景台，泡一杯高山茶，一股久违的茶香扑面而来，四周是美丽壮观的茶山，一种回归自然的感觉油然而生。商城高山茶无论是在如画的茶山还是泡出的茶汤方面，其颜值之高皆令人叹为观止，一口一口细细品味，山野的清新沁入心田，你顿觉不虚此行。

茶品如人品，两者相得益彰，才能达到茶人合一的完美境界。商城高山茶的口碑是靠几代茶人用勤劳和智慧干出来的。说实话，我每天都在用真心性、用真诚之心在做，经过我手的每一片茶都是人间仙饮。

本文由商城县政协提供。口述者周正祥，男，汉族，1986 年 11 月出生，中共预备党员，大学本科学历。2009 年起从事茶叶种植和生产。现为信阳市政协委员、中国农村青年致富带头人协会理事、全国共享乡村振兴实践指导师、河南省高素质农民培育讲师，信阳市工商联执委、市总工会委员，商城县政协委员、县总工会常委、县农业农村局特聘农技员，河南其鹏茶业有限公司总经理，商城县其鹏有机茗茶厂总经理、其鹏茶叶专业合作社理事长。整理者张绍金，男，1963 年 1 月出生，中共党员，教师。河南省作家协会会员，河南省散文诗学会理事，信阳市散文学会、诗歌学会理事，颐商城县政协文史撰稿员。

商城子安贡茶的前世今生

张善苹　口述　汪　丽　张绍金　整理

2021年7月18日，是值得我永远铭记的日子。这天上午，商城县轻工业园区子安贡茶有限公司大门前人山人海，河南省茶叶协会会长洪克森、副会长洪浩，河南牧业经济学院物流与电商学院院长曹献存、副书记于晓胜，商城县人大常委会主任范东升，以及省姓氏文化研究会张氏委员会秘书长张国臻等省市县领导和县有关部门领导、业界同仁和亲朋好友莅临公司，出席公司挂牌仪式。洪会长代表省协会聘任我为省茶叶协会副会长，任命子安贡茶有限公司为省茶叶协会副会长单位。河南牧业经济学院校企合作实践基地揭牌仪式也一并举行。这不仅是我个人的荣誉，更是子安贡茶发展史上一个重要的里程碑，也是商城茶产业发展的一个新起点。

子安贡茶有限公司作为商城县茶叶市场中心，经营宗旨是质量至上，诚信第一。服务理念是您满意我放心，做永久的朋友。公司致力于开发研制名优茶生产系列、发明专利，实现消肝健脂养生茶、营养速溶早餐茶、茶饮料、茶食品等多元化发展。创新的茶品有子安贡信阳红、商城高山茶、商城龙井茶、子安贡龙芽、子安贡碧螺春、子安贡特级毛尖、子安贡茉莉花茶。子安贡茶所得荣誉多得数不胜数。

子安贡特级毛尖采摘于一芽一叶初展时，茶芽肥壮，清香色郁，条形紧直，银豪满披，素有“仙茶”之称。子安贡龙芽是由制茶能手、子安贡茶业公司副总经理、我的丈夫何学书独家研发的，色香味浓，银豪显露，条索扁直碧绿，形似龙井；茶芽肥壮，坚实饱满，又似雀舌，采摘于独芽，极受客人喜爱。子安贡野茶，采于深山老林，花草茂密，植被丰富，原生态无污染，因受地理位置影响，空气湿润，花草熏陶，所产茶芽肥厚且娇嫩，内质极为优良，味浓香醇，绵甜持久，素有“七泡余香”美誉。子安贡红茶，红得晶莹，香艳可口，像极了茶美人，香醇浓郁，舒缓养胃沁心，长时间浸泡可谓妖艳明媚，滋味持久，绵甜中带点鲜爽。

2010年，我被河南省委宣传部、省妇联授予“河南省十大巾帼创业之星”和“河南省优秀农村女经纪人”荣誉称号。2019年，商城县委、县妇联授予我“商城县十大巾帼创业之星”等荣誉称号。在商城县茶叶协会成立时，我被推选为商城县茶叶协会副会长；同时我还是县工商联执委、县第十二届至第十六届人大代表等。公司荣誉室里挂满了各级领导单位授予的奖状和旌旗。

回望东河漫山遍野的子安茶山茶园，回望子安贡茶的发展历程，我常常端起一杯绿茶，坐在公司办公室里，细细地回味。

子安贡茶历史悠久

相传远在周朝时期，苏仙石曾是一个相当于夜郎国大小的诸侯国，名曰“子安国”，称子安镇，距今已有2000多年的历史。子安镇边有条河，因国而得名子安河，河边有块大石，现在叫“仙脚石”，也就是传说中的苏耽升天处。子安贡茶的传说也就从这里流传至今。人们把茶树种满了大苏山的东河和西河两岸，就是传说中苏耽用仙丹和橘叶滋生的仙茶。大苏山海拔500～1 000米，气候宜人，阳光充足。初春时，山中云雾缭绕，晨露可饮，非常适合茶树的生长。

子安贡茶叶大面积种植起源于唐朝，兴盛于宋朝。子安镇地处大别山腹地，属鄂豫皖三省交会中心。宋仁宗时期，茶市尤其兴盛。街头巷尾，一年四季不断拥来南来北往的茶商，到处是繁忙的人们。这里茶楼林立，各行各业汇聚于此，是宋代最大规模、最负盛名的几个茶叶集市之一。

苏仙石茶叶历史悠久，自盛唐以来史不绝书。唐代陆羽《茶经》记载：“淮南以光州上。”唐代苏冕《九朝会要》中曾写道：“光州殷城产茶。”宋代沈括《梦溪笔谈》对子安茶的产量产值有详细记载：“子安场买茶二十二万八千三十斤，卖钱一万三千六百八十九贯三百四十八。”元代马端临《文献通考》记载：宋代在淮南六州设立茶叶交易场13个，光州有光山、商城、子安三场：并载“光州产东首、浅山、薄侧”等名茶。其中子安场就在今天的苏仙石乡，东首就是子安茶。

到了清代，清朝大学士周祖培携家乡的子安茶进献慈禧太后，慈禧太后品鉴后赞不绝口，甚为喜好，下旨在子安镇设立茶场，将子安茶作为贡茶进贡朝廷。清宫《起居注》中记载着供奉给慈禧太后的茶叶有“齐山云雾”，每月14两。齐山就是今天的金刚台。清朝子安贡茶场发展达到顶峰，数以万计的各地茶商来此交易抢购，茶市繁荣兴盛，街道茶楼林立，茶商人流如织，水陆畅通发达。

创建子安贡茶品牌

作为商城县苏仙石乡本地人，我18岁就开始学习制茶，后任商城县茶叶公司炒茶技师。2015年到杭州茶叶研究所学习龙井茶炒制，学成后归来在家乡独自创业，由小作坊到大茶场，由仿制外地名茶到创立自己的品牌茶，使自己的品牌茶慢慢成为商城县很有影响力的茶企业——商城县子安贡茶有限公司，其中酸甜苦辣，艰辛曲折，难以言表，转眼间已走过了二十几个春秋的创业历程。

我喜欢挑战自我，挑战极限，曾与商城人论坛八位网友徒步挑战大别山险峰九峰尖，我是唯一女性。从杭州回到家乡，作为商城县炒制龙井茶最好的师傅，我的龙井茶供不应求，远远不能满足市场需求。那时候茶农们都自产自销，不对外收购鲜叶。为了扩大销售，发展创新，我决定严格按照龙井茶采摘鲜叶标准，对外收购茶鲜叶。如若茶农们送来的鲜叶不合格，就提供簸箕让他们就地分拣。由于给出的价格高，服务态度好，因此茶农们专程把鲜叶送到我家来。

如今，生意竞争激烈，我深刻感受到，要把茶产业做大做强，茶农和客户们就是我的衣食父母，绝不跟我的茶农争客源，虽谈不上高风亮节，但这是我做人和从商的基本原则。顾客来我店里做茶叶的深加工和包装，我都一样热情服务，我深知什么叫与人方便就是与己方便。有时，茶农们炒制的新茶销路不畅找到我，我宁愿把自己的茶叶先放一边，也要对他们的茶叶重新精加工，想办法代销出去。都说同行是冤家，但我无论何时回茶山，茶农们都与我嘘寒问暖，诉说家常，因为我们是合作双赢的伙伴关系。在收购鲜叶时节，即使别人出的价格比我的每斤贵一二十块钱，茶农们也依然主动卖给我，保证了我的鲜叶需求量，为公司发展打下了坚实的茶源基础。

后来，因品牌保护，不准再炒制龙井茶，我改为炒制传统的绿茶。我想，为何不创制自己的品牌茶，像龙井茶那样出名？这种新茶既要有地域文化特征，又要有自己独自的技术含量。说干就干，我首先在苏仙石乡邓楼村承包60亩茶场，那里长期无人管理，荒草杂树众多，荆棘缠绕，茶树稀少，几近荒山坡。我丈夫始终大力支持我的事业，出生农家的他不怕吃苦，做事勤恳认真，刻苦钻研茶树的种植和管理，从当年9月开始到第二年初春，用去一个秋冬时间，吃住在茶园，没日没夜砍去沟沟坎坎的蒿草、杂灌林、刺篷子，一锄头一锄头地挖，一铁锨一铁锨地铲，补种上新苗，培好茶树土，重新修剪，施上农家肥，根据山坡地形来平整茶园，硬是把茶山打造成一座“花园”。茶园兴旺了，采摘面扩宽了，产量上去了，茶叶嫩度高了，茶质好了，茶园成为远近闻名的标杆示范园，对周边的茶农起到很大的示范带动作用。

如何改进并提高传统的炒茶技术，创立自己的特色品牌茶呢？2006年，我在炒茶中摸索出一套独特的制茶工艺，根据好友的建议，结合当地子安贡茶的传说故事，把新茶命名为“子安贡茶”，赋予新茶以厚重的历史文化和地域特色。新茶一上市，就得到广泛的社会认可，2008年我亲自去北京注册了商标。品牌有了，怎么来把品牌做大做强？我不再满足于在苏仙石茶产区种植茶园、收购鲜叶、炒制新茶了，我把眼光瞄准了城关，要在城里占有一席之地，来推广和销售子安贡茶，让自己的茶品牌从商城县出发，走到中原大市场去，成为品牌茶。

让子安贡茶品牌声名远扬

创业的过程是艰辛的。2008 年至今，我连任县人大代表。人脉慢慢广泛起来。子安贡茶以及商城高山茶的知名度提升起来。县人大常委会刘主任跟我说，进城发展吧，城里发展空间更广。2008 年 2 月，我带着仅有的 16 000 块钱进城，租下了扶贫办的培训基地和门面房屋，开办了一所电脑培训学校和子安贡茶专卖店。由于我不辞辛苦，善于经营管理，培训学校学员众多，因而茶叶生意火爆。7 年后，我在城区繁华路段买下两间五层门面房，其中的辛劳和汗水无法言表。

通过龙井茶的启示，我早已意识到了茶叶品牌和品牌保护的重要。子安贡，它从几千年的历史文化中走来，从苏耽传说流传到春秋战国的子安国，一条老街，一段传奇，我要通过茶叶，让传说更精彩，让地域文化更厚重，让子安贡茶这个品牌声名远扬，这是一个企业人必须肩负的责任。子安贡茶的商标图形是请中国科学院一名研究生设计的，不仅饱含了历史内涵，更多融合了现代文化气息。

机遇往往留给有准备的人。我县准备开发轻工业园区，为了让子安贡茶有个更好的发展空间，我用门店抵押贷款，又多方筹集资金，于 2018 年 6 月 30 日，经过紧张、激烈的角逐，以绝对优势在网上竞拍成功一块地。当竞拍成功的喜报呈现在电脑屏幕上时，我高兴得当即给所有亲朋好友都打了报喜电话，因为我离梦想更近了一步。

经过规划和设计，分批分期建设厂房和办公楼。我丈夫主动承担工程建设，整天坚守在工地督促工程进度，不畏严寒酷暑，早出晚归，公司办公大楼终于建成。接下来，凭着我在茶叶炒制技术和茶叶经营上的丰富实践经验，又有自己的茶叶主打品牌，加上县政府和职能部门的大力支持，我准备成立一个商城县茶产业集散中心，把商城的茶叶推广出去。目前已与福建莆田商会洽谈合作。

经过多年努力，一步步实施，一件一件去完成心中的计划，实现自己的人生梦想。记得一个好朋友跟我说过一句话，为何楼梯都有转向台呢？人生之路就像这个楼梯，不能一直直线前行，要像楼梯转弯一样求稳求实才能攀登到高处，欲速则不达。作为子安贡茶有限公司领头人，我将致力于把历史文化和茶文化完美结合起来，注重文旅、茶旅融合，探索出以“公司+基地+农户”的生产模式和以“公司+直销+线下+线上”的市场营销模式，走好一条从上游茶叶种植到中游茶叶加工生产，再到下游渠道销售的一体化新路子。今后，我要做好商城县茶叶市场这篇大文章，凡是入驻我公司展销的品牌茶叶，都给予相应的补贴和优惠，我的做法得到了相关部门的大力支持。同时，作为河南省茶叶协会副会长，我有责任和义务把商城高山茶宣传推介出去。我相信在不久的将来，一个欣欣向荣的茶叶市场将呈现在我们面前，成为商城经济大舞台独具特色的绿色产业。

本文口述者张善苹，女，1968 年出生，商城县苏仙石乡蔬璃河人。商城县子安贡茶有限公司总经理；整理人汪丽，女，商城县政协教科卫体和文化文史委主任。张绍金，男，1963 年 1 月出生，中共党员，教师。河南省作家协会会员，河南省散文诗学会理事，信阳市散文学会、诗歌学会理事，商城县政协文史撰稿员。

红城茶香飘万里

——世界绿茶金奖背后的故事

连启武 口述 汪 蔚 罗 英 整理

1957年,我出生于新县城关的一个普通家庭里,生于斯长于斯,我热爱这里的一山一水,爱喝山上的绿茶,更爱这一片红色的热土。因为新县,是河南省唯一的“将军县”,是一座光荣的红色县城!而这座“红城”在有“中国茶都”之称的信阳怀抱里。

我今年62岁,1998年至2014年任河南新林茶业有限公司党支部书记、总经理。任职期间,在各级政府的关心帮助下,我带领公司员工把几乎失传的蒸青绿茶工艺,利用日本全自动化机械设备,通过继承、发扬、创新,制成“新林玉露牌”蒸青绿茶,一时成为人们喜爱的品牌,获得国际、国家和省市多项奖励,奖牌挂满了公司的半堵墙,而荣获“世界绿茶金奖”则是我最为骄傲的事,从此扬名海内外,让红城绿茶飘香世界,一时传为佳话。回首往事,仍历历在目,记忆犹新……

荣获世界绿茶金奖

那是2007年,中国茶叶流通协会经过重重选拔,我公司“新林玉露牌”蒸青绿茶过五关斩六将,脱颖而出,成功参展。我怀抱着希望远渡重洋,在信阳市政府市长郭瑞民的带领下,随中国代表团到日本静冈市参加第二届世界绿茶大会,角逐奖牌。我既兴奋又紧张,兴奋的是我公司产品走出国门成功参展,紧张的是这可是有29个国家和地区选送了几百个绿茶品种参加评比的大会。

虽然我公司产品新林玉露蒸青绿茶在国内多次获奖,但这次非同寻常。这是世界最高级别的绿茶大会,强手云集,高朋满座!而我身后是公司80多名员工经过千挑万选、不分昼夜地工作了一年才完成的样品,它不仅代表新林公司,还代表老区新县32万人民;它不仅是红城新县茶农的心血,还是河南乃至中国茶农的心血。正当我沉漫在兴奋和不安中时,突然听到翻译高声宣布:“新林玉露,金奖!中国!”只记得听到这几句话时,我简直不敢相信自己的耳朵。这时,只见坐在身边的郭市长高兴地向我伸起大拇指。随后,我登上领奖台,还代表中国区发表了演讲。

面对场下满座的白皮肤、黑皮肤、黄皮肤的面孔，我既激动又自豪，台下投来赞许的目光，那场面终生难忘。手捧沉甸甸的奖牌，我没有辜负曾县长代表县委、县政府的重托，将河南省唯一合资的制茶公司盘活了，还得了金奖。

我国在唐代就盛行蒸青绿茶的制作技术，通过僧人（最澄）带回日本，日本通过创新利用机械化设备制作，节省大量人力、物力，大大降低劳动成本，让蒸青绿茶在日本焕发青春，而我们又通过引进日本机械制茶设备，让蒸青绿茶在有“中国茶都”之称的信阳市重新大放异彩，与中国十大名茶之一的信阳毛尖平分秋色，站在世界最高的领奖台。

回到宾馆住处，注视着金灿灿的奖牌，我激动得彻夜难眠。这奖牌不是我一个人的荣誉，是公司80多名员工的心血，是新县县委、县政府和八里畈镇党委、政府共同努力的结果，是革命老区人民不惧困难，传承发扬光大国粹蒸青绿茶的成功典范，让新县这块红色土地上孕育出的“新林玉露”茶飘香世界。

人生新启程

记得那是1998年，新县分管农业的副县长曾宪森找我谈话，告知组织上决定派我到河南新林茶业有限公司任党组书记、总经理。我当时一听就一百个不愿意地说，我在安太公司干得好好的，刚搞出头绪，要我去干一个一窍不通的行业，又是合资企业，虽然我一直喜欢喝茶，可我做梦也没有想过要涉足这一领域。我思想有情绪。曾县长看出我的小心思，语重心长地说：“你是一名共产党员，党培养了你，如今正是需要你大显身手的时候。况且，我也陪着你干！”听了曾县长的一席话，我深受感动。是呀，我是一名有十年党龄的老党员，理应服从组织安排。曾县长的支持增强了我的信心。

开弓没有回头箭。我接受了组织的安排，从此便与茶叶结缘，一干就是几十年。没有想到，我一个学食品发酵专业的，从此开启了新的茶旅人生。

新县第一家中日合资的茶叶公司

1996年，新县翡翠茶叶开发公司与日本东京华豫交易株式会社合资成立河南新林茶业有限公司，坐落在有着“中原第一茶”之称的八里畈镇。1997年1月奠基开工建设，同年7月开始调试，生产制作蒸青绿茶。从此，在革命老区新县耸立起河南省首个中外合资制茶企业，全县人民欢欣鼓舞，奔走相告。

受聘合资公司的总经理

1998 年 7 月 30 日，曾县长带着我乘坐一辆桑塔纳轿车从新县出发，一路上尘土飞扬，偶尔望见路边几座土坯房在寂寞地眺望远方，只有山上一条条沿坡而长的绿色茶树带给人以希望。

经过一个多小时颠簸，我们来到公司，迎面看到一排两层欧式建筑的房子，给人别具一格的感觉，在乡村很是显眼。顾不上休息，曾县长领着我走进车间。只见刻着“日本制造”的机器躺在地上，几个工人在刷抹着，地上散放着一堆没包装的茶叶。连仓库都没有，机器睡觉休息，无精打采的工人无所事事，我看着这景象，心中一下子凉半截。心想这哪是合资企业呀！我说：“这不好搞！”曾县长说：“好搞还请你来？你要好好干，别让日本人瞧笑话！”

在车间走了一圈，曾县长领着我来到一间大会议室，长长的办公桌已坐了两排人。曾县长向在座的介绍我是新聘的总经理，只听一位戴着眼镜的人叫起来，还竖起大拇指，旁边几个人点头附和。原来他们三人是日方代表，今天要面试我。通过一位女翻译的答辩后，中日双方都一致同意我担当此任。不过，日方说我 41 岁，正处于人生关口。在座的八里畈乡党委书记李积光反应很快，他说：“在我们中国，36 岁是个关口，40 来岁正是身强力壮、奋发有为的年纪。”说得日方无话可说。没想到日本人还讲究这些。

我们制成了蒸青绿茶

从安装机器到调试，再到生产出茶叶，日本人一步一步十分认真。我和工人们仔细观察，用脑子记，用笔记本写。日本人真敬业，工作起来，为了不耽误每一分每一秒，不喝水，减少上厕所次数。在车间吃盒饭，一天的活不干完，哪怕夜里 12 点都不下班，地上一点纸屑都捡起来，干干净净，有条不紊。我和工人们看在眼里记在心里。日本人认真、严谨的工作劲头，给我们上了一堂生动的课，成为我们学习的榜样。

既来之，则安之。日本人熟练操作，可我们是第一次，这真是一个难啃的硬骨头！我一头扎进车间里，与工人师傅研究日方设备的使用、操作流程和注意事项。认真回忆日方的每一个步骤，每一个细节，仔细琢磨，融会贯通，密密麻麻的日文像蚂蚁一样，只能翻过来倒过去地查阅日文字典、专业术语。我们在试制的过程中，日本机器像一头不听驯服的野马：温度高了，一次 200 斤的鲜叶进去出来，烧得黑乎乎的，浪费了；温度低了，出来的叶子打蔫了，死不死活不活的，又报废了。我们不信邪,日本人也是人,他们能做出蒸青茶,我们也一定能,况且还是我们老祖先发明的。抱着这样的信念,一次又一次地实验,总结经验。功夫不负有心人。我们终于将这匹野马驯服了,将蒸青的时间控制在30秒。通过蒸青、叶打、粗揉、揉捻、中揉、精揉、干燥、保鲜工艺,制作成形似松针的干茶,并且具有干茶墨绿、汤色碧绿、叶底青绿的"三绿"特色。全公司的员工都欢欣鼓舞:我们成功了,成功了!

引进培育薮北茶

薮北茶叶片肥厚,叶绿素含量高,是生产蒸青绿茶的上等原料。用它泡出来的茶,汤色鲜,色清绿,味清香。然而,薮北茶苗木的培育却是一道难以逾越的门槛。

公司决定引进日本的薮北茶苗,用飞机空运40万株,秋天扦插,进行无性繁殖,试验田就在公司对面的山上,隔年春天,竟然成活了,并且成活率达到80%。试验一次成功,日本人闻之赞叹。此项成果获得了河南省科技进步一等奖。

这个奖的获得,与我们公司自己的茶叶行家、副经理胡骏的努力是分不开的。他是科班出身,是1983届豫南农专茶叶学的高材生,他走遍信阳的茶山茶场,研究新县的水土气候变化对茶叶生长发育的影响。日本静冈市与新县的纬度大致相同,同是北纬31°,是日本薮北茶的生产基地。而八里畈乡种茶历史悠久,是著名的茶乡。这里气候温润,光照充足,雨量充沛,雨热同季,无霜期长达220多天,土壤肥力适中,得天独厚的条件造就了八里畈乡村村有茶场、户户有茶园的"中原茶叶第一乡"。利用这里优越的自然条件,在艰难的摸索和实践中,他终于掌握了薮北茶苗的培育和生长习性,每年的9月份进行扦插,成活率才能实现最大化,达到80%以上,甚至超过日本,所以日本人感到很惊奇。

首创真空充氮保鲜包装

茶叶生产出来了,包装问题又摆在面前。过去我们的茶叶用报纸包,或是放在一个塑料袋子里,用生铁桶装,还有的放在瓶胆里,包装低劣,给人的感觉是"五块钱一斤没人要,五十块钱买不到"。这种包装的茶叶泡出来的水是黄色的,新茶也被认为是陈茶。

面对这种情形,我又大胆地引进日本的真空包装设备。当时一台机子从日本进口需要二三十万元,国内还没有谁敢冒险花几十万元买个包装机。既然要做,就做到最好!别人没有,我更要有!我就是抱着这个想法多方筹措资金,冒险进口国内第一台真空充氮保鲜机。

充氮保鲜技术是利用充氮真空工艺密封包装存储,在常温状态下无须冷藏,保鲜期可长达两年,始终保持茶叶新鲜如初的色、香、味。有效地解决了茶叶保鲜技术难题,应用现代科学技术,更好地发扬了国粹燕青绿茶,那时,冰箱、冰柜还没普及,对茶叶的储藏还是传统方法,而我们公司利用新技术包装,干净卫生又保鲜,吸引了人们关注的目光。我公司采用真空充氮保鲜包装,简直是一场“包装的革命”!

销售三步曲

蒸青茶生产出来了,包装也创新,可销售又是一大难题。蒸青茶一开始人们并不习惯。我们平时喝的茶是炒青,说蒸青茶有“青气”,人们不接受。

销售遇到了难题,就想办法解决。我采用三步走,总结为“销售三步曲”。

第一步是送茶喝。我亲自招聘销售员,自己培训,叫他们把公司的新林玉露先送给客户喝。我亲自带着销售员走街串户,带着茶叶,泡着一杯杯的茶请大家喝。当他们看到我们的茶叶泡出来的茶汤是绿油油的,虽然喝着有一股“青气”味,可是茶汤颜色鲜,又好看,多喝几口就感觉清爽。加上销售员的宣传,大家一传十,十传百,说:“新林玉露真好喝!”

上电视做广告,在河南电视台做了两个月的广告(腊月和正月)。开门七件事:柴米油盐酱醋茶。过年了,每家都少不了茶叶迎来送往。

我在北京、上海、郑州等大城市找代理商,约定先卖后付款。在郑州派促销员天天在人流量最大的金水路发传单,加深人们的印象。

我逢会必参加。信阳茶文化节、农展会等,无论会议大小都参加,至少混个脸熟,先送着喝,留下印象。

我还通过表演茶艺送茶喝。招聘形象气质佳的姑娘学习茶艺,到处表演,送茶品尝。人们看着穿着唐装、旗袍的小姑娘泡茶递茶,都感觉新奇,都愿意喝。在革命老区,让她们穿上八角帽、红军服去献茶,客户更是称赞。利用县里的团拜会,以新县特产的形式送给外地老乡。他们看到家乡包装精美的新林玉露茶,都要亲自尝一尝。

我通过电视广告、彩页广告、会展等,加大广告力度。在信阳火车站做广告牌。这个可不容易,我硬生生把“新林玉露”的广告宣传放在了“信阳站”三个字的上面。广告词是我自己设计的——“传情达意,唯有新林玉露茶”,这是我公司第一个广告宣传语。南来北往的旅客抬头看到信阳站,首先映入眼帘的就是我公司的广告词。

我又派销售员坐火车,在火车上亲自演示,用新林玉露泡一杯,再用毛尖泡一杯,比较后,新林玉露茶的汤色碧绿、叶底青绿,让旅客为之惊叹,都要尝一口,甚至买走。我又设计半斤一包的包装,携带方便,送礼也大方。

通过这一步步的努力，功夫不负有心人，“新林玉露”深入人心。第二步要着喝，第三步买着喝就水到渠成了。一时间，“我家有新林玉露”成为人们过年过节的口头禅。

一人进新林　全家脱了贫

八里畈镇有茶园1.6万亩，年产干茶200万斤。曾经由于生产技术落后，机械化水平低，种茶难、卖茶难影响了茶农的积极性，也制约着当地经济的发展。自从新林玉露公司在此建厂后，我们依托八里畈镇“村村有茶园，户户有茶场”的资源优势，采取“公司+基地十农户十标准”“支部十协会+村委+合作社”的方式，开展科学实肥、生态防治的方法，服务“三农”，支持农户发展茶产业，提高农户收入。

在春茶上市季节，公司在全乡镇设立12个鲜叶收购点，收购茶农的鲜叶比市场价高出几元，让他们放心采摘，公司统一收购，机械化制作，让茶农从过去那种白天采叶、晚上炒制、次日凌晨又自己去卖的繁重体力劳动中解脱出来，轻轻松松赚钱。同时又节省了大量的干柴，往年每当炒制茶叶，山上的树木都快砍光了，因为用铁锅炒茶，要烧大量的干柴。农户砍下山上的树木，对当地的生态是很大的破坏。而我公司利用机械化设备制茶，使用电力，省力省时，再也不用烧柴，对环保有好处。茶农增收了，口袋鼓起来了，家里富起来了，孩子上学有保障了，盖新房娶媳妇也有钱了。

在全体员工的共同努力下，公司销售额从几十万元到几千万元，上缴利税从十几万元到上百万元，带动了地方经济的发展，为社会创造了财富，满足了人民日益增长的物质文化生活需要。在全县17个乡镇中，八里镇的综合实力仅次于新集镇、沙窝镇，位于第3位，在全市排名第28位。

感悟感恩

在新林公司的发展过程中，虽然遇到过很多困难和阻力，但是在各级政府的支持、关心和公司员工的共同努力下，才有了公司的发展壮大。一是中纪委的帮扶。新县曾经是全国有名的贫困县，是中纪委帮扶点。他们给我们聘请茶叶专家讲解专业知识，解决技术难题，还把新林玉露茶带回北京宣传推销。二是省政协的支持。省政协副主席刘玉洁对公司的建立发展付出很多心血，亲自率领省、市、县领导莅临公司参加奠基仪式，亲自拿起铁锹铲第一锹土。三是老首长们的关爱。“中原茶叶第一乡”这7个大字就是新乡籍开国将军李德生亲笔题写的。他生前见人便夸：“家乡的新林玉露茶好喝！”郑维山将军也把新林玉露当作好茶招待老友，说:"当年打土豪,我就是喝着家乡的树叶子打敌人的!"至今仍健在的万海峰将军1999年视察公司时,欣然挥毫,写下"中外驰名,奇葩秀茶"几个苍劲有力的大字。著名诗人汪国真2000年10月17日莅临公司,品尝新林玉露时,留下一个"茶"字真迹。

作为企业的带头人,我感到企业要以人为本,诚信立业;要注重品牌建设,学习先进技术;要有企业文化,胸怀大局,不忘初心,造福一方。我个人获得河南省十大优秀茶叶企业家、信阳市企业管理先进工作者、信阳市五一劳动奖章、新县十大创业功臣、第二届信阳市优秀中国特色社会主义事业建设者等殊荣,这也是公司的荣誉!

古有"丝绸之路",今有"一带一路"。2020年5月21日被联合国确定为首个"国际茶日",习近平总书记致电祝贺。愿乘着一带一路"信阳茶"专列的东风,让新林玉露茶走出红城,香飘世界!

本文由新县政协提供。口述者连启武,1957年出生,新县新集镇人,大学学历,中共党员。河南新林茶业有限公司总经理、信阳市茶叶学会副会长、信阳茶叶商会副会长。第三届信阳市政协委员,第七、八届新县政协委员;整理者汪蔚,新县政协教科卫体和文化文史委主任。罗英,女,河南省新县人,曾在新县化肥厂工作。信阳市作家协会会员,新县政协特聘文史研究员。

甘为茶痴

和永春

信阳皇坡老茶业公司坐落于新县苏河乡的最高处——皇坡老，我在这里打造了高山茶品牌——皇坡老红茶。数十年如一日的深情投入，在当地我赢得了一个响亮的称号："茶痴"。

皇坡老这个名字很有特色，据说当年蒙古族首领看到将军岭这一带的大山郁郁苍苍，连绵起伏，大山坡往下，水草丰美，于是就想把这一带作为元朝蒙古南下攻宋时的放牧地和养马场，因此得名皇坡老。据史料记载，当时还是蒙古王爷的忽必烈曾多次带领部队，或派遣史天泽、郭侃等攻打皇坡老附近的大胜关、大城关、墨斗关等地，前后历时几十年，留下了动人的传说。

苏河人喜欢在饭后泡一杯毛尖，细细品尝。每当客人进门，首先沏上一杯香喷喷、热气腾腾的信阳毛尖绿茶，顿时热情好客之道呈现，家的味道油然而生。这里出产的茶具有生津解渴、清心明目、提神醒脑、去腻消食、抑制动脉粥样硬化以及防癌、防治坏血病和抵御放射性元素等多种功能，苏河人常年饮茶。深山村落中，九十多、一百多岁的长寿老人时常可见，他们用自己恒久的饮茶习惯，诠释着对茶的理解，对这片土地的热爱。

我是息县人，背靠滔滔的淮河水，紧邻千古名山濮公山，我从牙牙学语开始就浸润在茶文化的海洋中，对我国历史悠久的茶文化产生了浓厚的兴趣。

世纪之交，我慕名到中日合资茶企业新县新林玉露公司工作十多年，进一步学习独特的唐宋蒸青茶工艺和商业运作模式，积累和锻炼了全方位的茶产业发展技能。

2001 年，为了寻找陆羽"淮南茶，光州上"的足迹，在大别山麓寻找一块真正的茶叶净土，重现 1000 多年前信阳茶的风采，我从豫鄂两省交界的桐柏山区开始，沿着陆羽的足迹，由西向东开始了寻梦之旅，最终在苏河镇郭大洼村皇坡老的高山之巅，找到了 20 世纪的古茶园，自此开启了创制"高山野放茶"的金奖品牌之路。

一路追求中，我在脑海中反复思索着中国茶产业的乱象和隐含的巨大危机：片面追求产量，在不适合种茶的水田、公路边大面积种植茶叶；为降低成本，追求暴利，滥用化肥、农药、激素，所产茶叶质劣、有毒，消费者日益不满，信阳茶的千年信誉受到重创。

为了寻找一块真正的净土，我饿了吃干粮，渴了喝山泉，一路查海拔高度，观山川走势、土壤植被、生物种类，历时3年多，爬上巍巍高耸的皇坡老高峰，终于发现了这里隐于云海之中、蔚为壮观的古茶园，选中了皇坡老、将军岭、龙门沟、石凸子一带，作为理想中的茶叶生长环境。

2004年底，我签订了荒山承包合同，开始了艰难的圆梦之旅。考虑到山谷气流、交通、水源等诸多因素，在每个预选地宿营地点睡上两晚，最终选择在皇坡老前将军岭作为永久的基地。创业过程中，既有困难，也有甜蜜。为了找水，几个人带着铁锹、十字镐，见到有土地潮湿的地方就往下挖，终于在将军岭谷口的石壁上发现了甘甜的泉水。为了架电，我们战胜了寸步难行的荆棘灌木、让人过敏的漆树、令人恐惧的毒蛇和山马蜂，让将军岭上第一次亮起了电灯。

20世纪六七十年代，周边乡村的群众响应上级号召，带着干粮，背起被褥，拿起农具，轮番上到皇坡老，对漫山遍野的古老茶树清枯除杂，同时开荒种茶。这些热情纯朴的群众披星戴月，战天斗地，冒严寒，顶风雪，以大无畏的革命精神开辟荒山，将当年元朝皇帝的牧场改造成层层叠叠的茶园，历经数十年的雨雪滋润，终成一片高山古茶园。

2009年，我在皇坡老创业的故事感动了圈里的很多人，中国禅茶堂的实际控制人王自坤先生、中国禅茶堂技术总监李成宗老师，以及我的三叔、四叔、五叔等纷纷相助，让我的茶梦在将军岭上焕发光彩。

2013年2月26日，借着到云南普洱为中国佛教协会成立60周年定制纪念茶饼之机，王自坤、李成宗先生和我针对皇坡老的独特环境及稀缺生态，制订了皇坡老茶叶生产的最高准则：用最好的技术；决不允许任何化工制品进入茶园；为保生态平衡，永远不使用农药。山顶上密林中的200多亩古茶树永远不清理以确保害虫天敌的栖息地不遭破坏。同时确立了皇坡老茶业“畏天敬人，顺其自然，如乐之和，无所不谐”的产业理念，以虔诚之心和工匠精神做好“皇坡老高山野放茶”。

作为原生态高山野放茶园，茶树都是上百年生长在海拔460～566米，其所处的北纬31°43′，更是业界公认的动植物生长的黄金纬度。茶园山高林密，生物物种繁多，具有完整的原生态生物链结构，远离居民和农田，周边环境呈封闭状态，人迹罕至，由底至顶部都在雾线以上，昼夜温差大，每天云雾缭绕，四季温差大，病虫害难以越冬存活，茶芽生长缓慢，持嫩时间长，整个茶园都是烂石和砾壤，有机质非常丰富，从未使用过任何化学制品，所出茶叶滋味浓，耐冲泡，茶味自然甘醇，呈诱人的高山韵。

皇坡老现有茶园1050余亩，已完成溯源体系配套设施建设，下一步计划建设600亩优质茶园、200亩优质品种试验园，引进茶烟、茶膏、茶饼、茶砖生产线，建万吨恒温冻库，并配套完善规划区内道路、观光亭、生态木屋、四季不同颜色绿化树木等建设，打造休闲生态观光茶园，实现茶旅融合发展。

皇坡老高山野放茶叶“浅橙红艳明亮、乌黑油润、高甜、醇、甘鲜”（第十二届国际名茶评比专家团评语），被中南市政设计总院环境科学院院长万年红博士誉为“找到了500年前的环境感觉”。深得国务院参事室茶叶专家委员会专家蒋俊云，云南省茶叶科技带头人李成宗，武夷山奇岩之父陈鸿棉之子陈远忠，淮南茶研究所周晓、张达两位所长等业界大师的赞赏，并由李成宗老师亲自指导加工制作。在多位大师的细心指导和倾心相教下，所出茶叶品质优良，深得爱茶懂茶人士的钟爱，喝过皇坡老高山野放茶的人士均赞不绝口。

一分耕耘，一分收获。2015年10月20日，第十一届中国茶业经济年会在信阳召开，参会的蒋俊云先生在会场品尝了皇坡老高山野放茶后，大加赞赏，多次勉励我，坚持不作假，做好茶、做精品。

2016年4月30日，皇坡老高山野放茶荣获世界茶联合会第十一届国际名茶评比金奖；2018年7月14日，又以91.3的高分再次荣获世界茶联合会第十二届国际名茶评比金奖。2019年4月29日，荣获中国茶叶流通协会“华茗杯”特别金奖，迅速征服了国内多个省市高端茶叶市场。

本文由新县政协提供。作者和永春，男，汉族，1963年7月出生，河南省息县人，大学文化。1988年辞去公职，1994年任深圳怡博生物电子有限公司副总经理，1997年至1998年9月任河南华豫科技集团公司信阳分公司副总经理兼办公室主任，1998年10月任河南新林茶业有限公司驻信阳办事处主任至今，其间于2014年11月承包新县苏河镇郭大洼、庙墩两村的近万亩荒山进行农林开发，并于2016年注册信阳皇坡老茶业有限公司。

我的茶业发展之路

蔡祖恩

我的一生与茶结下不解之缘，一生与茶打交道。从懵懂的少年，到初有成就的中年，再到当前拥有两家茶企的花甲之年；从当初对茶的一知半解，到现在对茶的深深领悟和依恋。在茶叶的发展道路上充满着艰辛，经历过迷茫、徘徊，但我始终坚持，永不言败，缘于我对茶的喜爱。

我的家乡位于新县的大山深处，那里盛产茶叶，屋前屋后的山坡上，满眼都是绿油油的茶树。在我记事的儿时，每到春天茶树刚刚冒出嫩芽时，父母就将嫩芽摘回来，在房檐下支起一口大锅，点燃干柴并在热锅中不停地用手翻炒绿芽，然后将炒香及滚烫的绿芽摊到门前的大石板上，不断地用双手来回揉捻，接下来将捻成团的绿芽抖散到热锅中进行烘烤。烘干制好的茶叶，就是我家招待客人的最好礼物。后来才知道这就是我们家乡最古老的制茶工艺，它体现了劳动人民的聪明智慧。

由于家庭贫穷，父母供养我们弟妹 6 人上学非常困难，因此初中未念完我便辍学在家，放牛、打猪草、摸鱼虾，帮助父母干些农活。18 岁时在家乡一家茶场做工，挖茶园、采茶叶、学做干茶，这些活我都干过。从那时候起，开始接触茶叶，认知茶叶，但是做茶手艺不精，三年期间一直为茶场小工。在我 20 岁的那年春节期间，偶然得知村里有几位青年在外地销售我们家乡的茶叶，而且生意做得很好，赚了一些钱，村里人非常羡慕，我便与父母商量同他们一块去闯荡。于是那年春节过后，我就跟随他们来到河南省南阳市，学做茶叶生意，也就是从那时候起，我真正走上了经营茶叶这条道路，也注定我这一生与茶打交道。在那里一干就是 15 年，15 年间我跑遍了南阳市和各县区，以及湖北省十堰市等相邻地区，当推销员、合伙开门店、独立经营茶庄等，饱尝创业的酸甜苦辣，深知市场竞争的压力，多次因亏损而想放弃，转行到其他门路。最终因为自己不离不弃，在那里积累了茶叶经营经验，学会了懂茶、品茶、经营茶，销路越来越好，生意越来越红火，家乡的茶叶不断地运到那里销售。自己致富的同时，也带动一部分家乡亲戚朋友到南阳邓县及其他地区从事茶叶销售。

在外创业有所成就，我首先想到的就是回乡再创业，充分利用新县丰富的茶叶资源优势发展茶产业，带动当地茶农增收致富。1998 年在新县县委、县政府及相关职能部门的支持下,通过招商,我收购了河南省土畜产进出口公司新县精制茶厂,筹办自己的企业。该厂建于20世纪70年代,是一家老国有企业,以加工出口茶为主营业务,其产品——精制珍眉茶通过河南省外贸部门销往国外,七八十年代企业效益可观,经济景气。但在市场经济大潮的冲击下,加上资金、人才、管理、设备设施等方面相继出现问题,90年代后期基本处于停产状态。通过"国退民进"改制的途径,2000年我投资2 000万元,成立了我的第一家茶企——新县绿源茶叶精制厂,以精制、销售出口茶为主营业务,老国企的茶产业得到了延续和发展。通过多年的发展,目前已形成包括茶叶种植、加工、销售在内的完整的茶产业链。现已培育800多亩有机茶园,企业固定资产达5 000万元,年产值8 000多万元,带动当地一大批茶农致富,2018年被省政府认定为农业产业化重点龙头企业。2010年,我作为新县创业回归明星,在新县县委、县政府的支持下,投资1 700万元成立第二家企业——新县华隆茶业有限公司。并与浙江省余姚市华栋茶业有限公司联合,专事茶叶出口业务,企业主导产品——精制珍眉茶远销到非洲、西亚等地,年出口量近5000吨。在茶业发展中,自己也获得了一些荣誉,2011年2月被评为优秀市人大代表:2012年1月被信阳市委、市政府评为信阳市扶贫开发先进个人:2013年4月被授予信阳市五一劳动奖章。

作为回归创业成功人士,我现在想到的就是要回报社会,不忘感恩,在不断发展茶产业、壮大企业的同时,积极带领当地茶农尽快走上致富道路。一是通过"公司+基地+合作社+农户"的茶产业发展模式,有效带动新县八里贩镇及周边乡镇1 000余家农户发展茶产业,平均每户受益10 000元以上。二是积极吸纳农民工到企业车间或基地常年就业200余人,吸纳季节性茶叶采摘工100余名。其中采取"一对一"分类帮扶方式,和5名贫困人员签订劳动合同,按每年每人不低于3万元的标准发放工资,帮助他们增收脱贫。我在发展茶产业这条道路上会一直走下去,继续拼搏,创新发展,不断将茶企做大做强,为乡村振兴积极奉献。

本文由新县政协提供。作者蔡祖恩,1962年7月出生,新县八里畈镇人,市人大代表,经济师。河南建筑职工大学毕业。早年在外创业,1998年回新县先后创办新县绿源茶叶精制厂和华隆茶业有限公司。新县工商联副主席、新县企业家协会副会长。

茶文茶史

CHAWENCHASHI

故乡的茶

白　桦

我的故乡是河南省最南部的一个县——信阳县，对于南方人来说那里属于北方，过去很少有人知道地处北方的信阳出产茶叶，而且是上乘的茶叶。所以，我在很小的时候就懂得饮茶了。

抗战前，我只有几岁，家门前就是一条西关大街。那时候的大街，实际上是一条只能通行一辆卡车的狭窄街道。每天早上我都要早起，走到门外看热闹。早上的大街上尽是从西南乡来的农民，从早到晚络绎不绝。卖柴的，卖菜的，卖鱼的，卖肉的，卖鸡的……在春夏之交，也有卖茶叶的。茶叶装在竹篓里，那是一种很细密的竹笺，还垫着厚厚的棉纸。街边有一位老伯伯，摆着一张小条桌，做的是兑换零钱的生意，也代写书信。他是品茶的行家，一清早，摆好条桌就给自己沏一大玻璃杯毛尖茶，我一见那碧绿碧绿的颜色就情不自禁地笑了，他总是心领神会地先让我尝那么一小口。那是一种让我终生难忘的馨香，至今我都还能感受到。街市上买卖茶叶的双方都向他请教，请他鉴定，只要他说个价就成交了，成交以后，买卖双方都要赠送他一小撮茶叶，所以他的茶是喝不完的。

小时候，我只知道喜欢喝家乡茶，甚至不可替代。总以为那主要是乡情在起作用，是信阳毛尖和信阳的山水、亲人联系在一起的结果。当我饮遍中国乃至全世界的名茶以后才认识到：不仅对于我，信阳毛尖是最好的茶叶，对于真正的爱茶的识家，也属于上乘。

20 世纪 50 年代初，我在北京工作的同事，写过许多名片的电影剧作家沈默君偶然饮了一杯我招待他的信阳毛尖，他拍案惊呼："有这样的好茶！我听说过信阳毛尖是好茶，还不知道是这么好的茶。"他的认同可是非同小可啊！因为他出身于安徽的茶商之家，而且是在皖南到上海的茶叶船上长大的，是一位祖传的茶叶专家。饮食上人人都有偏爱，在主客两方面达到完全的统一是很不容易的，作为信阳人，我为此非常自豪。

有一段时间，买不到信阳毛尖的时候，我钟情过杭州龙井，也喜爱过六安瓜片和台湾的冻顶乌龙……甚至很长一段时间热衷于咖啡，最后还是回到了信阳毛尖，这也许是落叶归根的自然反应吧！每逢暮春季节，我就思念起故乡的浉河、故乡的鸡公山、故乡的茶园来了！

90 年代初，我有过一次匆匆的故乡之旅，当汽车从鸡公山进入信阳境内的时候，就看到公路两旁拦车叫卖的乡亲，他们叫卖的就是信阳毛尖。我品尝了其中有些所谓“信阳毛尖”以后，觉得很不是滋味，心情像云遮月那样黯然了，故乡突然离我越来越远。信阳毛尖在我心目中是珍品呀，为什么要拦车叫卖呢？这个问题在我心中一直困扰至今，为什么？在法国的波尔多，我从未见过有人拦车叫卖葡萄酒。那么多葡萄园主的销售店门挨着门，每一家的酒店都敞开着，任人参观。一条古老的街道，静悄悄的，络绎不绝的顾客和店主的交谈也都是轻声细语的。我问过一位波尔多人，他笑着回答我：“在波尔多，还需要叫卖葡萄酒吗？”是的，什么时候，我们信阳人也会像波尔多人那样说：“在信阳，还需要叫卖茶叶吗？”我等待着。

本文于1999年5月8日写于上海。作者白桦，剧作家、诗人。1930年出生，原名陈佑华，河南信阳市平桥区中山铺人。1947年参加中原野战军，任宣传员。1949年加入中国共产党。先后担任宣传干事、教育干事、师俱乐部主任职务。1952年曾在贺龙身边工作，此后在昆明军区和总政治部创作室任创作员。1961年调上海海燕电影制片厂任编辑、编剧，1964年调武汉军区话剧团任编剧，1985年转业到上海作家协会，任副主席。1946年开始发表作品。著有《妈妈呀，妈妈！》《爱，凝固在心里》《远方有个女儿国》等。1955年加入中国作家协会，2019年1月15日凌晨2时15分在上海逝世。

茶事三忆

胡先华

茶　叶

我老家过去属光山县青山里辖,叫潘殷保。光山种茶始于春秋,兴于唐宋。宋代沈括《梦溪笔谈》载:“光州光山场岁卖茶三十万七千二百一十六斤,卖钱一万二千四百五十六贯。”光山今天种茶主要在净居寺、晏河乡、凉亭乡、殷棚乡、白雀园镇、孙铁铺镇一带浅山区,新县种茶主要在八里畈、沙窝、浒湾、陈店、郭家河、陡山河等乡镇。从地理环境来看,新县更宜种茶。以今推古,宋代光山场茶叶,应该有一半左右来自今新县。

卞房是大山,海拔多在 300 米至 800 米,跟信阳产茶名山“五云两潭一寨”地貌极为相似,土壤与气候也相差无几,是适宜种植高档茶叶的地方。但卞房茶园面积仅 200 余亩,还是 20 世纪 60 年代,各生产大队响应国家种茶号召,陆续开垦出来的几块小茶园。

我老家离村子不远的一座山,坡不陡,公社兴种茶时,被社员开垦出来,栽上茶树。那片茶园有四五亩的样子,茶树不剪枝,不施肥,任其自由生长。山土肥沃,茶树长得挺快,我记事时,已经比我还高了。钻进茶树林里躲猫玩,站在树林里,找猫的小孩看不见,得在树林里乱钻乱窜,看见哪儿的树枝在动,才能捉到“猫”。

这是小队仅有的一块茶园,社员不会种茶,也不会炒茶。农业学大寨,社员每天有干不完的活,这块小茶园在社员的眼里,还没一块菜园重要。没人管理的茶树,一个劲地疯长。特别是春天,清明过后,肥嘟嘟的嫩芽很快长成细枝,满树都是绿油油的。这个时候,生产队长会选一个下雨的天气,让男女社员停止其他劳动,带着篓子来茶园摘茶叶。社员们披着蓑衣,把一拃多长的新枝折断,水淋淋地摘回来,放在小队会议室的地上堆着,不用一天就都采回来了。下午,小队开始按人口分鲜叶,各家带着鲜叶回家自己加工茶叶。

我家人少,每年能分得一篓鲜叶。加工茶叶的活,多是母亲来做。各家没有专门炒茶叶的锅,都是把平常做饭炒菜的锅,洗干净后,在锅里杀青、翻炒、揉捻,渐渐叶质变软，叶片蜷缩，达九成干时即出锅摊晾，最后一道工序就是把干茶梗揉断、变成一厘米左右的小截，再与炒好的茶叶混在一块，装进平常用的铁茶桶，这就是带梗的茶。也有的人家用铁碾将茶梗和茶叶碾成末后再装桶，这就是碎茶。带梗的茶叶，耐泡，酽劲大，喝起来过瘾。不过，就是口感有些苦涩。

靠生产队分得的这点鲜叶加工出来的茶，是不够一家人喝的。一年之中，还得买些茶叶末。我湾有一个供销社代销点，每年夏季，会出售一些用筛子筛下来的茶末，都是细粉，一元至一元五角钱一斤。这在当时是比较贵的消费品，只有家庭条件好的人家会买一些。

我父母都好茶，每年都得买一二斤茶叶末。我父亲有个朋友，是上畈沈冲人，住在县城，他每年回家，总要赠父亲一二斤"雀屎"（豫毛青），这不仅是我家最好的茶叶，也称得上全湾的好茶之一。父母把这当宝贝，自己不舍得喝，只有来客了，才拿出来泡一壶。因此，一到农闲时，总有一些湾邻来我家玩，多是冲着一壶好茶来的。

还有一些茶叶不够喝的人家，又买不起茶末，有时弄些叶"茶"喝，譬如檀香树叶、山楂树叶、桑树叶、银山树叶；还有花"茶"，譬如蒲公英、金银花、野菊花、野玫瑰；还有药"茶"，譬如麦冬、天门冬、五味子、枸杞；等等。总之，茶的替代品在山里随时随地都可以找到，虽不是茶，却也别有一番滋味，甚至起到防病治病的效果。我二妈娘家是罗山县定远店的，记得有几年春天，她娘家总要来几个人，住在她家里，每天打桑树叶，做成"茶叶"卖给北方的人喝。我那时候小，没有喝过，不知道是什么滋味。

我上班第一年，快过春节时，股长悄悄给了我股里的第一份"福利"，用报纸卷成长圆筒装着的一斤茶叶。股长说这是信阳毛尖，得 12 元钱一斤。我暗暗吃惊。因我上学期间一个月的生活费才 13 元钱，上班后一个月的工资才 36 元钱，这茶叶太贵了。这是我第一次听到信阳毛尖这个词，我不会品茶，但这么贵，一定是好茶。春节时带回家，湾邻来我家玩，我把茶叶拿给他们看，他们都没见过这一条一条的芽茶，为茶条做得这么好看惊讶不已，当喝到茶水时，更是交口称赞。那一斤好茶，春节没过完就喝光了。

1982 年清明不久，女朋友给我寄来一斤她家自己加工的豫毛青。收到茶叶时好茶的同事老冷急吼地要品新茶。我拆开袋口，一缕新茶的芬芳扑鼻而来。老冷用鼻子嗅了又嗅，连连说："好香！好香！"那个情景，宛如昨日。

茶　具

我老家人的饮茶习俗很像信阳董家河、浉河港一带，早上起来第一件事是烧开水泡茶喝，晚上喝完最后一壶茶，才洗漱睡觉。

饮茶需要茶具。我青少年时代在老家生活，对山里人喝茶的茶具仍旧记得。20世纪70年代以前，山里大多数湾都不通电，更没有电热水壶之类的烧水工具，那时候都是用柴火烧开水。家庭厨房，民间普遍用土坯砌的平头灶，一般安两口锅，无烟囱。两锅之间，安一个温水坛，利用余热暖水。厨房内放一口大水缸，水缸里放着葫芦瓢，用于留水。这小锅用于日常煮饭、炒菜，大锅一般是用来煮猪溺，温水坛的水，温度不高，适合洗脸、洗手。

可想而知，这用锅烧的开水有盐腥味，温水坛的水温低，都不宜泡茶喝。

山里人家喝茶的水，是用专门的烧水工具：铜壶和调（吊）壶。

铜壶是用铜的薄片焊接而成的，椭圆形，高八九寸，两头小，中间一个圆肚，在平口下一点有一个进去一些的壶颈，平底平口，壶口比壶颈稍大一些，上有一个盖片，防止落灰掉进水里。烧水的方法是，家里做早中晚饭时，将铜壶里装满水，用火钳夹着壶颈，送进烧着火的灶肚一侧，在火灰里坐牢即可。随着烧火做饭，柴火附带着就把铜壶的水烧开了，这时再用火钳夹着壶颈，从灶肚里拿出来，倒进热水瓶即可。因灶肚里火温高，往往做一顿饭，能烧开好几壶水。用这水泡茶喝，自然是非常适宜的。

用铜壶烧开水极为方便，不过那时候，不是每个家庭都用得起，有铜壶的家庭，往往是经济条件比较好的。我家那时有一只铜壶，从我记事就在用，直到我们一家后来搬城里住了，才把铜壶送了人。

今年秋天，因老家编修的《卡房风物志》定稿，我想配上一些旧物件的照片，特邀请老友王林兄前往卡房，去了许多个湾，询问是否还有铜壶，都说这东西十多年前就已经没有了。曾经有人来收购，我便知是有心人已然买去收藏了。

大多数家庭是用调壶烧开水。我们那里山高寒长，又多柴火，山里人为了取暖，都专门在屋内一个固定的地方建有一个烤火的火塘，我们叫它火挡。每年农历十月份，一些人家就开始早晚在火塘里烧火取暖。火塘一般是一面临墙，另外三方坐人烤火。临墙的一边，在土坯墙里，选一个适当的地方，塞进一根木棍，再在木棍上固定一个下面带着弯钩的细长木棍，可以上下伸缩，这个就是用来烧开水的吊钩。吊钩上面吊一个调壶，边烤火，边烧开水。

这调壶有些像现在的铝壶，却比铝壶有讲究。调壶不算大，有铜的，也有锡的、铁的。在壶的底端，有一个圆圆的孔，斜穿到壶的上端一边，圆孔下大上小，下面有小酒杯大，上面只有大拇指大小。烧水时，火塘的火苗可以通过这个圆形的斜孔，在水壶的中间烧，这样，一调壶水要不多长时间就烧开了。水烧开后，如果不想往热水瓶里灌，就把吊干往上送，让火塘的火给水保温。泡茶喝时，就可以随泡随冲，温度刚刚好，极为方便。

我老家人把吊壶叫调子，我猜一个原因可能是地方的方言，把吊念成调；另一个原因可能是用吊壶烧水，水开后会发出“歌”声，因这好听的水调，故名调子。这次在老家，也寻找过这样的调子，同样是被人买走了。有人拿来了几把铜吊壶，可惜不是过去那种中间带圆孔的，应是80年代的产品。

老家泡茶的器具是白瓷茶壶。每家都有一只白瓷茶壶，或大或小，或圆或方，或高或矮，或绘有花或是纯白色，区别仅此而已。盛茶水的杯先是白瓷茶杯，后来改为玻璃杯，都是极为普通的。那时候山里人很穷，茶叶靠买，泡茶都是用茶壶，不舍得单独用杯子泡茶喝，认为这太浪费茶叶。冬天几个人围着火塘喝茶、抽烟、聊天，一只盛着水的茶壶就放在热火灰里温着，茶水被温得热热的，酽酽的，喝起来既暖身子又解渴。

一些讲究的家庭，还有专门用于待客的茶托盘。长方形，木质，用红油漆染上色，光滑明亮。来客时，把斟好茶水的茶杯放在托盘上，双手端着托盘，将茶杯送到客人面前，以示敬重。

那时候，谁家娶媳妇，玩得好的年轻人喜欢给新郎送一套茶具，包括一只热水瓶、一只搪瓷圆茶盘、一把茶壶和几只茶杯。我那时还小，没有给新郎官送过礼，但也送过两次茶具，是初中和高中毕业的时候送给班主任和主要任课老师的。那时候我们都没什么钱，毕业离校前，玩得好的同学，一人凑一两元钱，合伙给老师买一套茶具，把名字写在一张红纸条上，贴在热水瓶上面。那时候，任课老师的屋里，要摆上好几套同学们送的茶具。

老家多小溪，水淡寡人，泡茶却是绝佳。我那儿山大，种的茶树少，茶叶质量一般。因为水好，烧水的工具好，泡出来的茶，喝起来很有味道。

喝 茶

我父母都好饮茶。打记事起，父母每天必做之事，是用调壶烧开水泡茶。谚语云“开门七件事，柴米油盐酱醋茶”，那时候家里穷，酱醋都省了，唯有茶省不了。冷天，喝茶的地点在烤火塘，茶具都放在火塘边沿上，边烤火，边喝茶；天热，则在小院里放一张长方形小木桌，茶具都放在木桌上。夜晚点一个烟把儿，用来驱赶蚊子，呛人的烟味会把蚊子赶得远远的。若是有月亮的晚上，连灯也不点。父亲与串门的邻居喝茶聊天，一根长烟袋在男人们的手里来回传着，你吸一会儿，他接过来又吸一会儿，与熏蚊子的烟味混在一块，老远老远都能闻到。

茶有个好处，能提神。脑力劳动者往往喜茶却不敢喝浓茶，尤其是晚上不敢喝茶，怕失眠。茶还有个好处，能解乏。山里人劳动强度大，起早贪黑，披星戴月，干活不能机械作业，全靠力气，出汗多，极易口渴。喝茶能解渴，还能解乏。一天下来，身体困极了，这时有一壶浓茶喝，有说不出的惬意。因此干重活的人，夜晚喝茶没有失眠一说，反而有助于恢复体力。这也许是山里男人女人普遍喜欢饮茶的原因。

老家人喜茶，其实还有一个原因。山里多是小湾，十几户住在一块儿的就算是大湾。湾小，人容易孤独，就喜欢凑在一块热闹。冬季夜晚，男人们都不约而同地串到某个人的家里，围炉烤火，谈天说地，抽烟和喝茶是必不可少的两件事。妇女们也喜聚在一家，围着火塘，一边就着油灯鞋底，一边家长里短地唠嗑。喝茶可以暖身温胃和提神，妇女也因此喜欢喝。我姥姥一生两大爱好：喝茶和抽烟。她晚年瘦成一小把儿，仍是茶不离口，烟不离手。家里来了人，一落座，就吸烟、喝茶、聊天，满屋尽是烟雾。母亲虽不吸烟，喝茶却是继承了姥姥的传统。

家里来了客，喝茶是必不可少的。多是用茶壶泡茶。家里来客了，抓一些茶叶丢进茶壶，注满开水，再盖上茶壶盖，闷一闷，才分杯。连冲几道水后，茶味开始变淡，主人就把注满开水的瓷壶，放进热火灰里，慢慢温着，把茶叶的余味都温出来，加浓茶的味儿。如今仍有许多人家用茶壶泡茶，不过，是围着烤火炉喝茶聊天。火炉的桌面上放着花生、瓜子、毛栗子之类的茶果，茶壶也放在火炉上热着，壶里的茶水总是热乎乎的。谁的杯子水少了，主人就提起茶壶给谁续上，继续喝，继续闲聊。

若是家中来了贵客，这茶在客人喝之前，主人要用洋瓷盆端来温水，请客人先洗手，洗完手，再递茶。若是留下来吃饭，饭毕，主人仍要用洋瓷盆端来温水，请客人再洗手，再递茶。这个礼节至今仍保留着。最讲究的是吃“三道点”席饭。先用洋瓷盆端来温水，请客人洗手，上桌坐定后，送上六盘茶点，客人一边喝茶，一边吃着茶点。略坐，请客人下桌，将茶点撤下，再端来温水，请客人重新洗手入座，开始用托盘上凉菜、热菜，每上一道菜，同时撤下一道菜，保持桌子上的菜总是九个盘。这是个慢节奏的饮酒过程。客人吃酒半酣，正欲饮茶时，主人恰到好处地再次请客人离席，送上一杯香茶，品茗闲聊，同时将桌子上的菜都撤掉，重新放碗筷。客人茶喝得差不多了，第三道点又开始了，仍是先端来温水，请客人三洗手，再入桌，开始上用碗盛的各种大菜，再接着饮酒、饮茶。这一顿饭，得吃好几个小时。若仔细想想，这样的安排还是挺科学的。先饮茶，再饮酒，再饮茶，再饮酒，胃慢慢消化食物，不易饱，不易醉。听我老家人说，这三道点只是在胡河、居贩、古店等几个村流行，其他村则没有，至于紧邻卡房的千斤、苏河、郭家河一带的乡镇，更是没这个。我猜测有可能是从湖北宣化店一带传过来的，没有考证。

我记忆犹新的，是老家人最有气势的喝茶。那是秋天挑草头的时候。卡房山田多，离稻场远，男人往稻场挑草头，一担近百斤，压在肩上，不管多远的路都不能停下来歇息，因为草头的谷穗朝下，一歇脚，谷将就落地上了。小队就安排一些上年纪的老人,在半路上架灶烧开水,一排放着几个烧水壶,又放着几个洋瓷盆,水里倒进茶叶,水烧开后,直接把水倒进洋瓷盆凉着,每个盆里再放几只洋瓷缸。社员挑着草头过来,立马有一洋瓷缸温茶水送到面前,伸手接了,"咕噜咕噜"喝下去,丢下洋瓷缸马上走人,后面跟上来的人又接着喝。这时的喝茶,纯粹是解渴和补充一些能量,添些力气好把草头挑到稻场。

如今老家人饮茶,也在与时俱进。许多家庭改用玻璃杯泡茶喝,茶叶也很好,耐看好喝。不过,早年的喝茶情景仍让人神往。

本文由浉河区政协提供。作者胡先华,1960年出生,新县卡房乡人。信阳市政协文史资料撰稿员,浉河区史志办公室退休干部。

老常家茶水馆

马爱英 口述 付玉琼 徐文君 整理

老常家茶水馆位于固始县城关良家巷，是我夫家祖业。上溯三代至常家老太爷辈，于民国年间开始从事这份行当，传到我丈夫手里经营至1991年茶水馆退出历史舞台。

在上了年纪的固始县城关居民心里，老常家茶水馆及其门前的大槐树是一份古老的记忆。

从前，固始县城每条街上都有一至两家茶水馆。茶水馆是专门卖白开水的地方，人们用茶水瓶装回家泡茶喝或是直接饮用。这个行当之所以存在，是由于当时生活水平低下。一方面20世纪六七十年代我们这地方老百姓日常做饭使用土灶台，燃料局限于木材、农作物秸秆和草根树叶等。煮过饭的锅烧白开水带着些许油腥味，不适宜直接饮用或是泡茶。另起炉灶烧白开水花费成本较大，普通家庭承受不起。另一方面那时水井离家近，居民日常生活淘米、洗菜、洗涮和做饭都使用井水。像我们家里拔井水的长绳、扁担、木桶和储水缸一应俱全，左邻右舍都有这些物件。井水的缺点是盐碱度高，偶尔喝一口，咸、涩难以下咽。

茶水馆能满足人们对水味纯净的追求，又节约了薪火开支。水美价廉，街道居民千家万户几乎都是茶馆的顾客。

我1951年出生，在固始县城良家巷这条街上长大。小时候家里有父、母、奶奶3个成年人和我们姊妹兄弟8个，共11口人。打记事起，每天会听到家里的大人安排哥哥或者姐姐去充一瓶茶回来。七八岁以后，轮到我经常被大人派去完成这项任务，一手攥着3分钱，一手拎着竹编外壳的茶水瓶，首选离家最近的老蒋家茶水馆，如果蒋家水没烧开需要等时间，就去稍远处老常家茶水馆。壶水烧开的时候呼哧哧蹿出白烟。冬天茶水馆温暖如春，大人小孩都愿意站屋里等水。夏天把茶瓶搁那排队，自己赶紧跑到槐树底下吸口凉气，等水装好，常老板会扯开嗓子叫:“英子，拎水喽。”

水买回家没有茶叶冲泡，把白开水当作茶，用来待客或是自家人饮用。小时家庭贫困，几乎一天三顿稀饭，碗里的饭水比米多，能照出人影，吃饭几乎等同于喝水，我感觉不到口渴，很少额外补充水分。

缘分是个奇妙的东西，没想到长大后，我嫁入常家，得以更近距离接触茶水馆。我于1974年元旦结婚，这时期茶水馆早已公私合营转为国有，用茶水牌子作为结算方式，公爹常老板的身份转变为城关镇职工，茶水馆生意依旧兴隆。

婆家和娘家生活习惯最大差异是我丈夫和公爹爷俩都爱喝茶。婆家堂屋大桌子上摆着搪瓷茶盘，盘里有几只搪瓷缸子和一把瓷质茶壶。每天早起，老爷子习惯先泡上一壶茶作茶卤，喝水时杯中兑点茶卤再加白开水。茶叶产自固始南部山区，每到春季总有卖茶男女用扁担挑着装茶叶的蛇皮口袋，走街串巷边走边喊："卖茶叶喽，卖茶叶喽……"听到叫卖声，公爹会叫住卖茶人，按茶叶质量一番讨价还价，最终买上几斤。盛茶叶的容器有竹罐、木罐、玻璃罐和陶罐，也可以是其他密封比较好的东西。我爱人挺喜欢用一只椰壳装茶叶。我受小时候生活习惯影响较深，成年后也几乎不喝水。

我们常家茶水馆是向东临街的两间茅草房门面，属于前店后院模式。铺内设施简单，一面墙边安放一排大水缸，高度到成年人腰窝以上，每口缸容纳200多斤水。靠另一面墙垒着三四眼土坯泥巴煤炉子。燃烧的散煤，来自固始杨山煤矿，搅拌煤相当要力气，由我爱人负责，他把煤、水、黄泥巴三样搁一块儿，用铁锨来回翻搅拌匀，再放进炉膛内点燃，一次大概要200斤的量。

锡壶盛满水放在炉火上，当时只有茶水馆使用锡壶，城关老冯家持锡壶最专业。一把壶装满水重量15斤左右，我婆婆一辈子掂壶冲水，右手部位累得变形，呈抓握状，不能伸直平展。水缸从方集老缸窑厂定制。水取自史河，河水甜是老辈流传的生活经验。史河在县城东面流过，岸边大码头、小码头船来货往很是热闹。那时搬运史河水的工人，每天赶驴车驼着木制水罐去一里地以外的大码头，一次拉近500斤河水回城，沿街巷送到各家茶水馆。有的茶水馆自家有运水车，可节约一定成本。

在一众茶水馆中，老常家茶水馆脱颖而出，和它年头长、水质优、服务范围宽分不开。当时除了居民消费，还有外贸、土产、日杂、京剧团、食品仓库等单位工作人员都是老常家茶水馆的主顾。日久天长，积攒下人气，老常家茶水馆成了固始县老城区地标性建筑。

20世纪80年代中期，自来水和蜂窝煤使用在县城普及。蜂窝煤放入煤炉点燃，火力持续时间长，不须时刻添加，很是节省人力、时间。铝质水壶更是蜂窝煤炉子的标配，方便提供足够的白开水供自家使用，人们不再外出买白开水。1991年，老常家茶水馆关门。

如今茶水馆这个行当消失了。现在记下这篇文字，用以回望那些缺茶少水的日子。

本文由固始县政协提供。口述人马爱英,1951 年 10 月出生,固始县城关镇良家巷人。现为固始县麻纺厂退休职工。整理者付玉琼,现任固始县文史委副主任。徐文君,现任信阳市农林学院文学院辅导员。

当好茶文化的传播者

唐道武

我的老家在信阳西部山区的云雾茶村。这里是著名的“五云两潭一寨”中的产茶名山之一，所产的茶叶被称为正宗西山毛尖茶。20 世纪的中期，我家作为茶农在云雾村居住生活了 30 余年，目睹茶山景，耳闻茶山音，饥食茶山果，渴饮茶山茗，这里的一草一木、一山一石，都给我留下了难忘的记忆，并为我后来的爱茶生活奠定了坚实的基础。

我所经历的茶风情

云雾村地处豫鄂两省的接壤处，南湾水库的上游。村境内有一座高山，山上壁立千仞，古木森森，云蒸霞蔚，秀甲一方，据说古时有人在山上得道成仙，人们称此山为仙山。据《重修信阳县志》记载：“清末邑人杨子述于山麓集股种茶十余万株，从山坳中掘出古钟一座，上镌仙山寺三字，因知此山为名胜旧矣。”古往今来，仙山以其雄奇、秀丽、茶香、神秘而闻名于世，并有许多神奇传说流布民间。

仙山海拔 800 余米，因山顶有一危石远耸，形似鹰嘴，人们便习惯称此山为鹰嘴石山。此山有一特殊现象，就是每逢阴雨之前，山顶必然云雾环绕，民间俗称“挂帐子”。中华人民共和国成立初期在这里成立茶叶专业村时，因这里山高林密，云雾长绕，当地政府便命名此村为云雾茶村。

20 世纪六七十年代，茶园全部归集体所有。国家对茶叶实行统购统销政策，生产队将所产的茶叶全部交售给国家，国家再按平价向茶农们供应粮食。社员们实行集体劳动，评工记分，年终统一按劳分配。

那时各茶山全部实行的是手工炒茶，生产效率很低，炒工们连炒几天几夜茶叶是常有的事情。夜里加班炒茶通常都是男人干的活儿，只有少数缺劳力的家庭才会让女人上阵。炒茶实行两班倒的轮换制，为了避免打瞌睡，轮休的那班炒工就使劲地敲打着锣鼓乐器，正当班的炒工则一边炒茶一边和着鼓乐唱着五花八门的民间小调。有时也有采茶的女工参与进来，和男炒工们比赛唱民歌，炒茶房里彻夜鼓乐不断，歌声不停，构成了一道别样的茶乡风情。

每天炒完茶后，生产队都要毫无例外地对每个人所炒的茶叶进行评比，然后再按评比的优劣记工分。其方法是，先将每个炒工当次所炒的茶叶拿出一部分放在一个竹编小容器里，在小容器的底部扣上写有该炒工名字的木牌，然后把所有盛茶的小容器摆到院子里让大家评比。由于人们只看到容器面上的茶叶而看不到下面的木牌，分不清哪是谁炒的茶叶，因而评比时就可以畅所欲言。有时男人炒茶后已经筋疲力尽，就委托妻子或者其他家人前去参加评茶，时有妻子把丈夫的茶叶评低了，弟弟把哥哥的茶叶评低了，亲戚把亲戚的茶叶评低了等，造成家人不和、亲邻不睦的现象时有发生。

炒茶叶是一种高度集中的重体力劳动，每年这时候生产队都要起大伙，让所有炒工集体就餐。每隔几天，生产队还要买些肉类荤菜给炒工们改善生活，其他家人则不能享受这一待遇。记得1964年夏季的某天晚上，我放学回家正赶上炒工们改善生活，家父作为炒工也和大家一起就餐。吃饭时菜盆里有一块硕大的猪骨头，上面还连着不少瘦肉，大家都盯着这块大骨头欲夹又止。这时新上任的大队党支部书记徐德启也和大家一块儿吃饭，他看着我的父亲忽然说："唐师傅（当时社员对炒工的尊称），今天考考你，我说两个字你要写对了，这块大骨头就是你的。"

家父读过几年私塾，是队里少有的几位识字老茶农之一。这时他看了看正在院子里玩耍的我，眼里顿时闪现出少有的光芒。他笑着对支书说："你说来试试看。"只见徐支书与身旁的几位年轻人耳语了一番，然后高声说道："疙瘩，疙瘩二字你会写吗？"这时，大家的目光都同时看向了我的父亲。只见父亲略作思索，然后把手中的筷子掉转头，在地上不慌不忙地写出了"疙瘩"二字，在大家的惊羡声中把那块大骨头夹了起来。然而父亲夹起骨头后并没有吃，只是用舌头舔了舔骨头上的汤汁，然后转身就把骨头递到了我的手里。现在每忆及此，我都有一种泪水在眼中打转的感受。

后来茶山实行了家庭联产承包责任制，茶园全部包产到户，并逐步实现了工厂化生产和机械化炒制，过去那种原始的大作坊式的炒茶景象早已成为历史。

我所见证的茶变迁

党的十一届三中全会像浩荡的春风，吹遍了千山万水，催开了千树万花，也给信阳的茶产业带来了勃勃生机。

这时候党的工作重心已由政治斗争转向经济建设，各茶山普遍实行了家庭联产承包责任制。各级领导认准了茶叶生产是富乡富民的支柱产业，出台了一系列鼓励种茶的新举措，信阳毛尖茶不仅产量在迅速增加，质量也产生了飞跃，一块块奖牌放射着光彩，一阵阵春潮激荡着茶乡。

从1979年至2000年,可以说是信阳茶叶的快速发展期,茶产业规模初步形成,产业地位日益上升。在这种形势下,信阳西部山区的茶叶生产较好地抓住了发展机遇,形成了突出的产业优势。主要特点是:广大干部群众对茶叶的商品意识增强,越来越注重把茶叶作为脱贫致富的重要产业来抓,茶叶种植面积在20年内翻了两番,出现了种茶高潮;茶农的质量意识普遍提高,创名牌、出精品已成为大家的自觉行动。继1990年"龙潭牌"信阳毛尖荣获全国质量金奖、成为"绿茶之王"后,1999年"五云山牌"信阳毛尖又获得昆明世界园艺博览会金奖。两块金牌闯市场,从此树立了信阳毛尖茶品牌的新里程碑,涌现出了以五云茶叶集团、文新茶叶公司为代表的一批茶界龙头企业,这不仅为信阳整合茶叶资源、实施名牌兴茶战略创造了成功经验,更为全市茶叶的产业化发展战略注入了活力。积极参与一年一度的中国信阳茶文化节,以茶会友、增进友谊、扩大开放意识已深入人心。以茶叶为载体,信阳伴随着时代的脚步,逐步走向国内外大舞台。

新世纪是信阳茶叶的高速发展期,更是茶产业的转型升级期。特别是信阳红茶的成功问世,打破了红茶不能过长江和信阳不能生产红茶的历史,开启了信阳茶产业的新纪元。这个时期,信阳西部山区的茶企、茶合作社大批涌现,茶产业发展呈现规模化、产业化、集聚化、品牌化的良好态势,茶产业已成为全市乃至中原经济区建设的支柱产业。

茶叶装点了青山,滋养了人类,催生了文化,也带动了茶乡的一派繁荣。作为一名长期关注信阳茶产业发展、热心信阳茶文化传播的老新闻工作者,我通过长期深入茶乡采访和个人观察,感到这些年茶乡变化最大的还是体现在以下几个方面:

一是茶叶加工实现了机械化,茶业的富民作用更增强了。我市的机械制茶虽然起步较晚,但进入新世纪后发展较快,目前全市90%以上的茶叶都由机械或半机械化加工完成,只有少量还保留着传统的手工制茶方法。现全市的名优茶机械加工体系已经形成,有些工艺甚至处于全国或国际领先水平。机械加工茶叶的优点不仅在于减轻了劳动强度,提高了劳动效率,更在于形成了茶叶生产分工的进一步细化。茶叶下山后先进入鲜叶市场交易,这是第一次商品化;通过市场调节进入专业的机械加工车间,形成成品茶,这是第二次商品化;然后通过经销商和各类批发环节,进入城乡零售市场,这是第三次商品化。在与茶农的交谈中我惊喜地看到,有不少茶农已经不通过炒茶和卖茶,单靠经营鲜叶就已经致富了,大大拓宽了茶农的致富之路。

二是茶林深处路路通,茶农的生产和生活条件得到改善。2021年的茶文化节期间,我随几位老友回浉河区董家河茶乡走了几趟。所到之处,只见群山竞秀,茶林吐翠,一条条崭新的水泥路蜿蜒起伏地伸向大山的深处,路上人来车往,笑语不绝,显示着茶乡的一派繁荣。同行的镇村干部介绍说,这是近年来实施脱贫攻坚和交通惠民工程带来的可喜变化。据了解,目前董家河镇各产茶村不仅全部修通了水泥路,而且各村民组和重要居民点也都有了硬化路面。用茶农自己的话说,他们与城里人缩小的不是路上的差距,而是直接融入了现代文明生活。在我的老家云雾村走访时,村民还给我讲了这样一个笑话:有位姓佘的茶农娶了董家河街上的一位儿媳妇,一天早上那新媳妇生了小病,想吃董家河街上的胡辣汤配热干面,可惜丈夫不在家。其老公公一听笑了,说:“到街上不就30多里路吗?这事要放从前,想都不敢想,现在容易了。”说罢他开起小汽车冲上公路,仅一个多小时的时间,就把儿媳妇想吃的东西买回了,而且还热腾腾地冒着香气。

三是茶场当作风景建,茶旅融合发展之路更宽广了。近年来,我市以开发茶基地、发展茶经济、融入茶文化、建好茶城市为主导,大力加强茶文化旅游项目的开发,强化基础设施建设,有效地提高了茶旅融合发展的核心竞争力。如果你开车到信阳西南部的各茶乡走走,特别是到环南湾湖的百公里茶廊看看,你会发现这里沿途各类茶馆、茶楼、茶坊、茶社、茶餐厅、茶艺苑、茶观光园、茶文化园等星罗棋布,争奇斗艳,使人处处感受到春风扑面,茶香怡人。如果你有兴趣再走进村子里瞧瞧,会发现这里建设最好的房子是茶老板的,最好的景观是原生态的。清一色的新民居赏心悦目,房前屋后干净整洁,时有因地制宜建设的山、石、花、木等生态小景点缀其间,让人总有眼前一亮的感觉。随处可见三五成群的游人漫步在茶山上,出入于农户中。

四是人的精神面貌大改观,乡风文明更和谐。结合脱贫攻坚和乡村振兴建设,各乡村大力推进改水、改厕、改圈、改路等工作,加快农村城镇化、建设规范化、生活小区化、服务社会化的发展进程,人们的精神面貌发生了可喜的改观。现在只要走进各茶村,只见生产发展,乡风文明,老有所养,幼有所教,到处呈现“村庄美、民风好、经济活、人欢笑”的喜人景象。难怪有位老茶农风趣地说:“只因村风民风好了,狗子也不见人咬了!”

我所参与的茶宣传

我出生在浉河区董家河镇一个普通茶农的家庭,年轻时参军入伍,直到1981年才辗转受聘到原信阳县广播站当了一名编辑。

那时县广播站负责人是袁维龙同志,他那时正好人到中年,工作很有魄力,把个县广播站带得生气蓬勃。1984年董家河乡抓住农村实行家庭联产承包责任制后焕发的生产积极性,组织群众大力垦山种茶,全乡出现了改革开放后的第一个种茶热潮。我和袁维龙同志深入该乡采访写的《千年名茶飘异香》配乐通讯,在河南人民广播电台播出后,在全县引起了强烈反响。1987年我根据一位茶乡亲戚每年给我送茶的质量变化，写了《又见表弟送茶来》的新闻故事，在《河南质量报》发表后被评为全省“质量杯”二等奖，荣获奖品熊猫牌电视机一台。该报编辑给我写信说：“你的稿件深刻反映了改革开放后茶农质量意识的提高，很有现实意义。”这件事对我鼓舞很大。

1992 年 5 月，首届中国信阳茶文化节成功举办。为配合这一重大宣传活动，我先后深入信阳西部山区的车云山、云雾山、集云山、天云山、连云山、擒龙山、云阳山、白龙潭、黑龙潭、何家寨等十大产茶名山采访，分别写出了 10 篇反映这些茶山茶农创新劳动的新闻报道，在县广播站播出后产生了良好反响。县里一位领导对我说：“系统而又集中地介绍信阳产茶名山，你这是第一次，是个宣传的好策划。”

我时常在想，我是一个真正的茶农的儿子，现在虽然因工作离开了茶锅和茶把子，但我的思想和感情是永远和茶农联系在一起的。面对新时期茶乡的深刻变化，作为一名新闻工作者应该追踪时代的脚步，反映时代的强音，讴歌时代的发展，折射时代的风云，以自己特有的职业敏感，记录下茶乡发展的美丽瞬间，做无愧于党和人民的新型茶文化传播者和时代记录员。我经常有意识地深入信阳茶乡采访，与广大乡村干部和茶农广交朋友，自觉把自己的笔尖和话筒对准基层的茶事和茶人。我走访过龙潭茶业公司、五云茶业集团、文新茶业公司、广义茶业公司，瞭望台茶业公司、德茗茶业公司、九华山茶业公司、金刚台茶业合作社、其鹏茶业公司等 20 多个明星茶企业，也采访过诸如黄执优、贵元、刘文新、周祖宏、徐德山、王辉、舒学昌、杨传根等数十位知名茶老板和茶人。我以我的劳动和汗水，向广大读者和听众奉献了一篇篇来自最基层的茶界新闻报道。

进入新的世纪，信阳的茶产业迎来了快速发展期，但也出现了一些新情况，比如采茶工严重不足，外地劣质茶冒充信阳茶销售，品牌化经营力度不够等。我带着这些问题进行调查研究，先后写出了《山中来了打工妹——浉河区董家河乡招用采茶工现象透视》《西山来客》《擦亮信阳名茶的招牌》等多篇社会调查性新闻通讯，发表后赢得了社会各界的不少好评。其中《山中来了打工妹——浉河区董家河乡招用采茶工现象透视》一文，在《信阳日报》头版刊发后，还被《大河报》采用。

长期与茶人茶事打交道，也使我不断加深了对信阳茶的认识。茶叶是古老的，见证着历史，滋养着人类；茶叶也是博大的，承载着文化，传播着友谊；茶叶更是厚重的，寄托着梦想，带动着民生。我为家乡有这样的历史名茶而骄傲，更为家乡与时俱进的茶文化而倾倒。我把宣传家乡名茶当作自己应尽的责任，喝茶、写茶和赞美茶已成为我新闻生涯的重要组成部分。在我的新闻作品中，字里行间能闻到茶香，能听到鸟鸣。这样日积月累，我的案头堆积了多少茶文茶稿已经记不太清了。听从几位老朋友的建议，我把这些文稿整理了一下，分别以“茶乡行吟”“茶乡纪事”“茶乡诗话”和“茶乡纪闲”为书名公开付梓，总计 100 余万字，算是一位老新闻工作者的墨迹留痕。

此外,在力所能及的情况下,我也积极参与社会茶文化活动。先后与人合著或参与编辑了《五云茶韵》《中原茶典》《茶缘》《信阳茶论》等书,又计100多万字。这里特别需要提及的是,信阳市高级农艺师、原国家名茶专家评委黄执优先生一生从事茶叶科学研究,为信阳名茶创国优和创办茶文化节做出了重大贡献。他一生著述丰富,晚年想把毕生文稿整理成书,传之后世,可惜由于身体原因已经力不能任。2017年春他找到袁维龙和我,还有平桥区的杨家山、胡思云等4位老同志,要我们忙里抽闲,一定把他的这本书编好。我们几位受命后分工负责加班加点,历时3个多月,终于把这本50余万字的《信阳茶论》编成付印了,实现了黄老先生的一桩临终夙愿。目前,黄老先生已作古,这本书也成为他留给信阳茶乡人民的一笔宝贵财富。

我所知道的茶养生

我与浉河区祝佛寺的住持释昌盛师父是老朋友,大概是2011年秋的一天,我到祝佛寺内游玩,与身为信阳市政协委员的昌盛师父一起闲坐品茶。

当时我突发奇想,问昌盛师父:"你们出家人颈上总爱戴着一串佛珠,请问这佛珠也有数吗?"昌盛一听笑了,说:"有哇! 你不是爱研究茶文化吗,这佛珠的数目也与茶文化有着一定的联系。"见我疑惑不解,他解释说:"我国有以茶敬老的传统习惯,将108岁尊称为茶寿。因为茶字上面的草字头拆开是二十,下面的人和木字拆开是八十八,加起来正好是108岁。"说到这里他从颈上取下佛珠串递给我说:"你数数,佛珠是有大有小的,但是数目都一样,108颗,正好暗合了茶寿的数字。我们常说佛茶有缘,禅茶一味,这也算是有缘吧!"

昌盛师父的话使我大受启发。人们早就知道茶是健康的饮料,饮茶不仅能生津止渴,而且能祛病强身,扶人高寿,因此以茶养生一直是我国人民的传统习惯。远的不说,现代茶界名人吴觉农、王泽农、庄晚芳等,都是耄耋长者,他们总结自己的长寿经验,无一不与喝茶有着密切的关系。全国人大原副委员长、史学泰斗周谷城一生嗜茶,活了98岁。他在一首《访问老人之家》诗中写道:"作客老人家,畅饮一杯茶。朋友如云至,春意满天涯。"他把饮茶的意境描绘得春意盎然,让人一饮为快。朱德是我国第一代中央领导集体中的一位长寿者,他也有一首赞美饮茶益寿的绝句:"庐山云雾茶,味浓性泼辣。若得常年饮,延年益寿法。"他用直白的笔法,阐明了饮茶与长寿的关系,读后受益良多。

在我的身边更有不少茶寿星的例子。比如我的老领导兼新闻同行袁维龙嗜茶,他的父母也爱喝茶,结果其父亲享年90岁、母亲享年96岁仙逝。我的另一位老战友兼新闻同行李建新的母亲，平时喜欢喝茶，今年 88 岁仍能点瓜种豆，从事一些简单的家务劳动。而我自己的老母亲始终保持着喝信阳毛尖茶的习惯，今年 96 岁了生活仍能自理，除了耳朵有些失聪外，其他基本没有什么大的毛病。在我的老家董家河茶乡，像这样的高寿老人比比皆是，都说喝茶能延年益寿，此话别人不信我信。

现代科学证明，喝茶确实有益健康。特别是对一些嗜酒的老年人，人老了不能多喝酒，喝茶正好可以清心明目，降低“四高”，从而达到强身健体的目的。记得“文革”的后期，原信阳驻军 765 医院（后来的 154 医院）的医护人员曾到我的老家云雾村采集中草药，在村里住了半月之久。其中有位叫屈良斋的军医常到我家喝茶，向我们普及了不少以茶治病的知识。他说茶叶不仅能饱饮解渴，还能防治许多疾病，古人有“茶乃万病之药”的说法，我国有文字记载的茶疗方就有 1 000 多种。比如茶农们每天晚上要加班炒茶，有时通宵达旦也不感到困倦，这是因为大家在炒茶时经常饮茶，茶有提神明目的功效；再比如我们在吃了荤食之后，喝点茶胃里会感到舒服很多，这是因为茶有去油腻和清洁肠胃的作用；我们茶山人患高血压、冠心病或高血脂病的很少，这也与饮茶对改善血液循环有很大关系。茶叶实在是大自然恩赐于我们人类的美好东西。军医们向茶农介绍的许多用茶防病治病的茶疗方，至今仍在茶山流传，大家感到十分受用。

在写这篇文字的时候，我又回了一趟我的老家董家河镇云雾茶山，不是寻找灵感，而是怀旧使然。作为这片灵山秀水中的一名普通茶人，前不见古人，后不见来者，唯茶香之悠悠，独钟情而流连。我想，晚年能为家乡茶产业的发展、茶文化的发扬光大做点有益的事情，足矣！

本文作者唐道武，1953 年出生，信阳市浉河区董家河乡人。曾任《信阳广播电视报》副总编辑。退休后为《老记者视野》杂志副总编。

一部清香茶志的诞生

陈晓玲

信阳盛产茶叶，茶历史源远流长，茶文化博大精深。编纂一部记录信阳茶叶发展历史的志书，是我们史志人的梦想。从2014年启动到2019年出版，经过5年的艰苦奋战，一部清香弥漫的《信阳茶叶志》终于脱颖而出。我作为市史志办党组书记、主任、茶志主编，荣幸地参与和见证了茶志的编纂历程。

《信阳茶叶志》由市地方史志编纂委员会主持，市地方史志办公室承编，中州古籍出版社出版。装帧精美，古朴典雅。全书共19章67节，约100万字，其中彩色图片200余幅、随文图片300余幅。上限追溯至远古，下限记载到2014年。立足于茶叶的生物属性、经济属性、文化属性，客观、系统记述了信阳茶的起源，信阳茶叶生产的历史与现状，信阳茶文化的艺术源流与表现形式，是信阳市政府主持编纂出版的首部茶志。信阳种茶历史悠久，是名茶之乡，早在唐宋时期就是淮南茶的重要产区。中华人民共和国成立后，信阳毛尖一直位于中国十大名茶之列，已成为信阳地方文化不可或缺的精髓，更是信阳闻名全国乃至世界的靓丽名片。茶叶为信阳的发展创造出不老的神话，但是信阳历史上没有茶叶志，这是信阳茶区之憾，更是信阳茶人之痛。为弥补这一历史空白，我与市史志办的同仁，站位全局，向市政府主动请缨，以敢于担当的勇气和精神，积极谋划，决定开展茶志编纂工作。这一请示得到了市政府的高度重视和大力支持。2014年10月28日，市地方史志办公室在浉河区浉河港镇召开《中国信阳茶志》编纂工作座谈会，市政府副市长曹新生出席座谈会并讲话，对茶志编纂工作提出明确要求。12月9日，信阳市人民政府办公室印发了《关于开展〈中国信阳茶志〉编纂工作的通知》（信政办〔2014〕145号），茶志编纂工作在全市正式启动。

市史志办抽调专门人员成立茶志编辑部，使编修工作有了组织和人员保障。坚持科学性、思想性、资料性相结合的原则，广泛征求有关部门和专家意见，反复研究，形成了基本适合信阳市情、能够反映全市茶区全貌、体现专业志特点、又有所创新的志书篇目。并在实际工作中不断探索，对初定篇目进行了多次大的调整和修改，扎扎实实迈出了志书编修的第一步。

按照茶志编集大纲要求，市史志办把内容分解到各县区和市直有关部门。我带队深入各供稿单位，宣传编纂茶志的重要意义，给予面对面的业务指导和交流，推动了撰稿工作的开展。征集资料是最艰难的环节。这项工作得到了各县区、市直各部门的热情支持，收集了大量的第一手资料，保证了资料的丰富和完整。

茶叶志是一部专业性很强的志书。针对编修过程中遇到的困难和问题，我们锲而不舍，坚持不懈，多措并举，强力推进，采取召开会议、举办培训、实地调研、面对面指导等形式推动工作。先后在大别山干部学院、浉河区浉河港镇召开茶志编纂工作推进会议，各县（区）政府分管史志工作的副县（区）长参加了会议，取得良好效果。全市各撰稿单位积极行动，一大批质量较高的稿件先后送交到茶志编辑部，如期完成了撰稿任务，为茶志编纂奠定了坚实基础，形成近百万字的初稿。

市史志办组织编纂人员一方面在干中学、学着干，另一方面积极走出去，向外地史志部门学习。为拓宽视野，开阔思路，主纂人员专程到已经编纂过茶叶志的浙江、江苏，与当地史志界同仁交流，探讨茶叶志编纂过程中的重点难点问题，寻求科学编修方法。并多次组织市县两级史志部门负责人和业务骨干，到外地学习编修经验。同时，还专门购买了与茶叶有关的书籍，为编辑人员提供更多的学习借鉴资料。

市史志办编纂人员发扬铁心修志、吃苦耐劳的精神，加班加点，辛勤工作，先后四易其稿。每一稿的修改，主编、副主编都积极参与，认真审阅，严把资料关、体例关、史实关，提出详细的修改意见。编辑人员在此基础上，再次收集和挖掘新的资料，重新调整完善内容。每一次修改都是一个呕心沥血的过程，付出了辛勤的劳动，志稿质量不断提高。

志稿成形后，市地方史志编纂委员会以高度的责任心，先后两次召开评审会，组织专家对志书把脉问诊，征求修改意见。2017 年 12 月 19 日，市政府办公室主持召开《中国信阳茶志》第一次评审会议。市人大常委会副主任杨明忠出席会议，省、市县（区）史志部门业务骨干及市直有关专家 36 人参加会议。会议采纳专家意见，把《中国信阳茶志》更名为《信阳茶叶志》。2018 年 9 月 27 日，市政府办公室主持召开《信阳茶叶志》第二次评审会，副市长张明春出席会议，有关茶专家及市、县（区）两级史志业务骨干 40 人参加会议。两次评审会意义重大，成效明显。与会人员认真评议，畅所欲言，提出许多宝贵意见，对进一步修改志稿、提高质量起到了积极的指导作用。编辑人员再次收集和挖掘新的资料，重新进行章节调整，使篇目设计更加科学，布局更加合理，层次更加分明。主编、副主编进行认真的审读，对每一章都提出详细的修改意见。经过完善，新增文字 2 万余字，新增图片 50 余幅，使志书成稿时达 100 万字，图片 500 余幅。

《信阳茶叶志》的编纂工作，得到了各级领导和社会各界的关心、支持。市委、市政府领导始终高度重视编纂工作。省人大常委会副主任、市委书记乔新江给我写信,高度评价编纂《信阳茶叶志》的重要意义,充分肯定志书的质量,并审阅志稿,提出修改意见。市政府市长尚朝阳为志书作序,并帮助解决修志专项经费。市政府先后分管史志工作的副市长曹新生、张明春多次督查编纂工作,对志稿质量提出严格要求。各县区和市直有关单位为本志提供了高质量的文字和图片资料,社会各界人士对编纂工作给予了广泛的关注、关心和支持。如市茶办、市农科院、信阳农林学院、市委党校、市供销社等单位,派专家和业务骨干积极撰稿。尤其是黄执优、张久谦、吕立哲、郭桂义、张清改等,积极提供稿件,并为提升志稿质量多次提出建设性意见。李吉光、胡先华在志书编纂过程中,加班加点,辛勤付出,无私奉献。市摄影家协会为丰富志书载体提供了大量有价值的图片。在多方关爱支持的沃土里,《信阳茶叶志》像一颗宝石,不断地得到锤炼、结晶、升华。

一芽一叶一世界,一字一句总关情。历史是文化的积淀。信阳是一座丰厚的历史文化宝库,地方文化博大精深,修志工作绵延不断。茶志编纂为专业志的编修探索了路径,积累了经验。修志工作虽然清苦、艰苦、辛苦,但是能从事修志工作深感荣耀、荣光和荣幸。史志搭建平台,修志成就梦想。我作为主编,从志稿内容、图片的筛选、编辑到图书的装帧,直接参与,付出多年的心血,终于取得成果。《信阳茶叶志》的出版弥补了历史缺憾,也圆了我们修志人的梦想。

一部茶叶志,既是信阳茶叶的发展史,也是千百年来信阳人民辛勤耕耘的奋斗史;不仅是记录信阳茶的历史脉络和印记,更是对信阳茶人精神的传播与传承。仰望历史的大空,《信阳茶叶志》这颗绿色的明星,正闪烁着智慧的光芒,送前人以慰藉,给来者以启迪。

本文作者陈晓玲,女,罗山县朱堂乡人,省作家协会会员。现任信阳市地方史志办公室主任、党组书记。

回忆《信阳市浉河区茶叶志》编纂过程

胡先华

《信阳市浉河区茶叶志》(以下简称《茶叶志》)上限为茶叶传入信阳之初的春秋时期,下限至2013年底,全书83万字,采用述、记、志、传、表、图、录等体裁,全面系统地反映了浉河区茶产业发展与变化的历史轨迹。

浉河区是信阳毛尖原产地和核心产区,也是“信阳红”红茶的诞生地。浉河区是国家林业局命名的“中国茶叶之乡”,是中国茶叶流通协会确定的“全国十大重点产茶县区”,在我国茶叶领域占据十分重要的地位。编纂一部关于浉河区茶叶的志书是一件十分有意义的工作。

我参与了《茶叶志》的编纂工作,现就自己知道的编纂过程作一些回忆。

起　因

2010年5月,我从区供销社调到区史志办工作。2012年10月,主任调到新岗位了,单位只剩我一个人,组织上让我暂时主持工作,着重做好年终工作扫尾和下年工作计划。

12月份在设想下年工作计划时,一个由来已久的想法跃入我的脑际。那就是编一部《茶叶志》。信阳是名茶之乡,早在唐宋时期,信阳就是淮南茶的重要产区。1915年信阳县车云茶社送展的车云龙井茶荣获“巴拿马-太平洋国际博览会”金质奖章、奖状,很快就是获奖100周年了。特别是从1992年,我市主办每年一届的茶文化节之后,信阳茶叶已是信阳文化里不可或缺的精髓,更是信阳闻名全国乃至世界的靓丽名片。但是信阳还没有一部茶叶志书,这让想全面了解信阳茶叶的人不知从何处去了解,实属茶乡之憾。信阳应该有一部茶志。

我正式向区政府分管领导万家永同志提出编纂《茶叶志》的想法,得到他的赞同,很快被提到区政府常务会议审议。区政府同意2013年启动这部专业志的编纂工作,并写入《政府工作报告》。当年,作为年度工作目标纳入区目标办的考核。

初　编

2013年3月中旬，组织派罗毅同志任区史志办主任。我俩在商议工作时，着重提到编纂《茶叶志》一事。他说编《茶叶志》是政府研究确定的工作，是史志部门的重要职责，我们不仅要立即做，还要尽最大努力做好，争取编出一部能被茶乡人民认可的好志书。

当时，单位只有我们两个人。罗主任新来乍到，我虽说来两年多了，但一直是配合原主任编每年一卷的《浉河年鉴》，也没有编过志书。要编纂一部专业志书，不仅耗时间、耗精力，更为重要的是得有编志的专业人才。可那时候参加过《信阳市志》编纂的人员或者退休了，或者调出了史志部门，一时难以找到合适的编纂人员。如果没有人来做，再好的想法都是空中楼阁。罗毅主任跟我商量，由我来负责编纂《茶叶志》。

说一句实在话，我那时也真的想参与编一本志书，不然就不会明知没人来编的情况下，还向区政府建议编《茶叶志》了。我年轻时就很喜欢文史，早年曾有过参与编纂《信阳市志》的想法。就是为了这个梦想，2010年我向组织要求调到了史志办。可这时的史志办因《信阳市志》已出版，下一轮志书的编纂工作还没有启动。若等下轮志书启动编纂，我可能也已经退休了。所以我才于公于私提出这个编纂《茶叶志》的建议。但当真正要担负起这副担子时，我心里却没有底了。我那几年虽说看过一些别人编的志书，参加过省、市举办的两次志书编写培训会及信阳市、固始县、光山县二轮志书的省级评稿会，但也仅此而已。再者，一部志书一般是由多人分头编写，最后合到一块儿由主编来统稿完成的。可当时并不具备这个条件，单位只有我和主任两个人。

从4月份起，我开始对近几年就编纂《茶叶志》的零碎思考一点点梳理出来，拟出《茶叶志》编纂大纲草稿。罗主任认为可以按这个草稿征求有关部门的意见。5月，区委、区政府召开《茶叶志》编纂工作座谈会，座谈会特别邀请市史志办陈晓玲主任和几位编志专家与会，区委邵春杰书记、区政府邵七一区长在百忙中也亲临会议，大大鼓励了我们。座谈会对草拟大纲进行讨论，提出了一些修改建议。会后，我经过认真修改，写出《茶叶志》编纂大纲正式稿。6月初，区委、政府两办以“浉办(2013)10号”文件发出了《关于做好〈浉河区茶志〉组稿工作的通知》。至此，编纂《茶叶志》工作在全区启动。

在这前后，组织上对单位人员进行了调整。5月初，陈宏伟调史志办任副主任。6月初，我改任副科级干部。代表组织谈话的领导对我说：“你以后有时间了可以干一些自己想干的事了。”这就是说按当时区委管理干部的要求，我可以不再来单位上班了。我当时最想干的事就是编纂《茶叶志》。罗主任也热情挽留我留下来继续编纂这部志书，我于是就留在单位专门负责编纂《茶叶志》。

万事开头难，一个新手要独立来编一部专业志书，本身就是一件极难的事。还有另一个极难的事，就是没有可以借鉴学习的版本。河南省当时没有一部茶叶志，全国的茶叶志也只有寥寥几部，我们又没有收藏。到底应该怎么编？我心里没有一点谱，只能“摸着石头过河”。我电脑里的原始稿，仅初稿就编了 3 稿，每一稿的章节及内容都作了很大的改动。

现在回头来看，编纂最大的困难，不在于没有编纂经验，最难办的是资料收集不上来。巧妇难为无米之炊。按修志行家的说法，要编出一部 100 万字的志书，得有 1 000 万字的原始资料。《茶叶志》编纂工作启动后，区史志办对全区各供稿单位确定的供稿人员，通过以会代训、座谈辅导等形式，开展修志业务培训。并按供稿任务量大小，对供稿单位报送资料的质量和时间提出明确要求，经常督促工作进度。通过种种努力，各供稿单位报来了一批资料性稿件，但远远不够编纂要求。我保存的各单位提供的原始资料只有 30 多万字，可见收集资料该有多难。有个主要产茶乡镇，只提供了 3 000 字，大多数乡镇提供的资料都在 5 000 字以下. 面对这样的尴尬，罗主任亲自去找一些乡镇主要领导，请他们支持修志工作。罗主任还让我买来《信阳毛尖》《中原茶典》等大量参考书籍、文献。我也从互联网上选取一部分能用的资料。另外，《信阳县志》《信阳市志》及《平桥区志》也记载了部分茶叶内容。茶叶志的初稿，就是依靠这几个方面的资料写成的。

这又带来一个问题：网上的资料很难鉴别真假，稍不小心就把错误的东西选用了。这对修志来讲是绝对不可以的。我从一开始，对从互联网上查找到的资料，选用时总是很谨慎，反复推敲后才敢采用，拿不准的宁可不用。即便如此，我仍不放心。我和罗主任商量想了个笨办法，就是把已写出的初稿拆分成若干个部分，用电子邮件发给相关部门，请他们改错补漏。需要填的表格，我先设计好，请他们按表的要求填上准确的数字，再用邮件发给我。这样做后，我对选用材料的准确性才基本放心了。

解决了收集资料的难题，下一步就是对资料去粗存精，去伪存真，进行分类、归类，然后用志体语言来进行叙述。这是一项耗时耗力的工作。从信阳市各县区第一轮和第二轮综合志书的编纂时间看，一部综合志书的编纂从启动到出版，往往需要七八年甚至十几年时间。这些志书是多人在同时编写，往往要历经几任主编才能编成。虽说茶叶志是一部专业志，但具体做这项工作的只有我一个人，又要负责收集资料，又要编写。赶在当时确定的 2015 年出版，时间非常仓促和紧迫，罗主任担心我能不能按时拿出初稿，我自己也害怕拿不出来，就只得晚上在家里加班加点，坐在电脑前一干就是几个小时，甚至星期天也很少休息。

修　改

初稿写出来后，我和罗主任有一个共同的担心，就是写得像不像一部志书。志书的文字表述不同于工作总结、工作报告、调查报告，也不同于文学作品或教科书，它的文体被称为志体语言。我们商议后决定请市史志办方志科的蒋久锋同志帮我们把关。

蒋久锋同志应我们的邀请对初稿部分章节的内容进行了重新整合，如把原先分开设章的收购、销售、价格、市场合并为一章等，使志书的框架体系和内在质量都有较大提高。后来的内审稿、送审稿都是在这次框架调整的基础上不断修改、调整和补充完善而来的。由于他认为修志不能越界，“浉河区的茶叶志只写浉河区的事，不能写成了信阳市茶叶志”，因此删去了一些重要章节，如茶旅游、茶科研、茶文化节等，由初稿 31 章删减为 13 章，总字数由 56 万字删减为不到 32 万字。

我和罗主任经过认真讨论，汲取了蒋久峰同志改稿的长处，但是坚持了“只要是发生在浉河区地盘上的茶事，就尽量收进来”的最初想法，恢复了茶旅游茶文化节等内容。由于内审稿成稿太仓促，初稿中很多重要内容还是没能恢复，如“茶叶科研”“茶叶评比”“茶叶品牌与商标”等。

这年秋，信阳市启动《信阳茶叶志》编纂工作。10 月 28 日，《信阳茶叶志》编纂工作暨旧志整理工作座谈会在浉河区召开。在这次会议上，我们编的内审稿作为资料分送给各县区史志同仁广泛征求意见。会后，我根据这次会议得到的一些启发和进一步的思考，开始对内审稿进行修改。一方面调整章节架构，使章节的设置逐步趋向基本合理:另一方面对内审稿进行取舍删增，尽量用志体语言表述。当年 12 月份，终于形成 21 章 50 多万字的评审稿。

评　审

2015 年 4 月 12 日，市史志办在浉河区召开《茶叶志》市级评审会。市史志办陈晓玲主任、郭兵副主任、区政府邵七一区长、分管领导万家永等领导同志，以及信阳农林学院茶学系郭桂义主任、市农科院茶叶研究所吕立哲所长、市茶叶办公室业务科张久谦科长等专家学者和各兄弟县区史志办主任等 30 余人参加会议。邵区长致开幕词。评审会议由郭兵副主任主持。评审人员总体肯定《茶叶志》观点正确、体例完备、资料翔实、语言流畅、框架结构合理，富有时代气息，彰显浉河特色，真实地反映出浉河区作为信阳毛尖原产地和主产区的历史发展历程，尤其是 1998 年撤市设区以来的发展变化。评审专家们在肯定志稿框架结构合理、特色突出的同时,也提出不少合理化建议和修改意见。

成 书

市级评审会议结束后,区史志办针对专家提出的修改意见,进行梳理和分析,制订修改方案。这次修改由罗主任和我负责。我俩各有侧重。我重点继续收集资料,对需要补充的内容再一次查漏补缺,使之趋向完善;罗主任作为主编则侧重全书的审核、统稿、定稿。经过艰苦的修改、充实、完善,全书逻辑更加严谨,叙述风格更加统一,文字更切合志体语言的要求。对修改中出现的章节调整及内容增删有不同看法时,我俩做到了互相沟通,择善而从。由于分工合理,因此修改一直很顺利,在2015年10月底形成20章80余万字的正式稿。同时,为充分体现浉河区茶园自然风光、历史文化和改革开放以来茶产业的发展变化,美化版面、直观形象地表达志书内容,做到图文并茂,区史志办副主任陈宏伟向社会各界征集了大量的珍贵图片。为文中配图,以及后期的修改校对丰富了内容。2015年初刘丽丽同志调到区史志办工作,她也参与了后期的部分工作。10月正式稿送市史志办审核验收。11月接到市史志办的审核验收通过意见。在中州古籍出版社的严格审查下,于2015年12月正式进厂印刷出版。这年正好是信阳毛尖获得"巴拿马-太平洋国际博览会"金奖100周年。

回顾《茶叶志》的出版,是浉河区委、区政府高度重视的结果。区委、区政府十分关心史志办和《茶叶志》编纂工作,多次听取《茶叶志》编纂工作进展情况汇报,及时充实史志办工作人员,解决修志专项经费,保障了《茶叶志》编纂工作的顺利开展。《茶叶志》的成书也是史志办几位同仁团结协作、同心同德、共同努力的结果,同时也是社会各界关心和支持的结果。我有幸参与《茶叶志》的编纂,也算是了却了一个夙愿。

本文由浉河区政协提供。

茶匠竞技　传承技艺
——记忆中的信阳毛尖手工炒茶大赛

张广成　口述　王　栋　整理

炒茶比赛缘起

浉河区是从2009年开始举办信阳毛尖手工炒茶大赛活动的。为什么要举办这一大赛呢?

2007年2月,信阳毛尖传统手工采制技艺成功申报了河南省非物质文化遗产项目,对传承信阳毛尖传统技艺有着极大的鼓舞。但是信阳毛尖制茶技术随着机械化炒制的普及,传统的纯手工制茶越来越少,信阳毛尖传统技艺面临着后继乏人的局面。我区为了保护信阳毛尖传统炒制技艺这一非物质文化遗产,鼓励更多的年轻人成为炒茶能手,传承技艺,让原汁原味的正宗信阳毛尖传统技艺永世流传,开始了信阳毛尖手工炒茶大赛的筹备工作。

2009年,我任浉河区茶叶办公室主任。我区的炒茶比赛自然要由区茶办承办,我作为茶办的负责人,承担了炒茶大赛的具体组织工作,亲身经历了浉河区每届炒茶大赛。每届大赛都有创意,都凝聚着工作人员和爱茶人的心血。

我区每年举办的炒茶比赛都赢得了制茶人的广泛参与,提高了广大茶农对信阳毛尖传统炒制工艺的重视,完善了手工制茶工艺和炒茶技术,使得信阳毛尖在全国"十大名茶"中的地位更加巩固。

浉河区信阳毛尖炒茶大赛共举办了六届,在广大茶农中产生了良好反响。让我感到欣慰的是,历届的金、银奖炒茶选手成为众多茶企高薪争聘的实用人才,月薪普遍在万元以上。同时,传统手工炒茶技艺避免了因机械揉捻产生的条叶破损和混汤现象,保证了信阳毛尖"光、圆、细、直、多白毫,汤清色绿,滋味醇厚"的优良品质,维护了信阳毛尖千年流传下来的荣誉。

炒茶比赛历程

第一届“龙潭杯”信阳毛尖手工炒茶大赛

我记得第一届信阳毛尖手工炒茶大赛是2009年9月23日、24日在董家河镇车云山举办的。由于是第一届手工炒茶比赛,因此区领导非常重视,邀请来了市长郭瑞民、市级干部钟家智、副市长张继敬、市政协副主席曹茂明出席开幕式,市茶办、市农业局、市林业局、市供销社、市农行的主要负责同志参加活动。开幕式共有四项议程:第一项是区委常委、组织部部长梁玉峰致开幕词。第二项是评委宣誓。信阳农专的郭桂义教授代表评委宣誓,保证公平正义。参加本次比赛的评委还有市茶办副主任夏国宗、市农科院茶叶研究所所长吕立哲、信阳师院教授袁正芳、五云茶叶集团评茶师倪宝春、浉河区农业局的孙佳武、我和区林业局的井忠健。第三项是选手宣誓。董家河乡的岳家军代表全体参赛选手宣誓。最后是市长郭瑞民宣布首届浉河区信阳毛尖手工炒茶大赛开幕。开幕仪式后,选手进入操作间开始比赛。这个比赛流程基本一直持续到现在,为后来的炒茶比赛奠定了基础。

当天的炒茶赛区,场外彩旗轻舞,琴声悠扬,精湛的茶艺表演仿佛将人带入幽静的品茗意境。场内热火朝天,各路炒茶高手在茶锅前一字站开,随着手中竹把娴熟的翻炒、抖动,原本青翠的茶叶渐渐变干,变得紧圆,赛场内茶香四溢……在比赛现场,正忙着给刚出锅的茶叶“拉风”的董家河乡种茶大户岳家军说:“尽管家里也买了制茶机械,但等级高的鲜叶还是采用手工炒制,这样口感更好、品质更高。”采访中,多数选手和茶农也都表示,虽然茶农普遍添置了制茶机械劳动强度因此大大减轻,效率也得到提高,但高手炒制的信阳毛尖汤色更绿、香味更浓、口感更醇,他们希望能保留、发扬传统手工炒茶工艺,不断提高制茶水平。

我当时就想搭建平台增进茶农间的学习交流,传承手工炒茶技艺,弘扬信阳毛尖文化,促进茶农增收致富,以此推进信阳茶产业更好、更快、健康地发展。下决心一定要将炒茶比赛好好办下去。

经过两天的激烈角逐,来自德茗茶叶公司的周家银从参加大赛的8个产茶乡镇及4家茶企业的49名选手中脱颖而出,喜获金奖;浉河港镇的沈银品、袁德君和董家河镇的杨成武获得银奖;浉河港镇的袁德力、周守冬,文新茶叶有限公司的杨德磊,柳林乡的曾小兵,东双河镇的李田银,谭家河乡的席培强,游河乡的程勇,吴家店镇的吴小明获得优胜奖。因举办活动成功,董家河镇人民政府获得特别贡献奖。

首届炒茶比赛的成功承办,让我们看到了制茶者对传统的坚守,对茶叶的热爱。茶香里不仅有怡人的香气,更包含了制茶人的艰辛与执着。

第二届“德茗杯”信阳毛尖炒制大赛

2010年，区茶办在计划筹备举办第二届信阳毛尖手工炒茶大赛时，因第一届炒茶比赛是以秋茶炒制，想改变一下，就向区领导汇报今年的炒茶比赛拟定在春季举行，以春茶进行一场手工茶炒制比赛。区领导认可了我的方案，将炒茶比赛定在2010年4月23日在浉河港镇德茗茶叶公司举行。有了第一届的经验，我们这次比赛让参赛选手自备炒茶把，自选烧火助手，避免因工具和火候配合不得力而导致比赛失利。由工作人员制作抽签条和编号，抽签决定比赛顺序和炒锅位置，炒制好的参评茶叶实行无记名编号封存，由评委按“外形、汤色、香气、滋味、叶底”5项因子进行评分。

手工炒茶工艺烦琐多样，是对炒茶人技艺的一次考验。在陪同出席开幕式的领导观望选手炒茶比赛时，只见选手们的手在锅中上翻下炒，清晰可见嫩小翠绿的鲜叶在锅里跳动，开始慢慢缩小，发出细小而清脆的声音，色泽也略微发生了变化，慢慢地茶叶开始清香四溢……

在这次炒茶比赛中，浉河港镇的袁德力荣获金奖：东双河镇的汪德安、吴家店镇的吴富坤、柳林乡的甘子国荣获银奖：广义茶叶有限公司的唐立亮，浉河港镇的袁德权、袁德明，谭家河乡的李贤宏、席培强，东双河镇的汪德永，董家河镇的张家春，十三里桥乡的李鸿伟，游河乡的何世胜，天山茶叶公司的方金雨获得优胜奖。浉河港镇获得特别贡献奖。

第三届“祁氏杯”信阳毛尖手工炒茶大赛暨信阳红品鉴会

第三届“祁氏杯”信阳毛尖手工炒茶大赛暨信阳红品鉴会于2011年9月27日举办。举办地是在谭家河乡土门村。一共有26名顶级信阳毛尖制茶大师会师比赛现场，向人们展示精湛的信阳毛尖手工炒制工艺。在此次比赛中，董家河镇的杨成武荣获金奖；吴家店镇无峰顶茶叶专业合作社的吴富坤、游河乡的刘家权、东双河镇的甘承伟、谭家河乡的肖兴亮荣获银奖：浉河港镇的肖保林、吴家店镇的何亮、柳林乡的姚伟成、十三里桥乡的周仪久、浉河港镇天可茶叶有限公司的周祖发、吴家店镇天山茶叶有限公司的彭国辉、广义茶叶有限公司的李兴凯、谭家河乡万寿山茶叶专业合作社的韩学志、董家河镇将军寨茶叶合作社的张家春获得铜奖；信阳祁氏茶业有限公司获得特别贡献奖；谭家河乡获得优秀组织奖。

因我区2010年“信阳红”的研制成功和“信阳红风暴”强势宣传，这次比赛的创新点就是加入信阳红的品鉴。区委常委、办公室主任张玉新，区委常委、组织部部长梁玉峰，区委常委、副区长秦小康，区人大常委会副主任张向东以及各乡镇领导和茶企业负责人等近500人出席了开幕典礼。“茶文化进校园”活动成果也融入此次活动中，活动现场邀请了浉河区胜利路小学的学生在开幕式进行以“谁言寸草心”为主题的茶艺表演，各乡镇、企业还选拔出10支茶艺表演队在现场为大家表演冲泡“信阳红”茶，让与会人员共同品尝“信阳红”的独特滋味。此次大赛不仅传承和发扬了信阳毛尖传统炒制工艺，还进行了信阳红品鉴和茶文化的宣传，得到了领导和与会人员的一致好评。

第四届“鲲鹏杯”信阳毛尖手工炒茶大赛

2012 年 4 月 24 日，在春意盎然、茶叶飘香的美好时节，“鲲鹏杯”第四届浉河区信阳毛尖手工炒茶大赛在著名茶山车云山举办。来自产茶乡镇和茶企业的 42 名顶级信阳毛尖炒茶能手会聚比赛现场，向人们展示精湛的信阳毛尖传统手工炒制工艺。因前几届炒茶比赛的成功举办，所以此次活动空前热闹。市领导乔新江、李湘豫、尹保斌、郑志强，区领导霍勇、邵春杰、张玉新、梁玉峰、王海长、张向东、冯云，产茶乡镇、企业负责人和新闻媒体朋友等近 600 人出席开幕典礼，观看了鲲鹏公司的茶艺表演和文化演出，并参观了选手比赛。

在这次比赛中，董家河镇车云顶峰茶叶合作社的罗进、鲲鹏茶叶科技开发有限公司的袁德全、浉河港镇的程义学获得金奖：吴家店镇无峰顶茶叶专业合作社的吴富坤、鲲鹏茶叶科技开发有限公司的余家林、谭家河乡的肖兴亮、浉河港镇的潘中成、柳林乡的黄学军、游河乡的刘家权、东双河镇的甘承东、五云茶叶集团的石清洲荣获银奖：谭家河乡的雷金强、九峰茶叶有限公司的金为强、浉河港镇的杨林、董家河镇的潘贵远、广义茶叶有限公司的周成军、东双河镇龙王寺生态茶园合作社的杨明军、十三里桥乡的董建国、信阳祁氏茶业有限公司的李前永、天山茶叶有限公司的方金雨、两潭茶叶有限公司的湛祥太获得铜奖。鲲鹏茶叶利技开发有限公司获得特别贡献奖；董家河镇获得优秀组织奖。

第五届“鲲鹏杯”信阳毛尖手工炒茶大赛

2013 年，经过筹划，和区领导商量后，决定在 9 月 28 日“茶王之乡”浉河港镇举办“鲲鹏杯”第五届信阳毛尖手工炒茶大赛。当时各产茶乡镇和茶企业共推选 35 名炒茶能手参加了比赛。此次大赛旨在传承和发扬信阳毛尖的传统炒制工艺，进一步提高信阳毛尖的制作水平和产品品质，弘扬茶文化，提高信阳毛尖的市场竞争力。

作为活动策划单位，我们专门邀请了信阳农林学院茶学系主任郭桂义教授、系书记袁丁，信阳师范学院教授袁正芳，市农科院茶科所所长吕立哲和信阳毛尖集团评茶师倪宝春等 5 位专家组成专家评委团队。在选手炒制茶叶之后，现场对选手的茶样形状、汤色、香气、滋味、叶底 5 个方面进行评分，并向比赛选手和前来观看比赛的茶农现场传授有关茶叶知识。

对于很多制茶能手和茶农来说，他们这一辈子啥都不会，只会炒茶种茶，将这一生都贡献给了茶叶。炒茶比赛获奖不仅可以提高他们的信心，还可以让他们获得幸福感和满足感。这次比赛中，谭家河乡的杨家富、鲲鹏集团茶叶科技有限公司的袁德军、董家河镇的刘家文荣获金奖:浉河港镇的湛祥太、柳林乡的汤秀义、游河乡的何靖、东双河镇的甘存东、吴家店镇的黄守有、鲲鹏集团茶叶科技有限公司的王建兵荣获银奖;董家河镇的金雷、柳林乡的黄学军、开洋茶叶公司的郭承良、舒逸家庭农场的季廷顺、谭家河乡的雷金强、浉河港镇的杨林、十三里桥乡的梅厚纯、开茗茶叶合作社的李后兵、谭家河乡的肖兴亮获得铜奖。文新茶叶公司、鲲鹏茶叶科技开发公司获得特别贡献奖:浉河港镇获得优秀组织奖。

第六届"鲲鹏杯"信阳毛尖手工炒茶大赛

2014 年,已是河南省非物质文化遗产的信阳毛尖手工炒茶技艺,正在申报第四批国家级非物质文化遗产。为了延续前几届炒茶比赛的成绩和传承传统手工炒茶工艺,在向区领导汇报后,决定于 9 月 26 日在河港镇鲲鹏集团茶叶科技有限公司举行第六届"鲲鹏杯"信阳毛尖手工炒茶大赛。

为保证比赛评比的公正权威,此次炒茶比赛评委团由信阳农林学院茶学系主任郭桂义教授带队,成员有市农科院茶叶研究所吕立哲所长、信阳师范学院袁正芳老师、信阳农林学院茶学系孙慕芳老师和信阳毛尖集团龙潭茶叶公司生产部经理聂东。评分方式依然是现场对选手的茶样进行形状、汤色、香气、滋味、叶底 5 个方面进行评分。

比赛现场热火朝天,各路炒茶能手在茶锅前一字排开,随着手中竹把娴熟的翻炒、抖动,原本青翠的茶叶渐渐变干,变得紧圆。历经杀青、揉捻、炒制等几道工序,炒制的一锅又一锅茶叶新鲜出炉,赛场内顿时茶香四溢,沁人心脾。

在这次比赛过程中,令我记忆深刻的是来自土门村的炒茶能手冯根祥,他已经是第三次参加炒茶大赛了。他在赛前细心地对领取到的鲜叶进行筛选,说鲜叶的好坏和杂质会影响炒制效果和最终产品质量的好坏。对于本次大赛,他非常有信心拿到好名次,他说:"前两次参赛都是前三名,这次没理由拿个坏名次。"在他的身上,我看到了炒茶人的自信和对制茶技艺的坚守。

本届炒茶比赛设置了 3 个金奖、6 个银奖和 9 个铜奖。获金奖的选手有浉河港镇的湛祥太、鲲鹏茶叶公司的袁德君、董家河镇的张厚义、谭家河乡的肖兴亮;吴家店镇的黄守有、广义茶叶的李家富、柳林乡的马明富、东双河镇的李响、游河乡的何泽贵、十三里桥乡的李太喜获得银奖:董家河镇的唐立亮,谭家河乡的冯世强,广义茶叶公司的代中华,新羽茶叶公司的涂本友、周家江,龙渚春茶叶公司的陶良志、袁得胜、袁得明,开茗茶叶公司的李后兵获得铜奖。鲲鹏茶叶科技开发有限公司获特别贡献奖。

炒茶比赛发展

因上级部门对活动进行了严格审批管理,2015 年、2016 年我们区的信阳毛尖炒茶比赛就停办了,市里决定由浉河区发起的炒茶比赛上升为信阳茶文化节的一项重大活动,作为市级层面统一举办信阳毛尖手工炒制大赛,让其他县区的炒茶能手也能参与进来,多进行县区炒茶技艺交流,为炒茶能手们搭建一个互相切磋、超越自我、携手共进的理想平台。

对于熟练的炒茶人来说,炒制一锅茶叶大约需要半个小时。在炒制过程中,选手们不仅可以展示炒茶技艺的精湛与高超,还能时不时与相邻的对手进行交流,互相看看对方炒制的进度和品相,坦诚交流和虚心接受自己技艺的不足。

多年来,手工茶炒制传承着信阳毛尖独有的筛分、摊放、生锅、熟锅、初烘、摊晾、复烘的传统制作工艺,也成就了信阳毛尖"细、圆、紧、直、多白毫、香高、味浓、色绿"的特色品质风格。通过手工茶比赛的举办,我很欣慰地看到参与比赛的人员有老茶人也有新人,这说明我们的信阳毛尖手工炒制传承一直在路上,一直不断有年轻人的加入。

这两年因为疫情,市里没有继续举办手工茶炒制大赛,但是在网络直播的信阳毛尖手工炒茶技艺展示中,我们看到了无数网友对于手工茶炒制的热情和喜爱。让制茶爱茶人得到尊重,让信阳茶手工炒制技艺得到传承,让信阳茶文化得到广泛传播,推动信阳茶产业高质量发展,是我们一直努力的方向。

本文由浉河区政协提供。口述人张广成,男,浉河区人,现任信阳市浉河区林业和茶产业局局长,中国名茶委员会副主任,高级评茶师,大学本科学历,主要研究方向是茶叶经济和茶产业发展。整理人王栋,男,1984 年出生,硕士研究生。现任信阳市浉河区林茶局副局长、浉河区茶产业发展中心主任。

我的信阳毛尖炒茶技艺“非遗”传承之路

何延新

从父辈开始，我们家就种茶、炒茶、卖茶。从我开始学习炒制、种植信阳毛尖至今已有40多年时间。2018年7月，我入选浉河区第五批非物质文化遗产传承人名单。如今，我的儿子何世阳也在从事信阳茶行业。

从我记事开始，我的父亲何金修就在浉河港公社胜利大队四小队当队长，同时兼任有人山茶场生产队长，他的另外一个身份是炒茶师傅。

受父亲影响，我也开始与茶叶接触。1982年我18岁，刚刚初中毕业，就随父亲一起到了有人山茶场。在这个茶场，我从一个什么都不懂的毛头小子，成长为一名熟练的炒茶工，熟练掌握了炒茶技术。

刚去有人山茶场，我负责的工作是给鲜茶叶称重记录。有人山茶场有300多亩，采茶姑娘们来自湖北、附近游河乡、息县等地。我的爱人李广红就是当时的采茶姑娘，我们因茶结缘、恋爱、结婚、生子。

很多人不会炒茶，浉河港公社就号召年轻人去何家寨学习手工炒茶技艺。那一年我20岁，是何家寨的第一批学员之一。那一批学员总共15人，实际学习的是12人。当时跟着学习的师傅名叫刘万银，前半个月由于是生手，所以炒制得不好。学炒茶时，我感觉最难的是熟锅，炒制的茶叶要讲究条形，笔直的好，弯的则不容易出售。在刘万银师傅的指导下，我逐步熟练炒茶技艺，到一个月后可以单独炒茶。由于年轻学得快，所以刘万银师傅还特意表扬了我。

在何家寨学成炒茶技艺之后，我就回到了有人山茶场。由于是传统干柴炒制，而毛尖茶的采摘季只有三四个月时间，所以有大量的茶叶要炒，平均每天要炒青叶几千斤。

与现在信阳毛尖追求单芽头和明前茶不同，当时采摘的鲜叶有一芽一叶的、一芽两叶的，还有一芽三叶的，都是混到一起炒生锅。炒制鲜叶时没有精细化的称重概念，都是抓一大把，在热锅里听到鲜叶啪啪作响，就可以揉捻了。揉捻以后弄到熟锅，也是凭时间和感觉起锅烘干。

记得最清楚的一个场景是，有一年炒茶连续坚持了七天七夜没有合眼，有个16岁的小伙子实在太劳累，在炒茶锅旁边的地上摊开凉席，炒制半个小时就让其他人继续,自己赶紧躺下休息一下。

现在回忆起那时炒茶的日子还觉得很辛苦。在每年春茶采摘前就要提前准备半湿不干的柴火,因为柴火太潮湿烧不着,太干燥火势会很旺,火势太旺就容易把茶叶炒煳。所以都说炒茶如打铁,火候是关键。

据史料记载,信阳所在地区茶叶生产盛于唐宋。信阳市浉河港镇是信阳毛尖主产区。山区民众世代事茶,长期茶事交流与生活交往,使得这里多种制茶技艺自然融合,并在民俗生活中形成独特的茶文化。也正是在20世纪80年代初这段时间,父亲何金修和我一起挖掘、整理、研究信阳毛尖茶传统制茶技艺,并进行优化整合,探索、制订了一整套完善的规范工艺流程和技术标准。

我们通过不断实践、探索,总结的炒茶工序依次是采摘、摊凉、生锅、熟锅、初烘、摊晾、复烘、包装。

采摘:信阳毛尖对鲜叶要求严格,一般清明前后开采,要求做到“三要、三不带、五不采”,即:同一级别的鲜叶要求大小匀齐、老嫩一致、壮瘦相同;不带老叶、老梗、单片叶;不采鱼叶、雨水叶、病片损伤叶、紫芽叶、对夹叶。鲜叶放入随身携带的竹篮中,上覆薄布,以防曝晒。

摊凉:采回的鲜叶要及时摊放,摊放场地要求阴凉干燥、通风良好;摊放器具要求是洁净的竹匾。摊放要匀、薄,边摊边拣剔。

生锅(又称“头锅”):头锅的作用是散发青气、形成茶香,也就是信阳毛尖制作过程中的杀青。杀青是鲜茶绿叶制作的第一道关键工序,对信阳毛尖品质起着决定性作用。通过杀青来破坏鲜叶中酶的活化,阻止多酚类物质氧化,防止芽叶变红,形成绿茶“绿叶绿汤”的品质特征,并随着叶内水分的散失,鲜叶里的青草气芳香物质挥发消失,增进茶香。每锅投入鲜叶量按茶的等级各不相同,采用炒茶专用铁锅,锅口面直径84厘米(事先磨洗光滑无锈),生锅呈35°左右倾斜,锅台前方高40厘米左右,便于操作,后壁高1米以上,与墙贴合。生锅用干木柴作燃料,锅温宜140 ℃~160 ℃,每锅投鲜叶量500克左右,以手掌心试探锅温,掌心距锅心3~5厘米,有烫手感即投鲜叶,用茶把(细软竹枝扎成的圆帚)稍快反复挑翻青叶,经3~4分钟,待青叶软绵后,用茶把尖收拢青叶,在锅中转圈轻揉裹条(将杀青适度的茶叶,用茶把在锅内顺斜锅自然旋转),动作由轻、慢逐步加重、加快,不时抖动挑散,反复进行。青叶进一步软绵卷缩初步形成泡松条索,嫩茎折不断,然后用茶把尽快将茶叶全部扫入熟锅。生锅历时7~10分钟,茶叶含水率约55%。翻炒要求干净利索。炒制分为三个阶段,技法分别是“磨、抖、撒、带、甩、拢”。待叶质变软、青气消失、茶香出现时用小棕帚扫入第二锅。

熟锅(又称“二锅”):二锅的作用是理条、增香,这是茶叶塑造外形的一道工序。锅温为80 ℃~100 ℃,以手触锅底烫手为宜。其手法为“拢、带、撒、磨、滚”、直到茶条成形,用棕帚扫出锅面。不同等次的鲜叶,整形的手法有微妙的区别,手工整形最大特点是干茶条形舒展自然。通过头锅和二锅两个环节后,茶叶已达到七成干。

初摊:初摊是将二锅叶均匀薄摊于竹编簸箕上,散去湿热,使叶内水分均匀分布,让茶叶的水分和青草气进一步散发。完全冷却后,再毛火烘干。

毛火(又称"烘焙"):毛火用的工具为竹编炕头,将二锅陆续出来的 4 ~ 5 锅茶叶作为一烘均匀摊开,厚度以 2 厘米为宜,选用优质无烟木炭,烧着后用薄灰铺盖控制火温,火温宜 90 ℃ ~ 100 ℃。根据火温大小,每 5 ~ 8 分钟轻轻翻动几次,经 20 ~ 25 分钟即可,这是茶叶干燥的第一道工序,主要在于蒸发水分充分发挥茶香,待茶条定型,手抓茶条,稍感戳手,含水量为 15% 左右,即可下坑。毛茶整理:毛火后的毛茶摊放在工作台上,将茶叶中的黄片、老枝梗及非茶类夹杂物剔出,然后进行分级。

复烘(又称"足火"):足火是低温慢烘。烘笼顶部温度为 50 ℃ ~ 70 ℃。毛火烘焙能使茶叶达到九成干。再将茶叶摊放至完全冷却,再足火提香至十成干。在用火上,也十分讲究,从杀青、整形,到毛火、足火,用的是无烟无味、火力均匀的木炭火。烘焙中要定时翻动,直至足干后,下烘摊放备装。

在这些工序里,最复杂的要数烘焙(初烘、摊晾、复烘)了。为了烘焙茶叶,需要专门烧窑,烧制木炭。一般都是年轻后生们负责砍柴烧窑、出炭,老师傅们负责精心打点烘焙。烧木炭是辛苦活儿,要把粗细均匀的树干砍成一米左右长度,再成捆码到窑里烧制。而烘焙一次只能烘 3 斤,根据火候,快的话一个小时可以完成,慢的话需要好几个小时。因此,一到采茶季,就要一夜到天亮忙着炒茶、烘茶。

那时明前茶干茶的价格是 8 元一斤,一般的茶叶价格在 2 至 4 元不等。至今记忆犹新的是,在很长一段时间,春茶还没下来之前,信阳打米厂的老郭就会提前到浉河港公社等着收购,每个大队集体的干茶都会送到收购点排队等着。等有了剩余的干茶叶就卖给浉河港公社供销社。

在集体茶场的那段时间,春茶工作结束后,到夏茶开始生长时就要整理茶园了。除了除草,还需要把茶园的土翻一翻,以增加土地的肥力。那时开挖茶园,翻土工作每年约需要两个月时间,在炎炎夏日里劳作很是劳累。

1986 年,我结婚成家。也是在这一年响应国家分田到户政策,我和其他村民等 15 家个体户承包了有人山 300 亩茶园,各干各的,平均每家 20 亩茶园,这时候开始在春茶采摘季就自己找人采茶。

1987 年女儿何晓燕出生,1988 年儿子何世阳出生。由于我兄弟多,父母无暇帮忙照顾小孩,所以我和爱人李广红边采茶、炒茶边带孩子。在春茶采摘季,炒茶忙碌起来,孩子哭了也没办法,只能坚持把茶炒完再管孩子。

这20亩茶园我一共承包了8年。因为有在冇人山炒茶、种茶的经历,在这期间我就把自己家的山林开荒种上了40多亩茶树。1994年承包合同到期后,没有再继续承包。

1995年前后,和其他村民一样,我们响应政府号召,把农田改造后种植茶树,开启全乡种茶高潮。加上田改茶,我们家的茶园面积有50多亩。

2000年以后,大范围机器炒茶的引进,改变了我们传统的炒茶方式,更加追求芽头和汤色。与传统炒茶工序不同,机器炒茶的工序依次是:采摘、摊晾、筛选、杀青、揉捻、扎条、烘干、包装。而纯正的信阳毛尖,必须手工制作才能达到相应水准,而手工制作成本高、难度大、产量低。随着茶叶机械化生产发展,现代机械化生产已经成为本地茶制作工艺的主流。"何景明信阳毛尖"传统手工制茶技艺已日趋埋没。

另外,现存的传统手工艺人正在减少,仍能完全掌握该技艺的仅有数人。手工制作技艺劳动强度大、工效低,随着茶叶机械化生产的推广、普及,年轻人不愿意学习继承,现在更加稀少。如今,地道正宗的手工产量很低,每年茶叶采摘季,一些茶贩就用外地茶叶仿制,以次充好,鱼目混珠。茶叶商贩滥制、滥印信阳毛尖茶叶包装的现象十分普遍,此举无异极大损伤信阳毛尖品牌的声望口碑。还有就是,我们全镇手工制作的茶产品总量小。化肥、农药、除草剂的推广应用正在冲击传统耕作技术,原生态鲜叶原料正在减少。茶园生态环境有逐步恶化的危险。

正因为上述状况,我觉得"何景明信阳毛尖制茶技艺"这门极具历史价值、文化价值、工艺价值的传统手工制茶技艺,因现代化机械生产技艺的冲击而后继乏人,处于濒危境地,亟待保护。

2017年8月,我正式申请"浉河区非物质文化遗产代表性项目",希望通过5年的努力,开展信阳毛尖传统手工炒茶技艺的保护工作。培训一批传承人,树立品牌意识,将何景明信阳毛尖茶制作技艺整理成册,流传后世。

关于种茶炒茶的传承,2011年,我的儿子何世阳在大学毕业后也继续跟我学习炒茶、做茶。2012年,他创立了"何景明"茶叶品牌,也是在当年我们与12家茶农户一起成立了茶叶合作社。2017年5月,何世阳荣获2017年浉河区+优秀青年称号,2018年获得第五届信阳青年五四奖章。近些年来,何世阳先后将我们的茶叶推到了天猫、京东等电商平台销售,改变了以往我们等客上门的卖茶方式。另外,为了响应政府扶贫政策,2018年我们家为36家贫困户买了米、面、油等日常生活用品,送去了节日的温暖。

2018年7月,我入选浉河区第五批非物质文化遗产传承人名单。这对我来说是一份沉甸甸的责任,我要继续一如既往地炒制出"细、圆、紧、直、多白毫、香高、味浓、色绿"的正宗信阳毛尖。为传统手工炒制信阳毛尖培养更多新人,尽非物质文化遗产传承的责任。

本文由浉河区政协提供。作者何延新,1964 年 12 月出生,信阳市浉河区浉河港镇白庙村人。明代文学家何景明第 15 代孙。

我为茶痴

吴富坤

我是信阳毛尖创始人吴彦远的后人,因对茶的热爱,一直执拗地保留着信阳毛尖茶的手工炒制技艺。1999 年我注册了“彦远”商标作为自家茶的品牌,2010 年“彦远牌”信阳毛尖获得“中绿杯”金奖。经由几代人传承,制茶技艺和文化得以不断延续。

为祖辈自豪

我的曾祖父吴法堂,生于光绪十三年(1887)丁亥八月二十一,死于 1942 年 4 月 16 日。精通制茶技艺,祖上为制茶师,早年曾与陈相庭等人在车云山集股创办了八大茶社之一的宏济茶社。曾祖父离我很久远,只是小时候通过爷爷的讲述了解了一些那个动荡年代的不易与家族对茶叶的热爱。

茶区以茶为生。在曾祖父的教导下,我爷爷传承了他的制茶技艺,以茶为业,且在茶艺革新道路上颇有建树,在信阳毛尖的历史上留下了浓墨重彩的一笔,我们吴氏一家也成为信阳种茶炒茶世家。

我的爷爷吴彦远(1907 — 1985),原住浉河吴家店街。民国十三年(1924)开始到车云茶社当雇工炒茶,那时爷爷临时住在无峰顶,每日步行去车云山村做工。

听爷爷讲,1911 年,车云茶社茶工唐会卿(亦名唐慧清)前往浙江杭州购买茶籽并习学龙井炒制技术。自安徽六安引种的同时,更兼有制茶技艺的引进,先后延请六安茶师吴著顺、吴少堂至车云山传授技艺。当时所制之茶名为“车云龙井”。1915 年车云龙井茶荣膺巴拿马万国博览会金奖后,车云山茶名扬四海。信阳茶叶制作从外出学习龙井制茶技艺,到引进六安制茶技艺,已适应信阳当地气候环境、风土人情,制茶技艺渐次成熟,南北融合,兼具各家之长。

民国十五年(1926),我爷爷刚入车云茶社两年,就结合实际工作经验,试用炒熟锅的大茶把代替小茶把炒“生锅”,两手同握一只大茶把,左右手重力互相交替,减轻劳累,取得了很好的效果,称"握把炒"。然而,这样炒出的茶叶,茶条弯曲欠光润。我大爷爷和其他茶工就又发挥智慧,在用散把炒制过程中,不时用手抓起茶叶,观看炒制程度,同时把结成团块的茶叶撒开、甩出再炒,如此反复,炒出的茶条比较紧、直,色泽也变得鲜绿光润,人们称之为"理条",即抓条、甩条。"理条"使茶叶呈现出细、圆、紧、直的形状特点和品质。此后,信阳毛尖茶独特工艺在浉河传开,并在实践中又不断提高,精益求精,奠定了信阳毛尖茶的炒制技艺基础。我爷爷吴彦远,还有唐会卿,被称为信阳毛尖创始人。

后来,我爷爷就在吴家店双碑茶山定居,仍当雇工炒茶谋生。直到新中国成立后,他自己种茶5100窝,以茶养家。1985年我爷爷病逝,享年78岁。我父亲吴绍谋,生于1948年4月,死于1999年2月。他传承了我爷爷的制茶技艺,一生做茶,一心为家。

现在,已经不得而知有多少先辈为了信阳毛尖奉献一生,信阳毛尖的不断发展又默默养育了多少人。我们始终心怀感恩,感恩那些曾经留下姓名,或者未曾留下姓名的先辈们,用智慧的头脑、勤劳的双手,为我们留下了历经千锤百炼的传统信阳毛尖茶加工技艺,给后人馈赠以品质卓绝的信阳毛尖茶。

致力传承茶艺

出生在茶人家庭,周边的邻居也都是种茶、炒茶能手,我从小就调皮不爱学习,每到茶季就帮忙采茶,待在爷爷身边观看炒茶制茶。爷爷和父亲的言传身教使我渐渐痴迷于茶叶制作。1989年上完初中以后,我就没有继续读书了,坚持学习炒茶技艺,传承茶叶制作工艺,做优质茶叶。我的无峰顶茶场位于车云山北坡,这里气候温和,雨量充沛,光照充足,而且土壤属黄、黑、红壤,土层深厚肥力高,植被生态条件好,这为生产优质的信阳毛尖提供了得天独厚的自然条件,南湾湖更是提供了一个天然加湿器,优化了大山茶的生长环境。1999年,"彦远牌"正式注册,也算是匠心为本,精神传承。现在科技发达,机械代替人工采茶、制茶,节省了很多人力物力。但是最珍贵也最值得传承的还是信阳毛尖手工茶。在制茶工艺上,尤其是茶青和揉捻的手上功夫是机械代替不了的,那种恰到好处的力度和熟练的操作相结合,才能做出最正宗、最甘甜的信阳毛尖。机械可以利用但是传统的手工制茶工艺不能丢。我一直对自己说,一定要把信阳毛尖手工炒制,工艺传承下去,不能放弃!简单的事情重复做,重复的事情做精致,不断地保护与传承。

2009年9月24日,时逢信阳毛尖秋茶季,首届信阳市浉河毛尖茶手工炒茶大赛在董家河乡举行。我和自家的侄子一起参与了这次比赛,最后也获得了不错的成绩,冠军则授予了来自浉河港的周祖银。此次比赛的评委有井忠健、袁正芳、夏国宗、郭桂义、吕立哲、张广成、倪宝春。当时参加比赛的选手都是我认识的制茶能人,虽说没有获得金牌,但是使我得到了一次难得的学习机会,让炒茶技艺不断交流融合,通过言传身授,得以流传。此后,我组建了茶叶合作社,默默守护并传承着手工茶制作技艺。2012 年,我被浉河认定为信阳毛尖手工炒制技艺传承人。

2019 年在第 27 届信阳茶文化节传统手工炒茶大赛上,我炒制的茶叶口感滋味排名第一,这让我感到很开心。不管世事纷纭,我坚守这份爱茶之心。习近平总书记在杭州西溪湿地对制茶师傅说,“两个巴掌做出来的东西,有些科技无法取代”,同样,我也会在制茶路上不断精进。

深耕多彩茶园

真正的车云山茶,只有我们山上有,别无他家。区别正宗的车云山信阳毛尖,从外形上看,叶子比较粗大、肥胖、颜色偏暗、白毫显露;泡在杯子里汤的颜色很清,是青绿色的,也像炒老的菠菜颜色;从口感上来说,正宗的车云山茶入口甘甜,香气浓厚,令人回味无穷。近年来,受国家政策的普惠,我们村通往外界的路修通了,村村通工程直接修到茶场,为茶叶的运输和机械化提供了保障,我们的茶叶发展越来越好。

对于产业扶贫,我也力所能及地对社会进行回馈。在市政府推行“多彩田园’产业扶贫模式时,我积极响应号召,在企业全面推动产业扶贫模式。在茶场为贫困户提供工作岗位,亲自传授信阳毛尖传统手工炒制技艺,发挥传统工艺带贫功能,对贫困户进行精准技术扶贫,提高贫困户家的茶叶品质和价格。几年来成功扶持茶场周围贫困户脱贫,实现农户家庭增收。

多彩茶园是大家的,面对乡亲,我想通过自己的努力和自己祖传的技艺帮助更多的人,发挥微薄之力。每年春季,我都会收农户的鲜叶和散户采的野茶,价格也高于市场价格的 5%,大家都喜欢将茶叶卖给我。现在我在信阳市区也有了茶叶店,“彦远牌”信阳毛尖得到更多茶人的喜爱和认可,我会坚守茶叶品质,做正宗车云山茶。不论走多远,都不忘自己为什么出发。

筑梦未来

现在,无峰顶信阳毛尖茶采制技艺传承人已经传到第五代了,我收了吴泽鑫作为徒弟,希望技艺继续得到传承。

2018 年,信阳市文化广电和新闻出版局授予我的无峰顶茶厂为信阳市非物质文化遗产社会传承基地称号。

2021 年，我参与了河南省茶艺文化交流协会、赢和茶学院、赢和传习会出品的“礼艺道——车云山国有林原生态信阳毛尖”开采活动。在这次活动中，我感到高兴的是，年轻一代表现出对传统制茶工艺的热爱。我利用自己丰富的炒茶制茶经验，担任实战讲师，带领队伍登上信阳毛尖的发源地之一的车云茶山，摘采鲜叶，很多青年学生都对茶山生活和茶叶制作工艺感兴趣。我不停地给大家讲解信阳毛尖基础知识与手工炒制流程，给大家普及信阳毛尖文化，让大家对信阳毛尖的生产环境、制作工艺、品质口感有了更深入的了解。

经过这次活动，本着作为“非遗”传承人的责任，我会将我的制茶售茶经验传授给喜茶爱茶的下一代，为信阳毛尖炒制技艺传承贡献一份力量，影响更多人加入到信阳茶事业当中。

本文由浉河区政协提供。作者吴富坤，又名吴二成，1974 年出生，信阳市浉河区吴家店镇人。现任浉河区无峰顶茶叶专业合作社理事长。信阳毛尖创始人、制茶大师吴彦远的嫡系后代，浉河信阳毛尖手工炒制技艺的代表人物之一。在第二、三、四届信阳毛尖手工炒茶大赛中均获得银奖，在全国性的“中绿杯”绿茶评比中获得金奖。

我与静林源茶社的故事

杨 静

我现在经营着一间叫作静林源信阳毛尖的茶社，茶社里既可以听音乐，品尝香味高浓的信阳毛尖，又可以约三五好友一起休闲聊天。茶社是我的事业，也是很多茶友的心灵港湾。店内的茶叶主要来自我的家乡浉河港，那儿是我长大的故乡，也是信阳毛尖的主产地之一，那里有我许多的茶事记忆。

“茶王之乡”—浉河港乡，位于南湾湖的上游，是我从小长大的地方。浉河港乡之所以被誉为茶王之乡，是因为生态好，大环境、小气候都适合种茶，所产出来的茶叶，品质非常好。1990 年信阳毛尖获得国家质量金奖后，整个浉河就更重视茶产业发展了。信阳属于豫南地区，整个河南都是吃面的，只有信阳是吃米的。我们当时分为粮农和茶农。有的专门种茶，有的专门种粮食。但想到种粮食很容易生虫，害怕病虫的跳转影响茶叶，就提出了“退田种茶”，打造“无粮之乡”。“退田种茶”扩大茶叶种植面积，打造万亩茶园，所以，在 1992 年的时候，6 岁的我和 4 岁的弟弟，就跟着父母在茶山上种茶了。我和弟弟站在茶山的两端，扯着绳子，直到把绳子扯直了，我爸和我妈负责撒籽埋籽，毫不夸张地说，我 6 岁就在茶山种茶。如果说城市的小孩，从小是泡在各种兴趣班长大的，那我们茶乡的小孩，从小就是在茶山上长大的。现在的小朋友，放学了，第一件事情是写作业，我们那个时候，放学后首先是去茶山摘茶叶，因为写作业，可以等天黑了，开灯写，但是采茶叶你不能开灯采啊。

源于从小在茶山上的锻炼，等我们上初中的时候，已经是非常熟练的采茶工了。对于 20 世纪 80 年代的人来说，“勤工俭学”是每年必不可少的项目，老师会带着我们到茶山，帮助茶农采茶，那个时候，我们觉得勤工俭学太美了，可以不上课，到了茶山，每个人都能放飞自我。女同学采茶累了，抽空跑到茶山周围偷个懒，摘映山红，去掉花蕊，把花瓣穿成一串，当花棒吃；掐点兰花绑在头上臭美，还可以喝到东家给我们买的汽水。男生更调皮，还为此闹了不少笑话。他们跑到茶山的大树上，找鸟窝，掏鸟蛋；看到了蜂窝，会比一比谁更胆大，去捅马蜂窝，然后吓得四处乱窜；还有的同学直接倒在茶树下面睡觉，等我们结队回校的时候，发现人少了，再到处找人。有的同学呢，溜达着就到东家旁边，或是认真采茶的同学旁边，偷一把茶叶放到自己的筐子里充数；实在没办法的，就捡起茶山的小石头，放在茶叶里面埋着，去压秤，但这些幼稚的小伎俩往往都会被东家识破，挑拣出来。表现好的同学，则能得到老师发的“采茶能手”奖状。

但在我们家乡，一直称呼采茶工叫“打茶叶妮儿”，我一直觉得这个“妮”字，在90年代最贴合。那时候的采茶工，以年轻的居多。她们像迁徙的候鸟，从南到北，在每年清明之初，茶青淡黄的时候，背着竹篮，从晨光熹微，走到露水消散，才来到茶山，开始一天的采茶。而交通的不便利，让村里的年轻人也很少出门，基本上都是在家里跟着父辈，接起沉重的竹把，像模像样地学习着制茶。采茶妮儿在白天采完茶，把茶叶交给年轻师傅，从暮色到天明，师傅们连夜把鲜叶制成干茶。他们的这种踏实肯干，也吸引了一些大胆的姑娘，主动示好。在这个情窦初开的年纪，他们的爱情，就像春天的毛尖茶一样，慢慢萌芽了。他们在这片土地上相识、相知、相恋、互许终身，结婚生子，成家立业，做茶的技术得以传承。当初外地的采茶姑娘，现在已经成为地道的信阳人，不管是采茶还是持家，都是一把好手。并且利用娘家和婆家的差异和需求，做起了中介服务，既给出门采茶的人找好了东家，也帮助了需要采茶工的茶农，解决了他们用工难的问题。长期稳定的合作，也让来采茶的人，越来越放松和自在，因为饮食的差异，他们会在小团队里排班，每天轮流做饭。到了雨天不去采茶的时候，会做很多她们当地的美食，或者三五成群到街道上购买一些小零食，或者由东家领着，到风景比较好的地方转转，相处得像亲人一样。随着社会的发展，生活水平越来越高，人们有了更多的选择，来茶山采茶的年轻人基本没有了，人员结构趋于老龄化。我从小学到高中的那十来年时间，是我们信阳茶产业的起步发展阶段。到了2000年前后，信阳的茶园种植面积和茶业发展，仅靠手工制茶是满足不了的，我们便开始了引进机械，机械制茶。或许有一天，我们还能有幸见证信阳毛尖的机械化采茶。

机械制茶是为了更好发展，手工制茶是为了有效传承。在信阳，每年都会有手工炒茶比赛，我爸就参加了2019年的炒茶比赛，并获得了二等奖。他炒了几十年茶，从来没有参加过比赛，对他们来讲，会炒茶是件很普通的、不值一提的事。比赛分为初赛、复赛、决赛，参加活动是很耗费精力的，所以他参加了一半就不愿意了，说耽误他在家采茶、炒茶。我只好耐心地哄着，鼓励着，再以买新衣服奖励着，直到他出现在决赛台上才放心。现在想来，仍是忍俊不禁。决赛那天，他们一直在单独的区域，到最后一步烘干的时候，要换场地，我才有机会跟他说句话，劝他一定不要急，把茶叶多烘几道，他点头答应了。结束的时候，他是第三个出来的。到了下午，比赛结果出来了，是个二等奖，我看了他炒的茶的各项指标，发现外形、滋味、叶底、汤色，都特别高，唯独香气比别人差了好几分。我去问他，到底烘了几遍，他说从早上8点的动员会开始，到中午12点炒茶结束，一直在里面不让抽烟，看着茶叶也差不多干了，实在太想抽烟了，就把茶叶交上去了。我怎么也没有想到，我们离第一名之间，仅差了一根烟！而我爸，也不会想到，现在卖茶，跟以前是不一样的，茶叶的产地、采摘的时间、鲜叶的等级、制茶的工艺、精湛的技术、奖牌的认可，共同组成了茶叶的价值。

小时候，茶叶保证了我们一家人的衣食住行，是小茶叶解决了大民生；长大后，茶叶成了我安身立命之本，是小茶叶成就了大产业。工作以来，茶行业是我从事的唯一职业，我也会把它当成我毕生的事业。目前从事茶行业已 15 年有余在信阳经营一家茶店，以卖茶、品茶为主，宣传信阳茶文化，介绍信阳茶历史。我给茶店取名静林源。静为品茶之心，林为茶之生态，源为茶之核心，主打“非遗”、名山、老树。希望能有更多的人，喝到原产地的信阳茶，爱上信阳茶。在经营上，我们以实体店为依托，给客人提供良好的品茶氛围，让他们感受雅致的中国式浪漫。同时利用网络营销，做直播，带更多的人到茶山，了解茶山生态；到茶厂，感受师傅做茶时的匠心；到茶馆，分享怎么让好茶更好喝。从茶园到茶杯，让客户在每个环节都能有良好的体验。同时，以茶叶为中心，展开了“茶产业+”的发展模式，把信阳茶和信阳的旅游相结合，围绕茶叶展开了文创、培训等，依据自己多年来的学习和信阳茶的特点，创编了信阳茶艺，获得了 2019 年信阳市茶艺比赛一等奖和河南省茶艺比赛一等奖，是唯一的信阳市非物质文化遗产茶艺传承人。传统文化的发展，需要更多的年轻人来参与。我们成立了信阳市茶艺师协会，带着我们的茶文化进幼儿园、进小学、进大学、进社区，去向更多的人普及茶文化。

在“中国茶叶区域公用品牌价值”评估中，从 2009 年到 2021 年，连续 12 年，信阳毛尖品牌价值不断攀升。在我经营茶店的这些年，我也感受到信阳毛尖的知名度越来越高，很多人慕名而来。20 多年过去了，村里的泥巴路变成了水泥路，由背袋到市场卖茶，变成坐家等客户买茶。茶，成了浉河港的特色产业和支柱产业，并且带动了旅游发展，成了远近闻名的乡镇。我们也“以茶增收，因茶致富”，村里基本上没有人外出务工，对上老有所养，对下幼有所依，小茶叶带来了大幸福。未来，我会在无尽的茶路上，带着这份幸福更加热爱地走下去。

本文由浉河区政协提供。作者杨静，女，1988 年出生，现任静林源茶叶有限公司主理人。从事茶艺工作十余年。国家二级茶艺技师、国家二级评茶员，河南省宋茶研究会理事，信阳市非物质文化遗产茶艺唯一传承人，信阳茶艺师协会副会长，信阳师范学院茶博物馆客座茶艺老师。配合信阳师范学院生命科学院录制慕课，宣传茶文化。2019 年，获信阳市茶艺大赛一等奖，信阳市技术能手称号，河南省茶艺大赛一等奖、河南省技术能手称号，第四届全国茶艺职业技能大赛竞赛铜奖。

我的茶艺表演经历

殷晓智

美好的回忆总是让人难以忘怀。岁月流逝，时光荏苒，记忆拉回到十几年前的2008年，一次偶然的机会，我参加了县里的一次选拔比赛，为参加信阳茶文化节作准备。也许是从小练习舞蹈的原因，我顺利地进入了最后的选拔赛，最终成为茶艺表演队伍中的一名主泡手，也因此和茶文化结下了奇妙的缘分。在此之前，很难想象活泼好动、不拘小节的我，也能变成温柔贤淑、秀丽端庄的茶艺师。

我还清楚地记得，当听说能够代表固始县九华山茶业走出家乡，走到更大的舞台展现家乡特产，为家乡的发展贡献微薄之力时，年轻的我在心中突然多了一份责任，肩上多了一份重任，同时也包含着一份感恩。

拜名师　学精髓　话茶道

接下来的三个月集训，主办方九华山茶业邀请了全国各地优秀的茶艺师，在专业茶艺馆对我们进行细致指导、亲身传授。我们同样也是废寝忘食、孜孜不辍。没学习之前，还真的不知道自己以前泡绿茶简直是一种浪费，就是茶叶兑开水。老师告诉我们，要学会欣赏绿茶叶芽的干净清爽，绿茶水的清香凝神，能让人卸下一身疲乏，舒缓身心，有种回归自然之感。

学艺就要先知道茶的四个境界：清、和、敬、寂。清指的是泡茶的环境清静幽雅，各种茶具的干净整洁会让人觉得舒服；和指的是泡茶和品茶的人都心平气和，气氛和谐融洽；敬主要表现在对别人的尊敬、对茶具的尊敬；寂是茶道里最高的境界，体现的是一个人泡茶的心境淡定。人就像茶一样，越泡越有味道，越泡越出精华，耐人寻味。做人也应当像茶一样，在被采摘之前要经得起风吹雨打，之后还须修剪加工；当被人品尝时，要经得起评价和回味。人的一生如同茶的一生，经过荆棘与曲折的考验，才能达到人生的顶峰，才能把最浓郁的清香散发出来。

“茶壶、茶海、茶勺、茶夹、渣匙，茶艺师都有自己的十八般兵器；选茶择器、置水、冲泡、奉茶，每个步骤都须用心，一个优秀的茶艺师，不是单单会秀几下茶艺，更重要的是要了解茶的内涵、茶的精髓"，茶艺老师的教诲至今仍记忆犹新。

修内在　精茶艺　备赛事

师傅请进门，修行在个人。掌握了方法还需要强加练习，重点掌握绿茶的冲泡方法。绿茶因为叶子很嫩，不能闷，所以经常用玻璃杯泡。这样不但适合绿茶的茶性，更让人能观察到绿茶叶子在水中逐渐舒展的过程，也是一件乐事。绿茶属不发酵茶，富含维生素C和氨基酸，特点是鲜爽、清香、色泽翠绿。冲泡绿茶就得把这些特点充分展现出来，因此泡茶水温、茶水比例、浸泡时间、茶具选择等都得把握得当。我们采用的是"凤凰三点头"的起伏冲泡，别小看这三次起伏冲泡，学问可大着呢，上下角度、水的出口把握、前后水位的掌握都有技巧，这个动作我练习了不下百次，虽算不上行云流水，也算是蜻蜓点水一点通了。

经过三个月的集训，一支专业茶艺团队组建完成，主泡手主管布茶，副泡手担当茶艺程序布局；解说员负责茶艺讲解、手法阐述，琴师弹古筝伴奏，高山流水，意境悠长，整个布局缺一不可。经过一系列的初选、复选、决赛，我们顺利登上了中国信阳茶文化节主赛区的舞台，当时的心情可以用惊喜交集、喜不自胜来形容。

登赛场　展风采　赛成果

功夫不负有心人。在固始县政府领导的高度重视下，在主办方的细致指导下，在参赛团队的共同努力下，我们取得了全国茶艺表演大赛的金奖，这个荣誉不仅是对我们家乡茶文化的肯定，也是对我们参赛选手的高度认可，回忆赛场的情景，总能让人感慨万千。

我清晰地记得，当时的比赛分茶艺和自创茶艺两项。在自创茶艺中，需要选手一边冲泡一边解说，雅致的环境、精致的茶具、优美的形象、优雅的动作、清晰的语言、清香的茶汤共同成就一场精彩的表演。在这其中，好的解说词必不可少。从介绍茶具六君子，到观赏茶叶，让观众了解茶及茶具的外形和颜色。茶叶逐渐舒展，茶香散发。烧壶开水温杯洗杯。最后开始冲泡时，用"凤凰三点头"向客人三鞠躬，以示对客人的尊重。最后闻香敬茶，结束表演。手法娴熟的展示如行云流水，一气呵成，得到了在场评委和观众的一致好评，最终取得了优异的成绩。

紧接着我们又受邀参加河南电视台的专题栏目表演，同时成为固始县九华山茶叶的代言人，其中的一位成员如愿被选为茶叶形象大使。我个人也被授予茶文化节最佳主泡师称号。2009年4月，我们又被邀请代表信阳市参加了在北京全国农业展览馆内举行的河南农民工风采展，茶艺表演大放异彩，不仅获得了国家领导人的接见，也得到了河南省及信阳市领导的认可和鼓励。

比赛对我来说是一个学习蜕变的过程。禁道虽然在日本盛行，但是源中国，这让我从中领悟到中国艺术的伟大和精深。在茶艺学习过程中，不只是对人生的感悟，也有对中国历史和艺术的崇拜、尊重和热爱，同时也让我发现美丽、提升自信、感悟生命。我会永远热爱茶、热爱茶文化，我要用我之所学倡导更多人来品茶、爱茶、惜茶。就像在生活中，无论你遇到多少困难，困难多么难以解决，无论时间有多紧迫，事情还是得一件件来，问题还是得一个个解决，所以浮躁难以泡出一杯好的绿茶。

本文由固始县政协提供。作者殷晓智，女，1983 年 2 月出生，汉族，固始县城关镇人。中共党员，本科学历。副高级职称，河南省学术学科带头人、骨干教师、名师。现任固始县直幼儿园园长、县音乐舞蹈家协会副主席，曾获河南省文艺先进个人称号。

茶韵飘香润校园

杨丽丽

信阳茶文化历史悠久,内蕴博大精深,在长期的社会文化发展中拥有独特的地域色彩,历经千年依旧繁荣。社会文明的进步,带来了先进文化的同时也不可避免地导致传统茶文化的凋零。茶文化是民族传统文化的重要内容,古人将种茶采茶、沏茶、制茶、饮茶等与儒道释文化相结合形成独特的制茶工艺、采茶饮茶习俗;将音乐、绘画、文学、舞蹈等艺术形式融入茶之中,形成茶艺表演、采茶戏、采茶歌舞等,共同构成独具民族特色的茶文化,历久弥新。

2009 年 9 月,我从安徽农大研究生毕业以后,通过浉河专项人才引进计划,作为茶叶专业硕士直接到浉河茶叶办公室上班。从我到区茶办上班起,区政府就高度重视信阳毛尖茶文化的保护和弘扬,制定了县级非物质文化遗产名录,并在区内各类学校开展“茶文化进校园”活动,让青少年从小感受家乡茶文化,树立民族文化自信心。

青少年是祖国的未来,是传承创新中华文化的希望,是推动“茶为国饮”的生力军。从举办茶文化进校园活动起,区教体局就在浉河各类学校深入开展茶文化进校园活动,把普及茶知识、弘扬茶文化作为加强对学生人文教育、构建和谐校园、促进校园文化建设的重要举措,创造了许多实践经验,当时区茶叶办公室作为协办单位也参与了其中众多活动。

初忆茶文化进校园

学校是传授知识的场所,也是传承中华文化的主阵地,《名茶区说茶》一书的前言中曾倡议:“要大力开展茶文化教育,开设茶文化课程。”为落实这一倡议,区政府积极引导青少年从小关注家乡的茶产业,熟悉信阳毛尖的由来和发展,了解茶的种植、加工、鉴别等基础知识,让中小学生养成敬茶礼仪和健康饮茶的习惯,并培养他们热爱家乡、宣传家乡的责任与意识,使中小学生从小知茶爱茶,长大后成为有志于茶叶事业发展的人才。

我进入区茶办工作以后，听老同事介绍说，2009 年夏天，区委、区政府在全省率先提出了茶文化进校园的构想，筹划在中小学课程中设置茶艺、茶知识内容，让他们从小感受茶文化，掌握茶知识。9 月份开学伊始，区政府安排教体局在全区 40 所中学的七年级进行茶文化进校园活动的试点，当年有近 8000 名师生参加了学习。师生的参与度很高，表现出浓烈的兴趣，纷纷学习泡茶技艺，进行才艺展示，这次试点活动在师生中反响热烈，大家对茶文化的学习和推广热情高涨。

在 2010 年 4 月举办的信阳第十八届国际茶文化节博览会上，我区将茶文化进校园作为亮点工作进行展览，我有幸参与到这次展览的布置中。这场成果展吸引了各界人士前来参观，游客也纷纷驻足，得到了大家的称赞。省、市各级领导高度称赞茶文化进校园活动取得的成绩，我们这些参与者也坚信茶文化进校园会越办越好。

随着茶文化宣传的不断深入，群众对非物质文化遗产的不断重视，茶文化的推广工作也在不断向前。省委、省政府相继出台了相关文件对茶文化进行保护和宣传。信阳市政府积极响应，不断开展宣传茶文化等活动，丰富人民群众的精神文明。2011 年 9 月，省政府公布了《河南省茶产业发展规划（2011—2020）重点任务分解方案》，明确提出："喝茶从娃娃抓起，在中小学及高等院校等开设茶艺、茶知识、茶文化课程。"由此看来，我区茶文化进校园活动已经先行一步走在全省前列，这让我们的工作有了坚实的政策支持，同事们也更加干劲满怀。在接下来的 2010 年到 2013 年，每年都有近 70 所中小学的 7000 多名师生参加学习，茶文化教育在浉河取得了阶段性成果。

茶文化活动回忆

进行教师培训与教材编写

2009 年 8 月，区政府选派 24 名青年女教师到北京参加了为期半个月的茶知识、茶艺表演等方面的培训。次年 1 月，区委、区政府专门召开了茶文化进校园学习成果汇报和座谈会。在此次座谈会上，与会领导又一次强调了茶文化要从娃娃抓起，茶文化要从小培养，鼓励学校要积极开展茶文化活动。

2009 年 11 月，区政府组织人员结合本地的实际编写了"茶文化进课堂"的乡土教材。当时我也参加了教材的编写，参加这本教材编写的人员还有许玲、黎代新、朱跃华、杜立彬、杨冰。这次编写历经 3 个月，结合了学生学习心理和茶文化知识，图文并茂地将茶文化融入其中，让学生爱读和接受知识。这个读本印发到区直小学和乡镇中心小学五年级学生中进行了试用，并在浉河港、董家河两茶乡的六年级进行开课。教材图文并茂，深受广大师生的喜爱。至此，茶文化活动初入校园。

茶文化进校园活动异彩纷呈

习近平总书记曾指出："不忘本来才能开辟未来，善于继承才能更好创新。"信阳毛尖作为一种文化载体，在赋予人们节俭、淡泊、朴素、廉洁等思想的同时，还与儒释道等中国古代哲学思想交融，"提倡天下茶人是一家"，推进茶文化进校园，使青少年学生体验茶文化的深刻内涵，感受到信阳毛尖所蕴含的中国传统文化的独特魅力，激发他们的爱国情怀和民族自信心，形成民族凝聚力。2009 年 9 月，区教体局印发了《关于"茶文化进校园"活动实施意见》。当年 12 月又下发了《浉河中小学茶文化书画比赛活动方案》。2010 年 3 月，区教体局又下发了《"茶文化进课堂"先进学校评选条件》《茶文化优质课评选标准》等活动的通知。文件的下发和活动的推行，"茶文化进校园"活动在区政府的统揽下在全区中小学中广泛开展起来。

2010 年 1 月，我参与了区委、区政府在第十三小举办的浉河第一届青年教师茶艺比赛。我们邀请了郭桂义、吕立哲等茶叶专家担任评委，参赛选手均是在北京参加过茶艺培训的青年教师。在这次比赛中，第三小学的余岚岚老师获得了金奖，第三小学的鲁燕老师和胜利路学校的陈晓珺老师、欧阳贞娟老师获得了银奖。同年 3 月，区教体局又举办了茶文化优质课比赛活动，活动的开始时间是在 4 月 20 日，经过激烈角逐，共有 26 位教师获得一、二等奖。5 月 6 日，再次组织全区上茶课的老师对余岚岚、仲灿、刘自霞、朱小燕等老师的优质课进行了现场观摩学习。当年多家信阳本地媒体对这项活动进行了采访报道，居民关注度很高。

2010 年，区教体局还举办了茶文化书画比赛活动。在活动中，共收到了全区 1,000 多件书画作品，作品都表现了中小学生对茶文化的独特见解和对家乡的热爱。区教体局从中择优选择了 160 多幅书画作品编写成册，出版了《浉河茶文化进校园书画作品集》，激发了师生参与茶活动的热情，营造了知茶、懂茶、爱茶的氛围。

2011 年 4 月至 5 月，区教体局牵头举办了第二届茶文化优质课比赛，第三小学陈丹、第十三小学黄灿灿、胜利路学校刘娜等 40 名老师分获一、二等奖。2011 年 11 月至 2012 年 1 月，我区组织了河区中小学茶文化知识竞赛竞赛分为初赛、复赛、决赛三个阶段，最后的决赛在信阳电视台进行，决赛全程录制，并在信阳电视台播放。比赛的最终结果是第十三小学、胜利路学校获得一等奖，第三小学、第七中学、五星街道办事处文教办获二等奖，浉河港中心学校、柳林中心学校、董家河中心学校获三等奖,有 19 名教师获得优秀辅导奖。这次活动拓展了孩子们的视野,也宣传了信阳毛尖茶文化,可谓一举两得。

让学生成为信阳毛尖代言人

在我收集到的资料中,参与茶文化进校园的学校都根据区里教体局的方案进行了方案细化,开展了适合本校学生的活动。以第十三小学来说,老师将茶文化教材根据各年级学生的接收知识的不同编辑不同的参考资料并整理成册。第三小学也分年级分阶段开展了茶文化活动。如:一、二年级学生吃月饼、饮茶、赏月.说感想:三、四年级学生办画展,奇思妙想:五、六年级学生则开展征文收集成册活动。柳林乡中心校则以网站为平台来展示茶文化活动成果。胜利路学校、董家河绿之风中心小学更是积极建立学校茶文化室。五星街道办事处主动组织学生开展"我爱家乡信阳茶"的主题手抄报比赛、书法比赛、绘画比赛,以及开展"我为爸妈敬杯茶"活动。此次活动中学生在敬茶中明礼知孝,促进了和谐家庭建设.也加强了对中小学生的精神文明建设。董家河中心小学建设了茶文化长廊,学生们积极动手绘制图案,用自己的方式向全校师生介绍茶历史、礼仪、作用等。大家都兴趣盎然,"各显神通"地开展教学活动,让学生当信阳毛尖的代言人,为家乡文化宣传献计献策。

茶文化要跟上

因茶文化进校园活动的成功策划和举办,浉河茶文化宣传得到了各界人士的认可。我们作为茶事工作者,辛苦工作没有白费,付出得到了回报。时间虽然过去有些久远,但我仍能清晰记起以下成绩:

2010 年 12 月,胜利路学校茶艺表演队的节目《临江仙 · 信阳红》在信阳市百花之声浉河区专场演出中受到各级领导和观众的一致好评。

2011 年 4 月 28 日至 30 日,在中国茶都——信阳第十九届国际茶文化节暨中国(信阳)茶业博览会上,第三小学表演的"无我茶会"、第十三小学表演的快板书、胜利路学校的茶艺表演受到时任省委书记卢展工等众多领导的好评。中国国际茶文化研究会名誉会长刘枫在活动中题词"茶为国饮,从娃娃抓起"。

2011 年 7 月,2011 年全国中小学生茶艺邀请赛在上海市黄浦区青少年宫举行全国各地 16 支少儿茶艺队参加比赛。我区胜利路学校作为河南省唯一代表队参加了比赛,4 名小选手表演了以"谁言寸草心 · 感恩"为主题的茶艺,荣获了一等奖。

2012年1月，浉河茶文化进校园成果汇报演出在百花之声大剧院举行，《茶妹子》《工夫茶》《茶园春色》《饮茶诗》《茶乡飞出信阳红》等节目，赢得各界好评。

2012年8月，第三小学参加在上海举办的2012年全国中小学生茶艺邀请赛，表演了茶艺《客来敬茶》，荣获优秀奖。

文化，滋养着浉河的一山一水、一街一巷。浉河区委书记邵春杰曾感言：经济发展了，文化要跟上。越是传统地域的就越是经典的，弘扬传统文化不仅让浉河人看得见山水，记得住乡愁，更为了人民的生活越来越充实，越来越幸福。

茶文化进校园活动的举办，让浉河多所学校的师生参加了茶文化学习。以茶养德、传情、育人，传递和平友爱，促进人际祥和，修身养性，也丰富发展了浉河区茶文化内涵。

本文由浉河区政协提供。作者杨丽丽，1984年3月出生，安徽农业大学茶叶专业研究生毕业。九三学社社员，现任浉河区林业和茶产业局主任科员。

寻找唐宋茶树遗株

花　原

2009 年，信阳市文物普查队在谭家河乡找到了一条运茶古道，顺着古道一路调查，终于在李家寨镇发现了唐宋时期的茶树遗株。唐宋茶树遗株，这几个字本身就具有诱惑力。

据《重修信阳县志》记载："本山产茶甚古，唐地理志义阳土贡品有茶……明末因茶税过重，又遭匪劫，遂斩伐殆尽。今柳林大茶沟、小茶沟等处尚有遗株。"老茶树就位于李家寨镇旗杆村的大茶沟，整个村子被某部队所包围，进村之前要先登记，反复认证之后，小战士才放我们进去。

一进旗杆村我们就被眼前的景色深深吸引，沿着一条清澈见底的小河一路向村子走去，四周的高山全被葱郁的植被所覆盖，儿株矢车菊零星地开在山崖边，十分安静。除了我们几人，见不到汽车和人群，有几座军需仓库隐蔽在山洞里，透着几分神秘。我们屏气静息，话都不敢大声说，生怕一嗓子惊飞了树上的鸟。

旗杆村的黄支书一直在家等着我们，他的家是小二层楼，凉台正好面对着错落有致的梯田，我们都说他家是建在画轴里。支书笑笑，打了几个电话就带我们进山了。

没想到旗杆村满山遍野全是绿油油的茶园。爬了大约 40 分钟的茶山，才气喘吁吁来到了村茶场。茶场的老板叫邓世忠，有 60 多岁，身体结实，红光满面。

老人很健谈，提供了大量有关茶的信息。千年茶树有一株就在茶场的东南，但另一株，当地人称"茶王"的，还要翻过两座山，没人带是找不到的。这里原来有条运茶的茶路，青石铺砌，上面还有车轮留下的印辙，但很遗憾，古茶路在后来修新路时给破坏了。这条茶路经过大茶沟、中茶沟、小茶沟，绵延 35 华里，到李家寨驿站（原叫白果庙金店）过武胜关就是湖北了。

他让茶农给我们每人泡了一杯新茶，说，喝了他家的茶一路上都不会口渴。老人的儿子（我们叫他小邓）从屋里拿出一小袋茶叶，说这是茶王树上采摘的茶叶，每年只能采摘几斤。我们十分惊奇，立即围上去拈起几根放在嘴里，怎么茶叶嚼起来是脆的？忍不住泡了一杯，刚喝一口，司机小刘说：“是甜的！”而且每一口都是甘甜的，带有苹果的芳香。泡出来的茶水呈金黄色，和信阳毛尖大不相同。

老人说这茶可入药，调理肠胃，能治失眠，武则天爱喝，是唐代的贡茶。喝完之后会昏昏欲睡，所以又叫“神仙茶”。这神仙茶学名叫“柃木茶”，因嫩梢呈三棱状，又称三棱子茶。

喝完了神仙茶，陶醉了一会儿做神仙的感觉，我们要找茶树王了。老人让小邓给我们带路，坚持带上自家买的糕点和水果，并说：“要爬几个小时的山路，没吃的顶不下来。

老人的儿子很憨厚，用蛇皮袋装上蛋糕和家里的全部脆梨甩在后背上就带我们上路了。

爬了一个多小时，一会儿是上山的路一会儿是下山的路，体力渐渐不支，就问，还有多远？快到了。再问，还是快到了。老实的山里人也快把我们忽悠瘸了。

“看，映山红！”一抬眼，一树锦簇的映山红映入眼中。这深山里的映山红开得十分恣意，大朵大朵地怒放，透过阴柔的阳光，仿佛随时会化蝶而去。“回看桃李都无色，映的芙蓉不是花”，映山红时有时无的芳菲让所有的风都停止了歌唱，伴着我们一路相随，留下不舍的念想。

突然镇文化中心袁主任大声说：“你们听到泉水声了吗？快到大滴水了。”大滴水是这里的风景点，山泉水汇集在这里形成颇为壮观的瀑布，由于山高路险因此能看到此景的人很少。

顺着一路喧闹的水声，终于看到了大滴水瀑布。瀑布高有 10 余米，粗壮的水流与四周千姿百态的石头汇合在一起，组成听不懂的山歌。我们掬起潭里的水，清凉的泉水洗去了焦躁，但倦意立刻袭来，不知是不是喝了神仙茶的缘故，很想倒在宽大平整的石板上睡个好觉。

“该吃饭了，快 1 点了。”小邓担起了后勤工作。我们抓起蛋糕，呼吸着沁脾湿润的空气，望着像水洗过一样洁净的天空，每人的目光都放慢了转动。沐浴在习习的微风里，熏得人人自醉。

不能耽搁太久，再翻一座山才到茶王的领地。

小邓一路走还一路采着草药。他说，七叶一枝花是治跌打损伤的，把它捣碎了敷在伤口上很快就好。野姜是消炎和治风湿的，效果很显著。怪不得在这深山里，民国期间还有人居住呢！勤劳的山里人把山石一块块搬开，整出一小块平整的土地，盖上房屋，种上庄稼，就安家落户了，过着不知秦汉世外桃源的小日子，有个小毛病自己采点草药就解决了。

也不知走到了哪里，小邓回头朝我们喊：“快到了！”这是我们今天最愿听到的一句话。可越靠近茶树就越难走，已经没有路了，全是陡峭的悬崖。我们小心翼翼地贴着山壁，手拉着手一步步向茶王靠近。终于，双手抱住了令人仰慕的茶树王。

这株茶树高5米左右，周长1米，挺拔伟岸，是当之无愧的绿茶之王。我的背紧紧靠着山体，脚蹬在茶树根上，一动也不敢动，怕一不留神会掉下悬崖。而身手敏捷的小邓和刘成不知什么时候爬到了树上，看得我心惊肉跳。小邓说，茶树就是喜欢生长在背阴潮湿的山崖上。

茶王带给我们万分的喜悦，但更多的是对它充满了难以名状的复杂思绪。

唐肃宗时开始和蒙古驱马市茶，开了茶马交易先河。宋代由于常与辽、金交战，所需的军马更多，宋王朝便将茶马交易作为一种政治手段，对茶实行禁榷，始终把茶叶和战争捆在一起。宋代的榷茶，榷法极为严酷，后调整在茶叶集散地，同时在淮南盛产茶叶的蕲、黄、庐、舒、光、寿六州设立十三场。凡六州茶户种的茶，一律隶属于所在山场，把茶叶的生产者控制起来。光州，就是今天除浉河区、平桥区和罗山县以外的信阳市所辖地域。茶马互市贸易自中唐开始出现，到宋代已发展成为国家一项重要的经济政策而制度化，一直延续到清代，长达700年之久。

宋明时期，由于茶税过重和不断的战争，茶农不堪重负，一怒之下放火烧了茶园。现在，这片一望无际的万亩茶园仅剩下屈指可数的老茶树了，它们见证了那个时代我们无法亲历的蹉跎岁月。沿着千年的茶路，惜别依旧勃发的茶王，我们该出发了。

后来，信阳市文物局请河南省林业厅对古茶树进行了鉴定，初步推断该茶树树龄始于明代末年，应该是唐宋时期的遗株所萌生的。

本文作者花原，女，1963年2月出生，河南省信阳市人。历任信阳市文物管理局文物科科长、市博物馆副馆长，副研究馆员。2008年荣获信阳市“三八”红旗手称号。2010年荣获第三次全国文物普查实地调查阶段突出贡献个人奖。著有《信阳钱币发现与研究》，荣获河南省社科联社会科学优秀成果二等奖。发表《黄国考》《河南息县发现窖藏货泉》等专业论文10余篇。

固始县白狮子地 M4 出土茶叶记

朱泽勤　口述　付玉琼　整理

题记：在本文整理过程中发现，2014 年出版的《固始县茶叶志》和《固始茶文化》中显示，固始出土茶叶是 1987 年白狮子地 14 号墓，与本文口述者朱泽勤回忆时间和编号均有出入。整理者向固始县原文物局书记戴建中求证，戴书记肯定是 1982 年白狮子地 M4 墓出土茶叶。因为他 1987 年任文物局书记时，茶叶已经出土好几年了。市政协文化和文史委向主持发掘的刘开国询问，刘答复说，朱泽勤的回忆与事实有出入，一是欧潭生当时因故没有参与发掘；二是当时"没有绿叶，是黑色的，没有炭化，拉到库房也没炭化。厚度 10～15 厘米，上面用棕绳结成网状盖在枝叶上"。虽没有鉴定，但他为此专门走访了茶叶专家。

白狮子地位于固始县城东南部，白狮之名由来已久。此地名称有两种缘起：一是说原来有个大户人家建筑深宅大院，门前一对白石头狮子雄踞镇宅，昭示其家族势力权贵，久而久之当地百姓称其势力范围为白狮子地。二是说此地古来用作贵族墓地，早年神道上置有白石头狮子守墓，故名白狮子地。看家护院也好，值守先人也罢，白狮子地注定不同寻常。我见证了这块土地千年后的声名鹊起。

1980 年，我开始从事文物工作，当时国家对此相当重视，从业人员要进行岗前专业培训。

1981 年春天我到信阳地区文物管理委员会学习文物修复技术，授课老师有欧潭生、刘开国、邵金宝，学习过程等于天天和珍宝亲密接触，我修复的第一件文物是上古时期的陶鼎，看着破瓦残片在自己手中一点点恢复盛世容颜，我爱上了这份穿越时空的工作。

这年秋天，省里又组织了考古理论学习，讲课内容从什么是文物、文物工作的意义开始学起，杨焕成主讲古建筑学，赵青云主讲古瓷器学，张文华主讲新旧石器学。

1982 年春天，河南省组织田野考古培训，由女教授陈旭主讲。课堂学习结束后，紧接着信阳地区学习组领队刘开国，带着本地区学员返回信阳楚王城进行田野考古实践。楚王城位于信阳县明港镇苏楼村，经过两个多月的发掘，清理出古城遗址，发现了一条专用兵道等许多文物古迹。楚王城面积有 12 平方公里长方形制，南北走向。

当年，固始县文物工作不是独立部门，而是隶属于图书馆系统，詹汉清任馆长。詹汉清本是湖南人，少时卖壮丁进入国民党部队，以蒋经国手下的青年军身份，到台湾受训半年返回大陆。后担任傅作义部下陈长杰的警卫队队长。中华人民共和国成立后在解放军部队副连长职位上，转业地方被分配到固始县工作。詹馆长对工作无私奉献，对同志竭尽全力帮扶，对党无限忠诚，多年努力要求加入党组织，并于 1986 年前后加入共产党。我敬重詹馆长对革命事业的付出，习惯称他为“俺老师”。

新中国成立后，热火朝天的“四化”建设活动，不经意间让固始县一座座古墓复出地面。1978 年底，城关镇砖瓦厂在取土过程中发现了侯古堆一号墓，据对出土器物上铭文的考证，墓主是吴王夫差夫人勾婚，出土 1500 多件文物。其中肩舆被誉为中华第一轿。两年后，侯古堆一号墓北面 400 米左右的地方，固始县国营砖瓦厂工人在取土过程中发现白狮子地 M1。经过地县文物部门发掘清理，出土铜鼎、铜壶、铜匜等 694 件文物。此后 1980 年到 1992 年 12 年间，白狮子地共发掘出 M1 - M16 春秋战国贵族古墓群。王侯贵族墓地密集于此地，显示出古代堪舆术士和风水学的影响力。

这一区域 16 座墓葬有一共同特征，都是制砖厂工人在取土过程中陆续发现出土的。国家一直对古墓葬采取深埋保护的原则，不提倡主动探测挖掘，固始县文物部门工作人员严格遵守这项规定，境内墓葬都是非挖不可时才保护性发掘。

我清晰地记得白狮子地 M4 发掘过程。1982 年 3 月，县国营砖瓦厂工人发现白狮子地 M4，詹汉清馆长依次向信阳地区文管会和省文物部门汇报情况，最后省里给出指示：因省考古队工作任务重，人员调配不开，所以委托信阳地区文管会主持发掘工作。最终白狮子地 M4 发掘团队组成人员有：信阳地区考古专家欧潭生、刘开国、阮超，固始县文物工作者詹汉清、朱泽勤。

当时，挖掘一共进行了两天，第一天清除覆土层，探明墓道入口。当时夜晚没有照明设施无法作业，只好派专人看守值班。第二天一早，我们来到 M4 继续工作。

那是一个大晴天，我们穿着胶靴，手拿三角铲，蹚过淤泥，走进墓坑。进入墓坑的第一步是继续清理外椁顶上的淤泥，接着众人合力掀开椁顶板，映入大家眼帘的是这样的场景：棺木顶上盖着竹席状的东西，下面铺满 3 ~ 4 厘米厚度某种植物的枝枝叶叶。叶子仍然泛着绿色，枝杈呈现着刚刚采摘时的模样，人们不约而同屏住呼吸,贴近仔细观察,又发现枝丫上挂有果实,没等听到一声惊叹,猝不及防间,重见天日的植物转瞬即逝,炭化成黑粉土齑状态。这时众人齐声叹息:“没了,没了!”

M4 菜清理完毕后,考古队凭借第一印象,辅以其他的鉴定手段,得出定论:白狮子地 M4 墓出土了春秋战国时期的固始茶。M4 墓随葬的除了茶以外,在一口陶皿内出土有乐器残件。北京吴昭教授鉴定有古筝等,再就是青铜器若干。

关于 M4 墓还有一件让人难忘的事,墓中棺椁都用黄粱木做成,历经千年不腐。黄栗木是固始南山原生树种,以材质坚硬著称。20 世纪 70 年代物资匮乏,文物部门把黄栗木棺椁运回单位,把椁板二次利用,做成存放文物的搁架。棺材保持完整未动,存放在一间小仓库内,包括那些茶的炭化物依然和着泥土凝结在棺材顶板上。我和詹馆长定期给棺木浇水维护。几年后因需用土地盖单位家属院,仓库被拆掉。M4 墓棺材被移置到露天的楼顶,后被风化荡然无存。

现在,茶在固始民众生活中作用广泛。一是饮用、食用。开门七件事,柴米油盐酱醋茶;二是民俗崇尚,用茶趋吉辟邪。比如接新生儿回家途中,逢岔路口要撒茶叶和大米。盖新房起地基时,在基槽内铺少量茶叶等;三是为婚俗礼仪符号。在固始县南山茶产区,山民把婚俗礼仪总称“三茶六礼”。

茶乡固始,从春秋战国时的佚名茶到如今的“九华山”“仰天雪绿”“大别山云雾”等知名品牌,这方水土这方人,演绎了千年的茶香固始。

本文由固始县政协提供。口述者朱泽勤,1950 年 11 月生,固始县陈集乡朱集村竹园组人。本科学历,中共党员,现为固始县文广旅游局退休干部。整理者付玉琼,女,现任固始县政协教科卫体和文化文史委副主任。本文参考朱泽勤著《固始地方文物与历史人物考辨》。

附录

FULU

河南省第一次在国外参加的出口商品展览目录

鲁延寿　抄录　杨　峰　提供

1914 年(民国三年),美国为庆祝巴拿马运河开航,曾在旧金山举办了一次万国商品赛会。当年 3 月,河南省在巡按使田中玉的支持下,组织了“筹备巴拿马赛会河南出品协会”,征集了如禹县之钧瓷、清化之竹器、沁阳之瓦鼎、道口之锡器、开封之汴绉等土特产品共 100 余种、1000 多件,赴美参加展出。这是我省有史以来第一次在国外展出我省之土特产品及工艺品,也是我省工商业者企图直接参与海外贸易的尝试。现将当时征集的土特产品目录抄录如下:

各县出品总录

潢川县　香稻米、上等土靛、草辫、辣姜。

信阳县　贡针茶、白豪茶、已熏龙井茶、未熏龙井茶、菊花茶、毛尖茶、珠兰茶、雀舌茶、铅锭、硫黄、铁沙、苎麻、铁锭。

息县　香稻米、半夏。

商城县　大苏山雀舌茶、大苏山银针茶、天字茯苓片、元箇大茯神、广壮细丝汤粉、银山贩沙铁、青灰绢、净白绢。

固始县　云雾茶、茶凌、沙铁、银条皮丝。

罗山县　大枝桔梗、银沙。

光山县　蓝白柳条花布。

…………

本文由潢川县政协提供。原载河南省地方史志编纂委员会 1983 年 10 月编《河南地方志征文资料选》第四辑。资料提供者杨峰,信阳市政协委员、文史资料撰稿员,市知联会理事,河南省作家协会会员。

信阳种茶是从川陕移入的吗？
——兼谈信阳是我国最早的茶产地之一

宋效忠

信阳人工种茶始于何时？茶学界不少人士都认为信阳种茶是由川陕移入的。比如《茶业通史》就这样写道：西周时期，“茶树随交通的方便（由四川）移入陕西……因受气候条件限制，茶树不能再向北推移，只能沿汉水转入东周（公元前770年至公元前256年）政治中心河南，又在气候温和的河南南部（大别山区信阳）生根”。事实果真如此吗？本人不敢贸然同意信阳种茶由川陕移入的观点，现陈述如下。

东晋常所编著的地方志——《华阳国志·巴志》，应该是我国最早记述茶叶种植的志书。在这部书中写有周武王姬发伐纣灭商后巴地封国向武王进贡的文字，称贡品有五谷六畜、桑蚕纻麻、鱼盐铜铁、丹漆茶蜜、灵龟巨犀、山鸡白雉，黄润鲜粉，并特别强调：“其果实之珍者，树有荔枝，蔓有辛蒟，园有芳蒻香茗。”从这段文字看，早在3000年前四川就有了人工种茶。《茶业通史》的作者据此推论信阳种茶是从川陕移入的，我们姑且不说这一推论是否正确，但就《华阳国志·巴志》的这一记载来说，其可信度也是有问题的。《尚书》是我国上古时期的史书，常璩在《华阳国志·巴志》中记述武王灭纣的史料来源应是《尚书》。然而，《尚书》虽记载了武王伐纣的史实，但并没有种茶的记载。如果常璩是猜测或根据民间传说编写这段记载，这就让人难以相信了。其次，茶字在古代有多种写法，特别是在东汉以前，茶字的书写其形各异，其音也不同，并与别的字混用。比如常璩在《华阳国志·巴志》中记载的“丹漆茶蜜”，这个“茶”字既可读 chá，又可读 tú，而 tú 在古代是一种苦菜，与 chá 就大相径庭了。现在茶字的写法是唐代陆羽著《茶经》时期才定型规范的。《华阳国志·巴志》中记载的“茶”，究竟指的是茶还是苦菜？再次，常璩在书中强调“园有芳蒻香茗”，似有杜撰之嫌了。因为“茗”这个字的出现，据史料看应在秦始皇统一文字之后。查阅《说文解字》，许慎未对“茗”字做任何解释，只把“茗”列为“新附字”。这说明“茗”出现的时间没有超过秦汉。既然秦汉才有“茗”字，常璩何以记述西周时期巴地封国“园有芳蒻香茗”呢？我们不否认四川是我国最早的种茶地区之一，但是如果说信阳种茶是由川陕移入的，我认为是缺乏根据的。

即便在西周时期四川就开始了人工种茶，也不太可能在西周至战国时期经陕南沿汉水移到信阳。要说明这个问题，我们还是要从历史上找依据。首先，武王伐纣灭商后近300年间，信阳及其所辖的八县两区在当时并存着诸多封国，如黄、番、江、弦、息、赖、曾、蒋等，这些封国除息、赖、蒋等属西周封国外，多数封国乃夏商所封，他们与周王朝时而臣服，时而对立，直至战争，并非周室王土。周王朝所封的赖、息、蒋等国从封国至今都不种茶。其他非西周封国不可能通过周王朝引进人工种茶。其次，到周宣王时（公元前827至公元前782年），召公征伐淮夷取得成功，信阳区域内的各国始成为周室方国，同时，增封申伯于淮河上游的谢地（今平桥区平昌关的古城），开始了信阳为申国的记载。但是，周宣王虽将淮河上游诸国纳入了自己的势力范围，除周王室所封诸侯国以外，其他方国对周王室仍貌合神离。这期间周王室内外战事不断，也不可能在这些方国推行茶叶种植。再次，茶叶在当时并不是国人生活之必需品，它只是在少数人中或作药用或作饮用，或作丧事用品，人们对茶的认识还处在一个实践摸索的过程中。在这种历史背景下，周王室不可能也没有必要用行政手段跨区域跨方国地移种茶树。至于民间移种茶树，就更加不可能了。最后，进入公元前7世纪以后，茶树沿汉水向信阳所属区域移种已完全没有可能。因为从公元前688年楚灭申到公元前622年楚灭蓼，短短66年的时间，淮河上游的诸国均为楚国所灭。这些地方成为楚室王土后，楚国不可能从周王室的巴地封国引种茶树。进入战国时期后，楚国一方面继续向北扩张，一方面在南阳境内越汉水至湖北境内修筑楚长城，茶树就更不可能“沿汉水转入东周”移种信阳。因此，信阳种茶是由川陕移入的结论是值得商榷的。

特别是固始县白狮子地14号墓挖掘出土的茶叶，更加说明了信阳种茶的历史并非始自春秋战国。1987年3月4——19日，信阳地区文管部门对固始县砖瓦厂工人取土时发现的白狮子地14号墓进行发掘，这是一个战国时期的双椁三棺竖穴墓，发掘时发现主棺盖上放有20～30厘米厚的茶叶，并用棕绳结成网网着。墓主人的身份并非王侯，而是一般士大夫阶层。这一发现印证了《周礼·地官司徒》中“掌荼，掌以时聚荼，以供丧事”的记载，说明茶在当时也是统治阶级供丧事用的物品。可以肯定的是，当时的士大夫贵族阶层用那么多的茶“以供丧事”可见那时固始的茶叶种植是有一定面积的。

翻开人类发展的历史，我们不难看出，人类对农业的认识经历的第一个跨越是由采集农业向种植农业的转变。对茶叶的认识也不例外，必然也会经过从自然采集到种植采集的转变。看一个地方产茶的历史,不能凭这个地方的野生茶树如何古老,而应看它人工种茶是从何时开始的。云南思茅、临沧、勐海一带,近些年来,不断发现了生长1000年乃至3000多年的野茶树,但是我们不能没有依据地说3000多年前这里就有了人工种茶。茶树在云南由野生向人工种植的过渡和跨越当是在三国时期完成的。信阳至今虽未发现像云南那样高大古老的乔木类野茶树,但2009年文物工作者在鸡公山北麓的大茶沟开展文物调查时,在海拔631米的山崖上发现了径围88厘米粗的灌木类野生古茶树。我们姑且不论在立地条件极为恶劣的条件下这棵茶树的树龄,但就大茶沟这一地名而言,有茶在先已是不争的事实。至于大茶沟这个地名人们叫了多少年,谁也说不清楚。固始县白狮子地14号墓出土的茶叶也佐证,信阳的先民们早在春秋战国之前就已经完成了野生茶向人工种植的过渡,信阳理所当然地是我国历史上最早的茶产地之一,信阳种植茶树并非是从川陕移入的。

信阳的茶叶生产从春秋战国至秦汉,发展比较缓慢,直至唐代才兴盛起来。在唐代全国划分的七大茶产区中,现在的浉河、平桥、罗山、潢川、光山、新县、商城、固始均为淮南茶区。北宋时期,茶叶生产空前发展,茶文化也空前繁荣,淮南茶区成为全国第三大产茶区,信阳年产干茶的能力达到100万斤,且以优质团茶享誉朝野。苏东坡客居光山时,曾给其朋友寄"团茶一饼"品尝,并称赞"淮南茶,信阳第一"。1915年巴拿马万国博览会上信阳毛尖荣获金奖。今天,信阳的茶园种植面积已突破150万亩,信阳毛尖的质量仍稳居绿茶之首,信阳红茶也以与"众"不同的特征上市,古老的茶乡正在焕发出勃勃生机。

本文原载于2011年4月《中国茶叶》杂志。作者宋效忠,信阳市人大常委会原主任,现已退休。

宋代河南茶叶市场"光州三场"考辨

张清改

宋代是中国茶叶的大发展时期,宋史和《梦溪笔谈》中对淮南十三山场中的光山场、子安场、商城场的卖茶数量和总价格有清晰的记载:"光州光山场买茶三十万七千二百十六斤,卖钱一万二千四百五十六贯;子安场买茶二十二万八千三十斤,卖钱一万三千六百八十九贯三百四十八;商城场买茶四十万五百五十三斤,卖钱二万七千七十九贯四百四十六……"但是对于"光州三场"的具体位置、管理机构设置、历史影响并未做进一步详细的记载,近些年来虽然茶学研究不断深入,区域茶文化研究硕果累累,但对光州三场的具体研究成果并不多见,这无论是对中国茶史的研究还是地方茶文化的挖掘都是重大的缺憾。笔者查阅大量的地方史志资料,同时结合实地调查走访,从古光州的历史沿革、政区设置、自然条件和今日遗留的古遗址等方面着手,通过抽丝剥茧的分析论证,试图还原"光州三场"的全貌。

一、"光州三场"的概貌

"光州三场"是宋代以来人们对古光州境内的三个由国家设立的官方茶叶集散市场的统称,它们都位于淮河上游,大别山北麓,今日鄂豫皖三省交界处的名茶之乡信阳境内。

(一)光山场

1. 光山历史人文

光山毗邻淮河,南依大别山,东依商城,宋代成书的《太平寰宇记》中记载,其"俯映长淮,每有光耀,因名光山"。"光山"由此得名。光山历史悠久,周代时境内有封国弦国,后入楚,秦汉分别隶属九江郡和江夏郡,其城之遗址在今废仙居县北40里。南北朝时设置光城郡,到隋开皇十八年,更名为光山县。进入宋代后,光山的行政治所移至今日的光山县城区,但仍为县级政权,其所辖地域要比今天光山县辖区大一些,包括今日的光山全境和罗山、新县的部分区域。光山历史厚重,文脉昌盛,宋代著名的政治家和史学家司马光的父亲司马池曾在此地做官并因地为名为儿子取名司马光;司马光砸缸的原址在今日光山县政府附近,遗址保存完好。光山县宗教文化发达,其境内的净居寺是天台宗的发源地,北齐年间,慧思结庵大苏山时即开山种茶,以茶悟禅,以茶敬客。光山自然条件优越,境内河湖众多,多属大别山浅山丘陵,极易种植优质茶叶,南部河川绕着群山蜿蜒,中北部岗畈连着平畴。史料记载,当地种茶历史悠久,唐代陆羽曾评价曰"淮南茶,光州上","生光山县黄头港者与峡州同"。进入宋代后,当地茶叶种植规模扩大,加工技术先进,影响力日增。苏轼被贬黄州,赴任途中曾到净居寺拜谒品茶,并留下品茗的佳句。

2. 光山自古为要会之地

《宋史》记载,"榷茶之制,择要会之地……在淮南则蕲、黄、庐、舒、光、寿六州,官自为场,置吏总之,谓之山场者十三"。"要会之地"应当有两个意思:其一是该地区大规模产茶,其二是交通一定便利,尤其是成本较低的水运应该发达。而据地方志记载,宋代光山的水上交通极为发达,境内的潢河、泼陂河是淮河的重要支流,尤其是潢河可直接通航到淮河,便于将山场的大批量茶叶通过水运运出,然后再转运销售到北方。同时,从历史沿革上看,光山自宋代开始名称一直未变,地域辖区也变化不大,如旧志记载,"迨于五代以及宋初,仍沿唐制。至至道三年,宇内既一,分天下为十五路,天圣中续曾三路,元丰中又析为二十(三)。以光州弋阳郡隶淮南(西)路,领县四:曰定城、固始、光山、仙居。其新息、褒信,则隶于京西路之蔡州汝南郡。绍兴二十八年,避金太子光瑛讳,改光州为蒋州"。宋代,息县属于蔡州治下,而非光州所辖,而光山自宋代开始虽政权隶属上有所变化,但治所一直未变,结合自然环境条件和政区变动的诸多情况可以推断,"淮南十三山场"中的光山场旧址就在今日的光山老城。

(二)子安场

1. 子安官焙历史悠久

子安场位于宋代的子安镇,就是今日商城县苏仙石乡。这里产茶历史悠久茶质优良,2014 年被评为"中国茗村"。苏仙石乡同样是位于鄂豫皖三省交界处,淮河的重要支流子安河从南向北蜿蜒流过。据史料记载,苏仙石乡在周朝时曾是个名叫子安的小诸侯国。到了汉代,一个外地人苏耽游学来此,恰逢瘟疫爆发,苏耽采药行医,用橘子叶煮水给百姓喝,驱散了瘟疫,当地百姓为感念苏耽,将子安改名为苏仙石,但境内的子安河名字一直沿用至今。子安在历史上多属于光州治下的商城管辖,其境内山川形胜,山水秀美,地势东南高,西北低,金刚台、南大山、看棋山、南寨岩等层峦叠嶂,绵延起伏,其中金刚台是大别山在河南境内的最高峰,这里历史上一直是茶叶产区和天然的药材库。由于子安茶历来都是种植在云雾缭绕的深山里,生长缓慢,叶片肥厚且娇嫩,内质十分优良,从唐代开始就成为国家贡茶,政府还在这里设立有官焙,今日官焙遗址仍存。

2. 子安镇也符合“要会之地”的条件

这里今日地处鄂豫皖三省交界处,在宋代则是大别山山麓的军事要地和经济重镇,境内的子安河可乘船顺流而下,进入淮河上游的最重要支流史灌河,然后再汇入淮河。所以这里自古边贸业发达,水上交通极为便利。史料记载,明清时期,这里每到春夏丰水季节,附近三省的山民都借助浩瀚的河水将所产的货物、竹木、茶叶顺流而下带入淮河航运,远销外地。再结合宋代气候条件可以推测,宋代的子安河船运应该非常发达,便于将附近三省茶叶运销外地。地方志也记载,“商城的子安河可编筏入水(入史河)经三河尖顺流而下,运销长安、洛阳、扬州等地。各地茶商均在子安庙置收购站”。而在实际考察中发现,子安河古渡口遗址部分仍存,排列整齐又磨得圆滑的石堤被附近百姓当做洗衣板使用,附近的子安庙与产茶的山口均有古道相连,古渡口通往镇内的古道上经常发现绘有宋代莲瓣图案的砖雕基石残片。由此可以断定,宋代的子安场位置应该就在今日商城县苏仙石乡的子安庙附近。

(三)商城场

商城场设在今日的商城县。商城早在夏商之际即为诸侯封地,西周属黄国地春秋战国时期先属吴后属楚,秦始皇统一六国时期属九江郡。西汉时期置雩娄县隋开皇初期,更名殷城县。北宋建隆元年(960 年)因避宋宣祖弘殷讳,改殷城县为商城县,属光州弋阳郡,至此始得县名。宋至道三年(997 年)并入固始县为商城镇,属淮南道光州。元属河南行省汝宁府。明成化十一年(1475 年)划固始县西南46 个里,复置商城县,仍属汝宁府。清雍正二年(1724 年)至清末,属光州和豫南道。民国时期先后属河南省汝阳道、河南省豫南行政区。解放后先属潢川专区,1952 年属信阳专区至今。地理位置上,商城县位于大别山高峰金刚台下、灌河岸边的低山丘陵上,由于地处亚热带北部,生态环境优越,温和的气候、优越的位置和良好的森林植被,非常适宜优质茶叶的成长。唐代苏冕的《九朝会要》中曾写道:“光州殷城产茶。”到了宋代,这里的茶叶生产规模进一步扩大,成为国家重要的茶叶收购集散地,官办茶叶贸易市场商城场是淮河上游地区最重要的茶市之一,《梦溪笔谈》记载,当时光州境内的三场中,商城场卖茶数量最多,卖钱也是最多的。宋代以后,当地茶叶贸易延续以县城为集散地,“肩挑马负,西到信阳,南至江夏(今武汉)”,出现了“商旅络绎……竞相购买”的盛况。1971 年,考古工作者在距离商城城关不远的汪桥乡发掘出了重达 1.95 公斤的宋代银铤,这枚束腰银铤首宽 8.5 厘米,腰宽 6.5 厘米,厚 2 厘米,长 15.5 厘米,上部两角还钤刻着“北聂口”,左下角钤刻“重五十两”,腰边印文“出门税”,这极有可能是随着榷场内茶叶贸易的繁荣,政府在商城场征收的商税——出门税。

虽然目前考古发掘没有发现商城场旧址，实地走访调查也一无所获，但根据地方志记载，商城城关内的建筑在明代以前已呈坊市制特征，其形成极有可能与宋代商城场的茶叶贸易发展有密切关系。而商城部分边远农村流传有不少有关宋代商城茶叶贸易的凄美传说和茶歌，其中一首茶歌唱的就是茶场小吏在查验茶叶时克扣斤两的故事。在宋后千余年间，商城的茶叶生产虽然也随世事和人口的变动更替而有所兴衰，但始终没有间断，至今当地以茶命名的如"茶园""茶湾""茶洼"的地名还留有多处，在金刚台深处的"金刚古寨"、东河九丈潭、书山梦笔、元代人类遗址和大孤山一带至今还残存有大量的宋代古茶树。

二、关于"光州三场"的几个历史问题

"光州三场"创造了淮上茶文化的辉煌，其在宋代的运行持续了很长时间，而且通过一定的机构设施保证了职能的发挥和茶事官员的勤政，推动了茶区的快速发展。

(一)"光州三场"存在的起始时间

"光州三场"究竟是什么时间建立的呢？清代徐松辑的《宋会要辑稿 · 食货廿九》之六～十六中记载，淮南"买茶场"旧置七，新置者四。其中旧置的 7 个中就包含光州光山场、商城场、子安场。由此可见，光山场、子安场、商城场早在宋代建立以前已经存在。十三山场中的洗马场、石桥场等均是后起之秀，在乾德三年后才陆续设置。至景德二年(1005 年)，十三场体制才趋于成熟稳定。因此可以断定，"光州三场"的历史悠久，早在赵宋立国以前就已经存在。

那么"光州三场"建立的具体时间是何时呢？众所周知，唐代虽然施行过榷茶法，但多数时间是直接征收茶叶税的，当时申州(地域包括今日的信阳市罗山县、浉河、平桥区、息县)、光州所隶属的淮南茶区虽在国家茶税收入中占有较大的比重，但并未有封建国家在此地设立专门茶叶贸易市场的记载。五代十国时期，光州建制沿革复杂多变，先后属吴国、后唐和后周治下，由于政权更迭频繁，且执政时间较短，其茶法记载较为模糊，但通过对一些史料的对比考证，发现这些短暂的政权出于经济利益的考量都曾对茶叶贸易进行过有效的保护和及时的鼓励，也可以考证出"光州三场"设立的时间。唐代开始茶叶已经成为北方百姓日常生活中的重要消费品，而中原并不产茶，北方所需茶叶必须通过与南方政权的贸易中获得，因此在进入五代十国后，各政权为了增加收入，纷纷支持茶叶贸易，政府沿袭前代经济政策，继续征收茶税，同时开始直接设立榷茶场，如后梁统治时期，开始在重要的茶叶集散地设置场院征税。这应该是最早的关于国家设立专门茶叶购销市场的文字记录。史料还记载，后梁后期，其盐铁转运使敬翔上奏，于雍州、河阳、徐州三处

重置场院征收茶税。后唐明宗即位的诏书中也特别写道:“省司及诸府置税茶场院,自湖南至京六七处纳税,以至商旅不通。”后周建立后,政府沿袭旧制,设立场院征收茶税。因此虽然史料无明确记载“光州三场”五代时期设置的时间,但光州作为地处南北政权交界处的要会之地,境内产茶量多且水运发达,我们可以推测政府在此设立场院征收茶税时间的上限可追溯到梁太祖开平元年(907 年),最晚不晚于周世宗显德五年(958 年),也就是后周攻取淮南十四州郡始。

“光州三场”是何时结束的呢?《宋史·仁宗纪四》记载:“二月己巳,罢榷茶。”因此,史学界也公认淮南十三山场在嘉祐四年(1059 年)正式结束,因此我们可以断定,“光州三场”也是在 1059 年完成了自己的历史使命,前后至少历经三朝,时间跨度近百年。

(二)“光州三场”的主要职能与作用

光山场、子安场和商城场作为国家法定的茶叶市场,其承担的职能与政府的政策变化有着直接的关系。北宋的茶政变化较多,宋初曾先后施行过交引法、贴射法。交引法实施时期,“光州三场”主要从事光州茶区的茶叶垄断购销,为封建国家赚取茶利。政府预支给“三场”茶叶园户本钱,支持茶园生产,待茶叶采摘加工后,各个园户再以茶折税,向政府交纳“茶租”岁课,园户余下的茶叶亦不能与茶商自由贸易,而是要卖给官办的“三场”,但是政府收购的茶叶价格一般较低,如史料记载,淮南十三场中的舒州罗源场中等茶,园户卖给官府的价格仅 25 文,官府转卖给茶商的价格是每斤 56 文,茶利主要被政府获得。同时,对园户卖给山场的茶叶数量政府也有明确规定,完成规定收购任务的山场会受到奖励,没有完成收购任务的则会被处罚。同样,当地园户如果不将茶叶售卖给山场也会被处以重罪。从《梦溪笔谈》等诸多宋代史料的记载来看,“光州三场”的产茶数量较多,未出现收购不足的问题。贴射法主要在“光州三场”在内的淮南茶区实施,其他茶区并未施行,且在十三山场实施的时间并不长。贴射法实施期间,政府不再预支茶叶园户本钱,光州的茶叶园户也因此拥有了一定的茶叶贸易自主权,可以与获得政府贸易许可的商人直接进行交易。但商人卖茶后需要将茶叶运到光山、子安和商城三场称重,按照数量向政府交纳税收。由此可见,“光州三场”是中央政府控制淮上茶叶流通、买卖价格的重要机构,并由此获得了大量的财富,同时它还在一定程度上承担了国家在货币兑换回笼、茶叶拨款付款方面的重要经济职能。

从宋代信阳地方经济发展来说,“三场”如同茶叶经济特区,它预支给茶农本钱,扶持茶叶种植和技术传播,带动了整个区域的经济发展。“光州三场”地处淮河上游,借助淮河发达的水运优势共同发展,地理位置上形成一个黄金三角结构。它们之间互为犄角,互相支撑,不仅连接起了整个淮南茶的销售网络,突出优势,有利于茶产业的集约化发展;而且三个点连接在一起,由点及面,支撑起了淮西茶的商贸区，使得历来以军事重地著称的淮上地区一跃成为茶船泊集、茶商摩肩的繁华经济中心。同时，"光州三场"的出现及在当时国家经济中的重要地位，对茶叶需求消费的满足和饮茶风俗的形成具有举足轻重的作用。朱自振先生曾说，"我国早期饮茶和茶叶文化的传播，主要是一种与茶叶生产相结合的传播。如果茶叶的饮用没有可靠、固定的茶叶来源，即不能当地生产，仅仅依靠不稳定的少量茶叶贸易，茶的饮用也就不会约定形成为社会风俗"。同时，随着"光州三场"的发展，茶叶商品流通冲破了地域限制，在更大空间和更广时间内进行，茶叶生产在新的基础上向前发展，促使生产—交换—消费的良性循环，带动了整个茶区的不断发展。

（三）"光州三场"的行政架构

"光州三场"是宋代强大的茶叶中转集散市场，它作为当时囊括整个淮上地区茶叶交易的法定综合市场，把分散在茶农手中的茶叶汇集起来，转运到北方各地，在国家经济中发挥着至关重要的作用，因此其管理体制和行政架构也较为完善。

根据宋代茶叶管理体制分析，"光州三场"是被纳入中央的三司管理，属于中央的派驻机构，其行政级别虽然随着政府政策的变化时有升降，茶事管理官员的称谓也时有变化，但"三场"内一直均派驻有专兼职官员。如史料记载，"茶场、榷务，自今令三司副使、判官、转运使副、制置茶盐司举官监在。监榷务以京朝官、殿直以上使臣充，茶场以幕职、令录充"。需要说明的是，幕职、令录是宋朝初年选人初授的官阶名称，一般是协助州长官处理政务及文书案牍的低级官员，"光州三场"在宋朝初年就设置了多名这样的茶事官。在熙宁七年榷川茶后，国家又增设茶场 41 处；为了加强对茶叶质量的监督，防止伪劣茶和打击茶叶走私贩私行为，又对茶事管理进行改革，选择在其中的 7 处设立监茶官。7 处中就包括光州三场，其中历城人张蕴（954－1011 年）就曾监光州光山茶场。有时地方行政长官也兼管茶场，如曹州人皇甫鉴任光山县知县时兼负责光山场事务，史料记载其施政有方，关心百姓疾苦，对茶户不多取一毫，对于抓到的贩卖私茶的贫民不忍重罚而往往采取宽容之策。

总的来说，宋代"光州三场"的行政架构亦与国家的茶政密切相关，也涌现了一批廉洁爱民的好官员。同时，在国家茶事管理的逐步完善调整的过程中，其一直因地位重要而在历次改革中首当其冲。

三、"光州三场"的罢黜与历史评价

嘉花四年禁榷东南茶后，"光州三场"被取缔之后再未能恢复。"光州三场"的罢除对淮上茶产业的发展带来了深远的影响。

（一）深远影响

失去了政府的种植扶持和销售引导，光州茶失去了强有力的外力推动，发展逐渐陷入低迷。尤其是北宋末年开始，淮河两岸战火不断，茶叶销路不佳，茶叶生产一落千丈。据研究，两淮绍兴年间的产茶额仅为19257斤，占东南六路总数的0.1%；乾道年间产茶额仅22951斤，占总数的0.13%。在南北战争的间隙，淮河上游地区也设置有短暂的茶叶交易市场，如宋孝宗乾道元年（1165年），南宋恢复与金的贸易，在光山的中渡市（今息县的中渡镇）设置榷场。中渡镇即位今日的息县中渡店。《宋史》记载："嘉定十年夏，四月丁未朔，金人犯光州中渡镇，执榷场官盛允升杀之。"但战争间隙的榷场规模已大不如前，"光州三场"繁盛的局面已经一去不复返。

同时，由于战争的破坏，淮上一片荒凉残破景象，人民流离失所，人口大大减少，生计日艰，口粮问题成为摆在人们面前的头等大事，茶叶生产已退居其次。因此，政府将粮食生产作为淮上农业发展的头等大事来抓，对农业经济作物茶的重视程度远不如前。史料记载，南宋政府在光州在内的淮南设置屯田，鼓励百姓耕战结合。《宋史·吴渊传》载："朝廷付渊以光、蕲、黄之事，凡创司空山、燕家山、金刚台三大砦，嵯峨山、鹰山、什子山等十二小砦，团丁壮置军，分立队伍，星联棋布，脉络贯通，无事则耕，有警则御。"元代开始，地方志中关于地方茶的记载少之又少，可见，传统的名茶产地在宋代以后已经日薄西山。

（二）历史评价

"光州三场"是国家顺势而为而设立的法定茶叶交易市场，它是封建国家为了增加财政收入甚至是以支持战争为主要目的而设立的，在实施的过程中确实在增加国力方面发挥了重要的作用。同时，政府在设置"三场"的过程中，不断摸索经验，完善管理，设立了专门管理茶叶的机构和官员，而且还对这些官员进行监督和考察，防止其利用职权贪腐，最终使光州、信阳军这几处唐代以来的名茶产地和历史茶区，在两宋之际放射出耀眼的光芒，在中国茶文化史上书写了浓墨重彩的一笔。

"光州三场"的出现虽然首在盘剥百姓，给茶农生活造成了极大的负面影响，但它的较长时期存在，在客观上保障了整个淮上地区茶叶贸易的有序进行，推动了茶叶交易的商业化程度、集约化的销售规模和规模化种植的程度，使得茶叶的销售在国家的周密组织下得以远涉千里，行销到北方各处，对当地的茶区的发展也发挥了巨大的推动作用。

本文原载于2017年第五期《农业考古》。作者张清政，信阳市委党校副教授。本文系河南省哲学社会科学研究项目阶段性成果（项目编号：2017CDJ010）。

信阳地区茶文化历史初探

李美凤　刘建军　苏　会　温贝贝　冯建灿

一、引言

茶原产于中国，从神农发现茶距今已有4000多年的历史。历史悠久的中国茶饮滋生了灿烂深邃的中国茶文化，中国茶文化又以茶叶为载体，进一步促进了经济的发展与繁荣。

近年来，随着茶产业的发展和社会科学家、文人与茶叶专家的提倡，茶文化在茶的故乡——中国，得到进一步挖掘和发扬，各种茶文化活动蓬勃发展，茶文化交流活动也频繁开展。繁荣的茶文化反过来又促进了经济与文化的发展，不仅直接促进茶叶贸易的发展，还带动了一系列与茶文化有关的经济和文化产业的发展，如餐饮行业、培训行业、会展行业、旅游业、瓷器行业、家具行业，甚至珠宝玉器等行业。茶文化的繁荣兴盛，可衡量一个地区的经济活力与人民的文化生活水平，反映了该地区茶文化给当地老百姓带来的直接经济效益与长期潜在的文化竞争力。

信阳毛尖产于拥有2000多年种茶历史的信阳地区，素来以“细、圆、光、直、多白毫、香高、味浓、色绿”的独特风格而饮誉中外，早在1915年巴拿马万国博览会上就荣获金奖，1959年被誉为中国十大名茶之一。近年来，随着信阳毛尖产销量的提高，信阳茶文化也蓬勃发展开来，延伸了茶产业链，带动了信阳地区餐饮、会展、旅游、茶馆茶艺等商业的发展，不仅为信阳人民带来了经济上的创收，更带来了精神上的愉悦享受，提高了茶区人民的茶文化修养。

然而，针对信阳地区茶文化研究的相关报道并不多见，该地区相关茶文化的历史资料尚不完整、系统。本文通过查阅相关的文献资料、地方志、史志以及传说等，对信阳茶文化对当地风俗习惯、儒学和宗教的影响进行了论述和探讨，以期为信阳茶文化的完善提供一些理论依据。

二、信阳茶文化源远流长、历史悠久

信阳地处河南省南部，东邻安徽省，南接湖北省，西、北分别与南阳市、驻马店市接壤，往南，倚大别山、桐柏山为屏障，向北，据淮河为门户，自古战略地位非常重要，历史文化遗迹数不胜数。

信阳种茶历史悠久，秦汉时期，信阳光山已有植茶记录。《桐君录》载："西阳武昌庐江晋陵好茗，皆东人作清茗。茗有饽，饮之宜人。"[1]《桐君录》的著者桐君，时值上古，尚无文字记载，因而属于托名之书，但其撰写时代的下限必不晚于秦汉时期，而应早在此以前[2]。西汉年间，置西阳县，治所在今河南信阳光山西[3]。西晋永嘉后移置，治所在今湖北黄冈东。故笔者认为《桐君录》中的"西阳"应指信阳光山，而不是湖北黄冈。据此推测，信阳光山在西汉之前就有茶树，颇有一定的产量，不然不会记载"西阳"这地区的人喜欢饮茶。

华佗，安徽亳州人，三国著名医学家，主要行医于河南、安徽、山东三省交界地区。他的著作《食论》中记载"苦茶久食，益意思"[4]，许正认为茶叶种植在东汉之前已由河南传至安徽，并有一定数量的茶叶生产[5]，则河南信阳一带至少在东汉之前就有茶叶种植和出产，间接佐证了《桐君录》中信阳光山西汉植茶饮茶的史实。

（一）地名与信阳茶文化历史的交融

信阳茶在唐宋时期大放异彩。唐宋时，信阳隶属经济发达的淮南道，北有政治经济中心洛阳、开封，南拥大运河、淮河、长江漕运之便利，茶叶生产与茶文化达到鼎盛时期。陆羽在《茶经》中评价信阳茶为淮南地区数一数二的好茶；北宋时茶叶的集散地十三茶场，信阳就占有其三：光山、商城、子安。明清之际，万里茶道的南路（陆路）便是从信阳出发，经桐柏、唐河、青台到赊店，再向北，穿越茫茫沙漠到达遥远的俄罗斯。勤劳的信阳人将繁荣的茶叶生产、贸易活动与地名相结合，而这些以茶命名的地名成为信阳历史上茶业经济发展和茶事活动的活化石。

古老的息县坐落在被陆羽品为天下第九等水的淮水之滨，而淮水为万里茶路水路的最北端。《息县志》载，县东南一百二十里有一山清水秀之地，名曰"茶汤湾"[6]，县东北有一石桥，名为"茶石桥"[6]。明清之际，尽管信阳茶叶生产没落，但借着淮水之便，信阳人又搭上万里茶路这条茶叶经济之路。"茶汤湾""茶石桥"等地名铭记了息县繁荣的茶叶经济活动，我们眼前浮现出淮河之上，茶叶商船往来千帆过的忙碌景象。

信阳李家寨附近现存的大茶沟、中茶沟、小茶沟，以及以茶命名的中茶村、小茶冲，也是信阳种茶的历史证明。《重修信阳县志》记载，明时茶农曾种茶于此，现今仍有明时遗株[7]。商城苏仙石乡的苏仙石，传说是教会乡民种茶的苏耽升仙之处，至今这块大石头上还有苏耽升仙时脚踏下的两块大脚印。

与茶相关的地名及传说，无不向世人倾诉着古老的信阳茶叶种植与贸易的悠久历史，昔日茶山、茶场的兴旺发达，茶叶经济和茶文化的繁荣灿烂。

（二）以茶祭祀、以茶敬孝——信阳茶文化与民风民俗的交融

1. 以茶祭祀

1987 年 3 月 4 日－19 日，信阳地区文管部门对固始县砖瓦厂工人取土时发现的白狮子地 14 号墓进行发掘，这是一个战国时期的双椁三棺竖穴墓，发掘时发现主棺盖上放有 20～30 厘米厚的茶叶，并用棕绳结成网网着，墓主人的身份为一般士大夫阶层[8]。由此可推断，在战国时期，信阳固始地区的茶叶已颇具规模，并用于丧葬习俗。

茶用于祭祀的最早文字记载是《礼记·地官》中的“掌茶”和“聚茶”以供丧事之用，可知 3000 年前的周代茶叶就扩大用途而为祭品。以茶祭祀并非汉族特有的风俗习惯，我国少数民族也保留着以茶祭祀的礼俗。彝族祭祖时将“米盐茶、花椒、菜籽及羊血”放入灵筒，并在堂位前祖师恒阿德神像前摆放经书和酒、茶、米、盐、花椒、红绿线、羊毛等，敬献祖灵，且考证这一风俗是始于夏商周三代时期[9]；藏族风俗有以茶祭祀神灵、灶神[10]；蒙古族同胞也有早上绕蒙古包洒茶水祭祀祖先的风俗。茶为什么用于祭祀、丧葬活动呢？《续茶经》的作者陆廷灿认为《周礼》“掌茶以供丧事”是“取其苦也”，用茶叶的苦味表达对逝者的悲痛之情[1]。来玉英推测大概有这几方面原因：一是茶珍贵以显示其富有，用做祭品表达人们对神灵和祖先的敬奉和真诚；二是茶有清心醒脑作用，放入坟墓或死人口中，人们认为可让其保持清醒、理智的状态，免其迷失魂灵；三是亡者生前好茶，生者以茶祀下，借以告慰亡灵，寄托哀思；四是茶乃纯洁吉祥之物，可以保佑平安[11]。而固始白狮子地 14 号楚墓的发掘者之一的刘开国老先生则认为，茶在丧葬中的作用与花椒相似，主要是起防腐作用。不论茶叶用于丧葬的初衷是什么，古墓中茶叶的发现足以证明战国时期，信阳固始地区已有将茶做丧葬的习俗，而信阳地区继承并发扬了这一习俗至祭祀、祷告活动中。

《光州志》中记载，军队中要祭火神，主祭官“升坐茶二巡毕”开始同陪祭官“迎神”，祭司火之神，“奠茶焚化纸马声炮”[12]。学政考试前各府于文庙祭祀，各官员齐集庙门外后，“坐茶二巡毕”阴阳吏报声鼓，三鼓毕后，开始正式祭祀[13]《重修信阳县志》记载，信阳古风，除夕祭祖要“并陈果实酒茗”并“祀土地神、灶神、中溜神、门神、行神、井神”[14]。茶的地位与酒并论，成为敬神祭祖的必备物品，可见千百年的茶事活动已对当地风俗习惯有着深刻影响。

2. 以茶敬孝

孝道对于古代社会具有非常重要的意义，它不仅用来协调家庭关系，还延伸到

社会领域、政治领域[15]。自汉代之后，当权者提出了“以孝治天下”，孝道成为传统文化与儒家文化的精髓之一。

传统的孝道包括祭祖、善事父母、忠君以及光耀门楣，与刘贞亮的《茶德》所表达的思想殊途同归。《茶德》说：“以茶利礼仁，以茶表敬意……以茶可行道，以茶可雅志。”作为华夏文明的发祥地之一的信阳茶区，人杰地灵，自古出大儒、豪杰，以茶忠君、敬父母早有传统，并已融入茶区寻常百姓日常生活当中。

《重修信阳县志》载：“信阳土贡有茶。”远在唐朝，信阳人就以优质茶叶上贡君王，表达其爱国爱君思想。《固始县志》记载了一名叫王梦卜的孝子，父死后，“善事继母，施茶汤，葬枯骨”，茶与仁孝礼仪不可分割[16]。《桐柏县志》记载了余舜相妻程氏 21 岁丧夫，“勤奉吸乳之姑，诗礼课儿节操甘茹茶之苦，颓风丕变”，而立牌坊[17]。现在的信阳百姓，只要家中有长辈，每日早上、下午给长辈备上一杯浓浓的信阳茶已经成为尊敬长辈的最基本礼仪之一。

（三）以茶明志——信阳茶与文人墨客的交融

信阳悠久的产茶历史，造就了丰富的茶文化，它蕴藏着儒家的理念、佛家的禅机、道家的清寂。文人士大夫是中国社会的一个特殊阶层，他们既有“天下兴亡，匹夫有责”的儒家入世精神，又具有道家提倡的“清静无为”的隐士情怀，即“天下有道则出，无道则隐”。这种思想看似矛盾却又和谐地共存着并融合于茶文化之中体现出来。

唐宋以来，不计其数的文人创作出大量与茶相关的诗歌、元曲、小说，他们或是将自己的生活情趣展现在茶事活动中，或是以茶促进亲朋间感情，或是借茶抒发自己的政治抱负。将信阳茶评为“淮南以光州上，义阳郡、舒州次”，淮水评为“第九等”的陆羽，与信阳茶有着深厚的渊源，先后多次对这里的茶和水进行品评。童承叙《题陆羽传后》，认为陆羽本不是一个避世之人，但他终以桑苎为号，“遁迹苕霅，啸歌独行，继以痛哭，其意必有所在”。他认为陆羽是为了逃避才将自己沉醉在茶叶里面的[1]。北宋苏轼被贬为黄州团练副使时经过信阳，评其“淮南茶，信阳第一”，并在光山净居寺滞留数日，读书、品茶，写出了《游净居寺诗并叙》，对自己的宦海人生进行了反思和悟解。

《重修信阳县志》载，信阳城南有座丘园，在明朝时为著名的隐士之居，赞其“不尚华丽而贵俭约”，园中设一小屋专注烹茶并庖厨四间延宾治具，茶社旁还有一精美小屋专供佛像。此小屋雅致幽静，是文人士大夫们的聚集之所，体现了茶性的“冲淡闲洁，韵高致静”。丘园已不是平常的起居之处，而是当时文人心中的圣地，是他们的思想寄托之处，于清朝初年得到重修，现已毁损不知处[18]。

光州十景之一的“七里清泉”这样描绘：“翠铺平林灿晚霞，一泓澄碧路渠斜。贫如颜子堪资饮，闲似玉川可供茶。飞鸟过时眩欲坠，淡云停处静无哗。寻源需要穷根底，濂洛清风到水涯。”颜子乃颜回，孔子最得意的弟子。《论语·雍也》说他“一箪食，一瓢饮，在陋巷，人不堪其忧，回也不改其乐”。玉川为玉川子，茶仙卢仝号玉川子，被日本誉为茶祖，其《走笔谢孟谏议寄新茶》中的《七碗茶》脍炙人口，流传千古。此外还有信阳人张培金《题三仙缸》：“桃花红映千缸春，第一烹茶味更醇。可惜品题无陆羽，年年只好待游人。”[19]抒发了这位清朝诗人对家乡好山好水好茶的热爱。

（四）名寺古刹——信阳茶与宗教的交融

茶叶在中国的迅速发展与宗教的推动作用密不可分。因茶性俭，能抑制人的欲念，有助于佛家的参禅，故茶事也就成为佛门必不可少的一项活动，所谓“茶佛一味”。道教推崇人与自然的和谐发展，“天人合一”，认为饮茶可以延年益寿，羽化成仙。茶文化的发展又使儒、释、道哲理相互作用融合贯通，深入到人生观与世界观的范畴。

信阳地区山川秀丽，自古出名刹。志书上记载的与茶相关的寺庵道观就数不胜数，这些寺庙道观多为茶产区发掘其古迹。如千年古刹灵山寺，在古茶区罗山县境内，自古寺中和尚尼姑就植茶制茶，传说朱元璋品饮了该寺的灵山茶之后，指定此茶为皇家贡茶。光山净居寺，北齐年间建寺，为佛教天台宗的发源地，名僧辈出，不仅出了道岸、慧门等佛界名流，更是吸引苏东坡、黄庭坚等文豪的流连忘返。净居寺有茶山，寺院僧人不仅以茶清新提神，消除长时间坐禅产生的疲劳，还用以敬佛、敬师、献宾客，附近尚有清朝时候的古茶园仍在开采中。

三、结语

信阳地区产茶历史悠久，以信阳茶为载体的信阳茶文化，千百年来始终根植于茶区人民心中，融入普通百姓的精神世界，在民俗、宗教等方面得到充分体现挖掘信阳茶及茶文化历史，展现信阳地区茶风古韵，将有助于塑造千年历史文化的茶都形象，进一步拓展信阳毛尖等茶叶品牌，推动信阳茶的再次腾飞。

本文作者李美凤，女，河南农业大学园艺学院硕士研究生，研究方向为茶学；刘建军，男，河南农业大学园艺学院副教授，硕士生导师，研究方向为茶学教育及茶叶加工；苏会，女，河南农业大学园艺学院硕士研究生，研究方向为茶学；温贝贝，女，河南农业大学园艺学院硕士研究生，研究方向为茶学；冯建灿，男河南农业大学园艺学院教授，博士/硕士生导师，研究方向为分子标记辅助育种与栽培生理研究。

参考文献：

[1]张峰书整理.茶经·续茶经:上册[M].沈阳:万卷出版公司 2009.

[2]马继兴.《桐君采药录》考察[J].中医文献杂志,2005(5).

[3]杨殿梓.光山县志·卷之三·沿革·三[M].清乾隆五十一年刻本.

[4]陈椽.茶叶通史[M].北京:中国农业出版社,2008.

[5]许正.安徽茶叶史略[J].安徽史学,1960(3).

[6]刘光辉.息县志·卷之一·舆地下·八[M].清嘉庆四年[1799]刻本.

[7]方廷汉,谢随安.重修信阳县志·卷十二·食货三·物产·五[M].民国二十五年[1936]排印本.

[8]宋效忠.信阳种茶是从川陕移入的吗:兼谈信阳是我国最早的茶产地之一[J].中国茶叶,2011(4).

[9]龙正清.赫章彝族的祭祀文化[J].人口·社会·法制研究,2010(3).

[10]央倩.论藏族茶文化[D].北京:中央民族大学,2005.

[11]来玉英.试述武夷山茶礼俗文化[J].赤峰学院学报(汉文哲学社会科学版),2011(6).

[12]高兆煌.光州志·卷三十八·典礼下·十三～十四[M].清乾隆 35 年刻本.

[13]高兆煌.光州志·卷二十八·典礼上·二十～二十四[M].清乾隆 35 年刻本.

[14]方廷汉,谢随安.重修信阳县志·卷十七·礼俗二·祭礼[M].民国 25 年[1936]排印本.

[15]王琳.中国传统孝道及其现代价值研究[D].北京:北京交通大学,2009.

[16]杨汝楫.固始县志·卷之七·人物·孝友·十七[M].清康熙 32 年[1693]刻本.

[17]巩敬绪.桐柏县志·卷之七·人物志·三十七[M].本衙藏板·清乾隆 18 年[1753]刻本.

[18]方廷汉,谢随安.重修信阳县志·卷四·舆地三·古迹·五[M].民国 25 年[1936]排印本.

[19]方廷汉,谢随安.重修信阳县志·卷四·舆地三·古迹·十四[M].民国 25 年[1936]排印本.

商城茶叶

卜凌飞

商城茶叶历史悠久,早在1200多年以前已"名噪江淮,远销西京"了。

公元758年,唐代茶圣陆羽在《茶经》中写道:"淮南以光州上,义阳郡(今信阳)、舒州(今安徽舒城)次,寿州(今安徽寿县)下,蕲州(今湖北蕲春)黄州(今湖北黄冈)又下。"唐贞观十年(636年)全国分为十道,光州属淮南道光州本治光山,太极元年(712年)移治定城(今潢川),领定城、光山、仙居、固始、殷城(宋建隆元年改名商城)五县。当时州的辖境相当于今淮河以南、竹竿河以东地区(见《新唐书·地理志》)。唐代苏冕所撰的《九朝会要》即《唐会要》,是唐代各项经济、政治的汇编,此书记载着"光州殷城产茶",就说明了光州殷城是唐代著名产茶地之一。

唐代社会,尚茶成风,特别是闲适的统治阶级和寺院僧侣,"斗茗品茶,各显新奇"。长期在寺院生活的陆羽,以善煮茶名冠一时,亲身到过很多产茶地区作调查研究,写出了世界第一部茶经,认为光州茶的品质最好,列为淮南六州之首。又《新唐书》记载着"弋阳土贡有茶"(此处引证有误,弋阳应为义阳——编者注)。光州在隋代为弋阳郡,唐武德三年(621年)改为光州,天宝元年(742年)光州又改为弋阳郡。唐代采取"贡茶制",规定特定地区进贡茶叶,其实质是一种实物纳税制度。光州是唐代产茶的特定地区,将茶叶规定为朝廷的贡品,可见商城茶叶在唐代已行销外省并扬名西京了(参考吴觉农《茶经述评》)。

唐代在生产发展中,租佃方式的庄园地主经济,逐渐代替奴役部曲方式的豪门地主经济,劳动人民的处境有了改善,农业生产不断上升,城市经济空前繁荣,对外贸易也非常发达。凡通都大邑、城镇市墟,"邸店(旅店)、商肆(店铺)林立""酒旗茶帘,迎风招展"。所以淮南六州的茶叶大量运销北方。唐朝封演在《封氏见闻记》中写道:"开元中……起自邹、齐、沧、棣,渐至京邑,城市多开店铺,煎茶卖之,不问道俗,投钱取饮。其茶自江淮而来,舟车相继,所在山积,色额甚多。"彼时商城茶区大苏山下有焙房(今苏仙石东南大山,古称大苏山),"周广五百里,跨六安、霍邱、固始、商城四境,盛产茶"。茶的色额有片、散两种,片茶是饼茶、团茶。苏仙石子安河的出口,有开顺镇(叶集西南十余里),商市连绵数里,为山区茶叶集散之地,长安、扬州、洛阳的茶商在此设置茶站(一说是官府设茶站)收购新茶,编筏入水(入史河)。每筏可载茶二三千斤,顺流而下,经三河尖而入淮,运销北方。陆路以县城为集散地,肩挑马负,西至信阳,南行江夏(今武汉)。商城茶业,盛极一时,出现了"商旅络绎,荈(茶之老者)槚(茶之苦者)之属,竞相购买"的盛况。

唐朝在末季才开始对茶叶实行专卖,所以茶叶市场购销开征茶税,每年征收40万缗。当时税率为十分之一,其生产总值在400万以上。一缗为一千文,以每斤50文计,茶叶数量已达80万担以上。这个数字还不包括漏税私茶和自饮非商品茶。据陈椽《茶业通史》,唐朝茶叶产量已超过100万担,约等于10万吨。北宋建国后,鉴于茶叶在国家财政收入上的重要,行"榷茶之制(专卖),择要会之地,榷货务六(负责专卖的机构六处)。在淮南六州,官自为场,置吏总之。谓之山场者十三,六州采茶之民皆隶焉"《宋史·食货志》。宋代的茶叶专卖就是通过这六个榷货务、十三个山场来进行的。这十三个山场环绕在大别山周围:光州的光山、商城、子安,寿州的霍山、麻埠、开顺口,庐州(合肥)的王同,舒州的太湖、罗源,蕲州的王祁、石桥、洗马,黄州的麻城。淮南一带是宋代的主要产茶区。淮南的十三个山场,有两个在商城,其实麻城场的产茶区在黄檗山《麻城县志》:"县东北九十五里,黄檗山上产茶",也是商城境。这说明商城是唐宋两代的著名产茶区。

宋代沈括在《梦溪笔谈》中记载:商城场买茶四十万五百五十二斤(旧秤100斤相当市秤160斤),卖钱二万七千七十九贯四百四十六。子安场买茶二十二万八千三十斤,卖钱一万三千六百八十九贯三百四十八。商城这样一个偏远小县,两个山场年买茶额达63万斤,占宋王朝茶的总岁课865.8万斤的7.2%。这就不能不引起北宋统治者的重视。王安石在《议茶法》中说:"贡茶之为民用,等于米盐,不可一日以无。"必厉行专卖茶政,增加岁入。

宋代称种茶之民为"园户",凡园户收获的茶叶要全部卖给官府的山场。商人买茶须到榷货务缴纳茶价,榷货务发给"要券"(茶引),商人持券到指定的山场取茶。至于非园户,都可缴纳茶叶顶替田赋,即榷茶折地租,称为"折茶税"仅此项实物地租"数以千万计"。据《宋会要·食货》载,宋真宗大中祥符八年(1016年),两浙、淮南十三场卖茶额就有160多万担(不包括其他茶区)。景祐元年(1034年)天下有园户20 296 565户,丁26 205 441。产茶户这样多,茶产量当然高。北宋末季,茶叶市场管理放宽,园户缴纳租钞后便可自行卖茶,商人领取官批的长短引(许可证)便可直接向园户买茶。宋徽宗时(1103年)又罢光州等地榷茶场,淮南的茶叶便大量外销到辽、金、西夏,当然也包括商城的茶叶。

从绍兴元年(1131年)开始,宋金战争转入相持阶段。西沿大散关东至淮河一线两相对峙,光州成为双方反复争夺的地带,商城成为南宋抗金的基地,后来连光州治也迁到金刚台来了。“淮南人口逃窜,良田沃土,悉为茂草”,农业遭受严重的破坏。但商城具有“高山可以备御,巨谷可以潜伏,岩洞关隘可以固守”的战略优势(明成化《河南通志》),特定的自然环境,是战乱中的空隙地区,生产受战争的影响较小。光州治迁来后,在大别山沿线设立金刚台、司空山、燕家山三大山寨和22个小察,宋高宗任命吴渊统管军政。各察分置守军,无战事时,军士皆从事耕作,帮助农民沿山坡修造梯田,种植茶树(参考《宋史·吴渊传》)。商城茶园面积比北宋时扩大,产茶量也比北宋时增多。宋孝宗淳熙年间(1174—1189年),商城、子安场由官府直接掌握的榷茶达70万斤,还未包括跨越94平方公里的黄蘖山所产的茶。它划归麻城场收购,年额21.7万斤。

《梦粱录》言南宋之临安不亚于北宋之汴梁,大街小巷,“铺席连门,无空虚之屋,客贩往来,旁午于道,五方财货,不趾而集”。茶馆业更是盛况空前,茶肆“皆扦四时花,挂名人画,四时卖奇茶异汤”以招徕顾客。“江南海贾,穹桅巨舶,输运茶叶”,因此翻山越岭到茶区收购茶叶的行商也特别多。南宋著名政治家、诗人范成大《四时田园杂兴》有生动的描绘:

蝴蝶双双入菜花,日长无客到田家。
鸡飞过篱犬吠窦,知有行商来买茶。

南宋与金分国南北,较北宋与辽为久,其通商互市亦较北宋为繁。宋高宗绍兴二年,“诏置淮西、京西、陕西诸路榷场,与北官(金方)贸易”。在光州置枣阳榷场(二十九年撤销),十二年(1142年)又在淮西等地设置榷场(商城属淮西)。乾道元年(1165年)又在光州中渡镇(即中渡店)置榷场作为对金贸易的场所。榷场分置两廊,两边商人各占一廊,货物经榷场官检验后才能交易。不准两边商人当面议价,由牙人往来评议。每成交一千钞,双方各交商税钞五厘入官。“大抵当时互市情形,常以两国和战之大局,为榷场废置之原因”(王孝通《中国商业小史》商务版),如淮水之侧的榷场就几兴几废。宋嘉定十年(1217年)金人渡淮犯光州中渡镇,杀榷场官吏(《续资治通鉴》卷125)。由于官方的贸易中断,民间走私活动更加频繁。

再从金方来看,茶叶的消费量极大,“上下竞啜(饮茶)……市井茶肆相属”对茶叶的需求已成为“家置户有”。由于金方有中国土地之半,就以宋时域内之特产——丝绵锦绢来换取南宋的茶叶,但单靠榷场交易远不敷供应,所以双方的“商贾百姓,越境货茶者甚众”。边境的军士、官吏以至双方的使节,各利用职权便利,私自交易或“馈献”,至于民间走私茶叶更“猖獗不可遏制”。“信阳军的齐昌镇、安丰军的靥镇、枣阳等地，都是双方民间贸易的地点。尤其是光州的郑庄，每年走私给金方的茶叶几十万斤”（范文澜《中国通史》第五册）。商城茶区濒临淮河，更具有走私的天时地利条件。两山场的买茶额加上漏税走私茶和自饮非商品茶，年产总额可达100万斤，数额确实惊人。

商城茶叶在淮南六州名列榜首，显名于盛唐，鼎盛于两宋，其根本原因就是具有生产上的优势。自然环境条件——光、热、水、土等生态条件，得天独厚，最适宜茶树的生长，是“茶的王国”。

商城“山重水复，素号岩疆”，高山巨峰集中分布于东南边境大别山主脊地带，其余大小诸山分布于大别山北麓及其南而北延伸的丘陵垄岗地带。山涧谷地.潜水丰富。地处北亚热带向暖温带过渡地带，气候温和，四季分明，无霜期长，水量充沛。降水入渗，是山地基岩裂隙潜水主要来源。地表水质近于中性和酸性。土壤以黄棕壤和棕壤为主。棕壤俗称“高山肥”，主要分布在东南山地。其土为含酸性的花岗岩、片岩等风化残积而成的粒状结构。砾石含量少，木植被度大，枯枝落叶层厚，腐殖质含量多，保持水分能力强，具备了茶树喜阴、喜湿、喜酸的条件，是以“高峰峻岫，有岩皆茶；祟峦峡谷，茶树丛生”。

横观中华名茶，多产于云雾山中。商城境内大小山400余座，海拔1000米以上的山峰20余座（指1932年以前的商城境域），如黄柏山、九峰尖、聚云山、大苏山、大伏山、金刚台诸峰海拔皆在1200米以上，峰高谷深，四季云雾缭绕。清嘉庆《商城县志》中就有多处描述，如“金刚台高势耸天，无垠瀑布兜满山。山涧谷地淌是水，幽谷以下全是烟。况复百丈至千丈，水云烟雾难分焉”。若逢雨后初晴，云层较低，人站峰巅上，云在峡谷中，只见千峰万壑，云遮雾障，白云翻滚，烟雾弥漫，构成一幅幅“峰恃云变幻，云峰相偎倚”的自然景观。特别是三春季节，满山满坡，杏艳桃夭，杂花生树，兰吐幽香，茶树生长在这芳香袭人、云烟氤氲的万山丛中，吞云吐翠，寒芽露尖，孕育着花香果味的天然品质。这时采茶姑娘们“爱探惊雷吐新荚，提筐争向雾中觅”。由于茶芽持嫩性强，采摘及时，所焙制出的茶叶也特别香醇。所以商城香茗，在唐宋时代畅销各地。

明清之际，商城茶叶趋向衰落。第一是官府只知掠取，不知扶植。明代茶政是“榷茶引税”两制并行，在江淮地区是收取引税。即商人于产茶地“买茶纳钞请引，引茶百斤，输钞二百，不及引日畸零，别置由帖给之。无由引及茶引相离者，人得告捕。并设‘茶局批验所’，称较茶引不相当，即为私茶。私茶出境（国外）与关隘不识者皆处死”。后来又下令凡买茶之地，令宣课司三十取一。无主茶园，令军士薅采，十取其一（王孝通《中国商业小史》）。实际上明代在大别山产茶诸县所设的茶课司，规定的税额，不是三十取一，而是“每十株官取其一”（见明成化《河南通志》）。商城县从明嘉靖至万历百余年间为明朝王室的封国，受害更烈。分封在商城的明室王子勤烒(称简荣王)、朝埫(称康靖王)、在鈲(称商城王),他们在商城作威作福,把持着茶课司,私设税场,擅定税额,大量掠夺茶叶,除自己享用外,"贡俸"(包括一部分私运私销)给开封、洛阳藩王府的每年就在10万斤以上。明代商城文人汪凤藻有诗:"春雷昨夜报纤芽,雀舌银针尽内衙",就是愤斥这种情况的。第二是茶商的盘剥。每到春茶采摘季节,外埠茶商主要是开封、洛阳、合肥的茶商,纷纷派人进山,坐地抢购,当地的豪绅地主乘机逼债收租。清时陈燕生《竹枝词》:"近城百里尽茶山,估客腰缠到此间。新谷新丝钞母子,露茶摘尽泪涟涟。"遂致百里茶园,露芽摘尽,茶农苦不堪言。大片茶山荒芜,商城的传统名茶,也濒临绝境。

清代末叶,茶叶生产有了复兴。光绪十二年(1886年)出口1340940公担,突破历史最高记录,如加上边销茶和内销茶,总产量达450万担。商城茶叶在咸同年间有了起色,茶林开始垦复,传统名茶——雀舌、银针又恢复了生产。清廷体仁阁大学士周祖培回商城,曾将这两种名茶带至北京,献给慈禧太后。然而在清宫《起居注》上,记载着供应慈禧的茶叶中有"齐山云雾,每月十四两"(系瓜片茶,产地在金寨齐山、鲜花岭、响洪甸一带)。商城名茶,并未受到清宫的青睐。但周相国却视为家乡珍品,用它来招待上宾,馈赠同僚,得到了称赞。同治年间在北京的茶庄上居然有卖商城银针、雀舌的。1915年在美国旧金山万国商品赛会上,这两种茶叶又参加了展出。民国时期,战祸连年,苛繁赋重,民不聊生,茶园败落,种植面积减少,产量很低。20世纪20~40年代,全县茶园仅有1500多亩,年产茶不到2万斤。

1949年商城解放,人民政府积极扶持茶农,并引进良种和先进技术,山区茶园获得了新生,至1957年产量上升至6万斤。但不久在"以粮为纲"的左倾思想指导下,大片大片的茶林被毁废,改种粮食作物。剩存的茶园耕作粗放,加之管理加工技术落后,遂致在历史上曾享有盛名的茶叶,远落后于近省的六安、邻县的信阳。

70年代,商城茶叶得到了恢复和发展。人民政府大量引进种子,发动群众开辟茶园,遍及16个乡121个村,茶园面积达3万亩,产量上升到1.4万公斤。全县还建立32个茶叶初制厂,机械制茶占总产量的40%。

进入80年代,商城茶叶发生了巨大变化。1981年后由于茶叶市场形势变化,商城茶叶品种单一、质量不高、包装简陋、竞争力弱,导致茶农卖茶难,收入减少,影响种茶的积极性,曾一度出现毁茶改种的情况。1985年以来,县委、县政府根据上级精神,对茶叶经营实行开放搞活,开展多渠道经营,国家、集体、个人一齐上,由独家经营变为多家经营,开展竞争。同时成立县茶叶开发公司,进行资源、技术、信息、新产品、资金等方面的开发。从建立生产基地入手,实行生产、收购、加工、储运、销售系列化经营。全县建立9个基地乡,利用国家支援苏区建设资金,重点扶持。引进技术人才和先进设备,试制地方名优茶,并开展多茶类组合,由单一品种改为多品种、多等类试制地方名茶。如金刚碧绿、大别山龙井、金山毛峰、仙洞云雾、南岩翠毫、茉莉花茶、炒青、烘青等相继问市。县还办起茶叶精制厂,开展精加工,从而使商城茶叶畅销于武汉、郑州、洛阳、安阳、平顶山等地。茶农的收入增多,生产积极性大为提高。全县茶园面积发展到4万亩,开采面积1.5万亩,年总产量已达28万公斤,总产值370万元。茶叶已成为商城山区脱贫致富的重要门路,是苏区经济开发的支柱产业。试看在历史上久享盛名的商城茶叶方兴未艾,香飘九州。

本文选自商城县政协1991年10月编《商城文史资料》第二辑。

信阳毛尖概述

政协信阳市委员会文史资料征集组整理

信阳毛尖茶是全国十大名茶之一。它具有外形光圆、直细、色绿、白毫多;内质汤色翠绿、味道醇厚、清香、耐冲泡特点。盛销北京、天津、开封、郑州等地,在国内市场上享有很高的声誉。1958 年开始出口后,也在国际上获得好评。

信阳毛尖以产于车云山的为最佳。因该山高达 1100 米,终年云雾弥漫,雨量充沛,温度湿度适中,无霜期长,土壤是肥沃的黑乌沙土,土层达三尺多厚,适于茶树生长。该山所产的茶叶,芽嫩,白毫多,清香喷鼻,喝到口中非常清爽。信阳人曾给它起了"绿茸""白毫""银针""雨前"等名称。

信阳地区出产的茶,统称为烘青绿茶。其中信阳、罗山大部分地区出产的茶叫豫毛峰(即毛尖),固始、商城、新县、光山等地出产的茶叫豫毛青。豫毛峰质量最好,但产量较少;豫毛青产量大,质量次之。

据历史记载,早在 1300 多年前,信阳就开始了茶叶生产。唐人陆羽所著《茶经》记载:全国有七个茶区,其中淮南区包括皖北和豫南。唐地理志记载:"义阳(即今信阳)土贡品有茶。"宋朝诗人苏东坡曾给信阳茶以很高评价,说"淮南茶信阳第一"(见《信阳县志》)。明代,信阳劳动人民在李家寨东南三条沟内种过茶树(后人称这三条沟为大茶沟、中茶沟、小茶沟)。到明朝末年,因为统治阶级的压榨加剧,捐税重,茶价低,广大农民无法生活,便跟随当时农民暴动领袖张献忠起义,因而茶园荒芜,茶株砍伐殆尽。但至今在李家寨三条茶沟内尚存明末 90 株茶树。特别是在黑龙潭顶上现在还有十余株,据说是宋代遗留下来的老茶树。但因山高难攀,少有人上去,每年只有放羊人上去采摘几斤,揉炒制成茶,滋味极为甘美。也有人说,山那么高,人都不好上去,谁还去栽种茶籽很可能是飞鸟衔到山上去的。这些茶树算是信阳最早的茶树了。

到清朝末年,信阳人甘以敬(字周原,秀才),家住城南李家寨,生于 1865 年,卒于 1915 年,在民国建立后,曾任信阳县劝业所所长,由于他在青年时期受康梁变法维新思想的影响,向绅商和知识分子鼓吹振兴实业,并在信阳开办过银矿. 铁矿和煤矿,均未开成。后来他又在县城内先后办印刷,兴学校,开书店,卖西药。到了1902年,他才从事开发荒山,种植茶树、油桐、油茶、桑、麻,特别是对于种植茶树,用了很大力量。

在1909年前后,他同他的亲戚、商会会长王子谟(秀才)、地主彭清阁等人商量开山种茶,决定召股集资,成立"元贞茶社",在震雷山北麓经营种植。这是信阳有史以来的第一个茶叶生产的组织。从安徽六安请来一个姓余的茶师,买回茶籽,后又到杭州买龙井茶籽。并在茶林中间种油茶和经济林木。因为初次试办缺乏经验,加上茶叶销路没打开,群众尚没有喝本山茶的习惯,虽然生产了几百斤茶叶,除分送各股东和亲朋外,其余都积压在山上,因而茶叶生产没有发展起来。

到1910年(宣统二年)甘周原又邀集陈一轩、王选青、陈相庭等人,商量办茶园。陈一轩在骆驼店开锅厂,车云山上有庄子和几十亩山地。王选青正因为开银楼赔钱散伙而苦闷。陈相庭家距车云山很近。他们邀集亲朋多人,在王选青家开会。大家一致认为种植茶园是个保险生意,不像果树有大年小年,种田怕天干水涝,哪个茶树不长茶叶,哪颗茶籽不发芽,生芽长叶就算是有收获了。特别是车云山,山高雾大,土质肥沃,适宜于茶树生长,只要经营得法一定是有利可图的。决定组织"宏济茶社"(后改为"车云山茶社"),并推举陈一轩为社长,王选青为会计,陈相庭为经理。由王选青负责征集股金,共集到2000多股,合计制钱1万多串(每股5串,每串千文,每800文合银洋1元),股金分5年内交清。陈一轩、王选青、陈相庭三人是负责人,每人认100股,最少的认30股,共有股东50多人。陈一轩则出面向道署衙门备案,领执照,派人外出买茶籽。陈相庭则到车云山上,收拾草房,购置家具用品,雇附近农民上山开荒,规定每挖1方,给100多文制钱。

西湖龙井茶有名气,决定到杭州去买茶种,请当时平民工厂会计方汉卿去办。因为路途遥远,交通不便,春天去,秋天才回来。这年山上共挖3000多窝,因为没经验,本来每窝下30多颗茶籽就够了,他们却倒进一碗,浪费不少。第二年春天又请吴少渠到安徽六安、麻埠一带买茶籽,还请来茶师吴著顺(过了一年又请茶师吴少堂)指导生产。第三年陈一轩、王选青亲自去湖北咸宁买茶籽,第四年又去买了一次。以后,本山茶树已结籽,不但能自给自足,还向外出售。

由于车云山自然条件优越,茶师精心指导,管理人员认真负责,因而一开始就生产出质量很好的毛尖茶来(当时叫车云龙井)。1913年(民国二年)试采,多数股东都应邀上山,大摆酒席,燃放鞭炮,照相留念。陈一轩社长并为茶社门口写一对联:"茶敬客来茶当酒,云山人去云作车"。这年共采制干茶300多斤,除社长、会计、经理每人送2斤酬劳茶外,每个股东和来宾都赠茶一斤半斤不等,其余全部卖给城内同盛酱园零售。在股东中,有人把茶叶赠送北京、天津、开封等地的亲友,这样车云山毛尖茶便出了名。1914年选了一瓶,参加为庆祝中美洲巴拿马运河通航而举办的万国博览会，获得了优质奖状和奖章。这些奖品带回信阳后，全体人员的生产情绪更高，干劲更大，在山上扩建房屋，添置用具，扩大茶园，只三四年，茶园便扩大到 8 万余窝(约合 80 多亩)。

车云茶社得奖后，影响很大，信阳城乡的一些地主、商人便都纷纷起来，建立茶社，种植茶树，生产茶叶。有甘周原在甘家冲组织的“裕申茶社”，接着，“广益”“万寿”“龙潭”“广生”“博厚”等茶社相继建立。并于 1915 年成立茶叶公所，这就是信阳历史上的八大茶社。年产量达万斤以上。具体情况详见表一。

表一　清末民初信阳县八大茶社概况

茶社名称	成立时间	地址	亩数	窝数	负责人
元贞	1903 （光绪廿九年）	东双河震雷山	30 余亩	3 万余窝	王子馍 彭清阁
车云 （原宏济）	1910 （宣统二年）	游河车云山	80 余亩	8 万余窝	陈一轩 王选青 陈相庭
裕申	1911 （宣统三年）	柳林甘家冲小孙家冲	30 余亩	3 万余窝	甘周原
广益	1912 （民国元年）	东双河胜泉寺	60 余亩	6 万余窝	余子芸 僧康泉
龙潭	1915 （民国四年）	浉河港黑龙潭天心寨	40 余亩	4 万余窝	李友芸 强石生 易宣山
广生	1915 （民国四年）	浉河港三角山	80 余亩	8 万余窝	杨子述 蔡玉山
博厚	1919 （民国八年）	黄龙寺白马山	30 余亩	3 万余窝	张玉生 周天锡
万寿	1913 （民国二年）	谭家河万寿山	40 余亩	4 万余窝	王子馍 僧空尘
合计			390 多亩	40 万余窝	

除了以上这八个茶社外，实际上从 1919 年以后，信阳各地的茶园，便像雨后春笋般发展起来了。新起的茶社、茶园大多是占有山岭的城乡地主、商人、和尚等雇人挖出来的。原来八个茶社中的股东，也都纷纷出来单独经营，而且规模愈来愈大，少的几千窝，多的几万窝。如王选青在震雷山南麓雇人开了 5 万多窝，许靖轩

在浉河港五棵树挖了4万多窝。还有李友南(在西双河)、肖树玠(在南高庙)、何泽修(在浉河港)、马仲麟(在马家庄)、陈少禹(在水塘湾)等地都开山种茶树,信阳县西边和南边的山上几乎全被种上了茶树。

随着茶园的大发展,茶叶销路的打开,经营茶叶的商店也陆续建立起来。开始是由糕点店、杂货铺、酱园代销,后来成立了专门销售本山毛尖的茶叶店。其中很多是自产自销。像彭清阁、唐周龙等都有自己的茶山,制成茶后由本店销售,获利很厚。信阳最早的茶店是祥记茶庄(由戴象山经营),建立于1913年,主要销售外地的茶,本山生产的毛尖只附带卖一点。1915年建立的和记茶庄,则专门经营毛尖了。此后,本山毛尖不仅为信阳本地人所喜爱,而且每年还运往开封、北京、天津等地。

1920年起,信阳地区曾连续发生战乱。如1920年长江上游兵变和直皖战争,1925年吴佩孚军队围城,1928年地主民团打四望山的红军,1929年蒋介石、唐生智的战争等。当时战事主要发生在城镇和交通线上,因而影响还不太大,茶山仍有发展。但在老苏区商城、固始、新县等地,由于蒋介石叛变革命,围剿封锁山区,那里的茶叶生产受到严重的摧残。

信阳茶叶生产的发展是与当时对茶山实行的“标包制”分不开的。茶社初建时,大家热情很高,并组织了董事会(或股东会),选举了临时负责人。但随着生产的发展,生产、管理、分配等方面出现了一系列新问题,加上人事变动,原来的组织涣散,与日益发展的茶园生产不能适应,因而在1919年后,出现了“标包制”,首先在“广生社”实行。所谓“标包制”就是由社长召开股东会,推举有经验热心负责的人为经理,把茶山包给他,按生产能力规定每年给每股多少茶,其余开支收益赢亏,概由经理负责,与股东会无关,并订立合同向法院备案。承包人优先由股东会内推举,但股东内无合适人员时,也可挑选非股东,时间一般在3年以上,经营好的,还可继续包下去。为了防止获取厚利而滥采茶,承包人得请保证人保证,把茶山经营好,并在合同上明文规定:“头茶二茶不准超过四十五天,过夏至七天后不准采茶。”股东会并挑选一人上茶山“监山”,监督合同执行情况。承包人多是山林的地主或者茶店老板。他们为了获取厚利,便多方改善管理,加强中耕除草,提高烘炒技术,降低成本,因而对当时的茶叶生产起了促进作用。

1929年李逢春包了万寿山茶园,规定7年,经营了8年,要不是日本打来,他计划要继续包下去。那个茶山年产干茶800多斤,其中一等毛尖、二等细回春各250斤,三等大回心和简片共300多斤。茶叶收获后,先提出最好的6斤,用纸包好,写上帖子,分送县劝业所(1斤)、省实业厅(2斤)、北京市政府(3斤)。然后将茶叶根据各股东股数分为若干包,写上名字数量担到城内,各股东持股票来领(当时各社情况不一,主要根据生产情况,最多每股茶3两,最少的1两半,有的都是一等,有的则一等二等各半)。随后把全部茶叶批发给茶庄。茶店零售一般比购进价高一倍以上,有时达两倍。如一等毛尖购进每斤一元四五角,零售每斤三元二角,最高时达四元八角,茶店老板获利颇丰。经管茶山的经理也得利很大。该茶园在采制茶期间共有 16 人,计两盘锅,8 个炒茶工,1 个烘火工,2 个打风工,加上做饭、管账、管事和监山等。除监山和经理不计工资外,其余 14 人每年工资总数约 250 元,临时工和各种生产管理费用,年需百元左右。茶叶每年可卖 700 多元,除去 400 多元开支外,经理每年净落近 300 元。李逢春包茶山,自己没有茶店,每年在几个大茶店预支几百元,说是没利息,但茶收下后,得全部送给这几个茶庄,并且每斤茶便宜一角多。

到 1937 年抗日战争爆发前,信阳毛尖茶发展达到全盛时期。见表二。

表二　1927 年信阳茶叶生产情况

县别	面积/亩	产量/斤	备考
信阳	2770	55000	
罗山	135	3000	
固始	4905	325000	
商城	850	45000	
光山	2405	167000	包括新县在内
合计	11065	595000	每百斤为一担

日寇侵占信阳后,人民四处逃难流浪,茶园大多荒芜。这时日寇占领城镇交通线,国民党顽固派在城西北山地活动,城南、城东广大地区为新四军的抗日根据地。日寇占领地区,人民不敢上山生产,顽固派地区订官价强迫收购,名目繁多的苛捐杂税压得人民抬不起头来。因而这两地区茶叶生产大多荒废。只有抗日根据地,由于政府号召和支持发展生产,因而茶叶生产得到很大发展。如当时的柳林、谭家河、东双河、甘家冲一带,几乎山山岭岭栽种茶树。这时的茶园多为个人经营的小片茶林,那种几十个股东的大茶园已不存在了。

日本投降后至新中国成立前这几年,是信阳茶叶生产上的最衰落时期。国民党军队到处拉夫抓丁,青壮年不敢上山生产。通货膨胀,土匪遍地,交通中断,商店关门,每天人们都在提心吊胆过日子,谁还有心思经营茶山。因而到 1949 年解放时,茶园大多荒芜,产量降到历史上的最低点(见表三)。

表三　1949 年信阳专区茶叶产量

	面积/亩	比 1937 年	产量/斤	比 1937 年
信专六县	7299	减 34.03%	222600	减 62.59%
其中信阳	2516	减 9.22%	21300	减 61.27%

从表四可以看出，新中国成立以来，特别是 1958 年全区茶叶获得巨大发展。全区 1958 年较 1949 年茶园面积增加 139%，产量增加 142.4%，其中信阳县面积增加 66.77%，产量增加 502.6%。

表四　1949—1958 年信阳专区茶叶生产情况

	信专六县茶叶生产情况		其中信阳县	
	面积/亩	产量/斤	面积/亩	产量/斤
1949	7299	222600	2516	21300
1950		239800	2516	21300
1951		244900	2516	21300
1952	250700	2516	21300	
1953	9750	358700	2516	29000
1954	11716	437100	2728	34000
1955	12633	485200	2728	47200
1956	12884	597500	3873	79000
1957	15443	702600	3873	90000
1958	17446	606400	4197	117000

短短几年中，茶叶生产获得这样大的发展是由于正确地执行了党的各项方针政策和国家的大力扶助，从而调动了广大茶农的生产积极性。

第一，农村经过一系列的社会改革，农民翻身，做了土地的主人。组织互助合作社，解决了个体生产中的困难，进一步解放了农村生产力，为茶叶生产的大发展，开辟了广阔的道路。

第二，从 1953 年起，实行了统一收购，调整了历史上不合理的价格，取消了春夏秋茶的季节差价，实行了一等一价，一样到底，对样评茶，按质论价，优质优价的价格政策，适当调整了茶价，调动了茶农的生产积极性。

第三，国家大力扶助。据不完全统计，从 1955 年到 1959 年，茶区共投放预订金268764元。从1956年到1959年，优待茶农粮食672000斤，拨茶用化肥79万多斤。从1954年到1957年，国家从湖南、江西、安徽等地购进茶籽5万多斤。

第四，帮助茶农进行技术改革，推广先进经验和工具。从1953年到1957年，国家调配茶叶技术干部17人，培养训练评茶和初制茶技术人员233人，采茶能手3053人。从1954年到1958年，共推广使用各种动力采茶机125部，杀青草机13部，大大地节省了劳力，减轻了劳动强度，提高了生产率。由于茶叶生产的大发展，使茶农增加了收入，改善了生活，人民公社的公共积累也有了相应的增加，有力地支援了国家经济建设。但从1959年以来，由于连续几年的严重自然灾害，加上政策执行上的若干偏差，致使这几年来的茶叶生产不论数量上和质量上都有显著下降。

从表五可以看出，1961年全专区茶叶面积较1958年减少26.81%，产量减少12.85%，其中信阳县面积减少36.55%，产量减少10.86%。但即使如此，信阳县的茶叶生产仍比新中国成立前最高年产量的1937年高90.91%，比1949年仍超过392.91%，主要是单位面积提高了产量。

表五　1958—1961年信阳地区茶叶生产情况

	信专六县		信阳	
	面积/亩	产量/斤	面积/亩	产量/斤
1958	17446	666400	4197	117800
1959	17911	587900	3200	140000
1960	11948	594900	2400	137000
1961	12769	528500	2400	105000

从1961年起，国家贯彻执行了以调整为中心的八字方针，农村广泛深入地学习和贯彻执行了农村工作六十条的政策，因而农村情况起了很大的变化，不少荒芜茶园已被垦复，加强了中耕除草施肥，有些茶区已恢复或超过1958年的生产水平。以信阳车云山产地为例（见表六）。

茶叶生产的恢复，主要是贯彻执行了以下几项政策：

第一，实行以生产队为核算单位的经营管理责任制，执行了按劳付酬、多劳多得的分配政策，有效地克服了过去那种“大队管不了，小队不愿管，社员不敢管，最后无人管”的混乱现象和平均分配的偏向。

第二，确定并贯彻执行了以粮为纲、多种经营、全面发展、因地制宜的正确方针。茶多田少的以茶为主，亦粮亦茶；茶少田多的以粮为主，粮茶并举。粮茶任务一起包，粮茶工分统一计算，超产粮同样分配，茶粮队口粮不低于余粮队，从而解决了粮茶生产上的矛盾,调动了茶农的积极性。如信阳县把茶叶收入占总收入40%以上的队,划为经济作物区,口粮略高于余粮队,扣除“三留”后缺口粮由国家供应,公粮按1957年总产值的5%计征现金,茶区人民很满意。

第三,正确执行了奖励政策和价格政策,采用好茶多奖,分级奖励,奖工业品的办法,调动群众积极性。1961年中央调拨粮食38000斤,规定每挖一亩,奖粮15斤,全区茶山普遍中耕一次。1962年中央和省拨给茶区化肥4900担(比1961年的1100担多345.5%),煤油22650斤,生产用布4530尺,胶鞋453双,食盐9000斤,纸烟2017箱(每箱50条)和其他白麻、铁锅、煤炭等许多日用品和工业品。

表六 1957—1961年车云山茶场茶叶生产情况

年份	总产/斤	单产/斤	与1957比较
1957	10318	41.27	
1958	9242	23.28	
1959	9747	31.00	总产减55%,单产减25%
1960	12552	50.20	总产增产21.65%,单产减21.6%
1961	13422	53.70	总产增30%,单产增31%

从新中国成立后信阳毛尖茶叶生产的情况来看,我们深刻体会到在农村发展农副生产,一定要正确贯彻党对农村的经济政策,才能有利于调动农民的生产积极性,农业生产就得到全面发展。不然就适得其反。信阳地区的茶叶生产的潜力很大,发展前途大有可为。今后在党的正确政策的指引下,必能进一步发挥茶农的生产积极性,茶叶的产量和质量将会日益提高,对提高茶农的生活,满足人民的需要,增加出口,支援社会主义建设,都会有着更大的贡献。

本文写于1962年11月16日,原载政协河南省委文史资料研究委员会编《河南文史资料选辑》第二辑。政协信阳市委员会1998年9月撤市设区后更名为政协浉河区委员会。

1949 年前信阳茶诗茶典辑录

茶诗(29 首)

信阳和同官喜雨韵

［宋］王之道

欲识农夫田作苦，久雨祷晴晴祷雨。
祷晴得雨雨得晴，此患到今传自古。
芯芬非是萧兰馨，诚心一发通三灵。
文昌俗吏亦何者，乃能致雨兴雷霆。
尔来旱气烛烛热，夜户天涯电光制。
原田嘉谷半焦黄，何独枯鱼濡涸辙。
忽然一雨洗瘴昏，珠玉无边难价论。
坐令愁叹变欢抃，千岩万壑江流奔。
从今不厌商羊舞，十日一犁均下土。
漏邦寒俭酒味醨，且砚亲茶共分乳。
庭前花草还青葱，想见黍稌纷芃芃。
吾君早晚复疆宇，屡丰将见追元丰。
天人大抵常相即，人若必天天可必。
愿修人事格天心，天若不从非所恤。
泰亨自复先朋来，时通端不忧尘埃。
新诗要非所宜辱，敢以木李酬琼瑰。
六年无蓄号不足，菜色定应比半菽。
要令汸暴似海岳，岂但河沙论秉斛。
炎天赫日当流金，去国多年思转深。
只今淮北望霓切，须烦伊傅资商霖。

王之道（1093—1169），字彦猷，濡须（今安徽合肥）人，宣和进士。宋高宗绍兴年间，因反对议和得罪于秦桧，被罢官闲居相山20年。秦桧死后，知信阳军，历提举湖北常平茶盐、湖南转运判官，以朝奉大夫致仕。著有相山集三十卷、《四库总目》相山词一卷、《文献通考》等。

淮南田歌

［元］马祖常

东塘水初满，西塘泉又生。
春风两塘侧，多少路人行。
蒲生亦有笋，菰生亦有米。
可怜芙蓉花，照影秋塘里。
借钱买盐茶，倩人莳早秧。
日望秋田熟，仍防野鸭伤。

石田山居八首（其五）

［元］马祖常

无麦夫何极，吾忧陇亩空。
岂能驱盗贼，得忍鬻儿童。
茶蓼充肠熟，樵苏救口穷。
无端县小吏，召役到疲癃。

雪中登郡城西亭

［元］马祖常

涧谷古寒藤，水光见鱼影。
岁暮风雪交，敲瓶煮茶茗。

马祖常(1279—1338)，元代色目人，回族著名诗人。字伯庸，光州(今河南潢川)人。延祐二年，会试第一，廷试第二，授应奉翰林文字，拜监察御史。元仁宗时，铁木迭儿为丞相，专权用事，马祖常率同列劾奏其十罪，因而累遭贬黜。自元英宗硕德八剌朝至元顺帝朝，历任翰林直学士、礼部尚书、参议中书省事、江南行台中丞、御史中丞、枢密副使等职。为文法先秦两汉，宏赡而精核，富丽而新奇，内容多制诏、碑志等类作品，诗作圆密清丽，除应酬之作外，亦有反映民间疾苦的作品。

独漉篇

［明］何景明

独漉独漉，驱车折轴。
不畏折轴，但畏车覆。
芃芃者菰，生彼中衢。
虽有兰蕙，当门则锄。
同行窃金，相顾道左。
我实不知，彼则畏我。
食荼知苦，食梅知酸。
狐裘之敝，可以御寒。
有虎斑斑，伏于林下。
我欲射虎，愧无劲弩。
肃彼北风，渡彼中流。
岂不怀忧，与子同舟。

客　至

［明］何景明

野外逢迎少，柴门落叶稠。
人闲不扫室，客到始梳头。
且为烹茶坐，还因看竹留。
登临如有兴，更上水边楼。

何景明(1483—1521)，字仲默，号白坡，又号大复山人，今信阳市浉河区人。明弘治十五年(1502)进士，授中书舍人。正德初，宦官刘瑾擅权，何景明谢病归。刘瑾诛，官复原职。官至陕西提学副使。为"前七子"之一，与李梦阳并称文坛领袖。其诗取法汉唐，一些诗作颇有现实内容。有《人复集》。

楼头春雨

［明］李　贽

楼头一夜雨，客叹主人夸。
何意中州彦，能怜四海家。
白云封去路，玄水荐新茶。
我自出门日，知道有朝霞。

李贽(1527-1602)，福建泉州人。明代官员、思想家、文学家，泰州学派的一代宗师。初姓林，名载贽，后改姓李，名贽，字宏甫，号卓吾，别号温陵居士、百泉居士等。嘉靖三十一年举人，不应会试。历共城教谕、国子监博士，万历中为姚安知府。旋弃官，寄寓黄安(今湖北红安)、湖北麻城芝佛院。在麻城讲学时，从者数千人，中间还有不少妇女。晚年往来南北两京等地，最后被诬下狱，自刎死于狱中。此诗为万历二十八年(1600年)避难商城黄柏山法眼寺期间所作。

玄湖集之茶汀

[明] 刘黄裳

冉冉槿原中，泠泠桐泉洌。
汲华过清沙，松火香圆屑。

刘黄裳(1529－1595)，字玄子，光州人，重庆知府刘绘之子，明万历十四年(1586年)进士，参加万历朝鲜战争，官至兵部郎中。著有《藏澄馆集》。原载清乾隆《光州志·艺文》。

贤　山

[明] 樊　鹏

前贤已无及，今日称贤山。
贤山抱申城，苍翠青云间。
望之如芙蓉，寒江对幽闲。
青荫送相庇，高峰不能攀。
我随春鹭侣，西眺开愁颜。
举酒啜佳茗，极赏暮言还。
山头松月凄，万古光区寰。

樊鹏，明代嘉靖进士、信阳知州。原载1936年出版《重修信阳县志》。

重游龙泉寺

［明］周继文

宝地重临好避哗，霏霏零雨暗烟霞。
余寒雏雉鸣深竹，新水游鱼趁落花。
踪迹漫劳渔父问，留连须费远公茶。
年来万事如灰灭，不信禅林不是家。

周继文，明孝廉，信阳人。原载1936年出版《重修信阳县志》。

游铁佛寺

［明］杨　涟

何年铁冶范金仙，胜占灵峰地最偏。
径入深林迷宛转，庭撑古柏拂云烟。
谈经案近岩巅月，煮茗铛浇厨壁泉。
藜杖看山时憩此，翛然疑到小壶天。

杨涟，应山人，谥忠烈。原载1936年出版《重修信阳县志》。

题黑龙池诗并赋

［明］徐　有

山自清明水自幽，梵宫天下此为优。
诵经窗外猿搔耳，说法堂前石点头。
杉桧插云黄鹤憩，泉源涌脉黑龙讴。

层峦叠翠直蓬岛，为访高僧今一游。
前山层伏如朝天，后山如椅牵相连。
危石累叠埋碎壁，水声澎湃湍烹煎。
黑龙涧底老鳞角，白云闲散飞晴巅。
林木森严翳辰曷，飙风嘎拨调水弦。
羊肠歧路入蓬岛，燕尾岔溪流潺湲。
阶沿耸擁升级凳，悬岩险坡开梯田。
远麓鲜苔留沸激，近厨北井腾灵泉。
芳径何人砌重叠，破荒悟祖遥嗒传。
跋涉苍翠属和暮，高僧渝茗仍新鲜。
团峰壁立壮形胜，杉检侵汉根坤穿。
景色盈眸道不得，桃源原自栖神仙。

徐有，明代弘治进士，罗山人。时任户部主事。原载清乾隆葛荃修《罗山县志》卷之八。

龙池寺

［明］杨巨鲸

象岭当门隔水开，无边生色送青来，
蛟龙有意藏深窟，虎豹几时卧草隈，
乔木阴生覆古殿，石泉清冽入茶杯，
登临不觉日云暮，立待月明恣往回。

杨巨鲸，明代进士，山东聊城人，时任罗山县令。原载清乾隆葛荃修《罗山县志》卷之八。

同丘长孺王思延登贤隐寺

［明］黄 炜

清镇饶宽暇，欣同楚客游。
莲花人面起，荇叶羽卮浮。
野麐麃屐乱，岚云薜荔愁。
追怜燕市月，何似首山秋。
苔洞扪萝入，茶烟绕涧流。
泉莹霞彩撤，松密鸟声幽。
梵语连空静，潭光落照流。
嘉宾邀藻翰，永夜错觥筹。
代想萧梁垒，诗传沈隐侯。
吟坛纷白雪，逸兴在沧洲。
争席看村父，观风问喘牛。
蓝舆淹未返，为复恋王猷。

黄炜，明南充人，时任信阳州监司。原载1936年出版《重修信阳县志》。

西山冻瀑二十四韵

［明］王星壁

玄冬方候紧，大壑欲寒严。
冰柱撑银汉，飚车驻铁崦。
浅难随霰舞，响已与雷潜。
泪箸啼都咽，鲛珠泣尽沾。
希声犹瑟奏，微沫仅鱼噞。
玑缀堆枯蚌，膏凝挂死蚺。
岩头垂乳长，潭面冻痕添。
著树瑶花密，穿沙玉笋尖。

长悬天女珮，不卷夜明簾。
虚管鹅脂溜，修翎鹤羽燖。
雨飞皆变雹，海立悉成盐。
卓尔迎狂飚，晶然射晓暹。
为忧饥獭苦，遂恐蛰龙殲。
鹿饮疑源渴，猿扳畏确铦。
青肤凋石发，翠鬣驳松髯。
异相非形拟，新题漫口占。
岚深光自映，月上境逾恬。
奔激真堪抑，砰訇亦可嫌。
粟肌谁近对，炫目独翘瞻。
静得便高枕，清宜傍短檐。
凌坚崖善滑，阴重晓多熸。
煮雪携茶具，冲风却酒帘。
尚应供白足，更合谢朱炎。
击涧崩云日，倾湫折嶽兼。

王星璧，信阳人，王祖嫡之孙。原载1936年出版《重修信阳县志》。

夏雨缉园坐而志喜

［清］胡　演

轻烟散竹枝，雨脚复丝丝。
蚯蚓互鸣砌，鸡鹅行浴池。
花情夏友较，茗候小童知。
蒸湿能萧飒，无如此一时。

原载清乾隆《光州志·艺文》。

三仙缸

［清］张培金

两山之中央平石，石山流泉水色碧。
连生三窍圆而坚，口大如瓮深百尺。
桃花红映千缸春，第一烹茶味更醇。
可惜品题无陆羽，年年只好待游人。
黄叶惊秋天宇净，澄波俯视开明镜。
一颗心珠月正中，三缸都有心珠印。
我于此间得佳趣，盈科而后递相注。
其去尤能作大观，飞落悬崖成瀑布。
雪龙冷抱玉壶清，泽腹初坚照日晶。
天巧非由人力作，万古寒冰冻不破。

张培金，字生洲，信阳（现浉河仙石畈村）人。清代道光壬午举人，曾任湖南麻阳、桂阳知县。有《望山诗钞》。

龙潭灵迹

［清］薛　耳

万峰迷向背，如送复如迎。
水力能浮石，山光解趁晴。
采茶人去寂，对酒月来清。
总是荒凉尽，灵湫迹未更。

薛耳，清代顺治初年罗山知县。原载清乾隆葛荃修《罗山县志》卷之八。

遥题龙池寺

［清］刘梦兴

家山尽有佳山水，绝胜龙池寺擅场，
雪浪初生春茗熟，仙岩耽眺夏云凉，
秋潭月上禽鱼静，冬岭风来杉桧香，
极好水边林下日，问余何事客他乡。

刘梦兴，清代进士，罗山人，时任漳州守。原载清乾隆葛荃修《罗山县志》卷之八。

龙池行

［清］李滋达

罗山有水名龙池，皆云有物龙为之。
一泓深黑不见底，神灵出没多迷离。
崖穴天成非斧凿，周遭茗芽香痕薄。
细甲修鳞不敢争，疾风怪雨有时作。
人言此龙不得时，我言此龙善藏机，
迅雷突震谁惊觉，夭矫去中露头角。

李滋达，广东乐昌人，时任罗山县令。原载清乾隆葛荃修《罗山县志》卷之八。

至武昌凌晴霄观察(卿云)饷茶吾州产也赋谢

［清］李嘉乐

家山茶一串，雅贶不妨留。
烹以秋江水，销将客路愁。
诗怀轻瘴海，乡味重光州。
张绪吾同里，胡为亦远游。

李嘉乐,字德申,号宪之,一号献芝。道光癸巳(1833年)生于光州,同治癸亥(1863年)进士。历官至江西布政使、江西巡抚。著有《奏疏》《仿潜斋诗抄》《诗梦钟声录》等。

光州十景之七里清泉

［清］何兆渤

翠铺平林灿晚霞，一泓澄碧路渠斜。
贫如颜子堪资饮，闲似玉川可供茶。
飞鸟过时眩欲坠，淡云停处静无哗。
寻源须要穷根底，濂洛清风到水涯。

何兆渤,字扶鲸,洛阳人,清雍正八年(1730年)由贡生任光州训导。七里泉在光州西北,今潢川城郊老龙埂一带。

游南湖

[清] 邹升恒

连岸藕花红万点，夹堤杨柳绿千寻。
偏怜丈室清茶供，聊和诸生白雪吟。

邹升恒,字泰和,江南无锡人。康熙戊戌进士,官至侍讲学士。著有《借柳轩诗》。1735 年立秋前夕到光州游览小南海所作。

十一月初七日,偶以民事入西南乡,因至净居山寺

[清] 杨殿梓

偶然游屐趁公余，真箇名山访净居。
入户寒知云雾处，同僧话到茗香初。
宗风代许谁闻法？旧雨人传此读书。
还逐野樵寻径返，暝天林火认烟墟。

杨殿梓,字明府,号琴斋,江西清江县人,乾隆时进士,于寅(1782)任光山知县,曾主修清乾隆《光山县志》。此诗原载清乾隆《光山县志》。

中禅堂

[清] 陈 简

曾向中禅堂上过，门前时听采茶歌。
老僧不问人间事，静坐蒲团古意多。

陈简，字文舫（1832—1910），清代光山人，同治六年（1867 年）举人，历虞城县训导，唐县教谕（掌文庙祭祀、教育所属生员，八品）。有诗名。原载 1936 年商务印书馆出版《光山县志约稿》第 593 页。

咏茶五首

一

［清、民国］甘以敬

民以食为天，茶与饭相关。
开彼南亩地，劈之东隅山。
请来湘楚师，富我豫申园。
知礼非饥人，立信岂赖天。
荷锄暮色里，笑坏一群“仙”！

甘以敬（1864—1914），字周原，今信阳市浉河柳林乡甘家冲人，清末秀才，同盟会员。曾任信阳劝业所所长。1902 年，响应信阳缉私拿统领、旧茶业公所成员蔡竹贤开山种茶的倡议，与信阳商会会长、亲戚王子谟等集资入股，在震雷山北坡开荒种茶，次年创立信阳近代第一个茶叶生产组织元贞茶社；1910 年邀请陈恕修（字乙垣，号一轩）、王铨基（字选青）等在车云山再次创建宏济茶社（后改名车云茶社）。后因参加反袁世凯称帝斗争被抄家、通缉，逃亡上海。1914 年在上海病故，时年 50 岁。甘以敬践行实业救国，变卖田产种茶、开矿、栽桑等，时人讥为“甘竹竿”，诗中他借解缙诗“跌倒解学士，笑坏一群‘牛’”反讥。

二

刘墨香

开门七事殿称茶，强国足信当务它。
身羸病由在何处？腹枵体裸尚绩麻。

刘墨香，生卒年不详。今信阳市浉河区东双河乡人。1903 年集资入股，与信阳劝业所所长甘以敬，双林寺住持廉泉，秀才王子谟、绅士虞紫鸾、彭清阁等在震雷山种茶，创办元贞茶社。1912 年冬，又会同王子谟、翟敬三、万兰轩、虞紫鸾等，与双林寺住持空宸禅师签订 60 年合同，筹资创建观音堂广益茶社。

三

王子谟

漫野童童树一科，富庶从来靠自革。
唐时著书传陆羽，宋人提名有东坡。
南山追溯到明代，北地移来自湘河。
吾豫丘岗皆垦种，遍地福音遍地歌。

王子谟，生卒年不详。今信阳市浉河人，清末秀才，信阳商会会长。1903 年集资入股，与信阳劝业所所长甘以敬，双林寺住持廉泉，绅士虞紫鸾、周佩鱼、彭清阁等在震雷山种茶，创办元贞茶社。1913 年又与僧空尘等 32 名股东在浉河区南部谭家河乡万寿山成立森森茶社（后改名万寿茶社）。

四

周佩鱼

童童荒岭广种茶，三年有成遍地花。
金针银毫称上品，青蚨翩翩入吾家。

周佩鱼，生卒年不详。今信阳市平桥区人。1903 年集资入股，与信阳劝业所所长甘以敬，双林寺住持廉泉，秀才王子谟，绅士刘墨香、虞紫鸾、彭清阁等在震雷山种茶，创办元贞茶社。1912 年冬，又会同刘墨香、翟敬三、万兰轩、虞紫鸾等，与双林寺住持空宸禅师签订 60 年合同，筹资创建观音堂广益茶社。

五

虞紫鸾

童山峻岭皆劈开，移来青茶精心栽。
饭后品评醇馨味，年年可招粉香来。

虞紫鸾，生卒年不详。今信阳市人。1903 年集资入股，与信阳劝业所所长甘以敬，双林寺住持廉泉，秀才王子谟、绅士刘墨香、周佩鱼、彭清阁等在震雷山种茶，创办元贞茶社。1912 年冬，又会同刘墨香、周佩鱼、翟敬三、万兰轩等，与双林寺住持空宸禅师签订 60 年合同，筹资创建观音堂广益茶社。当时采茶，曾流行戴花粉的青年妇女越采越发，诗中故称“年年可招粉香来”。

茶　典

西阳、武昌、庐江、晋陵皆出好茗，皆东人作清茗。茗有饽，饮之宜人。凡可饮之物，皆多取其叶，天门冬、拔葜取根，皆益人。

——[先秦]桐君撰《桐君采药录》

茶，南人好饮之，北人初不多饮。开元中，太山灵岩寺有降魔师，大兴禅教。学禅务于不寐，又不夕食，皆许饮茶。人自怀挟，到处煮饮。从此转相仿效，遂成风俗。起自邹、齐、沧、棣，渐至京邑，城市多开店铺，煎茶卖之，不问道俗，投钱取饮。其茶自江淮而来，舟车相继，所在山积，色额甚多。

——[唐]封演撰《封氏见闻录》卷六《饮茶》

光州殷城产茶。

——[唐]苏冕撰《九朝会要》

淮南：以光州上，（生光山县黄头港者，与峡州同。）义阳郡、舒州次，（生义阳县钟山者，与襄州同。）……

浙西：以湖州上，（湖州，生长城县顾渚山谷，与峡州、光州同；生山桑、儒师二寺、天目山、白茅山悬脚岭，与襄州、荆州、义阳郡同；生风亭山伏翼阁、飞云、曲水二寺、啄木岭，与寿州、常州同；生安吉、武康二县山谷，与金州、梁州同。）常州次，（常州，义兴县生君山悬脚岭北峰下，与荆州、义阳郡同。）……

——[唐]陆羽《茶经·八之出》

光州光山场买茶三十万七千二百十六斤，卖钱一万二千四百五十六贯；子安场买茶二十二万八千三十斤，卖钱一万三千六百八十九贯三百四十八；商城场买茶四十万五百五十三斤，卖钱二万七千七十九贯四百四十六……

——[宋]沈括《梦溪笔谈·官政二》

申州义阳郡,……土贡:绯葛、布、贤布、茶、蛇虫。

——[宋]欧阳修、宋祁撰《新唐书·地理志》

江淮茶为大摸,一斤至五十两。诸道盐铁使于悰每斤增税钱五,谓之"剩茶钱",自是斤两复旧。

——[宋]欧阳修、宋祁撰《新唐书·食货志》

元和十四年,归光州茶园于百姓,从刺史房克之请也。

——[宋]欧阳修、宋祁撰《新唐书》

土毛之繁,茗品尤上。先春效味,输贡有经。

茶品之英,淮区攸产。当新阳之盈僨,先百花以萌滋。著厥贡条,是为方物。逮此甘芳之荐,弗违采撷之期。

——曾枣庄、刘琳主编《全宋文·赐知光州郭昭升进新茶敕书》一、二

宋制,榷货务六:……又有场十三:……光州曰商城、子安。……凡茶有二类,曰片、曰散。片茶烝造,实卷摸中串之,……东首、浅山、薄侧出光州。

徽宗崇宁元年,右仆射蔡京议大改茶法……俄定诸路措置茶事官置司……淮南於扬州……其置场所在:……光州以光山、固始……

——[宋元]马端临撰《文献通考》卷十八征榷考五《榷茶》

宋榷茶之制,择要会之地,……在淮南则蕲、黄、庐、舒、光、寿六州,官自为场,置吏总之,谓之山场者十三。六州采茶之民皆隶焉,谓之园户。岁课作茶输租,馀则官悉市之,总岁课八百六十五万余斤。其出鬻者,皆就本场。

——[元]脱脱撰《宋史·食货志》

茶则信阳、罗山、商城、固始栽植颇盛,其制法系用人工。信阳所产绿茶,味含芳香,推销各地,颇受欢迎。

——[清]王幼侨著《河南方舆人文志略》

迨我朝陈蔡曹宋吴楚瓯越之民,杂耕于地,交居于郭,今称活壤……饶茗、漆、竹箭、林木之利……

——[清]杨汝楫等撰《固始县志》

元马祖长《县治记》:饶茗、漆、竹箭、林木之利。余继善曰:饶茗、漆、竹箭,乃昔日未析固始,今出商城。

——[清]谢聘、洪亮吉撰《重修固始县志》卷之十四物产

黑龙池,县西南一百二十里,有寺曰弥陀。

茶,出龙池山。

——[清]葛荃、李之杜撰《罗山县志》卷之一山川、物产

两潭左右,乱石丛中多生茶树,茶味尤以白龙潭称最,龙井雀舌恐未有此佳妙也。……欲得真茶,须自入山寻摘。近山虽有,远不及此。

毋亦龙潭灵所钟,色味所以独佳欤?

——[清]刘海涵著《龙潭小志》

大茶沟、中茶沟、小茶沟在五斗峰之北,皆明产茶地,尚有遗株。

昔苏东坡尝以浉水论茗,评为天下之四十六泉。生斯土者,往往多秉清气,具风骨之士,不可谓非山水之有灵也!

——1936年汉口洪兴印书馆出版《重修信阳县志·舆地二》

本山产茶甚古,唐地理志义阳土贡品有茶。苏东坡谓淮南茶信阳第一。明末因茶税过重,又遭匪劫,遂斩伐殆尽。今柳林大茶沟、小茶沟等处尚有遗株。清季邑人蔡竹贤提倡开山种茶,先后成立者有元贞、广益、裕申、宏济(今名车云)、博厚、森森(今名万寿)、龙潭、广生等八社(元贞社在震雷万一千窝,广益社在观音堂胜泉寺六十余亩六万三千窝,裕申社在甘家冲小孙家冲三十余亩三万余窝,车云社在车云山八十余亩八万余窝,博厚社在白马山下三万窝,万寿社在万寿山四十余亩四万余窝,龙潭社在黑龙潭天心寨四十余亩四万余窝,广生社三角山八十余亩八万余窝,共岁产茶约在万斤以上),逐渐发达(民国四年曾呈部设茶业公所后停办,现推蔡竹贤、陈雨人、薛温伯、王选青、萧序价、彭楫轩、蔡楚砺等成立董事会,筹款建筑公所,地址在太平缸胡同路东),西南山农家种茶者寖多本山茶,色味香俱美,品不在浙闽以下,将来成绩可立而待也。

——1936年汉口洪兴印书馆出版《重修信阳县志·食货志三》

灵化山在鸡公峰下，约二里许……苏道士在此建屋三栋，朝南背北，前为园圃，种有茶树及菜蔬之属……

物产……农产……特用作物……嗜好类茶、烟等。

——1936 年商务印书馆出版，齐光著《鸡公山指南》

茶：灵化山出产之茶，味极丰美，不亚西湖龙井，惜产量太少，年仅斩获数十斤，现正积极培植，三年后可当繁盛大量出产。

植茶区：茶为本山名产，惜数量太少，本局有鉴于此，特在本山魏家沟培育茶树五百余株，又于三十六年秋，在南岗公园右侧，辟地二十亩，派员前往信阳采买优良茶籽三百斤，播种后现已出土发芽，预料三年必有大量斩获。

——1948 年 5 月出版，房香离编著《现阶段鸡公山》

后　记

今年是信阳茶文化节举办三十周年，为了真实客观地记录信阳茶的前世今生、信阳茶文化节的发展历程，信阳市政协决定出版一本纪念信阳茶文化节三十周年史料专辑图书，以亲历、亲见、亲闻者的视角，多角度回忆信阳茶发展历程中的那些事儿，定名为《信阳茶事记忆》。

2020 年 8 月，市政协文化和文史委在光山县召开全市政协文史资料工作现场会，正式下达了信阳文史资料第十七辑《信阳茶事记忆》专题史料征集方案，在各县区政协的大力协作下，在市直相关单位、业内市政协委员的积极配合下，经过一年多的征集，收到各类稿件 90 余篇。全书分为特稿、综述、茶节纪事、茶人故事、茶业往事、茶文茶史和附录等七个部分，“特稿”部分收入市政协副主席、光山县委书记刘勇回忆习近平总书记到光山视察的经过，市政协原党组书记、市人大常委会原主任宋效忠撰写的《信阳茶赋》。宋主任是信阳茶研究的权威，专门为本书题写了书名；“综述”部分，我们特别邀请市政协文史资料研究员、市委党校副教授、《信阳茶史》作者张清改撰写《信阳茶简史》，便于读者阅读本书前了解信阳茶的由来；“茶节纪事”部分收入市政协原副主席赵主明，原市文化局局长陈永省，市茶产业办公室张久谦、张杰磊，原信阳电视台副总编、主播、首届中国信阳茶文化节解说员周剑，市民建会员、茶节举办倡议者王星元，罗山县茶办原副主任李书胜等的回忆文章；“茶人故事”部分收入信阳毛尖创始人甘以敬、王选青后代的回忆文章，回忆新中国成立后成长起来的茶人周祖宏、黄执优、杨明轩、刘文新、阙贵元、彭公长、杨杭生等的文章，以及市农业科学院茶叶研究所原所长、二级研究员吕立哲、市茶办原副主任夏国忠的回忆文章；“茶业往事”部分收入有关信阳茶山茶社初创、信阳毛尖获国家银奖金奖、信阳红的研制、信阳毛尖集团成立等，以及李广义、卢文全、钱晓玲、刘祥国、祝学艺韩忠学、周其鹏、连启武等茶人奉献、茶企创业的各类回忆文章。其中还特别收录了光山县油茶大王、受到习近平总书记接见的油茶企业家陈世法的口述回忆；“茶文茶史”部分收入信阳籍著名作家白桦的信阳毛尖回忆性散文，以及有关茶具、茶馆、茶“非遗”、茶文物、茶志、茶艺等茶文化类回忆文章；“附录”部分收入部分历史文献、研究论文等，其中有信阳各县参加巴拿马万国商品赛会出品名录和固始县白狮子地 M13 发现与发掘情况记录。本书编辑部还特别辑录了29首有关茶诗和28条茶典籍,茶诗中南宋宣和进士王之道的诗为新发现的最早的关于信阳茶的诗,29首诗中不少待十分稀见,如八大茶社创办人所创作的5首《咏茶》,同时还甄别、还原了部分被篡改的伪诗,如张钺的《雷沼喷云》、郑日奎的《信民谣·灵山茶》、王祖嫡的《申佰楼》等;对经带引用的茶典也进行甄别、匡正,为后来研究者提供经得起检验的茶史依据。在此特别向提供者杨峰、程思明、吴涛、李甬、韩贤友等表示感谢!

本书约60万字,由郑州大学出版社出版。在征集、编辑过程中,得到市林业和茶产业局、市供销社、市文化广电和旅游局、市史志办公室、市农业科学院、信阳广播电视台、信阳文新茶叶有限公司等单位大力协助,在此一并表示感谢!由于编辑水平所限,错谬之处在所难免,恳请广大读者和茶文化研究者予以指正,并不吝赐教!

本书编辑部

2021年12月